Jakarta EE
企业级应用开发实例教程

吕海东 朱志刚 张坤 编著

清华大学出版社
北京

内 容 简 介

Java 企业版(Enterprise Edition)是当前开发企业级应用的主流平台,绝大多数企业级应用项目采用基于该平台及其相关的框架技术,如 Hibernate、MyBatis、Spring、Spring Boot、Spring Cloud 等。该平台经过发展和改进,从最初的 Java EE 到现在的 Jakarta EE,完全适应了当今主流的开发基于云的原生应用以及微服务项目的需求,成为企业级应用项目的首选平台。

本书全面系统地介绍了 Jakarta EE 的体系结构,以及 Jakarta EE 的主流应用服务器和集成开发工具,主要内容包括 Jakarta EE 框架组成、应用服务器类型及安装、集成开发工具的安装和使用。本书重点讲解了 Jakarta EE 中的 Servlet 组件编程、请求处理编程、响应处理编程、会话跟踪编程、ServletContext 对象、过滤器编程、监听器编程、JSP、EL、JSTL、JNDI 服务基础和编程、JDBC 和连接池编程、Java Mail 服务编程,以及 Jakarta EE MVC 模式架构应用,REST API 微服务的 Jakarta EE 实现。

本书采用案例驱动,主要知识的讲解都辅以实际应用案例,便于读者理解和自主练习。本书内容通俗易懂,详略得当,重点突出。

版权所有,侵权必究。举报: 010-62782989,beiqinquan@tup.tsinghua.edu.cn。

图书在版编目(CIP)数据

Jakarta EE 企业级应用开发实例教程 / 吕海东,朱志刚,张坤编著. -- 北京 : 清华大学出版社,2024.8.
(国家级实验教学示范中心联席会计算机学科组规划教材).
ISBN 978-7-302-67021-6

Ⅰ. TP312.8

中国国家版本馆 CIP 数据核字第 2024P94J14 号

责任编辑: 贾 斌 左佳灵
封面设计: 刘 键
责任校对: 王勤勤
责任印制: 丛怀宇

出版发行: 清华大学出版社
网　　址: https://www.tup.com.cn,https://www.wqxuetang.com
地　　址: 北京清华大学学研大厦 A 座　　邮　编: 100084
社 总 机: 010-83470000　　邮　购: 010-62786544
投稿与读者服务: 010-62776969,c-service@tup.tsinghua.edu.cn
质量反馈: 010-62772015,zhiliang@tup.tsinghua.edu.cn
课件下载: https://www.tup.com.cn,010-83470236
印 装 者: 三河市君旺印务有限公司
经　　销: 全国新华书店
开　　本: 185mm×260mm　　印　张: 30.5　　字　数: 744 千字
版　　次: 2024 年 8 月第 1 版　　印　次: 2024 年 8 月第 1 次印刷
印　　数: 1～1500
定　　价: 89.00 元

产品编号: 102553-01

前 言

基于 Java 语言的企业级应用开发平台 Java EE 经过众多知名公司的使用和改进,已经成为主流的企业级应用开发核心技术之一,在当今的企业级应用软件开发中占据重要的地位。从 Java EE 9 开始,Oracle 公司将 Java EE 的控制权移交给了开源组织 Eclipse,Java EE 由此更名为 Jakarta EE。Jakarta EE 是未来基于 Java 的企业级应用开发的标准和趋势,所有 Java EE 开发人员都应该尽快转换到 Jakarta EE 的应用开发,适应并熟悉其新的规范、新的语法和编程特点。

Java EE 借助 Java 语言的平台无关性和面向对象的特点,扩大了 Java 语言在企业级应用开发中的应用范围,打造了全新规范化的应用开发标准,提高了企业级应用的开发效率。Jakarta EE 全面继承了 Java EE 的所有特性,随着新版本的发布,新的规范增加,已逐步适应未来 Cloud Native 的面向云应用开发的需求。开发基于云服务的企业级应用项目,Jakarta EE 及其相关的框架技术(如 Spring Boot、Spring Cloud、Spring Integration、Spring Cloud Data Flow)将是软件开发人员的最佳选择。

经过十几年的发展和改进,已经有大量企业使用 Java EE 开发企业级软件应用系统,今后这些企业必将使用全新的 Jakarta EE 技术对现有项目进行升级和改造,同时新的项目开发将会直接使用 Jakarta EE,未来需要大量精通 Jakarta EE 的技术人才。

本书是作者在近 20 年开发基于 Java EE 的企业级应用的丰富经验基础上,结合多年来讲授 Java EE 课程的经验和体会,通过深入研究与学习最新的 Jakarta EE 的各种规范,对符合 Jakarta EE 规范的应用服务器进行全面而深入的实践的情况下精炼而成。本书丰富了图书市场上有关 Jakarta EE 的书籍的种类,能帮助广大 Jakarta EE 的初学者在尽可能短的时间内,学好并运用最新的企业级 Java 平台技术 Jakarta EE,在今后的职业生涯中实现理想的人生价值。

本书的特点

1. 循序渐进,深入浅出,通俗易懂

本书在讲解 Jakarta EE 中的各个组成部分时,从基础开始,结合读者的体验,进行各种技术的讲解,便于读者理解。本书在介绍新的技术和概念时,避免使用生涩难懂的技术词汇,而是使用通俗易懂的语言,便于读者接受和理解。

2. 案例丰富,面向实际,案例驱动

实际应用是对技术最好的理解方式。本书在介绍 Jakarta EE 的各种规范和技术时,都使用具体的编程案例来形象地展示该技术的组成、功能和方法。这些案例都经过了实际测试和应用,便于读者上手并在自己的项目中加以灵活应用。

3. 重点突出,内容翔实,易于理解

由于 Jakarta EE 涉及的技术和概念过于繁杂,因此本书精心挑选了实际项目开发中经常使用的技术和服务加以详细讲解,并附以详尽的编程案例加以说明,旨在加强读者的印象和使用经验,对不经常使用的技术附带而过,没有浪费过多的篇幅。

4. 案例典型,实现完整,配置详细

书中的案例全部精选于软件开发企业的实际应用项目,包括各种 OA、CRM、ERP 和物流信息企业级应用的实际代码,帮助读者积累实际业务经验和知识,尤其对在校大中专学生,能拓展他们的认知领域(而不是局限在学生管理、图书管理等狭窄的范围之内),帮助他们尽早地适应未来就业的需要。

本书的内容

第 1 章 讲解 Jakarta EE 框架的体系结构,以及每个组成部分的职责和功能,包括 Jakarta EE 的容器、组件、服务、通信协议和角色的规范。

第 2 章 介绍目前市场上流行的符合 Jakarta EE 规范的应用服务器,包括主流服务器的功能简介、下载、安装、配置及简单的 Jakarta EE Web 应用项目的部署。

第 3 章 介绍目前市场上主流的开发 Jakarta EE 项目的集成开发环境(Integrated Development Environment,IDE)软件,包括主流开发工具的下载、安装、配置和使用。

第 4 章 详细介绍 Jakarta EE 核心 Web 组件 Servlet 的编程、配置、部署和应用。

第 5 章 全面详尽地介绍 Jakarta EE 的 Web 请求处理编程,包括 Web 请求时发送的内容、Servlet API 的请求对象的类型、生命周期、请求对象的取得及其功能方法,以及取得客户提交的请求数据的编程实现和实际应用。

第 6 章 介绍 Jakarta EE 处理 Web 响应编程,包括响应对象的类型、生命周期、响应对象的功能和方法、响应对象生成不同类型响应内容的编程实现和实际应用。

第 7 章 介绍 Jakarta EE Web 应用开发中的会话跟踪编程技术、各种会话跟踪技术的特点和限制,重点介绍了 Jakarta EE 内置的 Session 对象的编程和使用。

第 8 章 介绍 Jakarta EE 中 Web 的配置内容和语法、ServletContext 对象的功能和方法,以及 ServletConfig 对象的主要功能和使用;另外,讲解 Java Web 中转发的概念、转发的实现、转发和重定向的区别,以及实际应用项目中的使用场合。

第 9 章 介绍 Jakarta EE 中过滤器的概念、功能,过滤器的编程、配置和实际应用,重点介绍了几种较常用的应用案例,如登录拦截、IP 拦截等。

第 10 章 介绍 Jakarta EE 监听器的概念、功能、API 组成,分别介绍了不同类型的 Jakarta EE 监听器的编程、配置和实际应用案例。

第 11 章 介绍 Jakarta EE 中负责页面显示的组件技术 JSP,包括 JSP 的概念、组成、每个组成部分的语法和使用,结合实际项目开发说明 JSP 各组成部分的应用。

第 12 章 介绍建立在 Jakarta EE JSP 基础之上的扩展技术 EL 表达式、JSTL 核心标记,不同 EL 表达式的语法和使用、不同类型 JSTL 标记的语法和使用。

第 13 章 介绍 Jakarta EE JNDI 服务的基本知识、命名服务和目录服务的类型和特点,以及 JNDI 连接命名服务系统的编程实现和实际案例应用。

第 14 章 讲解 Jakarta EE 中 JDBC 服务的框架结构、JDBC 驱动的类型、连接不同主流数据库产品的配置和参数、JDBC 中主要接口和类的功能及编程应用。

第 15 章　介绍 Jakarta EE 中发送和接收 Mail 的子框架 JavaMail,全面讲解 JavaMail API 的主要接口和类的功能和编程,并讲解发送 Mail 的编程和实际应用。

第 16 章　介绍 Jakarta EE 在企业级应用开发中的 MVC 设计模式和 5 层架构的分层设计,详细讲解 Model 层、DAO 层、Service 层、View 层和 Controller 层的职责和功能,以及每层组件的设计和命名规范。最后,通过实际案例展示 Jakarta EE 的全面应用。

第 17 章　讲解 REST API 服务的概念、功能和组成,详细讲解使用 Jakarta EE 编写 REST API 微服务,并介绍使用 REST API 测试工具 Postman 实现对 REST API 服务的调用测试。

适合读者

（1）Jakarta EE 的初学者。
（2）Jakarta EE 企业级应用开发人员。
（3）大中专院校软件工程相关专业的教师和学生。

预备知识

（1）Java 编程语言。
（2）网页编程语言 HTML、JavaScript、CSS 和 DOM。
（3）数据库基础知识、SQL、SQL Server 或 Oralce 或 MySQL。

致谢

编者在撰写本书过程中得到了大连理工大学城市学院软件工程专业全体教师的帮助和支持,全部的案例代码由大连英科时代发展有限公司系统集成部员工审核和全面测试。本书的撰写得到了清华大学出版社贾斌老师的倾力协助;审稿老师对全书进行细致的审阅,其一丝不苟的精神令人敬佩,在此一并表示衷心的感谢。由于编者水平有限,书中难免有疏漏和不妥之处,欢迎广大读者批评指正。

编　者

2024 年 5 月

目　录

第 1 章　Jakarta EE 概述 ················ 1
1.1　软件开发现状和发展趋势 ············ 1
1.1.1　软件开发现状 ················ 1
1.1.2　未来发展趋势 ················ 2
1.2　Jakarta EE 概念 ················ 4
1.2.1　Jakarta EE 定义 ··············· 4
1.2.2　Jakarta EE 规范 ··············· 5
1.3　Jakarta EE 容器规范 ··············· 7
1.4　Jakarta EE 组件规范 ··············· 9
1.5　Jakarta EE 服务规范 ··············· 11
1.6　Jakarta EE 通信协议规范 ············· 13
1.7　Jakarta EE 角色规范 ··············· 15
1.8　Jakarta EE 体系架构 ··············· 17
1.9　Jakarta EE 10 的规范详细组成 ··········· 18

第 2 章　Jakarta EE 服务器的安装和配置 ·········· 19
2.1　Jakarta EE 服务器概述 ·············· 19
2.1.1　符合 Java EE 规范的服务器产品 ········ 19
2.1.2　Jakarta EE 服务器产品的比较和选择 ····· 21
2.2　Tomcat 服务器 ················· 22
2.2.1　Tomcat 的下载 ··············· 23
2.2.2　Tomcat 的安装 ··············· 24
2.2.3　Tomcat 的测试 ··············· 24
2.3　Eclipse GlassFish 服务器 ············· 28
2.3.1　GlassFish 的下载 ·············· 28
2.3.2　GlassFish 的安装和启动 ··········· 30
2.3.3　GlassFish 的管理和配置 ··········· 33
2.3.4　GlassFish 部署 Jakarta EE Web 项目 ····· 38
2.4　WildFly 服务器 ················· 41
2.4.1　WildFly 的下载 ··············· 41

2.4.2　WildFly 的安装 …… 42
　　2.4.3　WildFly 服务器的工作模式 …… 42
　　2.4.4　WildFly 的管理 …… 44
　　2.4.5　WildFly 的主要配置任务 …… 45
　　2.4.6　WildFly 部署 Java Web 项目 …… 57

第 3 章　Jakarta EE 开发环境的安装和配置 …… 62

3.1　Jakarta EE 开发工具的比较和选择 …… 62
3.2　Eclipse IDE 工具的安装和配置 …… 63
　　3.2.1　Eclipse IDE 的下载 …… 63
　　3.2.2　Eclipse IDE 的安装和启动 …… 64
　　3.2.3　配置 Java SE JDK 环境 …… 66
　　3.2.4　配置 Jakarta EE 服务器 …… 68
　　3.2.5　创建 Jakarta EE Web 项目 …… 69
　　3.2.6　部署 Jakarta EE Web 项目 …… 74
　　3.2.7　Maven 的安装和配置 …… 77
　　3.2.8　Eclipse IDE 配置 Maven …… 80
　　3.2.9　创建 Maven Web 项目 …… 81
3.3　Spring Tools 4 for Eclipse 的安装和配置 …… 89
　　3.3.1　STS 的下载和安装 …… 90
　　3.3.2　STS 插件的安装 …… 91
3.4　IntelliJ IDEA 工具的安装和配置 …… 93
　　3.4.1　IDEA 的下载和安装 …… 95
　　3.4.2　IDEA 的启动和配置 …… 95
　　3.4.3　IDEA 开发 Jakarta EE Web 项目 …… 100

第 4 章　Servlet 编程 …… 107

4.1　Web 基础回顾 …… 107
　　4.1.1　Web 基本概念 …… 107
　　4.1.2　Web 工作模式 …… 108
　　4.1.3　Web 请求方式 …… 108
　　4.1.4　Web 响应类型 …… 110
4.2　Servlet 概述 …… 111
　　4.2.1　Servlet 概念 …… 111
　　4.2.2　Servlet 体系结构 …… 111
　　4.2.3　Servlet 功能 …… 111
4.3　Servlet 编程 …… 112
　　4.3.1　引入 Servlet API 的包 …… 113
　　4.3.2　Servlet 类的定义 …… 113

		4.3.3	重写 doGet 方法 ·· 113
		4.3.4	重写 doPost 方法 ··· 114
		4.3.5	重写 init 方法 ··· 114
		4.3.6	重写 destroy 方法 ·· 114
		4.3.7	重写其他的请求方法 ··· 115
	4.4	使用 IDE 工具 Servlet 向导创建 Servlet ································ 115
	4.5	Servlet 生命周期 ··· 123
		4.5.1	实例化阶段 ··· 124
		4.5.2	初始化阶段 ··· 124
		4.5.3	处理请求阶段 ··· 124
		4.5.4	销毁阶段 ··· 124
	4.6	Servlet 配置 ··· 125
		4.6.1	Servlet 的注解类方式配置 ····································· 125
		4.6.2	Servlet 的 XML 方式配置 ····································· 126
	4.7	Servlet 部署 ··· 129
	4.8	Servlet 取得数据表记录并显示案例 ······································ 129
		4.8.1	案例功能简述 ··· 129
		4.8.2	案例分析设计 ··· 130
		4.8.3	Servlet 案例的编程实现 ······································ 130
		4.8.4	案例部署和测试 ··· 132

第 5 章 HTTP 请求处理编程 ·· 136

	5.1	HTTP 请求内容 ·· 136
		5.1.1	HTTP 请求中包含信息 ·· 137
		5.1.2	请求行 ··· 137
		5.1.3	请求头 ··· 138
		5.1.4	请求体 ··· 139
	5.2	Jakarta EE 请求对象 ·· 139
		5.2.1	请求对象接口类型与生命周期 ································· 140
		5.2.2	请求对象的功能与方法 ······································· 140
		5.2.3	取得请求行方法 ··· 140
		5.2.4	取得请求头方法 ··· 142
		5.2.5	取得请求体方法 ··· 144
		5.2.6	请求对象取得常用请求头数据的便捷方法 ······················· 146
		5.2.7	取得服务器端信息 ··· 147
	5.3	取得客户端 HTML 表单提交数据案例 ···································· 147
		5.3.1	业务描述 ··· 147
		5.3.2	案例编程 ··· 148
	5.4	取得客户端信息并验证案例 ·· 151

  5.4.1 业务描述 ··············· 151
  5.4.2 案例编程 ··············· 152
  5.4.3 案例部署和测试 ··········· 155
 5.5 文件上传请求处理案例 ··········· 155
  5.5.1 业务描述 ··············· 155
  5.5.2 案例编程 ··············· 155
  5.5.3 案例部署和测试 ··········· 159

第 6 章 HTTP 响应处理编程 ············ 162

 6.1 HTTP 响应内容 ··············· 162
  6.1.1 响应状态 ··············· 163
  6.1.2 响应头 ················ 165
  6.1.3 响应体 ················ 166
 6.2 Java EE Web 响应对象 ··········· 167
  6.2.1 响应对象类型 ············ 167
  6.2.2 响应对象的取得和生命周期 ····· 168
 6.3 响应对象功能和方法 ············ 168
  6.3.1 响应状态码设定方法 ········ 168
  6.3.2 设置响应头功能和方法 ······· 170
  6.3.3 设置响应头便捷方法 ········ 172
  6.3.4 响应体发送功能和方法 ······· 173
  6.3.5 发送重定向功能和方法 ······· 175
 6.4 HTTP 文本类型响应案例 ·········· 175
  6.4.1 案例功能 ··············· 175
  6.4.2 案例设计 ··············· 175
  6.4.3 案例编程 ··············· 176
  6.4.4 案例测试 ··············· 178
 6.5 HTTP 二进制类型响应案例 ········ 178
  6.5.1 案例功能 ··············· 179
  6.5.2 案例设计 ··············· 179
  6.5.3 案例编程 ··············· 179
  6.5.4 案例测试 ··············· 182

第 7 章 HTTP 会话跟踪编程 ············· 184

 7.1 Web 会话基础 ··············· 184
  7.1.1 会话的概念 ············· 184
  7.1.2 会话跟踪的概念 ··········· 185
  7.1.3 Jakarta EE Web 会话跟踪方法 ··· 185
 7.2 URL 重写 ················· 186

7.2.1 URL 重写实现 …… 186
7.2.2 URL 重写的缺点 …… 187
7.3 隐藏域表单元素 …… 187
7.3.1 隐藏域表单元素实现 …… 187
7.3.2 隐藏域表单元素的缺点 …… 188
7.4 Cookie …… 188
7.4.1 Cookie 的概念 …… 189
7.4.2 Jakarta EE Web 规范 Cookie API …… 189
7.4.3 将 Cookie 保存到客户端 …… 191
7.4.4 Web 服务器读取客户端保存的 Cookie 对象 …… 192
7.4.5 Cookie 的缺点 …… 194
7.5 Jakarta EE 会话对象 …… 194
7.5.1 会话对象的类型和取得 …… 194
7.5.2 会话对象的功能和方法 …… 195
7.5.3 会话对象的生命周期 …… 199
7.5.4 会话 ID 的保存方式 …… 200
7.6 会话对象验证码生成使用案例 …… 203
7.6.1 业务描述 …… 203
7.6.2 案例设计与编程 …… 203
7.6.3 案例测试 …… 210

第 8 章 ServletContext 和 Web 配置 …… 213
8.1 Web 应用环境对象 …… 213
8.1.1 Web 应用环境对象的类型和取得 …… 213
8.1.2 服务器环境对象的生命周期 …… 214
8.1.3 服务器环境对象的功能和方法 …… 215
8.2 Jakarta EE Web 的配置 …… 219
8.2.1 配置文件和位置 …… 219
8.2.2 Web 级初始参数配置 …… 219
8.2.3 Web 应用级异常处理配置 …… 221
8.2.4 MIME 类型映射配置 …… 222
8.2.5 会话超时配置 …… 223
8.2.6 外部资源引用配置 …… 223
8.3 Servlet 级配置对象 ServletConfig …… 223
8.3.1 配置对象类型和取得 …… 224
8.3.2 ServletConfig 功能和方法 …… 224
8.3.3 ServletConfig 对象应用案例 …… 225
8.4 转发 …… 227
8.4.1 转发实现 …… 228

　　　　8.4.2　转发与重定向的区别 ……………………………………………… 231
　　　　8.4.3　转发编程注意事项 ………………………………………………… 232
　　8.5　ServletContext 应用案例 ……………………………………………………… 232
　　　　8.5.1　案例设计与编程 …………………………………………………… 232
　　　　8.5.2　案例部署与测试 …………………………………………………… 237

第 9 章　Jakarta EE 过滤器 …………………………………………………………… 240

　　9.1　过滤器概述 ……………………………………………………………………… 240
　　　　9.1.1　过滤器概念 ………………………………………………………… 240
　　　　9.1.2　过滤器的基本功能 ………………………………………………… 241
　　9.2　Jakarta EE 过滤器 API ………………………………………………………… 241
　　　　9.2.1　Filter 接口 …………………………………………………………… 242
　　　　9.2.2　FilterChain 接口 …………………………………………………… 242
　　　　9.2.3　FilterConfig 接口 …………………………………………………… 243
　　9.3　Jakarta EE 过滤器编程和配置 ………………………………………………… 244
　　　　9.3.1　Jakarta EE 过滤器编程 …………………………………………… 244
　　　　9.3.2　Jakarta EE 过滤器配置 …………………………………………… 246
　　　　9.3.3　Jakarta EE 过滤器生命周期 ……………………………………… 251
　　9.4　过滤器主要过滤任务 …………………………………………………………… 252
　　　　9.4.1　处理 HTTP 请求 …………………………………………………… 252
　　　　9.4.2　处理 HTTP 响应 …………………………………………………… 252
　　　　9.4.3　阻断 HTTP 请求 …………………………………………………… 253
　　9.5　用户登录验证过滤器案例 ……………………………………………………… 253
　　　　9.5.1　案例功能描述 ……………………………………………………… 253
　　　　9.5.2　案例设计与编程 …………………………………………………… 254
　　　　9.5.3　案例过滤器测试 …………………………………………………… 258
　　9.6　修改响应头和响应体的过滤器案例 …………………………………………… 258
　　　　9.6.1　案例功能描述 ……………………………………………………… 258
　　　　9.6.2　案例设计与编程 …………………………………………………… 259
　　　　9.6.3　案例过滤器测试 …………………………………………………… 261

第 10 章　Jakarta EE 监听器 ………………………………………………………… 263

　　10.1　监听器概述 …………………………………………………………………… 264
　　　　10.1.1　监听器概念 ……………………………………………………… 264
　　　　10.1.2　监听器基本功能 ………………………………………………… 264
　　10.2　监听器类型 …………………………………………………………………… 265
　　10.3　ServletContext 对象监听器 ………………………………………………… 265
　　　　10.3.1　ServletContext 对象监听器概述 ……………………………… 265
　　　　10.3.2　ServletContext 对象监听器编程 ……………………………… 266

10.3.3　ServletContext 对象监听器配置 ······ 267
　　10.3.4　ServletContext 对象监听器应用 ······ 268
10.4　ServletContext 对象属性监听器 ······ 269
　　10.4.1　ServletContext 对象属性监听器概述 ······ 269
　　10.4.2　ServletContext 对象属性监听器编程 ······ 270
　　10.4.3　ServletContext 对象属性监听器配置 ······ 271
　　10.4.4　ServletContext 对象属性监听器应用 ······ 271
10.5　HttpSession 会话对象监听器 ······ 271
　　10.5.1　HttpSession 会话对象监听器概述 ······ 271
　　10.5.2　HttpSession 会话对象监听器编程 ······ 272
　　10.5.3　HttpSession 会话对象监听器配置 ······ 273
　　10.5.4　HttpSession 会话对象监听器应用 ······ 273
10.6　HttpSession 会话对象属性监听器 ······ 273
　　10.6.1　HttpSession 会话对象属性监听器概述 ······ 273
　　10.6.2　HttpSession 会话对象属性监听器编程 ······ 274
　　10.6.3　HttpSession 会话对象属性监听器配置 ······ 275
　　10.6.4　HttpSession 会话对象属性监听器案例 ······ 275
10.7　HttpServletRequest 请求对象监听器 ······ 277
　　10.7.1　HttpServletRequest 请求对象监听器概述 ······ 277
　　10.7.2　HttpServletRequest 请求对象监听器编程 ······ 278
　　10.7.3　HttpServletRequest 请求对象监听器配置 ······ 278
　　10.7.4　HttpServletRequest 请求对象监听器案例 ······ 278
10.8　HttpServletRequest 请求对象属性监听器 ······ 279
　　10.8.1　HttpServletRequest 请求对象属性监听器概述 ······ 279
　　10.8.2　HttpServletRequest 请求对象属性监听器编程 ······ 280
10.9　管理在线用户和单击次数的监听器案例 ······ 281
　　10.9.1　案例设计与编程 ······ 281
　　10.9.2　案例部署和测试 ······ 287

第 11 章　JSP 基础 ······ 289

11.1　JSP 概述 ······ 289
　　11.1.1　JSP 概念 ······ 289
　　11.1.2　JSP 与 Servlet 的比较 ······ 290
　　11.1.3　JSP 工作流程 ······ 290
　　11.1.4　JSP 组成 ······ 291
11.2　JSP 指令 ······ 291
　　11.2.1　指令语法和类型 ······ 291
　　11.2.2　page 指令 ······ 291
　　11.2.3　include 指令 ······ 293

11.2.4 taglib 指令 …… 296
11.3 JSP 动作 …… 297
    11.3.1 JSP 动作语法和类型 …… 297
    11.3.2 include 动作 …… 298
    11.3.3 useBean 动作 …… 300
    11.3.4 setProperty 动作 …… 302
    11.3.5 getProperty 动作 …… 302
    11.3.6 forwarded 动作 …… 303
    11.3.7 param 动作 …… 303
11.4 JSP 脚本 …… 304
    11.4.1 JSP 脚本类型 …… 304
    11.4.2 代码脚本 …… 304
    11.4.3 表达式脚本 …… 306
    11.4.4 声明脚本 …… 306
    11.4.5 注释脚本 …… 307
11.5 JSP 内置对象 …… 308
    11.5.1 请求对象 request …… 308
    11.5.2 响应对象 response …… 310
    11.5.3 会话对象 session …… 310
    11.5.4 应用服务器对象 application …… 311
    11.5.5 页面对象 page …… 313
    11.5.6 页面环境对象 pageContext …… 314
    11.5.7 输出对象 out …… 315
    11.5.8 异常对象 exception …… 315
    11.5.9 配置对象 config …… 316
11.6 JSP 应用案例 …… 317
    11.6.1 案例设计与编程 …… 317
    11.6.2 案例部署和测试 …… 321

第 12 章 EL 与 JSTL …… 323

12.1 EL 基础 …… 323
    12.1.1 EL 基本概念 …… 324
    12.1.2 EL 基本语法 …… 324
    12.1.3 EL 运算符 …… 327
    12.1.4 EL 内置对象访问 …… 328
12.2 JSTL 基础 …… 329
    12.2.1 JSTL 的功能 …… 330
    12.2.2 JSTL 标记类型 …… 330
    12.2.3 JSTL 引入 …… 330

12.3 JSTL 核心标记 ……………………………………………… 331
12.3.1 核心基础标记 ………………………………………… 331
12.3.2 逻辑判断标记 ………………………………………… 334
12.3.3 循环遍历标记 ………………………………………… 337
12.3.4 URL 地址标记 ………………………………………… 340
12.4 JSTL 格式输出和 I18N 标记 ………………………………… 340
12.4.1 数值输出格式标记 …………………………………… 340
12.4.2 日期输出格式标记 …………………………………… 342
12.4.3 国际化 I18N 标记 …………………………………… 345
12.5 JSTL 数据库标记 ……………………………………………… 349
12.5.1 ＜sql:setDataSource＞标记 ………………………… 350
12.5.2 ＜sql:query＞标记 …………………………………… 351
12.5.3 ＜sql:update＞标记 …………………………………… 353
12.6 JSTL 应用案例 ………………………………………………… 354
12.6.1 案例功能简述 ………………………………………… 354
12.6.2 组件设计与编程 ……………………………………… 355
12.6.3 案例部署和测试 ……………………………………… 358

第 13 章 命名服务 JNDI 编程 ………………………………………… 360
13.1 命名目录服务基本知识 ……………………………………… 360
13.1.1 命名服务的基本概念 ………………………………… 360
13.1.2 命名服务的基本功能 ………………………………… 361
13.1.3 目录服务的基本概念 ………………………………… 362
13.1.4 目录服务的基本功能 ………………………………… 363
13.1.5 常见的目录服务 ……………………………………… 363
13.2 Java 命名目录服务接口 JNDI ………………………………… 364
13.2.1 JNDI 基础 ……………………………………………… 364
13.2.2 JNDI API 组成 ………………………………………… 364
13.3 命名服务 JNDI 编程 …………………………………………… 365
13.3.1 命名服务 API ………………………………………… 366
13.3.2 命名服务连接 ………………………………………… 366
13.3.3 命名服务注册编程 …………………………………… 367
13.3.4 命名服务注册对象查找编程 ………………………… 367
13.3.5 命名服务注册对象注销编程 ………………………… 368
13.3.6 命名服务注册对象重新注册编程 …………………… 368
13.3.7 命名服务子目录编程 ………………………………… 369

第 14 章 数据库服务 JDBC 编程 ……………………………………… 372
14.1 JDBC 基础概念和框架结构 …………………………………… 372

    14.1.1　JDBC 基本概念 ·· 372
    14.1.2　JDBC 框架结构 ·· 373
  14.2　JDBC 驱动类型 ·· 373
    14.2.1　TYPE 1 类型 ··· 374
    14.2.2　TYPE 2 类型 ··· 376
    14.2.3　TYPE 3 类型 ··· 377
    14.2.4　TYPE 4 类型 ··· 377
  14.3　JDBC API ··· 378
    14.3.1　java.sql.DriverManager ··· 378
    14.3.2　java.sql.Connection ·· 379
    14.3.3　java.sql.Statement ·· 380
    14.3.4　java.sql.PreparedStatement ··································· 381
    14.3.5　java.sql.CallableStatement ···································· 382
    14.3.6　java.sql.ResultSet ··· 383
  14.4　JDBC 编程 ·· 386
    14.4.1　SQL DML 编程 ·· 386
    14.4.2　SQL SELECT 语句编程 ··· 388
    14.4.3　调用数据库存储过程编程 ··· 389
  14.5　JDBC 连接池 ··· 390
    14.5.1　连接池基本概念 ·· 390
    14.5.2　连接池的管理 ··· 390
    14.5.3　Tomcat 连接池配置 ·· 392
  14.6　JDBC 新特性 ··· 393

第 15 章　Jakarta Mail 编程 ·· 395

  15.1　Mail 基础 ·· 395
    15.1.1　电子邮件系统结构 ·· 396
    15.1.2　电子邮件协议 ··· 397
  15.2　Jakarta Mail API ·· 398
    15.2.1　Jakarta Mail API 概念 ·· 398
    15.2.2　Jakarta Mail API 框架结构 ······································ 398
    15.2.3　Maven 项目引入 Jakarta Mail API 依赖 ····················· 398
    15.2.4　Jakarta Mail API 主要接口和类 ································ 399
    15.2.5　Jakarta Mail 的基本编程步骤 ··································· 402
  15.3　Jakarta Mail 发送邮件编程实例 ·· 403
    15.3.1　发送纯文本邮件 ·· 404
    15.3.2　发送 HTML 邮件 ··· 405
    15.3.3　发送带附件的邮件 ··· 407
  15.4　Jakarta Mail 接收邮件编程实例 ·· 409

  15.4.1 接收纯文本邮件 …… 410
  15.4.2 接收带附件的邮件 …… 411

第 16 章 Jakarta EE 企业级应用 MVC 模式 …… 415

16.1 MVC 模式概述 …… 415
  16.1.1 MVC 模式结构 …… 415
  16.1.2 基于 Jakarta EE 的 MVC 模式结构 …… 418
  16.1.3 Model 层设计 …… 419
  16.1.4 持久层 DAO 设计 …… 421
  16.1.5 业务层 Service 设计 …… 424
  16.1.6 控制层 Controller 设计 …… 427
  16.1.7 表示层 View 设计 …… 428

16.2 企业 OA 的员工管理系统 MVC 模式应用实例 …… 432
  16.2.1 项目功能描述 …… 432
  16.2.2 项目结构设计与代码编程 …… 432
  16.2.3 项目部署与测试 …… 444
  16.2.4 案例项目开发总结 …… 446

第 17 章 Jakarta EE REST API 编程 …… 447

17.1 REST API 概述 …… 448
  17.1.1 API 概念 …… 448
  17.1.2 RESTAPI 概念 …… 448

17.2 REST API 的组成元素 …… 449

17.3 JSON 概述 …… 450
  17.3.1 JSON 概念 …… 450
  17.3.2 JSON 的数据格式 …… 450

17.4 Jakarta EE 实现 REST API …… 451
  17.4.1 Jakarta EE 实现 REST API 的依赖库引入 …… 451
  17.4.2 Jakarta EE REST API 接收客户端 JSON 处理 …… 453
  17.4.3 Jakarta EE REST API 发送 JSON 给客户端处理 …… 461

17.5 REST API 测试工具 …… 462

17.6 Postman 测试 REST API …… 463

参考文献 …… 470

第1章　Jakarta EE概述

　本章要点

- 软件开发现状
- Jakarta EE 概念
- Jakarta EE 容器规范
- Jakarta EE 组件规范
- Jakarta EE 服务规范
- Jakarta EE 通信协议规范
- Jakarta EE 角色规范
- Jakarta EE 体系结构

1.1　软件开发现状和发展趋势

1.1.1　软件开发现状

当今世界已经全面进入数字世界,各种数字设备时刻伴随我们的生活,尤其是移动互联网的普及,大多数人都拥有智能手机,可以时刻访问互联网,使用微信、抖音、快手等。现在的软件开发人员不但要开发传统的计算机上运行的软件系统,还要为各种数字设备编程,如手机、平板、物联网(IoT)设备、生产过程控制设备等。这些都使得软件无所不在,无处不有,离开软件,我们每个人的生活都会受到无法想象的影响。

未来随着社会的进步,人类将更加依赖软件,需要大批软件开发人才来维持整个世界的正常运转。当今的软件开发也不像从前那样一个人或几个人就可以编写出来,其功能之丰富、结构之复杂、工程之浩大都超出我们的想象,需要大规模的团队协作才能完成,另外现在软件的开发周期在急剧缩短,这就需要使用标准的技术、统一的架构、成熟的框架来加快开发进度和编程质量。

当今软件开发现状有如下特点。

(1) 面向 Internet 应用。软件应用系统已经全面从 C/S(Client/Server,客户机/服务器)应用向面向 Internet 的 B/S(Browser/Server,浏览器/服务器)应用转移,Web 开发技术是软件从业者必须掌握的,如静态 Web 技术 HTML(Hyper Text Markup Language,超文本标记语言)、CSS(Cascading Style Sheets,层叠样式表)、JavaScript、XML(Extensible Markup Language,可扩展标记语言)、DOM(Document Object Model,文档对象模型)和 AJAX,动态 Web 技术如 JSP(Java Server Pages,Java 服务器页面)、JSF(Java Server Faces,Java 服务器界面)、ASP.NET 和 PHP 等。

(2)面向对象方法和编程。将复杂系统简单化的最好途径就是使用面向对象(Object Oriented)思想。软件企业已全面采用面向对象分析(Object Oriented Analysis,OOA)、面向对象设计(Object Oriented Design,OOD)和面向对象编程(Object Oriented Programming,OOP)。面向对象软件开发过程技术全面应用,如 UML(Unified Modeling Language,统一建模语言)、RUP(Rational Unified Process,统一软件开发过程)技术全面普及。同时软件开发语言全面采用面向对象编程,语法结构上也趋于标准化,如 Java、Python、C#、C++等编程语言,其语法结构类似,便于软件开发人员学习和掌握。

(3)采用标准的体系结构和平台。软件开发技术和运行平台标准化,使得软件开发和部署统一化、标准化、一次开发,到处运行,对软件企业节约运维成本,以及开发人员提高开发效率都具有重大意义,有利于软件开发成本降低和应用系统间的互操作性。从原来 Sun 公司的 Java EE,发展到现在 Eclipse Jakarta EE,这些标准化的体系架构已经成为软件企业开发企业级应用普遍采用的标准。

(4)组件化和工厂化流水线开发方式。将整个软件系统拆分设计和编程为一个个独立的组件(Component),类似于机械制造领域的零件,通过软件工厂的流水线作业方式制造出来,最后通过配置组装方式组成大的软件系统,已经成为软件公司开发软件的标准做法。

(5)可视化建模。图形化系统分析和设计有效改进了软件开发人员的交流和协作,UML 和建模工具的使用极大地加快了软件的开发进度。

(6)框架技术的全面使用。为加快软件项目开发进度,应尽可能使用现有的组件,而不是从头开发软件项目。这已经成为软件行业最普遍的做法,尤其是各种开源框架技术的普及,减小了软件项目的开发难度,加快了软件项目的开发进度,并且大部分框架都是开源的,可以免费使用,不存在授权或专利的限制,极大降低了企业的软件开发成本。目前针对各种任务都有专门的组件框架,如完成持久化的 MyBatis、Hibernate,开发分布式微服务的 Spring、Spring Boot、Spring Cloud,MVC 模式的 Spring MVC、Spring Web Flow 等,前端应用开发的 Vue、Angular、React 等,掌握这些框架技术已经成为软件开发人员的基本技能。

综上所述,当今软件开发的特点就是 Web 化、对象化、标准化、组件化、图形化、工厂化和框架化。

1.1.2 未来发展趋势

软件技术发展迅速,新技术层出不穷,这使广大软件开发人员面临巨大挑战。据权威专家预测,未来几年软件将会在以下几方面具有较大的发展。

1. 微服务

微服务架构(Microservice Architecture)是一种架构概念,是指开发应用所用的一种架构形式。通过微服务,可将大型应用分解成多个独立的组件,其中每个组件都有各自的功能任务。在处理一个用户请求时，基于微服务的应用可能会调用许多内部微服务来共同生成其响应。在微服务架构中，每个微服务都是独立的服务，每个微服务都通过简单的接口，如HTTP 和 REST API 与其他服务通信，共同协作完成业务的处理。

当前企业在开发软件项目时基本上采用微服务架构，并将其部署在公有云或私有云上。华为云、阿里云、百度云和腾讯云等主流云服务提供商都提供云服务以供客户部署微服务项目。

2. 容器化

随着现代应用程序不断演化，容器化（Containerization）技术已经成为软件开发和部署的重要组成部分。软件容器化是借鉴运输行业的集装箱技术演化而来的，运输行业将不同类型的货物都使用标准尺寸的集装箱装载，可以使运输工具和运输过程标准化、规范化。软件容器化技术是一种虚拟化形式，它允许开发人员在标准的容器中打包应用程序和其所有依赖项，使用统一和标准的方式将容器部署到不同的云平台，从而实现跨不同环境的可移植性和一致性。容器是轻量级、可快速启动和停止的，因此非常适合云原生应用开发和微服务架构。目前 Docker 和 Kubernetes 这两个容器平台成为绝大多数微服务项目的标准化部署平台。

容器化具有以下优点，可以方便和加快开发人员构建和部署现代应用软件。

(1) 便携。软件开发人员使用容器化在多个环境中部署应用程序，而无须重新编写程序代码。软件开发人员只需构建一个应用程序，并将其部署到多个操作系统中即可。例如，可在 Linux 和 Windows 操作系统上运行相同的容器。开发人员还可使用容器将传统应用程序代码升级到现代版本进行部署。

(2) 可扩展。容器是可以高效运行的轻量级软件组件。例如，虚拟机可以更快地启动容器化应用程序，因其不需要引导操作系统。因此，软件开发人员可以轻松地在单个计算机上为不同的应用程序添加多个容器。容器集群使用共享的操作系统计算资源，并且一个容器不会干扰其他容器的运行。

(3) 容错。软件开发团队可以使用容器构建容错应用程序，他们同时使用多个容器在云上运行微服务，由于容器化的微服务在独立的用户空间中运行，因此单个容器故障不会影响其他容器，提高了应用程序的弹性和可用性。

(4) 敏捷。容器化应用程序在独立的计算环境中运行。软件开发人员可以进行故障排除并更改应用程序代码，而不会干扰操作系统、硬件或其他应用程序服务。因此，可以缩短软件发布周期，并使用容器技术进行快速的项目更新。

3. Cloud Native

Cloud Native（云原生）是基于分布部署和统一运管的分布式云，以容器、微服务、DevOps 等技术为基础建立的一套云技术产品体系。当今越来越多的企业已经开始大规模地"拥抱云"，在云环境下开发应用、部署应用及发布应用等。与此对应的，未来越来越多的开发者也将采用 Cloud Native 开发应用。

云计算可以实现成本节约和项目的开发部署敏捷性，尤其是云计算的基础设施更加廉价。随着云计算的不断发展，企业开始采用基础架构即服务（Infrastructure as a Service，IaaS）和平台即服务（Platform as a Service，PaaS），并利用它们构建利用云的弹性和可伸缩性的应用程序，同时也能够满足云环境下的容错性。

Cloud Native 适应微服务开发、测试、部署、发布的整个流程。

云供应商为迎合市场，提供了满足各种场景方案的 API(Application Program Interface，应用程序接口)，如用于定位的 Google Maps、用于社交协作的认证平台、用于人脸识别的百度 API 等。将这些 API 与企业业务的特性和功能混合在一起，可以快速构建企业自己的云应用项目，不需要自己从头开发。

所有这些整合都在 API 层面进行，这意味着不管是移动应用还是传统的桌面应用，都能无缝集成。所以，基于 Cloud Native 开发的应用都具备极强的可扩展性。

软件不可能不出现故障。传统的企业级开发方式需要有专职人员对企业应用进行监控与维护；而在 Cloud Native 架构下，底层服务或者 API 都将部署到云中，相当于将繁重的运维工作转移给了云平台供应商，这意味着客户应用将得到更加专业的看护，同时也节省了运维成本。

Jakarta EE 的官网首页就明确指明 Jakarta EE 10 规范就是 OPEN, COMMUNITY-DRIVEN INNOVATION DRIVING THE FUTURE OF CLOUD NATIVE JAVA TECHNOLOGIES，即全面驱动未来 Cloud Native 应用的开发和部署。因此，未来企业级软件项目开发从 Java EE 全面转向 Jakarta EE 是必然趋势。

1.2　Jakarta EE 概念

为促进 Internet 应用规范化和标准化，Sun 公司在 Java 标准版 J2SE 的基础上，发布了面向 Web 应用的企业级软件开发标准规范 Java 2 Enterprise Edition(J2EE)，并在 2005 年 J2EE 5.0 发布之后，将其改名为 Java EE 5.0。从 Java EE 8 版本开始，Sun 公司的并购者 Oracle 公司将 Java EE 捐献给了 Eclipse 软件基金会，将 Java EE 变成开源项目。但是 Oracle 公司不同意 Eclipse 软件基金会使用 Java 的商标，因此 Eclipse 基金会不得不将 Java EE 改名为 Jakarta EE，并将规范中原有的接口和类的包名从 javax 开头全部转换为 jakarta 开头。这也是原有的服务器无法运行新的 Jakarta EE 应用的主要原因，其只能使用最新的符合 Jakarta EE 的服务器产品。

Jakarta EE 版本的发布初期，Jakarta EE 8 与 Java EE 8 并存，以实现并轨存在。此后 Java EE 9 将不再发布，全部转向 Jakarta EE 9。目前最新版是 Jakarta EE 10，其 11 版将很快发布，故本书选择 Jakarta EE 10 作为讲解 Jakarta EE 的基础。

1.2.1　Jakarta EE 定义

按照 Sun 公司的定义，Java EE 是基于 Java SE 标准版的开发以服务器为中心的企业级应用的一组相关技术和规范，将 Java 平台的企业级软件的开发、部署和管理实现规范化、标准化，可以实现减少开发费用，降低软件复杂性，加快项目交付等目标。Jakarta EE 是 Java EE 规范的延续和扩展，实现了 Java EE 的所有规范，并新增了适应现代软件面向 Cloud Native、Micro Service 等的多个规范。

Jakarta EE 是开发企业级应用的平台标准，用于开发分布式应用、Web 应用、EJB 应用等。Jakarta EE 完全符合软件开发发展趋势，即标准化、组件化、Web 化、API 化、组装化、工厂化和容器化,是Java语言和平台发展的必然成果,适应了当今软件开发的最新需求。

Jakarta EE不是编程语言,其只是一个规范和标准,规定了开发符合企业级应用项目的所必须遵循的标准和约定。所有开发者都遵循该规范,使得软件开发逐渐形成了标准化的流程和方法,加快了企业级应用的开发效率。

Jakarta EE定位于开发高端的企业级应用,并运行在高端服务器(High-End Server)上,这是它与另外两个Java平台(Java SE和Java ME)的重要区别。Jakarta EE在软件开发中的定位参见图1-1所示的Enterprise Edition。

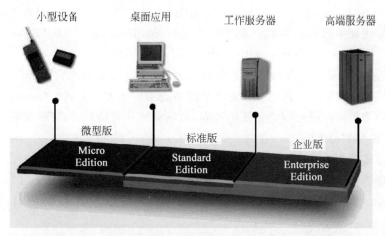

图1-1 Java EE和Jakarta EE在企业级应用开发中的定位

Jakarta EE延续了Java EE的企业级应用平台开发规范,对Java EE进行了全面的升级和扩充。为适应软件开发的发展趋势,增加了Cloud Native、消息队列服务、依赖注入CDI(Context Dependency Injection,上下文和依赖注入)等全新特性,简化了企业级应用软件的开发,适应了未来软件云端化、容器化、微服务化的需求。

Jakarta EE应用与Java EE一样,需要Java SE作为基础。需要注意的是并没有Jakarta SE存在,也没有Jakarta ME,Eclipse只定义了Jakarta EE规范,Java SE依然在Oracle公司的控制之下。

1.2.2 Jakarta EE规范

Jakarta EE继承了原有Java EE的所有规范,这些规范规定了面向Internet的企业级软件应用的组成部分和各组成部分之间的通信协议。Jakarta EE具体包含如下规范。

(1) 容器(Container)规范。容器是组件的运行环境,负责组件的生命周期管理和调用,Jakarta EE规范定义了各种组件的容器类型及每种容器提供的服务。

(2) 组件(Component)规范。组件是Jakarta EE应用的标准化部件,完成系统的业务和逻辑功能。在Jakarta EE应用中,组件运行在容器内,由容器管理组件的创建、调用和销毁整个生命周期。在Jakarta EE应用中,组件之间不能直接调用,必须通过容器才能完成。

(3) 服务(Service)规范。服务规范规定了Jakarta EE应用连接各种外部资源的标准接口API,简化了连接不同类型外部资源的设计与编程,例如,JDBC(Java DataBase Connectivity,Java数据库连接)API提供了连接数据库的标准接口,可以使用统一的方法连接到各种数据库中,不论是Oracle、SQL Server还是MySQL,使用JDBC API操作这些数据库的编程是相同的。类似地,JMS(Java Message Service,Java 消息服务) API 可以连接各种外部的消息服务系统,JNDI(Java Naming and Directory Interface,Java 命名和目录接口)API 服务可以连接各种命名服务系统。

(4) 通信协议规范。通信协议规范定义了运行在不同容器内的 Jakarta EE 组件之间实现相互调用所需的通信协议。例如,访问 Jakarta EE 的 Web 容器内运行的组件需要使用 HTTP(Hyper Text Transfer Protocol,超文本传送协议)或 HTTPS(Hyper Text Transfer Protocol Secure,超文本传送安全协议),访问 EJB 容器内运行的组件需要使用 RMI-IIOP(Remote Method Invocation over the Internet Inter-ORB Protocol,远程方法调用和互联网内部对象请求代理协议),访问邮件系统需要使用 SMTP(Simple Mail Transfer Protocol,简单邮件传送协议)和 POP(Post Office Protocol,邮局协议)。

(5) 开发角色规范。企业级软件系统结构复杂,系统规模庞大,代码编程量巨大,因此开发企业级软件需要不同角色的开发者和管理者分工协作才能完成。Jakarta EE 规范定义了 7 种不同的角色合作进行应用系统的开发,确保系统开发高效而有序,提高了软件的开发效率,避免软件开发的失败。

Jakarta EE 规范的版本包括 Jakarta EE 8、9、9.1、10,以及最新版的 11。Jakarta EE 8 的发布日期是 2019 年 11 月 10 日,版本 9 的发布日期是 2020 年 12 月 8 日,版本 9.1 的发布日期是 2021 年 5 月 25 日,Jakarta EE 10 的发布日期为 2022 年 9 月 22 日(图 1-2)。

图 1-2　Jakarta EE 10 的发布公告截图

从 Jakarta EE 各个版本发布的主题词可以看到,Jakarta EE 为适应软件发展趋势而在不断地进行改进和扩展。

Jakarta EE 8 Released! The Jakarta EE 8 release is here, the future of Java EE. Download compatible products and see what's new in the specifications.

Jakarta EE 8 展示的是它只是未来的 Java EE。

Jakarta EE 9 Released! The Jakarta EE 9 release is here, the future of Java EE. Download compatible products and see what's new in the specifications.

Jakarta EE 9 的发布主题词与 Jakarta EE 8 完全一样,仍说明其是未来的 Java EE。

Jakarta EE 9.1,The Jakarta EE Working Group Releases Jakarta EE 9.1 as Industry Continues to Embrace Open Source Enterprise Java.

Jakarta EE 9.1 进一步昭示了其拥抱开源的企业 Java 标准。

Jakarta EE 10,An Open, community-driven innovation driving the future of cloud native Java technologies.

Jakarta EE 10 的发布主题词则宣布了全新的创新理念,即面向未来 Could Native Java 应用的开发和部署,版本 10 新增的特性比较多。

按照 Jakarta EE 10 Platform 的规范,其系统组成架构如图 1-3 所示,包括容器、组件、服务 API 和通信协议。开发者角色规范没有体现在图 1-3 中,这是因为其不是系统架构的一部分。

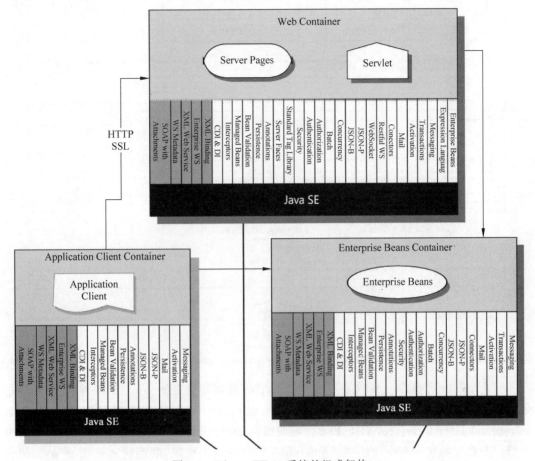

图 1-3 Jakarta EE 10 系统的组成架构

1.3 Jakarta EE 容器规范

容器是运行软件组件的环境对象,提供了组件运行所需要的服务,并管理组件的创建、调用和销毁整个生命周期。在 Jakarta EE 规范中,所有 Jakarta EE 组件都由容器来创建和销毁,由容器管理组件的使用,简化了企业级软件开发中复杂的对象管理事务,克服了 C++ 语言内存泄漏的致命缺陷,减轻了软件开发人员的负担。

按照组件的工作和管理方式,Jakarta EE 规范定义了 4 种容器类型,如图 1-4 所示。

Jakarta EE 规范定义了如下类型的容器。

(1) 客户端应用容器(Application Client Container)。客户端应用容器是普通 Java SE 的 JVM,驻留在客户端,管理和运行客户 JavaBean 组件。此容器可以不属于 Jakarta EE,Jakarta EE 只是将其纳入自己的规范之内,进行统一的约定。客户端应用容器只能运行 JavaBean 组件。

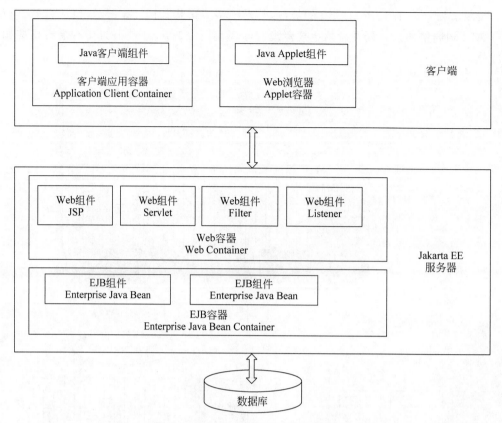

图 1-4　Jakarta EE 规范中的容器类型

（2）Applet 容器（Applet Container）。Applet 容器就是安装 Java SE 插件的 Web 浏览器，驻留在客户端，管理和运行 Java Applet 组件，使 Web 具有丰富的图形用户界面（Graphical User Interface，GUI）和事件响应机制，进而开发出具有极高交互性的 Web 应用系统。现在已经很少有企业使用 Applet 开发客户端应用程序，取而代之是基于 Web 的前端框架，如 Vue、Angular 和 React。

（3）Web 容器（Web Container）。Web 容器管理 Web 组件的运行和调用。Jakarta EE 定义了 Servlet、JSP、Filter、Listener、JSF 等 Web 组件，这些组件可以产生动态 Web 内容，结合数据库技术，用于动态 Web 应用的开发。Web 容器运行在符合 Jakarta EE Web 容器规范的应用服务器中，如 Tomcat、GlassFish、WildFly 等。Web 容器驻留在服务器端，外部应用可以通过 HTTP 和 HTTPS 与 Web 容器通信，进而访问 Web 容器内运行的 Web 组件。

（4）EJB 容器（EJB Container）。EJB 容器管理企业级 JavaBean 组件的生命周期和方法调用。Jakarta EE 规范定义了两种运行在 EJB 容器内的组件：会话 EJB（Session EJB）和消息驱动 EJB（Message EJB）。原有 Java EE 规范中的实体 EJB（Persist EJB）规范在新版 Jakarta EE 中已经被 JPA（Java Persistence API，Java 持久化 API）服务取代。EJB 容器运行在符合 JavaEE 的应用服务器内，驻留在服务器端。其他组件通过 RMI-IIOP 与 EJB 容器通信，通过 EJB 容器访问 EJB 组件的功能方法。

1.4 Jakarta EE 组件规范

Jakarta EE 组件规范规定组成企业级软件系统的基本组成单元是组件，整个软件系统由不同的组件组成，如 Web 组件、EJB 组件、客户组件、Applet 组件等。组件要求符合特定 Jakarta EE 的组件规范，对外发布服务接口。组件的调用者不需要了解组件的内部结构，只需通过特定的接口调用组件的功能，实现系统的业务功能。组件使用特定的配置信息进行配置，并在符合对应的 Jakarta EE 规范的服务器上部署和运行。例如 Web 组件需要按照 Web 组件规范配置，并运行在 Web 容器内。企业级项目中的各个组件通过指定的规范组装在一起，构成一个符合 Jakarta EE 规范的应用系统，进而部署和运行在任何符合 Jakarta EE 规范的服务器上。按编程模式、运行环境和实现功能不同，Jakarta EE 规范定义了 4 种类型的组件，如图 1-5 所示，从中可以了解 Jakarta EE 的组件类型和其所运行的容器环境。

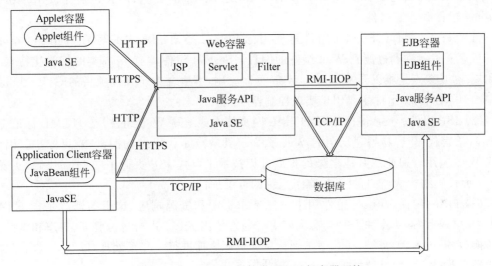

图 1-5 Jakarta EE 组件类型和运行容器环境

1. 客户端 JavaBean 组件

客户端 JavaBean 组件就是普通的 Java 类，基于 Java SE 平台，运行在客户端容器内，有自己独立的 JVM 空间。客户端组件一般用于客户端图形界面显示，采用 Java 图形框架 Swing 开发，可以远程调用 Web 组件和 EJB 组件。

2. 浏览器内的 Applet 组件

Applet 组件采用 Java Applet 框架技术开发，运行在 Applet 容器，即客户端 Web 浏览器，需要有 Java SE 的插件支持。Applet 编程重点也是 GUI，与 Swing 图形界面不同的是其运行在浏览器内，实现与用户的交互。Applet 通过 Jakarta EE 标准协议远程调用 Web 组件和 EJB 组件，协作完成分布式企业级软件应用开发。

目前客户端组件和 Applet 组件已经逐步被前端框架技术所取代，它们在 Jakarta EE 规范中的作用日益淡化。编者也不推荐在企业级应用中使用客户端 JavaBean 组件和 Applet 组件，而应该使用全新的前端框架技术，如 Vue、Angular 或 React 等。

3. Web 组件

Web 组件运行在服务器端的 Web 容器内，能接收 HTTP 请求并进行处理，产生动态的 Web 响应。Web 组件在近十几年的互联网应用中得到了广泛应用，一度成为 Java EE 和 Jakarta EE 的核心，目前全球许多 Web 应用是使用 Java EE 或 Jakarta EE 的 Web 组件开发的。

近几年来，开发人员逐渐发现 Web 组件开发过于烦琐和细化，因此在 Web 组件基础上发布了各种用于简化 Web 组件开发的框架和技术，前期比较著名有 Struts2 框架，最近几年则被 Spring MVC 取代。当今企业级 Web 应用都采用前端和后端分离的开发模式，后端采用 Jakarta EE 及对应的框架技术，如 MyBatis、Spring、Spring MVC、Spring Boot、Spring Cloud 等，实现 REST API 服务，供前端请求和调用；前端则采用面向组件（Web Component）技术的框架，如 Vue、Angular 和 React。

Jakarta EE 规范定义了如下类型的 Web 组件：Servlet 组件、JSP 组件、Filter 组件、Listener 组件和 JSF 组件。

（1）Servlet 组件。Servlet 组件是使用标准 Java 类语法模式编写的 Web 组件，可使 Java 程序开发者顺利过渡到 Web 组件的编程。Servlet 组件具有 Java 类的结构化特点、标准和规范，其缺点是难以开发复杂的 Web 页面应用，不适合用于开发项目的 GUI。Jakarta EE 项目中，Servlet 组件主要用于实现控制器功能。

（2）JSP 组件。JSP 使用编写 HTML 网页的方式编写 Web 组件，在 HTML 标记中嵌入 Java 语言代码，容易编写复杂的 Web 页面。其缺点是代码结构混乱，难以维护。因此，现代 Web 应用普遍使用其他框架的扩展标记技术来取代 JSP 页面中的 Java 代码，实现了 JSP 页面代码结构清晰的目标，提高了系统的可维护性。

（3）Filter 组件。Filter 组件用来过滤请求资源和资源响应，这里的资源是指 HTML 静态内容，或者 Servlet 和 JSP 动态内容等。通常使用 Filter 进行身份验证、日志和审计、图形转换、数据压缩、加密等，即在请求到达目标资源之前进行一些预处理，以及响应内容到达客户端之前进行一些后续处理。

Filter 采用 AOP（Aspect Oriented Programming，面向切面编程）模式，简化了 Web 的开发，实现了代码重用。

（4）Listener 组件。Listener 监听器组件就是能监听其他 Web 组件对象变化的对象。Jakarta EE 规范中的监听器可以监听 Web 服务器的启动和停止、客户登录和注销、用户在浏览器端对 Web 应用的请求等。Jakarta EE 提供了多种类型的监听器，用于实现不同目的的监听任务。

（5）JSF 组件。JSF 组件是一种用于构建 Java Web 应用程序的标准框架（是 Java Community Process 规定的 JSR-127 标准），提供了一种以组件为中心的用户界面（User Interface，UI）构建方法，简化了 Java 服务器端 GUI 应用程序的开发。在 Java Community Process（JCP）组织的推动下，JSF 在 Java EE 5 规范中被引入，Jakarta EE 的 Web 组件规范继续强化对 JSF 的支持。

由于 JSF 和 JSP 都是在服务器端生成 Web 页面，因此这种方式在现在的项目开发中已经很少使用。现在大都使用前端和后端分离开发模式，前端的系统界面显示使用前端框架技术完成，国内的软件企业基本上使用 Vue 框架技术编写企业级系统的 UI，已经很少使用

JSF 或 JSP 了，因此本书没有介绍 JSF 组件技术。

4. EJB 组件

EJB 组件运行在 Jakarta EE 服务器的 EJB 容器内，驻留在服务器端。Jakarta EE 其他类型组件通过 RMI-IIOP 协议与 EJB 容器通信，远程调用 EJB 的功能方法，协作完成企业的业务处理。

在 Java EE 5.0 之前，由于 EJB 设计过于庞大，因此 EJB 组件性能极差，难以适应企业级应用的大量并发用户访问，进而导致整个系统处理能力下降，遭到众多开发人员的指责。Spring 框架的发明者 Rod Johnson 特别针对 EJB 的缺点，开发了轻量级的企业组件管理技术 Spring，可以使用普通 JavaBean 组件完全取代 EJB 组件，速度快且占用系统资源少，同时具有 EJB 组件的所有功能和优点。

从 Java EE 5.0 开始，Sun 公司特别修改了原有 EJB 的设计规范，全面引入 Spring 框架思想和 Java SE 5.0 的注释编程技术，推出了 EJB 3 组件规范，实现了轻量化目标，结构简单，部署方便，调用容易，由此确立了新版 EJB 在大型企业软件项目开发中的地位。Jakarta EE 继续对 EJB 组件提供了兼容性支持。

由于现在企业级应用开发中普遍使用 Spring 框架技术，实现使用普通的 POJO（Plain Ordinary Java Object，简单的 Java 对象）组件就可以实现与 EJB 组件相同的功能，因此 EJB 组件在企业级应用开发中不再"受宠"，使用者甚少，本书也没有讲解 EJB 的编程和使用。需要了解 EJB 的读者可以参阅相关的文献和资料。

1.5　Jakarta EE 服务规范

任何软件系统都需要与外部资源进行通信和交互，完成对外部资源的数据处理，如数据库管理系统、消息服务系统、历史遗留软件应用系统，Jakarta EE 企业级应用更是如此。

为简化 Jakarta EE 组件与外部资源的交互和使用，Jakarta EE 提供了标准化的服务接口 API 来统一各种外部资源的访问和控制，简化了组件的编程，这也是 Java EE 及 Jakarta EE 广受欢迎的重要原因。根据外部资源的类型不同，Jakarta EE 提供了众多的服务 API，如图 1-6 所示。

下面简要介绍在 Jakarta EE 应用开发中常用的服务 API。实际上 Jakarta EE 10 提供了非常多的服务 API 规范，要详细了解所有服务 API，可参考 Jakarta EE 10 的 Specification 官方文档，该文档提供了 PDF 格式和 HTML 格式。HTML 格式的 Specification 官方文档的地址是 https://jakarta.ee/specifications/platform/10/jakarta-platform-spec-10.0.html#platform-overview，PDF 格式的 Specification 官方文档下载地址是 https://jakarta.ee/specifications/platform/10/jakarta-platform-spec-10.0.pdf。

1. Jakarta 事务 API

Jakarta 事务 API（Jakarta Transaction API，JTA）负责企业级应用中的事务处理编程。企业级应用中，事务处理是保证系统安全可靠的技术保障，如何保证事务的提交和回滚，是每个开发人员必须要考虑的问题。当业务逻辑中需要跨多个数据资源读/写时，使用传统的数据库内置的事务处理是无法完成的。JTA 引入了二阶段提交技术，保证了跨多个数据资

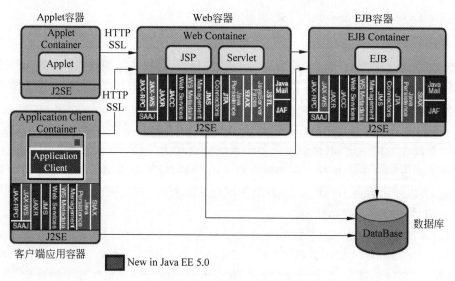

图 1-6 Jakarta EE 服务 API 组成

源的事务处理，维持了系统的一致性。

2. 数据库连接服务 API JDBC

JDBC 为 Jakarta EE 中的各种组件提供了操作数据库统一的编程接口，可以使组件无缝连接到各种数据库产品，消除了数据库之间的差异性，简化了对数据库的操作，提高了组件的开发效率。通过 JDBC 可以执行标准的 SQL 语句，也可以执行数据库内部的存储过程和函数，完成功能复杂的数据库操作。

3. 消息服务连接服务 API JMS

消息服务历来是企业级应用的关键技术之一，它通过异步调用方式完成多个应用之间的数据传输和方法调用，保证了分布式企业应用的可靠性。同时，消息服务降低了组件间的耦合程度，提高了系统的可维护性。JMS 可以使用统一的接口连接市场上流行的各种消息服务系统，如 IBM WebSphere MQ、BEA 的 Message、开源产品 ActiveMQ 等。

4. Jakarta 持久化 API

JPA(Jakarta Persistence API，Jakarta 持久化 API)通过 JDK 5.0 注解或 XML 方式描述对象与数据库关系表的映射关系，并将运行时的实体对象持久化到数据库中。

Sun 公司引入新的 JPA ORM(Object Relational Mapping，对象关系映射)规范出于两个原因：①简化现有 Java EE 和 Java SE 应用的对象持久化的开发工作；②Sun 公司希望整合各种 ORM 技术，实现 ORM 编程的标准化。

JPA 由 EJB 3.0 软件专家组开发，作为 JSR-220 实现的一部分。但 JPA 不局限于 EJB 3.0，还可以在 Web 应用，甚至桌面应用中使用。JPA 的宗旨是为 POJO 提供持久化标准规范。经过多年的改革和创新，JPA 已经能够脱离服务器的容器独立运行，使得持久化编程得以简化，部署更加方便。目前 Hibernate、TopLink 及 OpenJPA 都提供了 JPA 的实现，JPA 的总体思想和现有 Hibernate、TopLink、JDO(Java Data Object，Java 数据对象)等 ORM 框架完全一致。

Jakarta EE 的 JPA 继承了 Sun 公司的 JPA 服务规范，继续支持企业级应用的持久化编程。

5．JNDI 服务

JNDI 提供统一的接口，连接各种外部的命名和目录服务系统。命名和目录服务系统负责管理对象的生命周期，并对外提供检索对象的方法。Java 程序可以通过 JNDI 访问命名和目录服务系统，取得该系统中注册的对象。

在 Java 组件编程中，查找对象要比自己创建对象快得多，且得到是单实例共享对象，可节省系统所需资源，提高系统性能。因此，在 Java EE 组件编程中，一般将经常使用的、创建耗费时间较长的对象，如数据库连接对象，交给命名和目录服务系统进行管理。使用这些对象时，利用 JNDI 接口，连接到命名和目录服务系统，根据指定的 JNDI 名称即可得到此对象引用，无须创建该对象，节省了运行时间，提高了系统运行速度。

6．Jakarta 邮件 API

开发面向 Internet 的应用，发送和接收邮件是必须具备的功能。Jakarta EE 提供了 JavaMail API 来连接各种 Mail 服务器，使用统一标准的编程模式进行 Mail 的发送和接收，既可以发送和接收简单的纯文本类型邮件，又包括复杂的非纯文本邮件，甚至是有附件的邮件。

7．JAAS 服务

安全性是企业级应用设计和开发首先考虑的问题，以往在安全性开发方面最缺乏统一的标准，各种 Java EE 应用系统的安全性方案更是五花八门，缺少标准和一致性，尤其是数字认证方面。JAAS(Java Authentication and Authorization Service，Java 验证和授权服务)提供了灵活和可伸缩的机制来保证客户端或服务器端 Java 程序的安全性。Java 早期的安全框架是通过验证代码的来源和作者，来保护用户避免受到下载的代码的攻击。JAAS 则强调通过验证谁在运行代码及用户的权限来保护系统免受非法用户的攻击。JAAS 将一些标准的安全机制，如 Solaris NIS(Network Information Service，网络信息服务)、Windows NT、LDAP(Lightweight Directory Access Protocol，轻型目录访问协议)、Kerberos 等通过一种通用的、可配置的方式集成到系统中。

1.6　Jakarta EE 通信协议规范

按照 Jakarta EE 规范定义，各种 Jakarta EE 组件运行在 Jakarta EE 的容器内，组件之间不允许直接取得对象引用并直接调用，只能使用规定的通信协议通过与组件所在容器进行通信并请求目标组件。Jakarta EE 针对不同的容器指定了不同的通信协议，如图 1-7 所示。

1．HTTP

HTTP 用于传送 WWW(World Wide Web)的数据，其采用请求/响应模型。HTTP 请求过程中客户端向服务器发送一个请求，请求头包含请求的方法、地址 URL(Uniform Resource Locator，统一资源定位符)、协议版本，以及包含请求修饰符、客户信息，并使用类似 MIME (Multipurpose Internet Mail Extensions，多用途互联网邮件扩展)的消息结构。服务器以一个状态行作为响应，相应的内容包括消息协议的版本、成功或者错误编码并加上服务器信息、实体元信息及可能的其他响应内容。

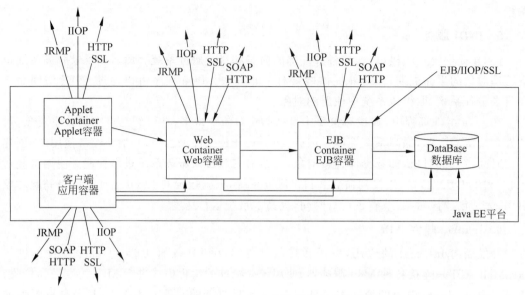

图 1-7　Jakarta EE 容器与组件通信协议

Jakarta EE 规范继续使用 HTTP 作为与 Web 容器通信的标准协议，延续了 Web 应用的标准化，使访问静态 HTML 网页和访问 Jakarta EE Web 组件 Servlet 和 JSP 都使用相同的 HTTP。

2. HTTPS

HTTPS 由 Netscape 开发并内置于其浏览器中，用于对数据进行压缩和解压操作，并返回网络上传送的结果。HTTPS 实际上应用了 Netscape 的安全套接层（Secure Sockets Layer，SSL）作为 HTTP 应用层的子层，HTTPS 使用端口 443，而不是像 HTTP 那样使用端口 80 来和 TCP（Transmission Control Protocol，传输控制协议）/IP（Internet Protocol，互联网协议）进行通信。SSL 使用 40 位关键字作为 RC4 流加密算法，这对于商业信息的加密是合适的。HTTPS 和 SSL 支持使用 X.509 数字认证，如果需要，用户可以确认发送者是谁。

3. RMI 协议

RMI（Remote Method Invocation，远程方法调用）是用 Java 在 JDK 1.1 中实现的，它大大增强了 Java 开发分布式应用的能力。Java 作为一种风靡一时的网络开发语言，其巨大的威力就体现在强大的开发分布式网络应用的能力上，而 RMI 就是开发纯 Java 的网络分布式应用系统的核心解决方案之一。其实 RMI 可以被看作 RPC（Remote Procedure Call，远程过程调用）的 Java 版本，但是传统的 RPC 并不能很好地应用于分布式对象系统，而 Java RMI 则支持存储于不同地址空间的程序级对象之间彼此进行通信，实现远程对象之间的无缝远程调用。Jakarta EE 的 EJB 容器使用 RMI 协议进行通信。

4. RMI-IIOP

RMI-IIOP 是 RMI 的功能扩展版本，增加了分布式垃圾收集、对象活化，可下载类文件等功能。因此，可以把 RMI 理解成 RMI-IIOP 的简化版本，在分布式对象方法调用上，它们可以完成最基本的功能。目前，Jakarta EE 应用中其他组件与 EJB 容器中的组件通信使用

RMI-IIOP。

5. REST 协议

REST(Representation State Transfer,表述性状态传递)描述了一种软件架构风格。它针对网络应用的设计和开发方式,可以降低开发的复杂性,提高系统的可伸缩性。REST 首次出现在 2000 年 Roy Fielding 的博士论文中,他是 HTTP 规范的主要编写者之一。REST 指的是一组架构约束条件和原则。满足这些约束条件和原则的称为 RESTful 应用。

Web 应用程序最重要的 REST 原则是:客户端和服务器之间的交互在请求之间是无状态的,从客户端到服务器的每个请求都必须包含理解请求所必需的信息。如果服务器在请求之间的任何时间点重启,客户端不会得到通知。此外,无状态请求可以由任何可用服务器回答,这十分适合云计算等环境,客户端可以缓存数据,以改进性能。

在服务器端,应用程序被视作资源。资源是一个有唯一地址的实体,其向客户端公开。资源可以是应用程序对象、数据库记录、算法等。每个资源都使用 URI(Universal Resource Identifier,通用资源标识符)得到一个唯一的地址。所有资源都共享统一的界面,以便在客户端和服务器之间传输状态。资源的请求和使用的是标准的 HTTP 方法,如 GET、PUT、POST 和 DELETE 等,REST 服务的请求方式与 Web 的请求方式一致,延续了其使用的便利性和广泛性。

6. SOAP

SOAP(Simple Object Access Protocol,简单对象访问协议)是一种简单的基于 XML 的协议,SOAP 是 Web Service 的通信协议,是基于 XML 和 XSD 标准的,其定义了一套编码规则,编码规则定义如何将数据表示为消息,以及怎样通过 HTTP 来传输 SOAP 消息。SOAP 的功能用于在分散的分布式环境中交换信息的轻量级协议,SOAP 消息是从发送方到接收方的信息传输,并且多个 SOAP 消息可以组合起来执行请求/响应模式。市场上有各种不同的 SOAP 实现。例如,Apache Foundation 提供了 Apache SOAP,它基于 IBM 项目 SOAP4J 以及 Apache Axis 和 IBM WebSphere 运行时环境。

目前由于 REST 的迅速崛起,且以 JSON 为主要的数据传输格式,因此以 XML 为主的 SOAP 已经开始逐步被淘汰。

1.7 Jakarta EE 角色规范

Jakarta EE 的组件模型使得 Jakarta EE 企业级应用的开发可以细分成不同的领域,并且根据不同开发过程将参与人员细分成不同的角色,每个开发人员根据自己的分工参与到 Java EE 应用的开发过程中。

首先需要有人负责采购和安装 Jakarta EE 的产品和工具,待到采购和安装完成之后,Jakarta EE 组件的开发可以由组件供应商来提供,并交由组件集成商集成,最后由部署人员负责部署到容器中。

Jakarta EE 规范制定了如下统一的应用开发角色,以协作完成 Jakarta EE 企业级项目的开发,部署和管理一系列工作流程。

1. Jakarta EE 产品供应商

Jakarta EE 产品供应商是那些设计并实现 Jakarta EE 平台 API 的厂商,它们提供的产品包括根据 Jakarta EE 标准实现的操作系统、数据库系统、应用服务器或 Web 服务器等,如 Eclipse 提供的 GlassFish、Oracle BEA 提供的 WebLogic、IBM 提供的 WebSphere、JBoss 提供的 JBoss 和 WildFly、Apache 基金会提供的 Tomcat 和 TomEE 等。

2. 应用组件提供者

大部分软件开发人员就是应用组件的提供者(Application Component Provider),他们根据应用的业务需求开发客户端组件、Applet 组件、Web 组件和 EJB 组件等,并将开发好的组件交给组装者(Assembler)进行组装。

3. 应用组装者

应用组装者(Application Assembler)从应用组件提供者处接收组件,并将这些组件组装为可部署的 Jakarta EE EAR 包。他们的工作包括:将 JAR 包和 WAR 包集成为 EAR 文件;配置部署描述文件;验证 EAR 文件的结构是正确并且符合 Jakarta EE 标准的。现在 Spring Boot 支持将基于 Jakarta EE 的企业级项目打包为 JAR 文件,方便部署到容器 Docker 中运行。

4. 应用部署者

应用部署者(Application Deployer)负责将包装和装配好的项目,如 JAR、WAR 或 EAR 文件发布到符合 Jakarta EE 的服务器上。现在流行的方式是将项目和内置服务器一起部署到容器中,如 Docker 或 Kubernetes。

在部署过程中,部署者根据应用组件提供者制定的外部需求来进行配置。部署者的主要工作如下。

(1) 将 EAR 文件部署到 Jakarta EE 服务器中。

(2) 根据环境,更改部署配置文件,以配置 Jakarta EE 系统。

(3) 验证 EAR 文件的结构是否与 Jakarta EE 标准符合。

5. 系统管理者

系统管理者(System Administrator)负责配置 Jakarta EE 应用系统,管理 Jakarta EE 系统运行的计算和网络环境,并监视其运行情况。这些工作包括管理事务控制、安全级别、配置数据库的连接信息等。

6. 工具提供者

工具供应者(Tool Provider)提供了开发、集成和部署 Jakarta EE 应用系统的各类工具,如 JetBrains 公司提供了著名的 IntelliJ IDEA,Sun 公司提供了 NetBean,Eclipse 开源组织提供了 Eclispe,Broadcom 公司提供了 Spring Tools 4 for Eclipse(STS)。

7. 系统组件提供者

系统组件提供者(System Component Provider)负责开发用于公共任务的通用组件,供应用组件提供者使用,如 Jakarta Mail 服务、JMS 服务、JNDI 服务等系统组件。

1.8 Jakarta EE 体系架构

基于 Jakarta EE 的企业级应用系统采用分布式分层(Multi-Tier)结构,Jakarta EE 组件根据不同的功能分布在不同的层中,各层中的组件完成各自的功能,实现职责的分离,便于复杂系统的简化和团队开发。

Jakarta EE 应用普遍采用 4 层分层结构,每层完成指定的系统功能,包括连接数据库、实现业务处理、显示系统的用户界面等,如图 1-8 所示。

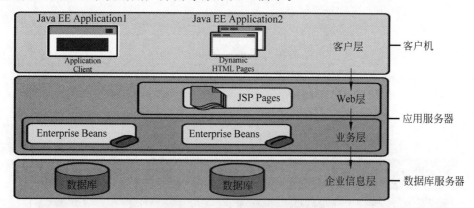

图 1-8　Jakarta EE 应用体系架构

1. 客户层

Jakarta EE 客户端组件、HTML 组件和 Applet 组件运行在客户层,完成与用户的交互,接收用户的输入数据,向用户显示系统的业务数据,并完成数据的合法性验证。客户层驻留在客户端机器上。

2. 表示层

表示层使用 Web 组件 Servlet 和 JSP 实现,运行在 Jakarta EE 的 Web 服务器上。Web 层运行环境就是 Web 容器,Web 组件读取业务层业务数据,向客户层发送其 UI 显示的 HTML 代码。

3. 业务处理层

业务处理层运行业务处理组件,如 JPA 组件、会话 EJB 组件或消息驱动 EJB 组件,完成业务处理和数据库的持久化。业务处理层是企业级应用的核心。

4. 数据资源层

数据资源层保存 Jakarta EE 应用系统的数据,一般是指数据库系统,还包括各种外部资源系统,如消息服务系统、命名服务系统、原有遗留的应用软件系统[如 ERP(Enterprise Resource Planning,企业资源计划)、CRM(Customer Relationship Management,客户关系管理)等]。

1.9 Jakarta EE 10 的规范详细组成

Jakarta EE 总体规范包括容器、组件、服务、协议和角色，从细节上 Jakarta EE 的规范又细分为各个功能性规范。Jakarta EE 的规范又区别为 3 个集合，即包含所有规范的 Platform、包含 Web 规范的 Web Profile 和只有核心规范的 Core Profile。其中，Core Profile 是新增的规范标准，用于最小功能集合的 Jakarta EE 项目。Jakarta EE 10 三个版本的规范组成如图 1-9 所示。

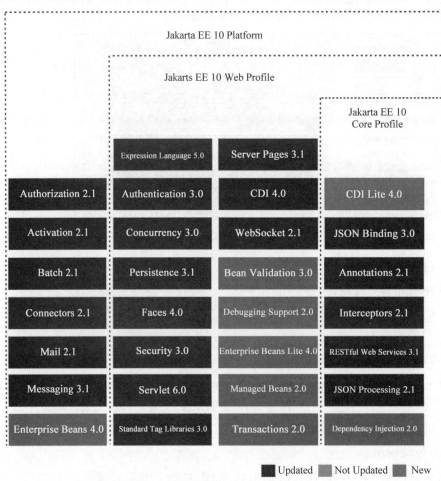

图 1-9 Jakarta EE 不同版本的规范组成

本书主要讲授了 Web Profile 的规范，即传统的 Java Web 开发使用的规范，包括 Servlet 6.0、Server Page 3.1、Standard Tag Libraries 3.0、Web Socket 2.1 等。

简答题

1. 简述当今软件开发的主要特点。
2. 简述 Java EE 的组件和功能。
3. 简述 Java EE 的容器类型和主要功能。

第2章

Jakarta EE服务器的安装和配置

本章要点

- Jakarta EE 服务器产品
- 市场上常用 Jakarta EE 服务器的安装
- 主流 Jakarta EE 服务器的配置
- 主流 Jakarta EE 服务器的 Web 部署

2.1 Jakarta EE 服务器概述

Jakarta EE 从 Java EE 规范进化而来,是由 Eclipse 软件基金会制定的使用 Java 技术开发的面向 Internet 应用的企业级框架规范,是一个开放性的标准。Jakarta EE 既不是一个产品,也不是实现具体功能框架(如 Hibernate 是完成持久化功能的框架,Spring 是管理 Java 应用各层组件对象的框架),其只是一个规范。服务器厂家按照此规范开发出来的服务器产品,可以运行任何开发人员按照此规范开发的 Java 企业级应用项目。

软件厂家开发的符合 Jakarta EE 规范的产品称为 Jakarta EE 服务器,使用 Jakarta EE 规范的技术开发的企业级应用项目必须运行在这些服务器上,而不像传统的 Java SE 项目运行在 JVM 上。实现 Jakarta EE 规范的服务器产品如果能通过 Eclipse 基金会开发的一套严格的兼容性测试软件,便被授权为 Jakarta EE 兼容产品(Jakarta EE Compatible Product)。

2.1.1 符合 Java EE 规范的服务器产品

Jakarta EE 规范通常包含两种类型:①包括全部 Jakarta EE 规范,称为 Jakarta EE Platform;②只包括 Web 应用规范,称为 Jakarta EE Web Profile。Jakarta EE Platform 的服务器可以运行所有符合 Jakarta EE 的应用项目,如 Web、EJB、Message 等;而 Jakarta EE Web Profile 服务器只能运行 Java Web 应用项目,无法运行包含 EJB、Message 等模块的项目。

截至编写本书时,Jakarta EE 最新的版本是 Jakarta EE 10,包括 Jakarta EE 10 Platform 和

Jakarta EE 10 Web Profile 两个规范。当然，Jakarta EE 10 Platform 是包含 Web Profile 的，Jakarta EE 10 Web Profile 是 Platform 规范的一个子集。

在 Eclipse Jakarta EE 的官方网站上（https://jakarta.ee）发布了符合 Jakarta EE Platform 规范的服务器产品，如图 2-1 所示。从图 2-1 中可以看出，符合 Jakarta EE 规范的服务器有很多，包括著名的 Apache TomEE、Eclipse GlassFish、JBoss Enterprise Application Platform、Oracle WebLogic Server 14c、WildFly 等。令人欣慰的是，我国有 3 家公司发布了符合 Jakarta EE 的服务器产品，包括华宇应用服务器、东方通服务器和华胜信泰应用服务器。

图 2-1　符合 Jakarta EE Platform 规范的服务器产品

图 2-1 所示是符合 Jakarta EE 10 之前版本的服务器产品，而符合最新版 Jakarta EE 10 Platform 规范的服务器产品如图 2-2 所示。

Jakarta EE 10 Platform Compatible Products

Product	Certification Results
Eclipse GlassFish	7
FUJITSU Software Enterprise Application Platform	1.1.0
Payara Server Community	6.2022.1 6.2022.1.Alpha4
WildFly	27.0.0.Alpha5, Java SE 17 27.0.0.Alpha5, Java SE 11

图 2-2　符合 Jakarta EE 10 Platform 规范的服务器产品

符合 Jakarta EE 10 Web Profile 规范的服务器产品如图 2-3 所示。

Jakarta EE 10 Web Profile

Product	Download
Eclipse GlassFish	7
Payara Server Community	6.2022.1, Web Profile
WildFly	27.0.0.Alpha5, Java SE 17 27.0.0.Alpha5, JavaSE 11

图 2-3　符合 Jakarta EE 10 Web Profile 规范的服务器产品

图 2-2 和图 2-3 中没有列出著名的 Tomcat 服务器，这是因为 Tomcat 还没有完全实现 Jakarta EE Platform 和 Web Profile 这两个规范规定的所有技术，只是实现了部分规范（包括 Jakarta Servlet、Jakarta Server Pages、Jakarta Expression Language、Jakarta WebSocket、Jakarta Annotations 和 Jakarta Authentication specifications，这些规范只是 Jakarta EE Platform 规范的很少一部分），因此 Tomcat 无法出现在 Jakarta EE 官网兼容产品列表中。最新版的 Tomcat 10.1.x 实现了 Jakarta EE 10 Platform 中 Java Web 的相关规范，因此本书全程采用最新版的 Tomcat 10.1.17 作为开发 Jakarta Web 项目的应用服务器，这是因为本书重点讲授的是 Java Web 项目的开发，没有涉及 EJB、JMS 等企业组件。Apache 计划推出的 Tomcat 11 将支持 Jakarta EE 11 版本的 Web 规格，目前仍然处于测试阶段，Tomcat 网站可以下载的是 v11.0.0-M5，不推荐在开发项目时使用。

2.1.2　Jakarta EE 服务器产品的比较和选择

开发 Jakarta EE 企业级应用项目的首要任务是选择合适的应用服务器。根据应用需求，应从以下几方面考虑应用服务器的选择。

1. 项目投资预算

Jakarta EE 服务器从免费的开源产品到价格昂贵的高端产品，应有尽有，应根据用户的需求和期望选择最合适的产品。其免费的服务器产品如 Eclipse 的 GlassFish Application Server、Red Hat JBoss 的 WildFly 27、Apache 的 TomEE，都能提供全面实现 Jakarta EE 规范的要求和功能。如果只开发 Jakarta Web 项目，可以选择 Tomcat 10 及更高版本。在开发大规模、高并发、大访问吞吐量的应用时，以上开源的服务器难以满足项目的需求，这就需要高端的产品，如 Oracle 的 WebLogic Server 14c、IBM 的 WebSphere Liberty、Red Hat 的 JBoss Enterprise Application Platform 等，这些都不是免费的开源产品，价格昂贵，因此需要的投资较大。但是这些付费系统的服务是非常全面和有保证的，而开源免费服务器不提供技术服务，如果需要其技术服务则要额外付费。

2. 系统在线并发规模

免费开源产品一般适合于规模较小、处理能力较低和并发请求较少的应用；而高端产品可以提供群集和负载均衡功能，能满足大规模在线并发请求的业务处理。要根据测算的访问量来决定选择何种级别的 Jakarta EE 服务器，如铁路的 12306、淘宝和京东这些拥有超级访问量的应用就应该选择高端服务器。

3. 系统的可靠性

关键的企业应用必须保证可靠性，如在线银行系统、航空售票系统、证券交易系统、铁路 12306 系统等，要求全年可以 24×7 模式运行，如果系统瘫痪，将导致巨大的经济损失和社会的不稳定。这类系统必须选择能支持多服务器群集的高端产品。

4. 系统的可伸缩性

企业级应用选择的 Jakarta EE 服务器平台应能提供极佳的可伸缩性，以满足在他们的系统上进行商业运作的超大量客户请求和处理需求。Jakarta EE 服务器可被部署到各种操作系统中，如可被部署到高端 Linux 与大型机系统，并且单机可支持 64～256 个处理器，提供了更为广泛的负载平衡策略，能消除系统中的性能瓶颈。其允许多台服务器集成部署，这种部署可达数千个处理器，实现可高度伸缩的系统，满足未来超高并发、超大运算量的企业级应用的需要。

5. 项目的应用类型

如果只开发 Web 应用，则可以选择轻量级的只实现了 Java Web 技术规范的 Tomcat 服务器；如果开发包括企业级组件如 EJB、JMS 等，则需要选择实现规范较多的 Eclipse GlassFish、JBoss 的 WildFly 服务器或高端的 WebLogic Server 等。

2.2 Tomcat 服务器

Tomcat 是 Apache 软件基金会的 Jakarta 项目中的一个核心项目，其产品是 Tomcat 应用服务器。Tomcat 一直在不断追随 Java 企业级平台中的 Web 规范，从 J2EE、Java EE 到最新的 Jakarta EE，如 Tomcat 8 实现了 Java EE 7 的 Web 规范，Tomcat 9 实现了 Java EE 8，

Tomcat 10 实现了 Jakarta EE 9 Web 规范,Tomcat 10.1 实现了 Jakarta EE 10 的 Web 规范,未来 Tomcat 11 将会实现 Jakarta EE 11 的 Web 规范。

因为 Tomcat 技术先进,为轻量级产品,性能稳定,而且免费,所以其深受 Java 开发者的喜爱并得到了部分软件开发商的认可,成为目前流行的 Web 开发和部署的应用服务器。

Tomcat 很受广大程序员的喜欢,因为其运行时占用的系统资源少,扩展性好,支持负载平衡与邮件服务等开发应用系统常用的功能;另外,Tomcat 还在不断地改进和完善中,任何一个感兴趣的程序员都可以更改它或在其中加入新的功能。

Tomcat 是一个小型的轻量级应用服务器,在中小型系统和并发访问用户不是很多的场合下被普遍使用,是开发和调试 JSP 程序的首选。对于一个初学者来说,Tomcat 是最佳的 Jakarta EE 服务器,应成为 Jakarta EE 应用开发的首选。本书采用 Tomcat 10.1.17 作为全书中 Web 应用的服务器。

2.2.1　Tomcat 的下载

访问 Apache 软件基金会的 Tomcat 官方网站 https://tomcat.apache.org,导航到如图 2-4 所示的 Tomcat 下载页面。

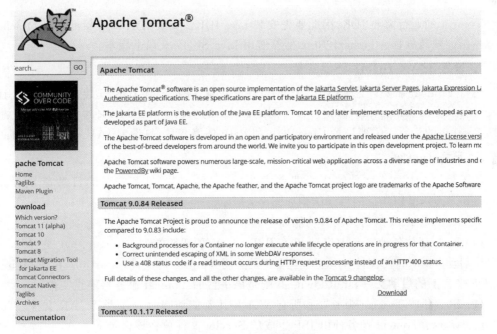

图 2-4　Tomcat 下载页面

在 Download 下选择 Tomcat 10,进入下载页面,如图 2-5 所示。本书编写时 Tomcat 10 的最新版是 10.1.17。根据操作系统类型,选择不同类型的分发方式。Windows 平台选择二进制分发(Binary Distribution)类型,选择 .zip 压缩包格式,即 64-bit Windows zip,这是支持 64 位的 Windows 平台;如果是 32 位 Windows 平台,则需要下载 32-bit Windows zip(现在已很少使用)。Linux 平台和苹果的 macOS 平台选择 zip 或 tar.gz 均可。以上都是绿色版软件,使用任何解压软件解压即可使用。其不需要安装,也不会修改操作系统的注册表信息。

图 2-5　Tomcat 10 下载页面

单击与操作系统对应的下载链接，即可下载 Tomcat 10 压缩包安装软件，并将其保存到任意选择的目录中即可。

2.2.2　Tomcat 的安装

Tomcat 的运行需要 JDK，因此要先安装 Java JDK。安装 JDK 的步骤可参考 Oracle 的官方网站的安装教程。Tomcat 10.x 推荐使用 Java SE 17 及以上版本。

1. 设置 JAVA_HOME 环境变量

运行 Tomcat 需要设置 JAVA_HOME 环境变量，并指定到 JDK 安装目录。假如 JDK 的安装目录为 d:\apps\jdk17，则可参考图 2-6 所示的 JAVA_HOME 环境变量进行设置。

Tomcat 的运行不需要设置 ClassPath 和 Path 环境变量，只设置 JAVA_HOME 即可。

2. 安装 Tomcat

将下载的 ZIP 格式文件解压后即完成 Tomcat 的安装，推荐安装的目录是 d:/apps/tomcat10.1.17，其解压后的目录结构如图 2-7 所示。

Tomcat 10.1.17 的目录及其功能如下。

（1）bin：存放各种平台中启动和关闭 Tomcat 的脚本文件。startup.bat 是 Windows 平台中启动 Tomcat 的文件，shutdown.bat 是关闭 Tomcat 的文件；startup.sh 是 Linux 和 macOS 平台下的启动文件，shutdown.sh 则是该平台的 Tomcat 服务器停止文件。

（2）lib：存放 Tomcat 服务器和所有 Web 应用都能访问的 Java 类库 JAR 文件。

（3）work：Tomcat 把各种由 JSP 生成的 Servlet 文件放在该目录下。

（4）temp：临时文件夹，Tomcat 运行时存储生成的临时文件。

（5）logs：存储 Tomcat 的日志文件。

（6）conf：存储 Tomcat 的各种配置文件，其中最重要的是 server.xml 和 context.xml，分别配置 Tomcat 服务器的各个服务端口和各种外部资源，如数据库连接池等。

2.2.3　Tomcat 的测试

1. 启动 Tomcat

双击 /bin 目录下的 startup.bat 批处理文件，即可启动 Tomcat 服务器。从图 2-8 可以

图 2-6　Windows 10 操作系统中的 JAVA_HOME 环境变量设置

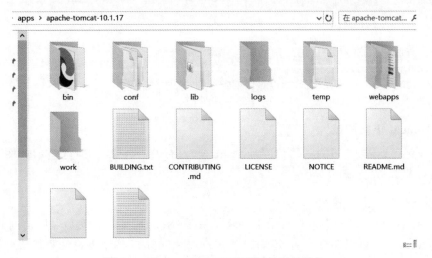

图 2-7　Tomcat 10.1.17 解压后的目录结构

看到 Tomcat 服务作为一个 Windows 平台的进程启动,默认在端口 8080 响应客户的请求。

默认情况下,控制台显示的启动日志信息中的汉字是乱码。要控制日志中的汉字不乱码,需要修改 conf 目录下的 logging.properties 文件,将如下配置代码中的 UTF-8 都修改为 GBK 即可,修改前的配置代码如下:

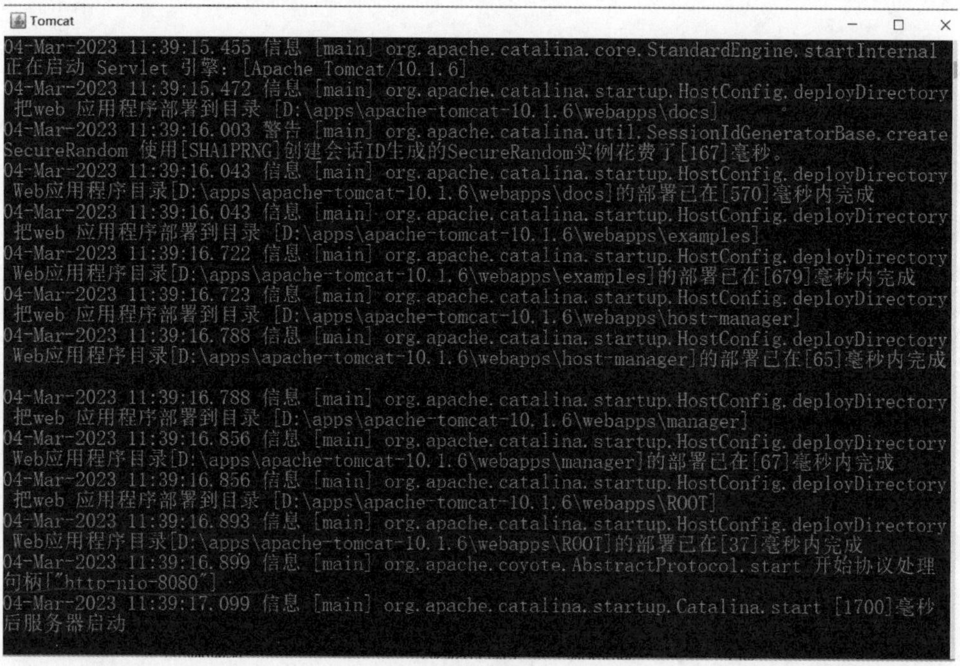

图 2-8　Tomcat 启动进程界面

```
1  catalina.org.apache.juli.AsyncFileHandler.encoding = UTF-8
2  localhost.org.apache.juli.AsyncFileHandler.encoding = UTF-8
3  manager.org.apache.juli.AsyncFileHandler.encoding = UTF-8
4  host-manager.org.apache.juli.AsyncFileHandler.encoding = UTF-8
java.util.logging.ConsoleHandler.encoding = UTF-8
```

修改后的配置代码如下。

```
1  catalina.org.apache.juli.AsyncFileHandler.encoding = GBK
2  localhost.org.apache.juli.AsyncFileHandler.encoding = GBK
3  manager.org.apache.juli.AsyncFileHandler.encoding = GBK
4  host-manager.org.apache.juli.AsyncFileHandler.encoding = GBK
```

2. Tomcat 访问测试

Tomcat 启动后，使用浏览器访问地址 http://localhost:8080，即可显示如图 2-9 所示的 Tomcat 默认 Web 显示页面。

3. 手动创建 Web 站点

（1）在 Tomcat 的 webapps 目录下创建子目录/web01，目录名就是以后访问时的 Web 应用的站点名。其可以任意命名，不局限于 web01。Tomcat 的站点目录及其站点如图 2-10 所示。

其中，web01 是用户手动创建的站点目录；ROOT 是默认站点，访问 http://localhost:8080 时默认访问此站点；example 是使用 Java Web 技术如 Servlet、JSP 编写的简单案例站点，访问地址 http://localhost:8080/examples，即可进入此站点，显示图 2-11 所示的页面。

（2）在 web01 目录下创建 index.jsp 文件，在文件内手动输入程序 2-1 所示的代码。

图 2-9 Tomcat 10.1.17 服务器的默认 Web 显示页面

图 2-10 Tomcat 的站点目录及其站点

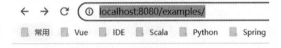

图 2-11 Tomcat 自带的 examples 站点显示页面

程序 2-1 index.jsp Web 应用主页 JSP 文件。

```
<%@ page language="java" contentType="text/html;charset=UTF-8" pageEncoding="UTF-8" %>
<html>
<body>
<h1>欢迎您</h1>
<h2>这是一个最简单的 Web JSP 组件</h2>
</body>
</html>
```

（3）访问地址 http://localhost:8080/web01，即可看到此 Web 的运行结果，如图 2-12 所示。

图 2-12　自己开发的简单 Web 应用的部署和测试结果

4．停止 Tomcat

关闭 Tomcat 的进程窗口，随之关闭 Tomcat 服务器，Web 服务即停止。

本节只概括介绍了 Tomcat 的安装、启动和测试，对 Tomcat 的详细配置，如修改端口号，希望读者参阅 Tomcat 的文档，进行定制化的配置。

2.3　Eclipse GlassFish 服务器

Eclipse GlassFish（以下简称 GlassFish）的前身是 Sun GlassFish，它是一款健壮且开源的 Java EE 应用服务器，达到了产品级质量，可免费用于企业级项目的开发和部署。开发者可以免费获得 GlassFish 的源代码，还可以对代码进行更改。GlassFish 从诞生之日起，就一直紧紧追随 Java EE 的规范，而且是完全实现 Java EE 规范的产品。其他完全实现 Java EE 规范的服务器大部分是商业化的产品，如 Oracle WebLogic、IBM WebSphere，其价格昂贵，只有实力雄厚的大企业、政府部门才有能力购买和使用这些服务器，广大中小企业、初创公司和个人开发者只能望洋兴叹。Sun 公司的 GlassFish 出现后，满足了预算有限的公司和个人开发真正 Java EE 企业级应用的需求，因此在开发企业级 Java 项目时，GlassFish 成为开发者的首选。

Oracle 将 Java EE 捐献给 Eclipse 基金会后，同时也将 GlassFish 服务器捐献给了 Eclipse，因此 Sun GlassFish 变成了 Eclipse GlassFish，其官方网站为 https://glassfish.org。进入其官方网站，首页即显示最新的 GlassFish 的版本信息，如图 2-13 所示。

通过 GlassFish 官方网站显示的信息可见，在编写本书时，GlassFish 的最新版是 7.0.11，而此时 Jakarta EE 官方网站可以下载的 GlassFish 版本才更新到 7.0.0M8，并且还不是正式版本。因此，在下载 GlassFish 服务器时，推荐到 GlassFish 的官方网站下载，而不是到 Jakarta EE 的站点下载。

2023 年 11 月 30 日 GlassFish 7.0.11 正式版发布，其完全实现了 Jakarta EE 10 Platform 规范，同时与其他服务器一样，也发布了只实现 Web Profile 规范的版本，即 web-7.0.11。如果只开发 Jakarta EE 的 Web 应用，就不需要使用符合 Jakarta EE 10 Platform 的版本，使用简化的轻量级的符合 Jakarta EE 10 Web Profile 规范的版本即可。

2.3.1　GlassFish 的下载

访问 Eclipse GlassFish 的官方网站，单击 Downlaod 超链接，进入 FlassFish 下载页面，如图 2-14 所示。

图 2-13　GlassFish 官方网站首页

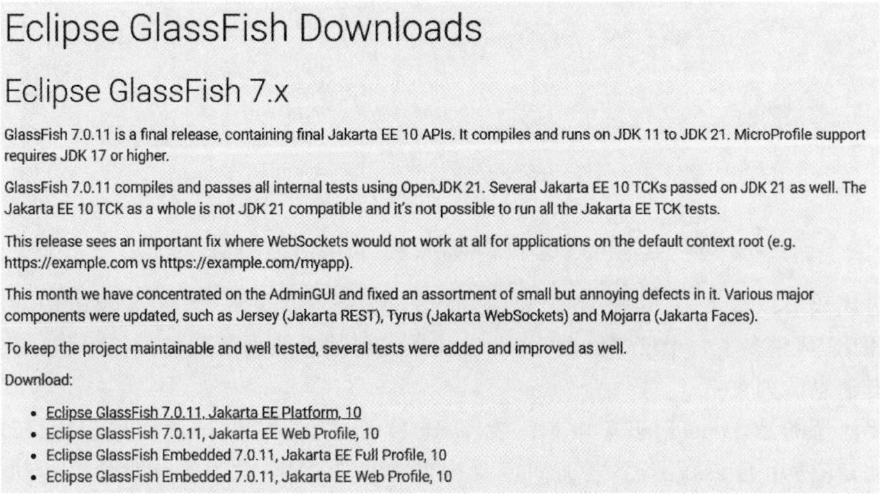

图 2-14　GlassFish 下载页面

GlassFish 下载页面提供了两个版本以供选择,一个是完全实现 Jakarta EE Platform 10 规范的全功能版本,另一个是只实现 Jakarta EE Web Profile 10 的 Web 服务器版本。本书重点是开发 Jakarta EE Web 应用,因此选择符合 Web Profile 规范的 GlassFish 版本。

在图 2-14 中,单击 Eclipse GlassFish 7.0.11, Jakarta EE Web Profile, 10 超链接,即可下载用于开发 Web 应用的符合 Jakarta EE 10 Web Profile 的 Web 服务器。将下载的

web-7.0.11.zip 保存到指定目录，供后续安装使用。

2.3.2 GlassFish 的安装和启动

1. 安装 GlassFish

与其他 Jakarta EE 服务器一样，GlassFish 服务器的安装也是将其下载文件解压即可。GlassFish 也是绿色软件，不会修改操作系统的注册信息，也不会在系统服务中增加任何动态链接库(Dynamic Link Library，DLL)。

将下载的 web-7.0.11.zip 解压到指定的目录，如 D:\apps\glassfish7，可以看到其目录结构非常简洁，如图 2-15 所示。

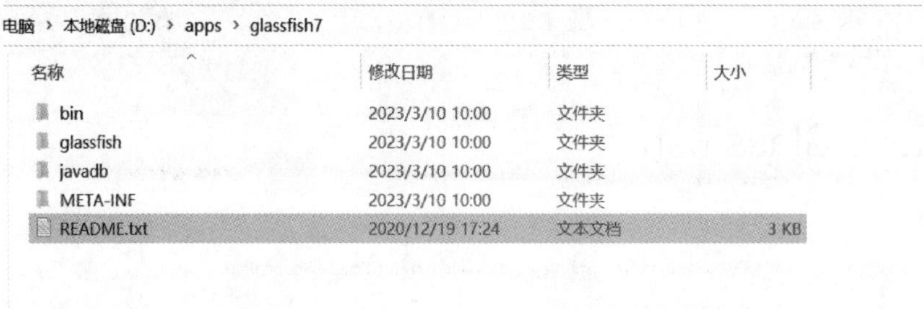

图 2-15　GlassFish Web 版本服务器的目录结构

如果下载实现全规范的 Platform 版本 glassfish-7.0.11.zip，则解压后的目录结构如图 2-16 所示。

图 2-16　GlassFish 服务器 Jakarta EE Platform 10 的目录结构

通过比较可以看出，符合全规范的 GlassFish 服务器和只符合 Web 规范的 GlassFish 服务器相比，其只多了一个 mq 目录。mq 目录是实现消息队列规范的功能模块，而 Web 服务器没有消息队列支持。

需要注意的是，GlassFish 7 版本需要 JDK 11 版本及以上，推荐使用 JDK 17 或 JDK 19。因此，在使用 GlassFish 7 之前一定要检查本机的 JDK 的版本。在命令行执行 java-version，可以检查本机安装的 JDK 的版本，如下代码说明 JDK 版本是 17.0.5，可以运行 GlassFish 7.0.11。

```
java version "17.0.5" 2022-10-18 LTS
Java(TM) SE Runtime Environment (build 17.0.5+9-LTS-191)
Java HotSpot(TM) 64-Bit Server VM (build 17.0.5+9-LTS-191, mixed mode, sharing)
```

在 GlassFish 的安装目录中，README.txt 文件包含简单的介绍，以及启动和停止的命令介绍。

2. 启动 GlassFish

打开 GlassFish 的 README.txt 文件，在 Starting GlassFish 标题下有启动 GlassFish 的命令，具体如下：

```
On Unix: glassfish7/glassfish/bin/asadmin start-domain
On Windows: glassfish7\glassfish\bin\asadmin start-domain
```

在 Windows 平台中启动 GlassFish，首先执行 cmd，进入命令行窗口，再进入 GlassFish 安装目录的上级目录，如 d:/apps。在此目录中执行 GlassFish 的启动命令 glassfish7\glassfish\bin\asadmin start-domain，即可启动 GlassFish 服务器。启动 GlassFish 的命令和显示的启动信息如图 2-17 所示。

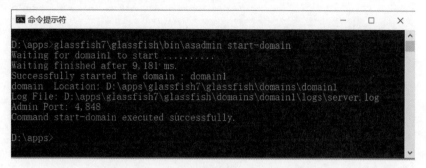

图 2-17　GlassFish 服务器启动显示信息

由启动后直接返回命令行的操作符可见，GlassFish 启动后以后台守护线程方式运行，不会阻塞当前进程，在此进程窗口内可以继续输入命令语句；而 Tomcat 启动后不是以守护线程方式运行的，会阻塞当前进程，此进程窗口中无法再输入命令语句。

GlassFish 比 Tomcat 服务器复杂，其使用域（Domain）管理所有域内的服务器，而 Tomcat 并没有域的概念。通常域都是为了管理多个对象（此处是 GlassFish 服务器）而存在的，如 Windows Server 的网络使用 Domain，管理网络上的所有联网设备，如 Server、PC、打印机等。GlassFish 的 Domain 中可以管理多个 GlassFish 服务器，实现复杂的分布式、可容错的企业级应用平台。

本书只介绍了一个 Domain 下只有一台 GlassFish 服务器的情况，关于管理多个服务器的场合和配置，读者可参阅 GlassFish 的官方文档。

GlassFish 解压安装后，已经配置好了一个默认的域，其名称为 domain1。启动 GlassFish 后，默认启动该域及该域中配置的服务器。

GlassFish 服务器内置了一个 Web 应用，其 HTTP 请求监听的默认端口是 8080，这一点与 Tomcat 相同。使用浏览器访问内置 Web 应用的地址 http://localhost:8080，即可访问此 Web 应用的首页，如图 2-18 所示。

通过图 2-18 可见，GlassFish 服务器正在运行。按照其介绍的，如果要修改此启动页面的显示内容，可以更改 domain1 目录下 docroot 子目录中的 index.html 文件，目录位置如图 2-19 所示。

使用记事本应用打开 docroot 目录下的 index.html 文件，将主显示标题修改为 My Server is OK，保存后重新请求默认根地址，显示图 2-20 所示的结果。

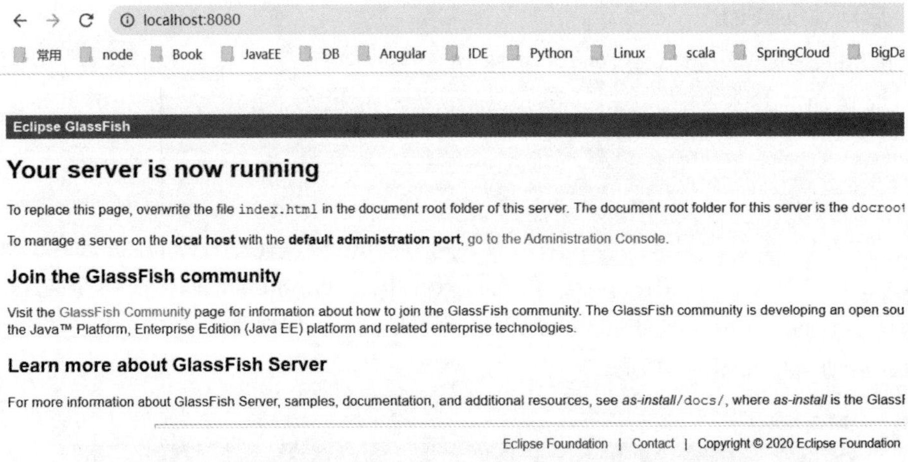

图 2-18　GlassFish 默认的 Web 应用首页

图 2-19　GlassFish 默认 Web 应用的目录 docroot 位置

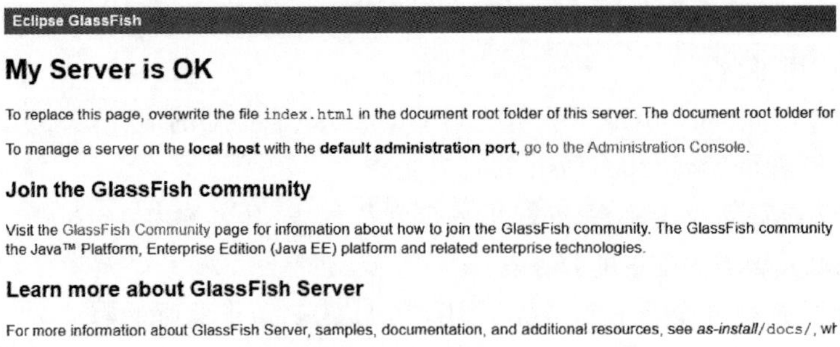

图 2-20　修改启动页面 index.html 后的显示结果

3. 停止 GlassFish

在 README.txt 文件中的标题 Stopping GlassFish 下给出了如下停止 GlassFish 服务器的命令：

```
On Unix: glassfish7/glassfish/bin/asadmin stop-domain
On Windows: glassfish7\glassfish\bin\asadmin stop-domain
```

在当前启动进程窗口输入 glassfish7\glassfish\bin\asadmin stop-domain，即可使当前运行的 GlassFish 服务器停止，其显示信息如图 2-21 所示。

图 2-21　GlassFish 服务器停止显示信息

2.3.3　GlassFish 的管理和配置

GlassFish 作为符合全部 Jakarta EE 10 Platform 规范的服务器，自然要比只实现 Web 规范的 Tomcat 服务器复杂得多，其需要配置和管理的项目非常巨大。因此，要想全面掌握和理解每个配置任务，需要花费非常长的时间才能得心应手。作为 Jakarta EE 应用的开发者一般不需要掌握所有配置项的功能，只需掌握在开发过程中需要的配置任务，包括各种服务响应的端口配置、数据库连接池的配置等，其他配置项目的功能和配置过程可参考 GlassFish 的官方文档。

GlassFish 提供了专门实现配置项目管理的 Web App，其请求的监听端口是 4848。GlassFish 服务器启动后，使用浏览器请求地址 http://localhost:4848 即可进入 GlassFish 后端管理主界面，如图 2-22 所示。

GlassFish 的所有配置和管理任务都可以在此后台管理应用中完成，而不需要像 Tomcat 服务器那样，通过修改 XML 配置文件实现配置的更改和管理。

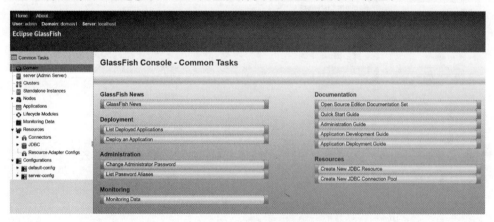

图 2-22　GlassFish 服务器后端管理主界面

1. 修改管理员的密码

GlassFish 的后端管理员账号是 admin，初始解压安装时，此管理员账号默认没有密码。因此，请求 http://localhost:4848 地址时会自动进入后端管理主界面，没有提示输入账号和密码的过程。这种情况在开发和测试阶段是没有问题的，但如果想把 GlassFish 作为生产环境使用，一定要设置管理员的密码，否则可能引起严重的安全问题。

要修改管理员的密码，可在后台管理主界面选择左侧功能列表中的 Domain，在右侧功能区出现 Domain 功能标题栏，选择 Administrator Password 选项卡，即出现输入新密码和密码确认文本框,如图 2-23 所示。

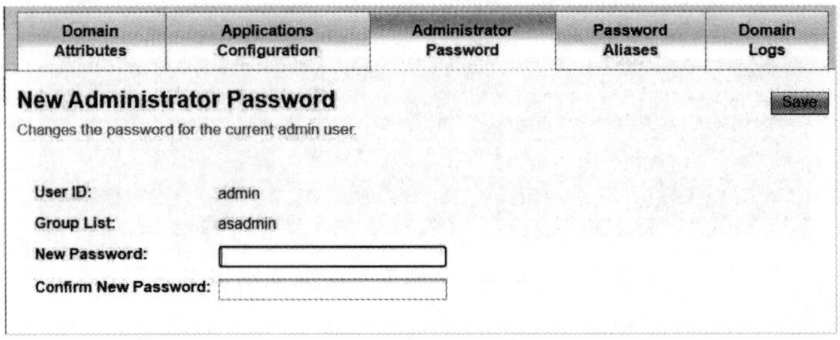

图 2-23　GlassFish 修改管理员密码界面

在图 2-23 中输入新的管理员密码并确认,单击 Save 按钮,即可完成管理员密码的设置。重新启动 GlassFish 服务器,再次访问管理 Web 应用的地址,系统将提示输入管理员账号和密码。

2. 配置各个服务监听的端口

一般情况下,为避免与其他应用程序发生冲突,如果本机中安装了多个服务器,需要修改 GlassFish 服务器各个服务的请求监听端口,最常用的有部署 Web 项目应用的请求端口、服务器后台管理的请求监听端口。修改这些端口的方法如下：在后台管理主界面中,在左侧功能列表中依次选择 Configurations→server-config→Networks Config→Network Listeners,右侧功能区即显示 Network Listeners 标题,以及 GlassFish 主要的监听请求端口列表,如图 2-24 所示。

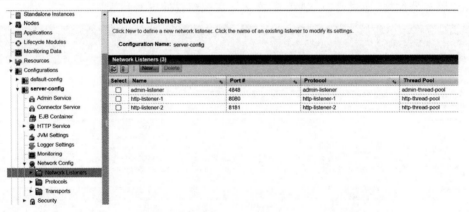

图 2-24　修改默认 Web 和后台管理 Web 端口界面

GlassFish 监听的主要端口为 HTTP Web 请求监听端口,默认为 8080；后台 Admin 的监听端口为 4848。

要修改指定的监听端口,单击 Name 列中的监听器名称即可。例如,要修改 Web 请求端口,则单击 http-listener-1,即跳转到修改此端口的页面,如图 2-25 所示。

在图 2-25 所示界面中,将端口从 8080 改为 8282,单击 Save 按钮,即可完成端口的修改；单击 Cancel 按钮,则取消此次修改。

3. 配置数据库连接池

数据库连接池是所有 Jakarta EE 企业级应用的开发者都必须使用的,在企业项目开发

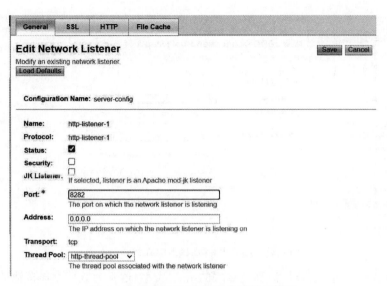

图 2-25 修改 HTTP Web 监听端口界面

中通常使用服务器管理的连接池实现与数据库的连接操作。因此，所有 Jakarta EE 的服务器都提供了连接池的配置，如 Tomcat、WildFly、GlassFish 等，只不过每个服务器提供的配置方式不同，如 Tomcat 使用 XML 文件配置、GlassFish 和 WildFly 使用 Web 界面配置等。

在 GlassFish 的后端管理主界面中选择 Resources→JDBC→JDBC Connection Pools，即进入连接池配置界面，该界面的右侧显示出 GlassFish 默认配置的数据库连接池，如图 2-26 所示。

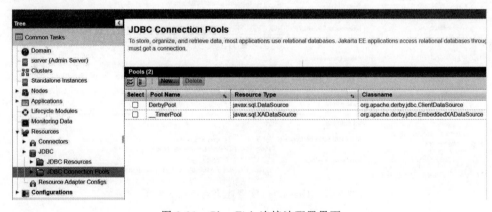

图 2-26 GlassFish 连接池配置界面

从图 2-26 可见，GlassFish 默认已经有两个连接池配置，其都是基于 GlassFish 的内置数据库 Derby 的。因为以后项目开发中要使用 MySQL 数据库系统，并且使用我们自己新建的数据库，所以需要创建连接 MySQL 指定数据库的连接池。

要增加新的连接池，应单击图 2-26 中的 New 按钮，进入图 2-27 所示的连接池配置步骤 1 界面。

在图 2-27 所示界面中需要输入如下信息。

（1）Pool Name：连接池的注册名称。GlassFish 将连接池使用此名称注册到命名服务系统中，应用程序通过 JNDI API 利用此名称查找到连接池对象，进而取得与数据库的连接。

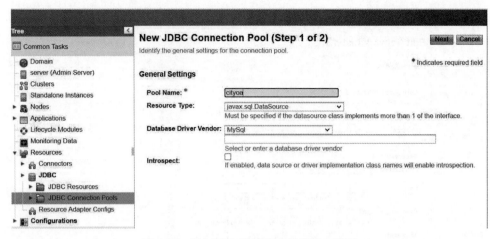

图 2-27　GlassFish 连接池配置步骤 1 界面

（2）Resource Type：连接池管理对象的 Java 类型，通常为数据库连接池的数据源对象类型，选择 javax.sql.DataSource。

（3）Database Driver Vendor：数据库的类型。这里选择 MySql。

输入以上信息后，单击 Next 按钮，进入步骤 2 界面，如图 2-28 所示。

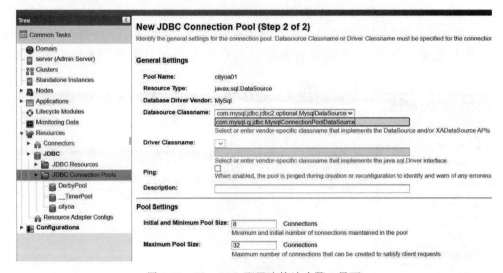

图 2-28　GlassFish 配置连接池步骤 2 界面

在步骤 2 界面中选择或输入 Datasource Classname 的值，它是连接池接口 javax.sql.DataSource 的实现类，由数据库厂家的驱动类负责实现。需要注意的是，配置界面默认给出的实现类 com.mysql.jdbc.jdbc2.optional.MysqlDataSource 是旧版本 MySQL 驱动的实现类，用于 MySQL 数据库 8.0 之前的版本；版本 8.0 以后的驱动类需要使用新的版本，其类名是 com.mysql.cj.jdbc.MysqlConnectionPoolDataSource，在图 2-28 中 Datasource Classname 下拉框下面的文本框中输入此实现类即可。

在图 2-28 所示的界面中向下滑动到另一个配置项目即连接池的参数配置（Pool Settings），如图 2-29 所示。

在图 2-29 中可以配置如下参数。

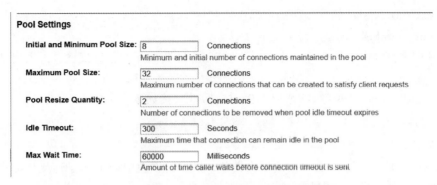

图 2-29　GlassFish 配置连接池的参数配置界面

（1）Initial and Minimum Pool Size：配置连接池初始化的连接个数。GlassFish 服务器启动后，会按此参数自动创建其指定的连接个数，默认是 8。该参数根据自己需要修改即可，开发阶段推荐为 1，生产中使用的连接池一般较多，如 50。

（2）Maximum Pool Size：连接池中最大连接个数。当连接池中连接个数达到此数值时，不再增加新的连接，应用程序只能等其他线程的数据库连接关闭释放后，才能取得连接。生产环境下此值要设置得大一些，如 100～200。

（3）Pool Resize Quantity：指定当连接池中的连接使用后释放变成空闲时，超过 Idle Timeout 参数指定的秒数时，自动关闭的连接个数，默认是 2。

（4）Idle Timeout：指定连接池中的连接空闲等待时间（秒数），当超过此时间后，GlassFish 自动关闭空闲的连接。

（5）Max Wait Time：指定应用程序取得连接的等待时间，默认是 60000 毫秒。超出此时间，则抛出异常给调用者程序。

一般情况下，在开发和测试阶段，将 Initial and Minimum Pool Size 和 Maximum Pool Size 均设置为 1 即可，无须使用默认值指定的数据，因为多创建一个连接，就会多消耗内存；在生产环境中，GlassFish 服务器最好设置大一些的值。

最后，配置数据库的连接信息，这些信息显示在步骤 2 界面的 Additional Properties 标签中，如图 2-30 所示。

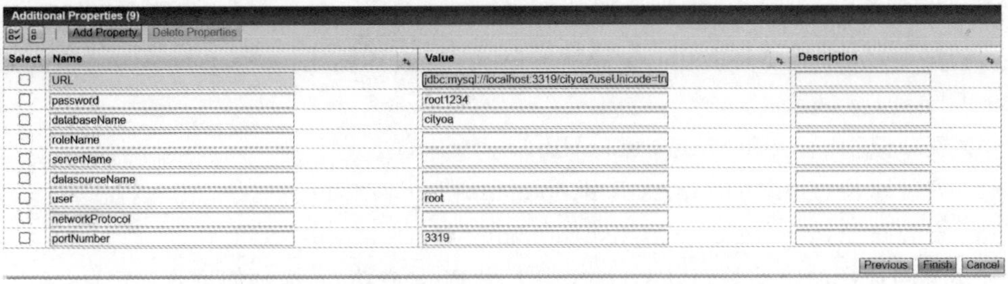

图 2-30　配置连接池的数据库连接信息输入界面

不同的数据库需要不同的配置项目，可以根据需要进行增加和删除。对于 MySQL，需要如下配置项目。

（1）user：输入 MySQL 的登录账号。

（2）password：输入 MySQL 账号的密码。

（3）databaseName：输入连接的数据库的名称。

（4）portNumber：数据库服务器的端口号。

输入以上信息后，还需要一个附加的属性 URL，即数据库的位置属性。进入附加属性界面，选择 Additional Properties 选项卡，进入附加属性的输入界面，见图 2-30 中的 URL 属性。

单击 Add Property 按钮，新增此 URL 属性，其值按如下代码输入：

```
jdbc:mysql://localhost:3319/cityoa?useUnicode = true&characterEncoding = utf - 8&useSSL = true&serverTimezone = UTC
```

因为 MySQL 8 数据库需要指定编码类型、时区、是否使用 SSL 安全连接认证等，所以，URL 按照上面的代码进行配置。

完成以上配置以后，单击 Finish 按钮，即可完成 GlassFish 数据库连接池配置。

单击完成配置的连接池，进入连接池配置修改和查看界面，如图 2-31 所示。在连接池配置界面上部，Ping 按钮可用于测试连接池的配置是否正确。单击 Ping 按钮，GlassFish 将按照配置的参数连接数据库，创建数据库连接和数据源对象，并注册到命名服务系统中。如果连接数据库成功，将在图 2-31 的顶部显示 Ping Succeeded 提示框。

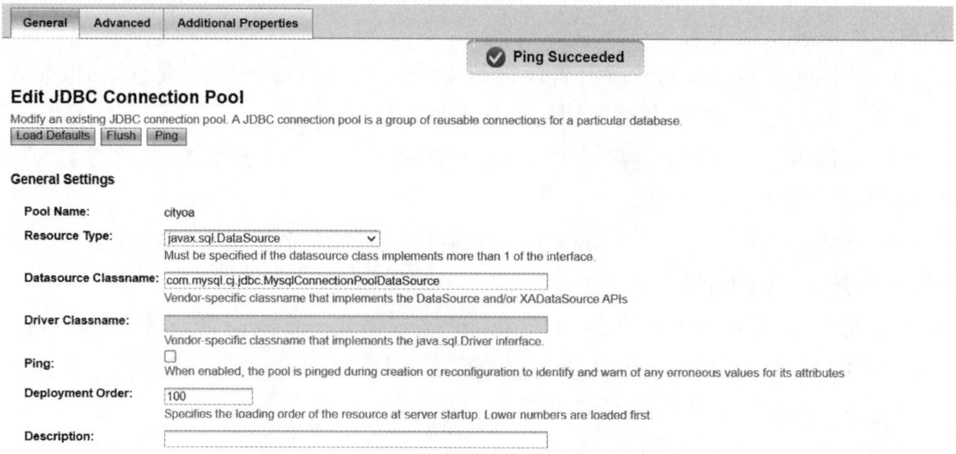

图 2-31 连接池 Ping 成功的显示信息界面

由于 GlassFish 内置的 MySQL 驱动类不是最新的 8.0 版本，因此使用内置的驱动类无法连接数据库成功，需要将 MySQL 最新的驱动类，如 mysql-connector-j-8.0.32.jar，复制到如下 GlassFish 目录：

（1）安装路径\glassfish7\glassfish\lib。

（2）安装路径\glassfish7\glassfish\domains\domain1\lib。

（3）安装路径\glassfish7\glassfish\domains\domain1\lib\ext。

如不复制最新的驱动类到以上目录，则无法 Ping 成功，并提示如下异常信息：

```
Class name is wrong or classpath is not set for : com.mysql.cj.jdbc.MysqlConnectionPoolDataSource
```

2.3.4 GlassFish 部署 Jakarta EE Web 项目

与 Tomcat 服务器不同，部署 Web 项目时将项目的 WAR 文件直接复制到目录/

webapps 即可，GlassFish 需要使用后端管理主界面进行项目的部署。在 GlassFish 的后台管理主界面中选择 Applications 功能菜单，右侧功能区显示 Applications 的部署管理界面，如图 2-32 所示。

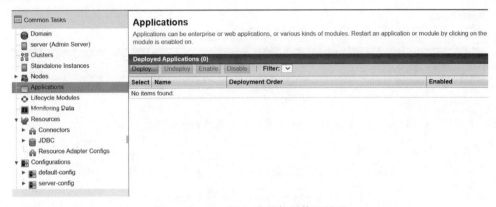

图 2-32　GlassFish 应用部署管理界面

在图 2-32 中单击 Deploy 按钮，功能区切换为项目部署上传和配置界面，如图 2-33 所示。

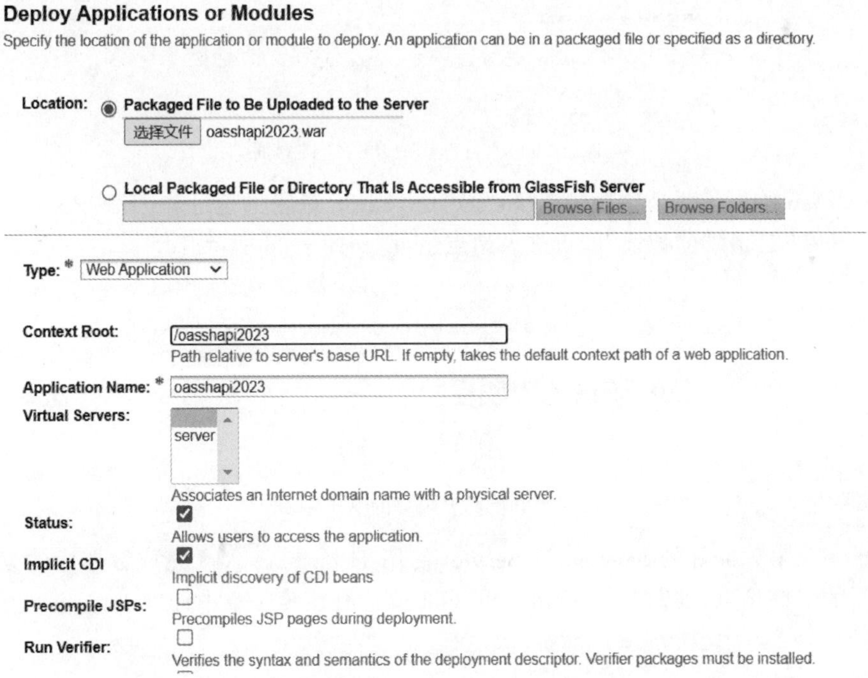

图 2-33　GlassFish Web 项目部署上传和配置界面

在此配置界面中完成如下部署操作。

（1）单击"选择文件"按钮，上传要部署的 WAR 文件。项目文件需要以 .war 为扩展名，并符合 Jakarta EE Web Profile 的打包规范。

（2）选择 Type 类型：当上传 WAR 文件成功后，此类型自动更改为 Web Application。

（3）Context Root：输入站点的起始路径，推荐输入开发时使用的路径，如 /oasshapi2023。如果不输入此值，GlassFish 会自动生成一个起始路径，并包含随机数，不推荐使用此方式。

单击 Save 按钮,完成项目的部署。部署完毕的项目显示在 Deployed Applications 的列表中,如图 2-34 所示。

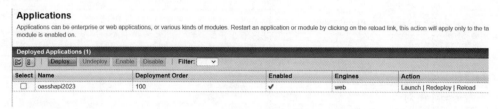

图 2-34　项目部署成功后的列表显示界面

部署成功后的项目如要启动,需要单击项目 Action 列中的 Launch 链接,GlassFish 即启动此部署的项目,并自动启动浏览器,显示项目的链接信息,如图 2-35 所示。

图 2-35　项目部署成功的链接界面

GlassFish 给出了两个项目的链接,分别是 HTTP 请求的地址和 HTTPS 请求的地址。单击 HTTP 请求的地址,即可进入站点主页,如图 2-36 所示。

图 2-36　部署项目的站点主页

请求一个事先编好的 Servlet,该 Servlet 使用 Hibernate API 完成数据库的读取,获得编号为 1 的部门信息,如图 2-37 所示。Servlet 编程会在第 4 章中详细讲解。

图 2-37　部署项目的 Web 组件 Servlet 的请求显示页面

至此,即实现 GlassFish 服务器 Web 项目的部署和启动测试。

2.4 WildFly 服务器

WildFly 前身是著名的 JBoss AS(JBoss Application Server),简称 JBoss,JBoss AS 从版本 8 起更名为 WildFly。WildFly 是一个开源的基于 Jakarta EE 的轻量级应用服务器,可以在任何商业应用中免费使用。WildFly 是一个灵活的、轻量的、具有强大管理能力的应用程序服务器,在对性能和规范要求比较多的项目中,可以使用 WildFly 作为项目的服务器,而不使用 Tomcat。

2.4.1 WildFly 的下载

WildFly 可以从 Jakarta EE 的官方网站(https://jakarta.ee)下载,也可以从其自己的官网(https://www.wildfly.org)下载。推荐在 WildFly 官网下载,因为其版本的更新最快;而 Jakarta EE 的网站经常没有更新到最新版,其显示的 WildFly 的版本如图 2-38 所示。

Jakarta EE 10 Platform

Product	Download
Eclipse GlassFish	7
FUJITSU Software Enterprise Application Platform	1.1.0
Payara Server Community	6.2022.1 6.2022.1.Alpha4
WildFly	27.0.0.Alpha5, Java SE 17 27.0.0.Alpha5, Java SE 11

图 2-38 Jakarta EE 官网 WildFly 的下载链接

从图 2-38 可见,支持 Jakarta EE 10 Platform 规范的 WildFly 有两个版本,分别是支持 JDK 17 的 27.0.0.Alpha5 Java SE 17 和支持 JDK 11 的 27.0.0.Alpha5,Java SE 11。

在 WildFly 官网首页就是最新版的 31 Beta 1,如图 2-39 所示,可见二者是不同步的。

单击图 2-29 中的 DOWNLOAD THE ZIP 超链接,即可下载压缩文件 wildfly-31.0.0.Beta1.zip,将其保存到指定目录。

开发完毕的 Jakarta EE 企业级项目不推荐部署到 Beta 版本的服务器上,可以选择下载最终版本的 WildFly 服务器。在图 2-39 下载页面下滑到 WildFly 最新的 Final 版 30.0.1.Final 的下载处,如图 2-40 所示。

在图 2-40 中,单击 WildFly Distribution 的 ZIP 链接即可启动下载。对于 Linux 和 macOS 平台,推荐下载 TGZ 格式的压缩文件。

图 2-39　WildFly 官网的 WildFly 版本

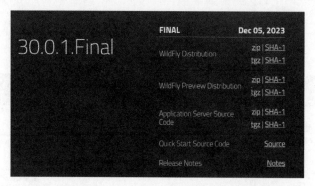

图 2-40　WildFly 服务器最终版下载页面

WildFly 服务器 30 版本支持 Jakarta EE 10 的各个规范,其他版本支持 Jakarta EE 规范情况如图 2-41 所示。

2.4.2　WildFly 的安装

WildFly 的安装非常简单,直接使用解压软件解压即可。作者将解压后的 WildFly 存储在 d:/apps/wildfly3001 目录下,其目录结构如图 2-42 所示。

WildFly 服务器支持独立实例(Standalone)和域管理(managed domain operating)两种工作模式。其中,域管理模式与大型的 Eclipse GlassFish 服务器相似,用于大型分布式环境下的服务器集群工作模式;Standalone 模式用于小型的 Jakarta EE 项目,不需要集群管理模式。

WildFly 对 Java 版本的要求是不能低于 Java SE 11 版本,推荐使用 JDK 17 及以上。

2.4.3　WildFly 服务器的工作模式

WildFly 工作在如下两种模式:①简单的单机服务器实例模式,用于简单的、对性能和容错性要求不高的 Jakarta EE 应用;②集群的 Domain 模式,用于高可靠性、可容错、分布

WildFly Release	Jakarta EE Version	Java EE Version
29.0.0.Final	Jakarta EE 10	
28.0.0.Final	Jakarta EE 10	
27.0.0.Final	Jakarta EE 10	
26.1.0.Final	Jakarta EE 8 (and EE 9.1 Preview)	
26.0.0.Final	Jakarta EE 8 (and EE 9.1 Preview)	
25.0.0.Final	Jakarta EE 8 (and EE 9.1 Preview)	
24.0.0.Final	Jakarta EE 8 (and EE 9.1 Preview)	
23.0.0.Final	Jakarta EE 8 (and EE 9 Preview)	
22.0.0.Final	Jakarta EE 8 (and EE 9 Preview)	Java EE 8
21.0.0.Final	Jakarta EE 8	Java EE 8
20.0.0.Final	Jakarta EE 8	Java EE 8
19.1.0.Final	Jakarta EE 8	Java EE 8
19.0.0.Final	Jakarta EE 8	Java EE 8
18.0.0.Final	Jakarta EE 8	Java EE 8
17.0.1.Final	Jakarta EE 8	Java EE 8

图 2-41　WildFly 服务器各个版本支持 Jakarta EE 规范

图 2-42　WildFly 服务器的目录结构

式的大型应用项目。

1．单机服务器实例模式

　　WildFly 的单机服务器模式也称为 Standalone 模式，每个启动的 WildFly 服务器作为一个独立的进程运行，无法与其他 WildFly 服务器实现分布式集群。

　　单机服务器实例模式通常用于小型公司的小型项目的部署和运行，无法满足高可靠性的容错机制以及高性能要求、高访问量的大型企业项目。

2．多服务器集群的 Domain 模式

　　WildFly 的多服务器域模式是在一个域内可以有多个服务器，这些服务器构成一个集

群，集群内可以配置一个中央控制服务器，用于远程集中管理此域内的其他服务器。

当域内的一个服务器出现故障时，将无法提供项目的运行，此时由其他服务器自动接管项目的运行，实现高可靠、可容错的分布式应用。

为方便初学者学习和掌握 WildFly 的管理和运行，本书只介绍单机服务器实例模式的运行方式。要想学习 Domain 下的服务器的配置和运行，读者可参考 WildFly 的官方文档。

2.4.4　WildFly 的管理

Tomcat 的管理和配置主要使用其提供的配置文件实现，如 server.xml 和 context.xml 配置文件。与 Tomcat 不同的是，WildFly 提供了独立的 Web App Console 控制台，以实现对 WildFly 的管理和配置。

在完成对 WildFly 的管理和配置之前，需要创建后台的用户管理账号。增加管理账号可通过 WildFly 提供的 add-user.bat 实现，该文件在安装目录的/bin 子目录下。

在命令行窗口运行 add-user.bat（Windows 平台，如果使用 Linux 和 macOS 平台，则运行 add-user.sh），提示选择用户类型：a) Management User（管理用户）；b) Application User（应用程序用户），如图 2-43 所示。

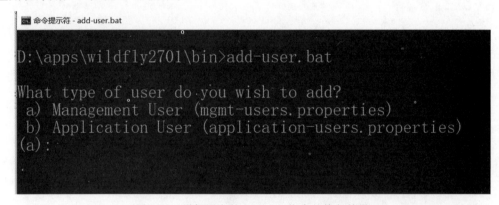

图 2-43　增加用户的 add-user 指令的执行结果

选择 a)，即管理用户时，系统提示输入用户名、密码及用户的组（Group），其余选项都选择 yes 即可。增加用户的操作提示如图 2-44 所示。

在所有信息输入完后，将提示"Is this correct yes/no?"，这里选择 yes，系统将创建新的管理员账号。

在完成用户的增加后，即可启动 WildFly 服务器，实现对其的管理和配置。启动 WildFly 通过 bin 目录下的 standalone.bat 实现，启动过程中的控制台日志如图 2-45 所示。

WildFly 启动 Java Web 服务器，并默认使用 8080 端口接收 HTTP 的 Web 请求。在启动日志输出的最后，显示管理 Web 的请求端口为 9990，如图 2-46 所示。

通过浏览器请求 http://127.0.0.1:9990（也可以将 IP 地址 127.0.0.1 替换为 localhost），进入管理端 Web 应用，其登录页面如图 2-47 所示。

WildFly 服务器不像 GlassFish 服务器有一个默认的管理员账号且默认密码为空，其没有默认的管理员账号。要进入 WildFly 的后端管理应用，必须进行前面介绍的创建用户过程，事先创建管理员账号，并设定其密码。

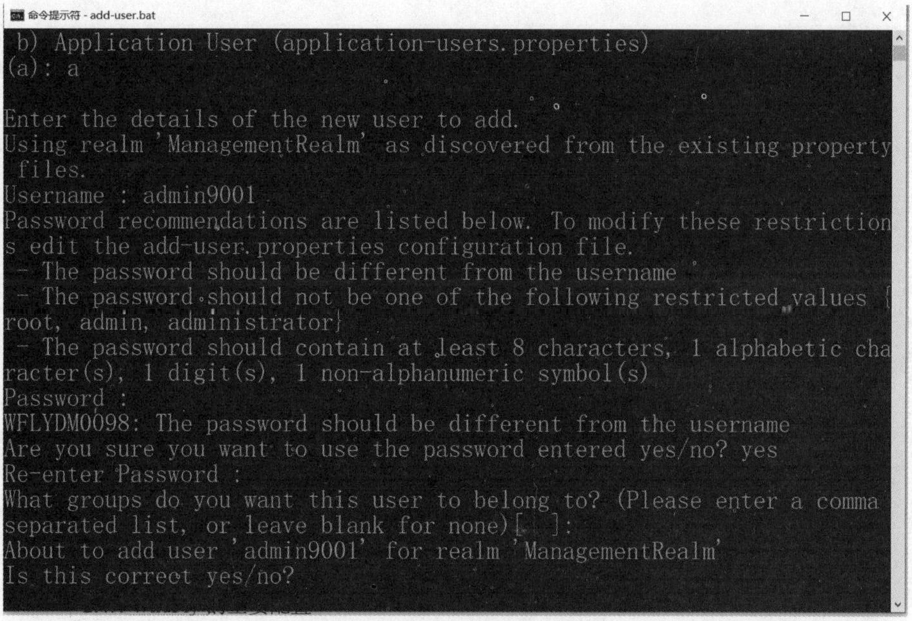

图 2-44 增加用户的操作提示

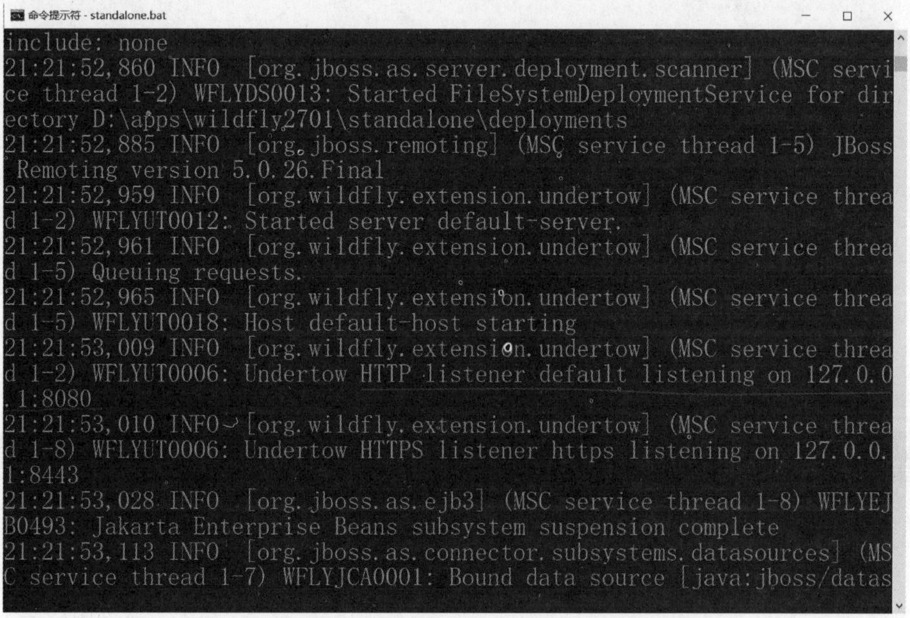

图 2-45 WildFly 服务器启动过程中的控制台日志

输入前面创建的用户名和密码,验证通过后,进入后端管理主界面,如图 2-48 所示。后端管理的主要功能包括 Deployments(部署应用)、Configuration(配置)、Runtime(运行参数配置)和 Access Control(权限和访问控制)。

2.4.5 WildFly 的主要配置任务

WildFly 服务器的配置任务项目非常多,通常系统管理员需要掌握每个 WildFly 配置项

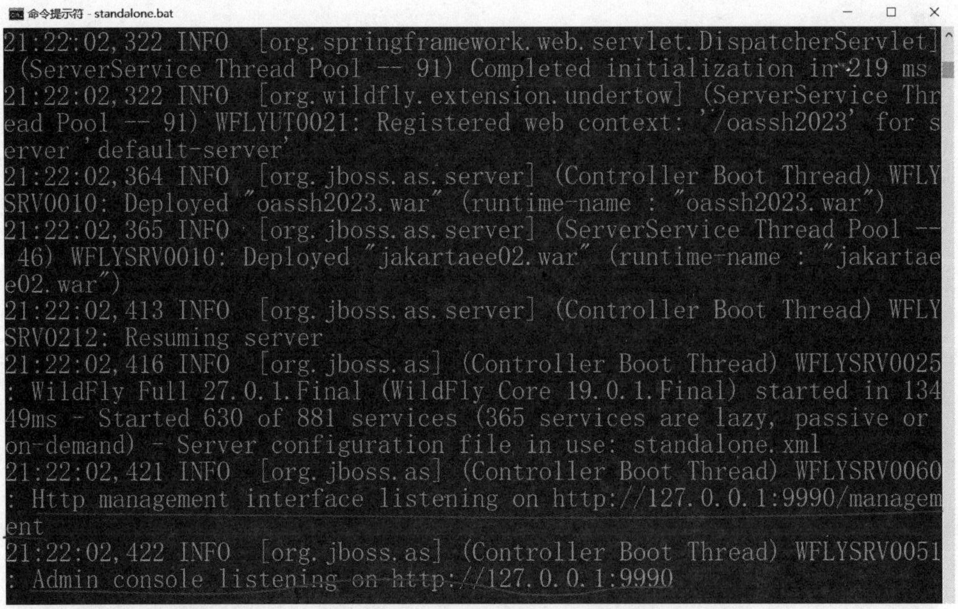

图 2-46 WildFly 服务器管理员 Web 请求端口

图 2-47 WildFly 服务器管理端登录页面

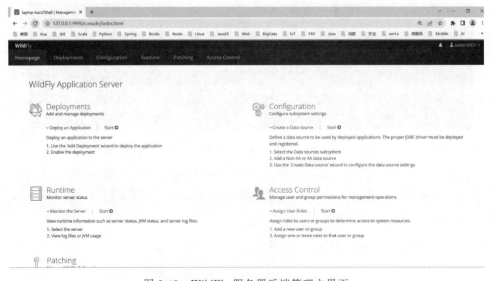

图 2-48 WildFly 服务器后端管理主界面

的详细设置和功能;而作为 Jakarta EE 的开发人员,主要了解常用的几个配置项即可。下面主要介绍项目开发中较常用的配置任务和配置方式。

1. 修改 WildFly 的主要访问端口

WildFly 服务器主要部署 Jakarta EE 的 Web 项目,访问 Web 项目需要配置监听 HTTP/HTTPS 的端口,默认情况下 WildFly 监听 HTTP 请求使用 8080 端口,监听 HTTPS 请求使用 8443 端口。WildFly 服务器提供了 Web App,用于使用图形化的 Web 页面对其进行配置,该 App 使用默认端口 9990 进行服务。

所有以上端口都是可以配置的。对于以 Standalone 模式运行的 WildFly 服务器,配置信息文件路径为安装路径下的/standalone/configuration/standalone.xml,此文件中的<socket-binding-group>标记下的子标记<socket-binding>用于配置各个服务的监听端口,如图 2-49 所示。

```
<socket-binding-group name="standard-sockets" default-interface="public"
        port-offset="${jboss.socket.binding.port-offset:0}">
    <socket-binding name="ajp" port="${jboss.ajp.port:8100}"/>
    <socket-binding name="http" port="${jboss.http.port:8080}"/>
    <socket-binding name="https" port="${jboss.https.port:8443}"/>
    <socket-binding name="management-http" interface="management"
            port="${jboss.management.http.port:9990}"/>
    <socket-binding name="management-https" interface="management"
            port="${jboss.management.https.port:9993}"/>
    <socket-binding name="txn-recovery-environment" port="4712"/>
    <socket-binding name="txn-status-manager" port="4713"/>
    <outbound-socket-binding name="mail-smtp">
        <remote-destination host="${jboss.mail.server.host:localhost}"
                port="${jboss.mail.server.port:25}"/>
    </outbound-socket-binding>
</socket-binding-group>
```

图 2-49   WildFly Standalone 模式下配置各个服务的监听端口

从图 2-49 中可以看出,监听 Web 请求 HTTP 的端口 port 的配置值是 ${jboss.http.port:8080},其意义是优先取属性 jboss.http.port 指定的值,如果没有此属性,则默认选择 8080。WildFly 的系统属性可以任意设置,既可以通过配置文件,也可以通过其管理端的 Web 应用。修改 HTTP 的监听端口既可以修改系统属性 jboss.htt.port 的值,也可以先删除此属性,再修改冒号后面的 8080 值。

2. 配置系统级属性变量

WildFly 的许多配置通过系统属性完成,如果没有配置指定的系统属性,则配置值就取默认值。这一点可以从图 2-49 所示的监听 HTTP 请求的端口配置看出,参见如下 HTTP 监听配置代码。

```
<socket-binding name="http" port="${jboss.http.port:8080}"/>
```

通过配置 WildFly 的全局系统属性 jboss.http.port 值,即可更改默认的 HTTP 的监听端口。

配置 WildFly 的全局系统属性,最方便的方式是使用其管理端的 Web 应用,进入后台管理系统(http://localhost:9990),输入账号和密码后,即可进入图 2-48 所示的后端管理。在后端管理主界面中单击 Configuration 超链接,即可进入系统配置主界面,如图 2-50 所示。

在配置主界面中,单击 System Properties 超链接,进入系统属性配置界面,如图 2-51 所示。

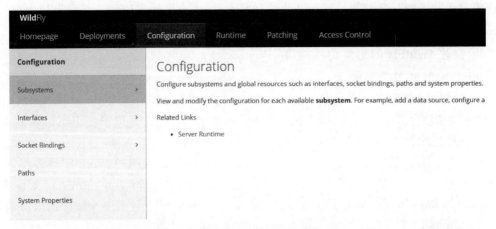

图 2-50　WildFly 系统属性配置界面 1

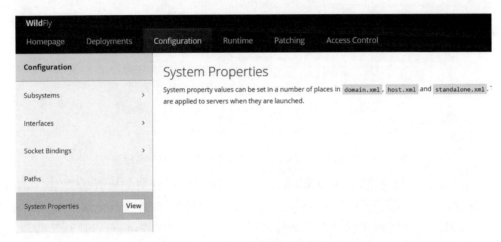

图 2-51　WildFly 系统属性配置界面 2

在图 2-51 中单击 System Properties 右侧的 View 按钮，进入 WildFly 系统属性增加和删除管理界面，如图 2-52 所示。

图 2-52　WildFly 系统属性增加和删除管理界面

在 WildFly 系统属性增加和删除管理界面单击 Add 按钮，弹出 Add System Property（增加系统属性）对话框，如图 2-53 所示。

在图 2-53 所示对话框中输入属性名和属性值，本次以更改 HTTP 端口的监听系统属性为例，故属性名是 jboss.http.post，属性值改为 8200，单击 Add 按钮，即可完成系统属性的增加。WildFly 系统自动关闭该对话框，并更新系统属性的列表显示，如图 2-54 所示。

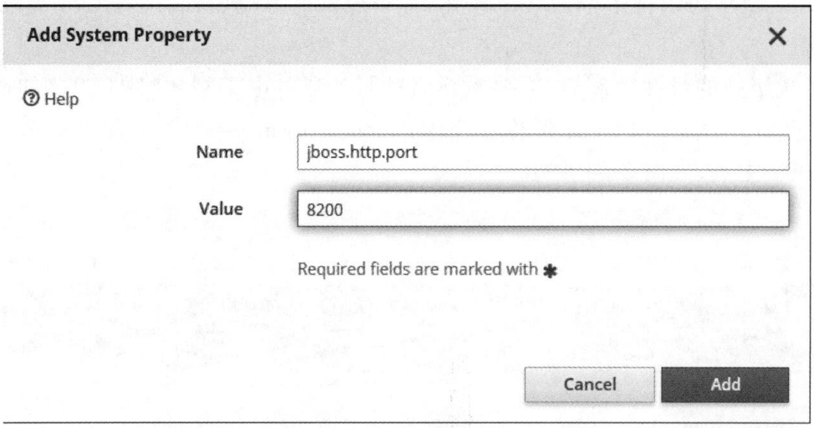

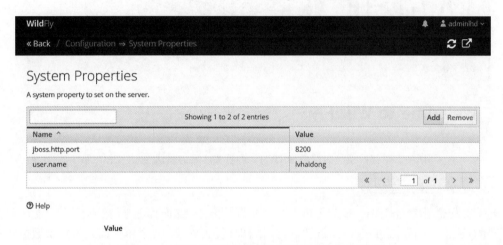

图 2-53　Add System Property 对话框

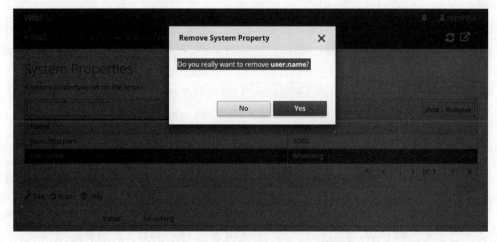

图 2-54　WildFly 新增系统属性后的列表显示界面

如果要删除指定的系统属性，则首先选择要删除的系统属性，单击 Remove 按钮，弹出 Remove System Property（删除系统属性）对话框，如图 2-55 所示。

图 2-55　Remove System Property 对话框

在图 2-55 所示对话框中单击 Yes 按钮,即可删除此系统属性;单击 No 按钮,则取消此次删除操作。

完成系统级别的属性管理后,需要重新启动服务器。由于刚才将 HTTP 的监听端口改为 8200,故重新启动 WildFly 服务器后,访问 http://localhost:8200 即可进入 WildFly 默认的 Web 应用主页,如图 2-56 所示。

图 2-56 修改系统属性更改 HTTP 监听端口后的默认 Web 应用主页

3. 配置数据库连接池

在开发企业级 Jakarta EE 项目时,大都需要连接数据库进行数据管理,通常包括 CUDR(Create、Update、Delete、Retrieve)操作,即增加、修改、删除和查询。为加快数据库的连接速度,提高系统性能,开发人员都采用数据库连接池技术,实现与数据库的连接。关于数据库连接池的基本原理和编程使用本书的第 14 章会详细讲解,本小节只简要说明 WildFly 配置数据库连接池的管理工具和操作流程,并以连接目前开发最常用的 MySQL 8 或 MariaDB 数据库为例进行说明。

要连接 MySQL 数据库,首先需要加载 MySQL 的驱动类,可以直接在 Maven 仓库下载。进入 Maven 仓库的官方网站(https://mvnrepository.com),搜索 MySQL,显示如图 2-57 所示的搜索结果列表。

WildFly 需要 JDBC Type 4 版本的驱动,推荐使用 MySQL Connector/J,选择后进入如图 2-58 所示的该驱动类的 Maven 依赖库。

这里选择其最新版本(本书编写时的最新版是 8.2.0),单击其超链接后,显示图 2-59 所示的界面。

在此页面中单击链接"jar(2.4MB)"按钮,即可下载此版本的驱动压缩文件,其文件名为 mysql-connector-j-8.2.0.jar,保存到指定的下载目录(如 d:/download)即可。

下一步将下载的 MySQL 驱动 JAR 文件部署到 WildFly 服务器中。在 WildFly 的后端管理主界面中选择 Deployments 选项卡,进入图 2-60 所示的部署管理界面。

在部署管理界面单击 ⊕∨(增加部署)下拉按钮,在弹出的下拉列表中,选择 Upload

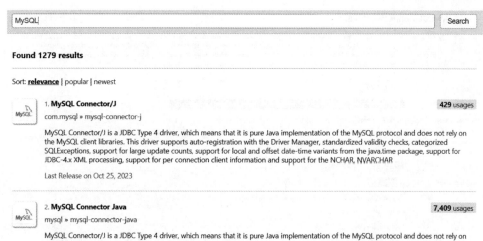

图 2-57 Maven 仓库搜索 MySQL 的搜索结果

图 2-58 选择 MySQL Connector/J

Deployment，弹出 Add Deployment 对话框，如图 2-61 所示。

在图 2-61 中选择上传 MySQL 的驱动类 JAR 文件后，跳转到上传和部署 JAR 文件的确认界面，如图 2-62 所示。

在图 2-62 所示界面显示配置部署的应用的名称和运行时名称，WildFly 默认根据上传的文件名确定；如果要修改，直接在 Name 和 Runtime Name 文本框输入即可，单击 Finish 按钮，即可完成 MySQL 驱动的部署，系统显示部署成功后的应用信息，如图 2-63 所示。

MySQL 驱动部署完成后，就可以进行连接 MySQL 数据库连接池的配置工作。对于初

图 2-59　选择 MySQL 驱动版本后的显示界面

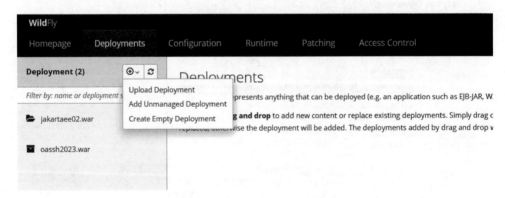

图 2-60　WildFly 服务器的部署管理界面

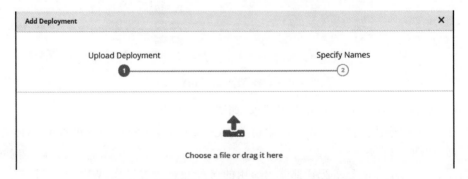

图 2-61　WildFly 服务器应用部署文件选择界面

学者，推荐使用系统提供的管理向导界面完成配置；对于有经验的管理员，可以直接使用 XML 配置文件进行配置。下面讲解使用系统提供的向导完成连接池的配置过程。

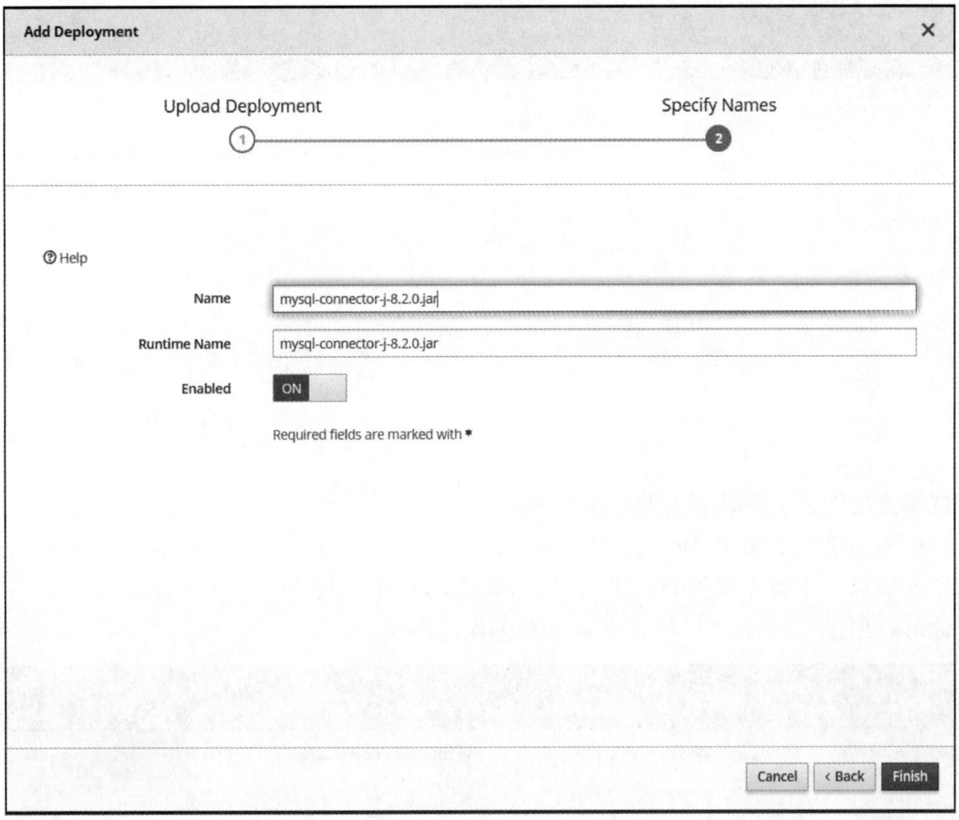

图 2-62　上传和部署 JAR 文件的确认界面

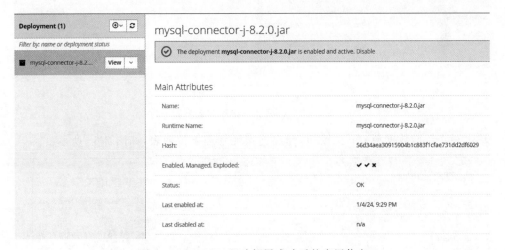

图 2-63　MySQL 驱动部署成功后的应用信息

在 WildFly 后端管理主界面选择 Configuration 选项卡，进入配置主界面，如图 2-64 所示。

连接池为 WildFly 的一个子系统管理，故在图 2-64 所示的配置主界面中选择 Subsystems，进入子模块功能选择界面。Subsystem 栏目会显示目前系统的子系统个数 (33)，以及现有子系统的名称列表。在子系统名称列表中选择 Datasources & Drivers，即进

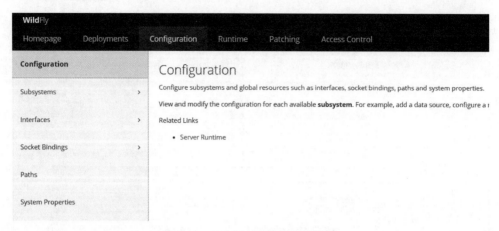

图 2-64　WildFly 后端配置主界面

入数据源连接池列表界面，如图 2-65 所示。

要配置连接池数据源，应选择 Datasources，此时出现连接池 Datasource 的标签页。在此标签下显示一个预先配置的连接池 ExampleDS，用于连接 WildFly 内置的数据库 H2，此连接池可以用于 Jakarta EE 项目中测试数据库的操作。

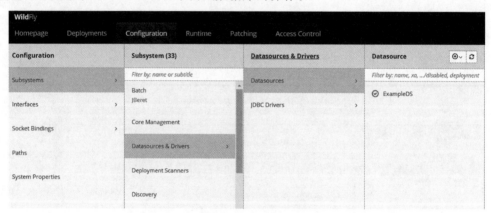

图 2-65　数据源连接池列表界面

单击 ⊕∨（新增数据源）下拉按钮，弹出连接池管理下拉列表，如图 2-66 所示。

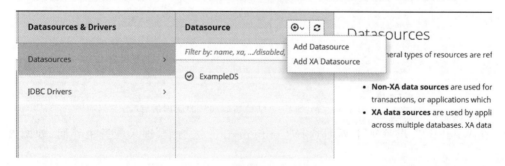

图 2-66　增加数据源下拉列表

这里选择 Add Datasource，进入增加单机数据库的连接池配置界面，如图 2-67 所示。Add XA Datasource 是管理分布式多数据库的连接池，本书没有介绍此种连接池的配置，需要的读者请搜索网上的相关资料。

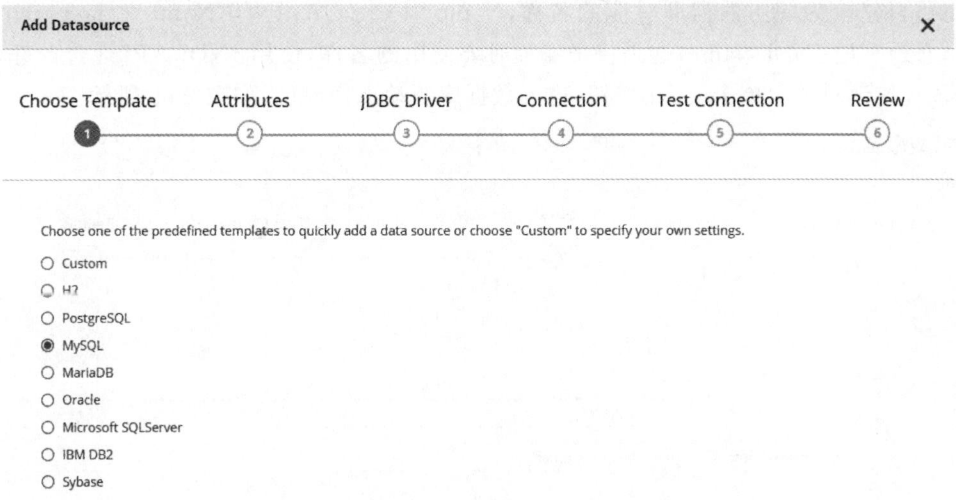

图 2-67　增加单机数据库的连接池配置界面

这里选择 MySQL 数据库，单击 Next 按钮，进入连接池注册到命名服务系统的配置界面，输入连接池的 Name（名称）和 JNDI Name（注册到命名服务系统的注册名，Jakarta EE 应用通过此注册名取得此连接池，JNDI 将在第 13 章中详细讲解），如图 2-68 所示。

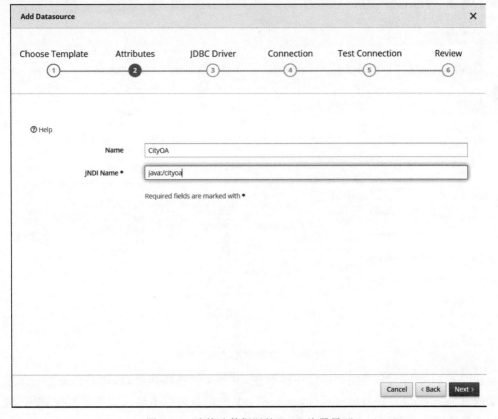

图 2-68　连接池数据源的 JNDI 注册界面

JNDI 注册界面会给出默认的 Name 和 JNDI Name 值,如果不修改,直接使用默认值即可,也可以修改为使用数据库对应的名称,Name 为 CityOA,JNDI Name 为 java:/cityoa。注意,必须牢记 JNDI Name,这是将来编程时要使用的名称,使用 JNDI API 通过此注册名找到该连接池对象。单击 Next 按钮,进入数据库驱动选择界面,如图 2-69 所示。

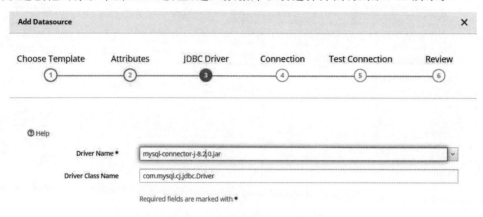

图 2-69　数据源驱动选择界面

这里注意,Driver Name 应选择已经部署的驱动的名称,Driver Class Name 不需要修改,因为 WildFly 自动设置了 MySQL 的最新驱动类名称。单击 Next 按钮,进入数据库连接配置界面,如图 2-70 所示。

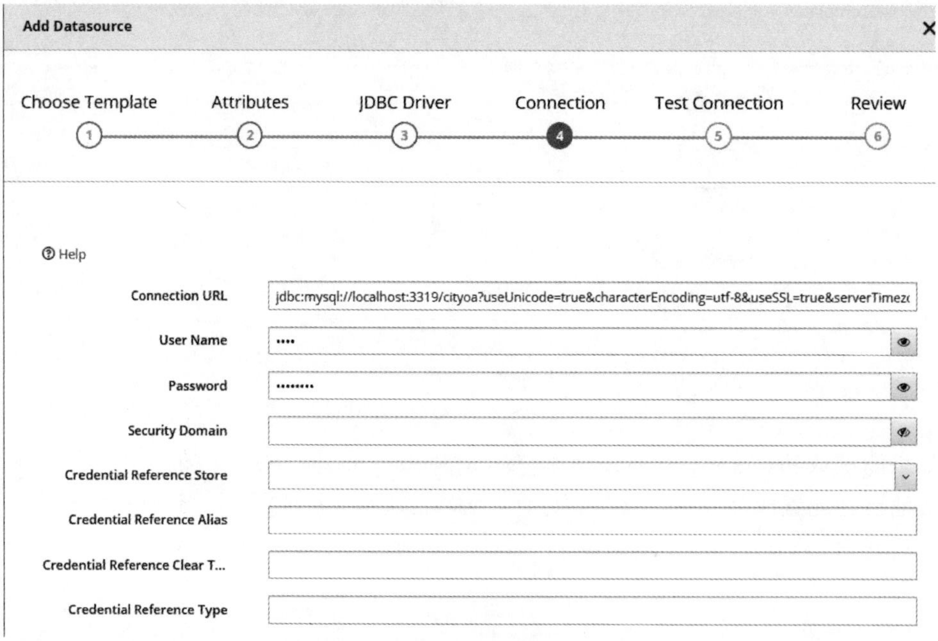

图 2-70　数据库连接配置界面

在图 2-70 中输入相关的数据库连接信息,主要包括链接地址(Connection URL)、数据库账号(User Name)、账号的密码(Password),其他信息可以不输入。单击 Next 按钮,进入连接池配置确认和测试界面,如图 2-71 所示。

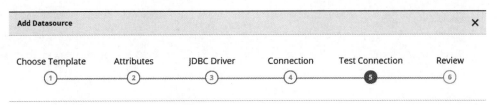

图 2-71　连接池配置确认和测试界面

单击 Test Connection 按钮，测试连接池是否工作正常及能否成功连接到数据库，同时创建 DataSource 对象，进入图 2-72 所示的连接池测试结果界面。

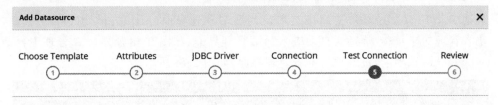

图 2-72　连接池测试结果界面

如果测试成功，会显示对号图标和 Test Connection Successful 的成功信息，说明数据库连接池已经配置成功。单击 Next 按钮，将显示图 2-73 所示的连接池配置信息。

以后开发 Jakarta EE 应用项目，在数据库操作编程时可以使用 JNDI API 取得此连接池，进而取得数据库连接对象，进行数据库操作编程。本书第 13 章将详细讲解如何使用 JNDI API 和连接池进行数据库操作编程。

2.4.6　WildFly 部署 Java Web 项目

WildFly 服务器部署 Web 项目非常简单和方便，既可以使用后端管理界面，也可以通过文件复制方式。

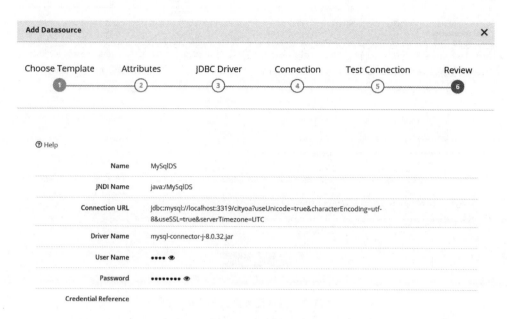

图 2-73　连接池配置信息

1. 通过后端管理界面部署 Web 应用

启动 WildFly 服务器后,使用浏览器访问后端管理界面(http://localhost:9990/),在弹出输入管理的账号和密码后,自动进入后端管理界面,如图 2-48 所示。在管理主界面选择 Deployments 选项卡,进入项目部署管理界面,如图 2-74 所示。

图 2-74　项目部署管理界面

从图 2-74 可以看到,目前已经部署了两个 Jakarta EE 项目,即前面已经部署的 MySQL 数据库的驱动类 mysql-connector-j-8.2.0.jar。本书重点是开发 Jakarta EE Web 项目,所有 Web 项目都以 WAR 压缩文件方式存储,扩展名为.war。支持 Jakarta EE 项目开发的 IDE 工具都能将开发好的项目打包发布为 WAR 文件。

准备好需要部署的 WAR 文件,单击 下拉按钮,弹出如图 2-75 所示的部署功能下拉列表。

选择 Upload Deployment,进入项目文件上传界面,如图 2-76 所示。

选择要部署的 WAR 文件并上传,单击 Next 按钮,进入部署项目的名称确认界面,如图 2-77 所示。

图 2-77 中提示输入部署项目的 Name(部署名称,用于项目列表显示)和 Runtime Name(运行时名称,用于管理项目运行时生命周期,例如启动、停止等),WildFly 默认将这

图 2-75　WildFly 部署功能下拉列表

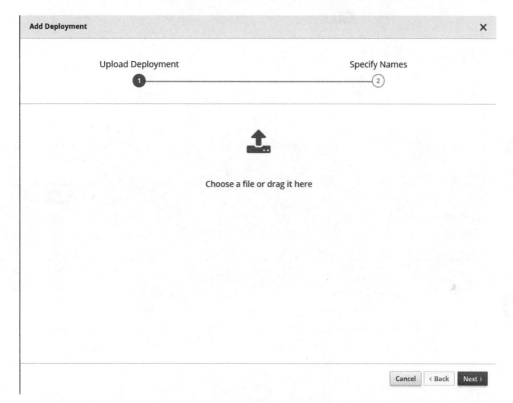

图 2-76　WildFly 服务器项目文件上传界面

两个值均设置为上传项目的文件名。开发者可以输入新的 Name 和 Runtime Name 值，也可以默认使用系统给定的值，输入后这些值，单击 Finish 按钮，后端管理开始项目的部署流程，如果部署成功，则显示如图 2-78 所示的成功信息，即完成了 Java Web 项目的部署。

部署完成后，后端管理界面项目部署列表中会新增此部署的项目，如图 2-79 所示。

在图 2-79 的项目列表中单击部署的项目，会显示部署项目的详细信息，Jakarta EE Web 项目的属性 Context Root(上下文根目录)的值即是此项目的请求地址，并提供了此项目的超链接，单击即可访问。

2．通过文件直接复制方式部署 Web 应用

WildFly 的项目部署也可以不用使用后端管理界面，可以直接将 WAR 文件复制到 WildFly 服务器的发布目录。

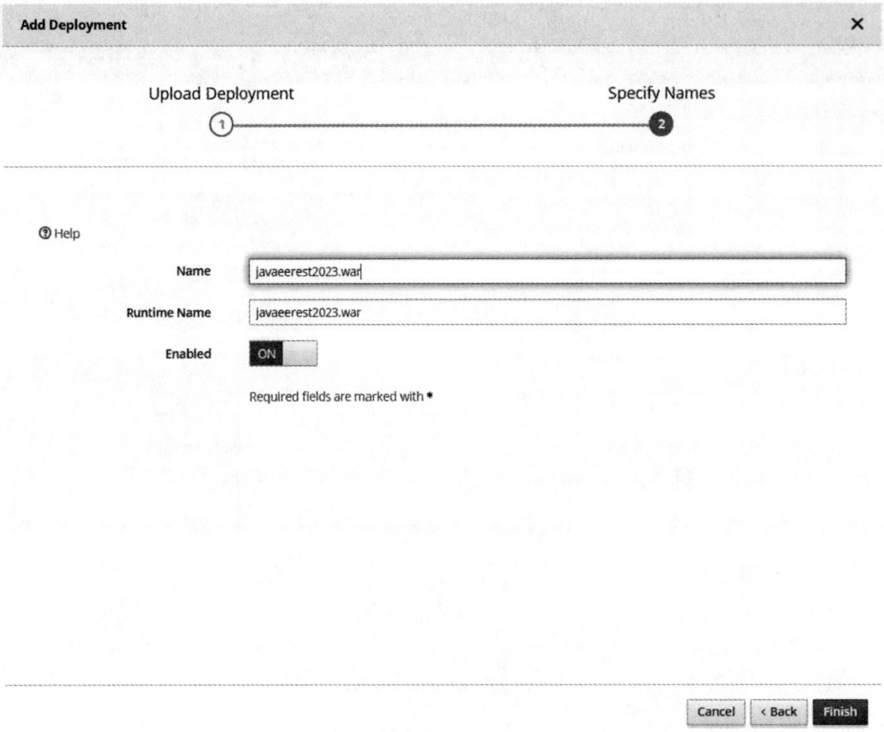

图 2-77　项目部署名称确认界面

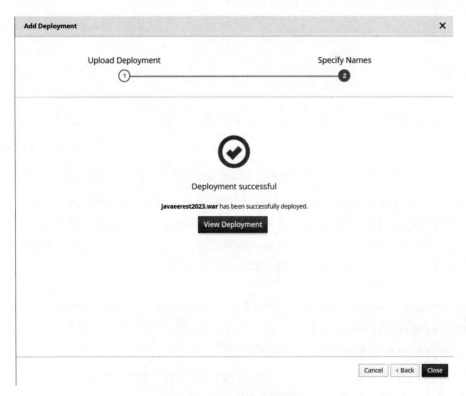

图 2-78　项目部署成功界面

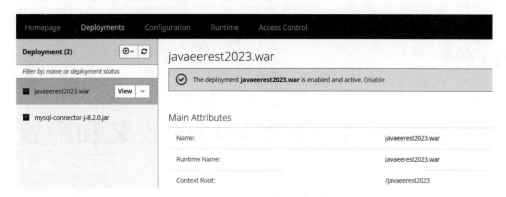

图 2-79　更新的项目部署列表

WildFly 项目的部署目录是安装目录下的\standalone\deployments，作者的 WildFly 的安装目录是 D:\apps\wildfly3001。要部署 Web 项目，将项目的 WAR 文件直接复制到安装目录的子目录 standalone\deployments 即可，如图 2-80 所示。

图 2-80　WildFly 服务器的 Web 项目部署目录

将项目的 WAR 部署文件复制到 deployments 目录后，WildFly 自动识别并完成项目的部署。启动 WildFly 服务器后，使用浏览器访问项目的地址即可。

简答题

1. 符合 Jakarta EE 10 Platform 规范的服务器产品有哪些？
2. 符合 Jakarta EE 10 Web Profile 规范的服务器产品有哪些？

第3章

Jakarta EE开发环境的安装和配置

本章要点

- 市场上主流Jakarta EE集成开发工具的类型和比较
- Eclipse开发工具的安装和配置
- Eclipse开发和部署Jakarta EE Web项目
- Spring Tools 4 for Eclipse集成开发工具的安装和配置
- Spring Tools 4 for Eclipse开发和部署Jakarta EE Web项目
- IntelliJ IDEA Community Edition集成开发工具的安装和配置
- IntelliJ IDEA Community Edition开发和部署Jakarta EE Web项目

3.1 Jakarta EE开发工具的比较和选择

开发Java企业级应用项目,不能像传统的Java桌面应用项目,使用类似文本编辑器加上javac编译工具就可以完成编程和部署任务。Java企业级项目涉及众多技术和配置,使用简单的记事本开发是难以想象的。软件企业在开发基于Java EE或Jakarta EE的企业级项目时,都使用集成的开发工具(IDE Tools)进行项目的创建、依赖库的管理、代码的编写、部署的生成等开发任务。目前市场上有非常多的支持Jakarta EE及Java EE企业级应用项目开发的集成工具,如下 IDE 工具是软件开发企业普遍使用的。

1. Eclipse

Eclipse是一个优秀的平台无关的 IDE 开发环境,为开发 Java、Java EE 和 Jakarta EE 提供了强大的开发和调试功能。Eclipse遵循 OSGi 规范,其本身只是一个框架平台,但可依赖丰富的插件完成各种强大的功能。Eclipse 采用 SWT 本地 GUI 库,使得运行速度较 AWT 和 Swing 有了很大提高,并提供了与操作系统一致的用户界面。

2. Spring Tools 4 for Eclipse

Spring Tools 4 for Eclipse(STS)是对 Eclipse IDE 的扩展,它内置了最新版的 Eclipse,可以在 Jakarta EE 的开发、发布,以及与应用程序服务器的整合方面极大地提高工作效率,尤其是开发 Spring 框架的应用项目有天然优势。STS 具有功能丰富的支持最新 Jakarta EE 规范的集成开发环境，完整支持 Web 开发，如 HTML、CSS、JavaScript，内置支持 Spring Framework、Spring Boot 和 Spring Cloud 等，成为许多软件企业开发项目的首选工具。

3. IntelliJ IDEA

IntelliJ IDEA 一度被认为是最好的 Java IDE 集成开发平台，其以强大的即时分析和方便的重构功能深受 Java 开发人员的喜爱。IntelliJ IDEA 提供了一整套 Java 开发工具，包括：重构、Java EE 和 Jakarta EE 支持、Maven、JUnit，并集成了 CVS、Git 和 GitHub 等。

4. Apache NetBeans

NetBeans 是由 Sun 公司建立的开放源代码的 IDE 工具，现在 Sun 公司的购并者 Oracle 公司已经把 NetBeans 捐献给了 Apache 软件基金会，其商标已变成 Apache NetBeans。NetBeans 是一个开放的、可扩展的开发平台，支持各种插件。除了可用于 Java、Java EE、Java ME 开发外，NetBeans 也通过插件提供 C++ 等应用的开发，开发人员也可以为 NetBeans 提供各种第三方模块以扩展 NetBeans 的功能。

另外，还有其他的 IDE 工具，但由于使用不是非常普遍，因此不再一一赘述。本章简要介绍软件开发企业使用较多的 Eclipse、STS 和 IntelliJ IDEA 这 3 种工具的安装、配置，以及开发和部署 Jakarta EE Web 项目的步骤和注意事项。

3.2 Eclipse IDE 工具的安装和配置

在 Java EE 及最新的 Jakarta EE 应用开发领域，Eclipse 是软件公司普遍使用的开发工具；另外，Eclipse 是开源产品，不需要付费，也没有版权限制。本节详细介绍 Eclipse IDE 的安装配置和项目开发。

3.2.1 Eclipse IDE 的下载

Eclipse 官方下载页面（http://www.eclipse.org/downloads/）如图 3-1 所示。截至编写本书时，最新的 Eclipse IDE 版本是 2023-12。下载页面会自动检查用户使用的平台类

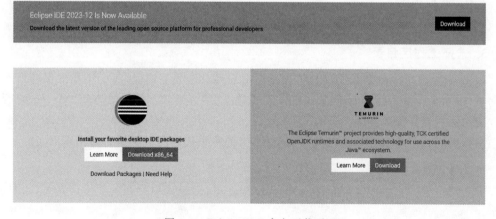

图 3-1　Eclipse IDE 官方下载页面

型，如作者使用的是 Windows 10，则其自动提供 Windows 平台的下载链接，且默认是 EXE 文件。但是，不推荐下载 EXE 的可执行文件版本，推荐下载其压缩文件版本。

单击 Download Packages 超链接，进入压缩文件版本下载页面，如图 3-2 所示。

图 3-2　Eclipse IDE 压缩文件版本下载页面

对应 Java 项目的开发，Eclipse IDE 提供了开发普通桌面单机应用的 Eclipse IDE for Java Developers 版本，以及开发企业级应用（Jakarta EE 应用）的 Eclipse IDE for Enterprise Java and Web Developers 版本，这里选择开发企业版 Java 应用的版本。

针对不同的操作系统，Eclipse 分别提供了用于 Windows、macOS 和 Linux 平台的开发工具。如果使用 Windows 平台，则单击 Windows x86-64 超链接，下载其压缩版本文件 eclipse-jee-2023-12-R-win32-x86_64.zip，将其保存到计算机的本地硬盘目录即可。

3.2.2　Eclipse IDE 的安装和启动

1. 安装 Eclipse

Eclipse 是典型的绿色软件，只需将下载的 ZIP 文件解压，不需要安装即可使用。推荐将其解压到目录 D:\tools\eclipse202312。

2. 启动 Eclipse

双击 Eclipse 解压目录下的 eclipse.exe 文件，即启动 Eclipse。

3. 选择工作区目录

Eclipse 要求在项目的开发过程中选择指定的目录作为工作区，每个工作区保存所有配置信息，包括工作区的字符编码集、JDK 目录、Java 编译版本、服务器类型、Maven 的版本等。工作区选择界面如图 3-3 所示。

工作区的目录名最好不要有汉字和空格，以免将来代码测试和运行时出现 Bug。

4. Eclipse 工作环境

启动 Eclipse 后，关闭其默认的 Welcome 标题页，即进入项目开发工作台界面，如图 3-4 所示。

Eclipse IDE 工作台主要包含以下区域。

第3章 Jakarta EE开发环境的安装和配置

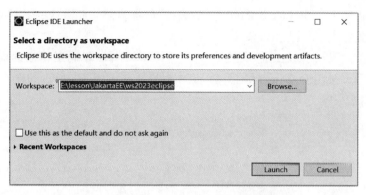

图 3-3　Eclipse IDE 启动时工作区选择界面

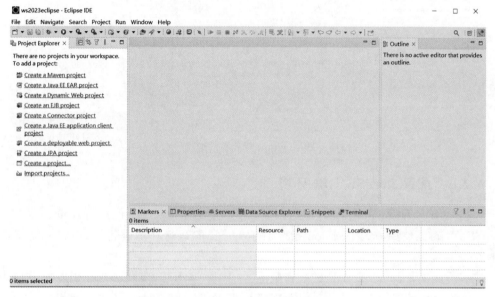

图 3-4　Eclipse IDE 工作台界面

（1）功能菜单区：在工作台界面的最上方，提供了 Eclipse 所有功能选择的菜单。

（2）便捷按钮区：在菜单区下面是便捷按钮区，该区域提供了常用功能的按钮，避免了到菜单中选择，加快了功能选择速度。

（3）项目显示区：在工作台界面的左边，用于显示和管理当前工作区内的项目列表。由于现在没有项目开发，因此此时显示的是常用的项目创建选择功能，如 Create a Maven project（创建 Maven 项目）等。

（4）代码编写区：在工作台界面的中间，便捷按钮下方和调试标题栏的上方。Eclipse IDE 的代码编辑器与普通的文本编辑器相比，具备所支持编程语言的智能补齐功能，如编写 Java 代码，会自动提示对象的属性和方法，这是普通文本编辑器所不具备的，能极大加快代码的编写速度，提高项目的开发效率。目前因为没有代码打开，所以代码编写区处于未激活状态。

（5）调试和日志区：在工作台的右下方默认提供了 Servers、Markers、Terminal 等标题区，用于查看项目的运行、服务器的启动/停止和运行状态等。

虽然可以将各个工作区的位置进行重新调整，但推荐使用此默认的布局安排，尽量不要调整各自的位置。

一般情况下，可以把 Outline 标题页关闭，这样可以增加代码工作区的面积，有利于代码的编写和查看。关闭 Outline 标题页后，工作台界面变成图 3-5 所示的样式。

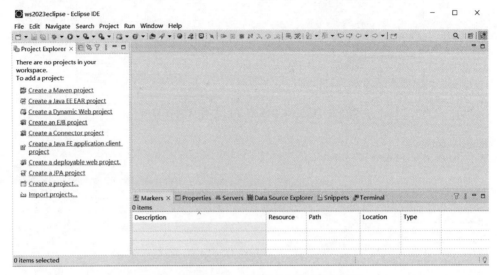

图 3-5 关闭 Outline 标题页后的工作台界面

3.2.3 配置 Java SE JDK 环境

Eclipse IDE 开发 Jakarta EE 应用项目，需要先配置 Java SE 的运行环境。在安装了 Java SE 后，确保使用 java -version 指令对 Java SE 的运行环境进行了测试，并需要记住 JDK 的安装位置。

应尽可能安装 Java SE JDK 的最新版本，如 JDK 17、JDK 19 等。现在很多 Java 应用框架已经不支持比较老的 JDK 版本，如 JDK 7、JDK 8 等，如 Spring 6.0 版本就要求至少 JDK 17 版本才能运行。

启动 Eclipse IDE 后，依次选择 Windows→Preferences→Java→Installed JREs，即可进入 Java 配置界面，如图 3-6 所示。

Eclipse IDE 自身也内置了 Java SE 的 JRE 运行引擎，但是没有包含全部的 JDK 软件，推荐配置自己计算机上安装的 JDK 版本。

要配置使用自己的 JDK 版本，可单击 Add 按钮，打开图 3-7 所示的 JDK 版本选择界面。

选择默认选中的 Standard VM 即可，单击 Next 按钮，进入 JDK 安装目录选择界面，如图 3-8 所示。

选择 JRE home 的目录，即 D:/apps/jdk17(此处需要根据自己的安装路径选择，这是作者的 JDK 安装路径)；默认的 JRE name 为 jdk17，通常不需要更改此名称；在 JRE system libraries 列表框中自动选择 JDK 17 的核心库 jrt-fs.jar，该库包括所有 JDK 17 的内置的包、接口和类的定义。

单击 Finish 按钮，即完成 Java JDK 的安装配置，IDE 工具会显示刚刚配置的 JDK 的安装信息，包括 Name 和 Location(安装位置)属性及其取值。

第3章　Jakarta EE开发环境的安装和配置　67

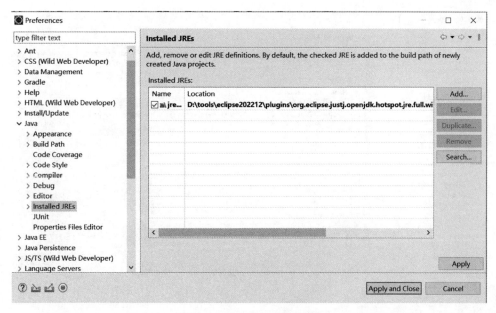

图 3-6　Java JDK 配置界面

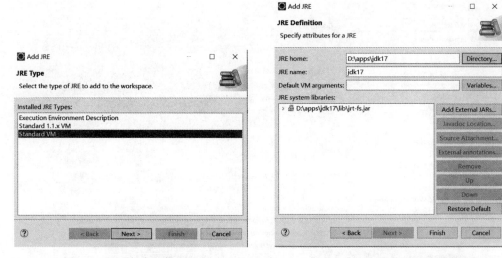

图 3-7　JDK 版本选择界面　　　　　图 3-8　JDK 安装目录选择界面

安装新的 JDK 后，需要将此 JDK 设置为默认的 Java 运行环境，即选中前面的复选框即可，如图 3-9 所示。

选中默认的 JDK 后，需要单击 Apply 或 Apply and Close 按钮，以使新的 JDK 开始启用。

安装完 JDK 后，还需要配置 IDE 的 Java 编译版本，即生成哪个 Java 版本的代码，这里推荐使用与 JDK 版本相符的编译版本。依次选择 Windows → Preferences → Java → Compiler，进入 Java 编译版本配置界面，如图 3-10 所示。

这里选择 Compiler compliance level 为 17 即可，单击 Apply 或 Apply and Close 按钮，完成 Java 编译版本的配置。

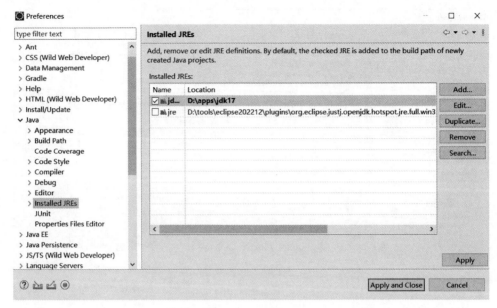

图 3-9　设置安装的 JDK 为默认的 Java 运行环境

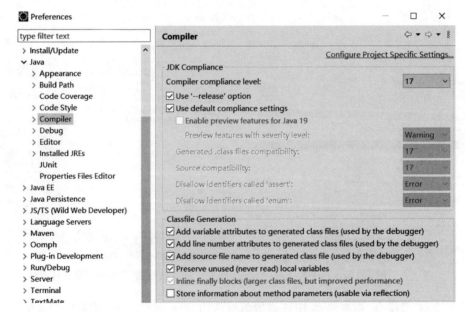

图 3-10　Java 编译版本配置界面

通常配置的 JDK 版本可以支持低于其版本的 Java 编译，但无法编译高于其版本的代码编译，如安装配置了 JDK 17，不能选择编译版本为 18 或 19，因为 JDK 是向下兼容的，不能向上兼容。

3.2.4　配置 Jakarta EE 服务器

在使用 Eclipse IDE 开发 Jakarta EE 应用项目之前，需要配置符合 Jakarta EE 规范的服务器，如 Tomcat、WildFly、GlassFish 等，以便将项目部署和运行在这些服务器上。本书主要以 Apache Tomcat 服务器为项目的部署服务器。

下面以配置 Tomcat 10.1.17 为例配置 Jakarta EE 服务器，此版本 Tomcat 是本书编写时的最新版本。

在顶部菜单中依次选择 Window→Preferences→Server→Runtime Environments，进入服务器配置界面，如图 3-11 所示。

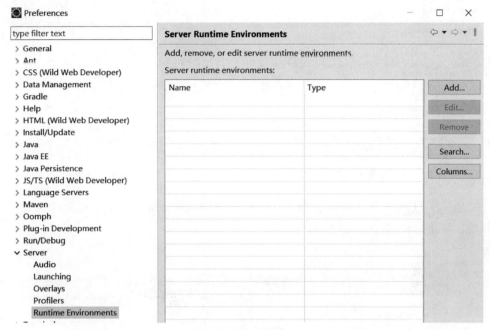

图 3-11　服务器配置界面

在此服务器配置界面，可以完成符合 Jakarta EE 规范的服务器的增加、修改和删除操作。因为首次选择了新的工作区，所以没有任何服务器的配置，Server runtime environments 的服务器列表为空。

按如下顺序依次进行完成服务器的配置。

1．选择服务器类型

在图 3-11 中，单击 Add 按钮，进入服务器类型选择界面。Eclipse 支持市场上流行的各种 Jakarta EE 服务器，在此选择能支持的最新 Apache 版本 Tomcat 10.1 服务器，如图 3-12 所示。

2．配置服务器的安装目录和 JDK 版本

选择服务器的安装目录和 JDK 版本，如图 3-13 所示。这里选择 Tomcat 10.1.17，此处为作者计算机的安装路径 D:\apps\apache-tomcat-10.1.17，具体位置应根据读者自己的安装目录确定。另外，还需要将服务器的运行 JRE 环境选择为新安装的 JDK 环境。

单击 Finish 按钮，即可完成 Tomcat 10.1.17 服务器的配置。

3.2.5　创建 Jakarta EE Web 项目

Eclipse IDE 内置了创建 Jakarta EE Web 项目的向导，使用此向导可以非常方便地创建符合 Jakarta EE Web Profile 规范的动态 Web 项目。

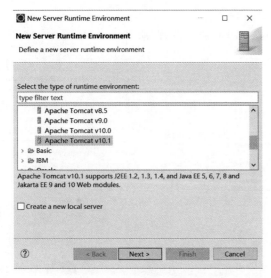
图 3-12　选择服务器类型和版本

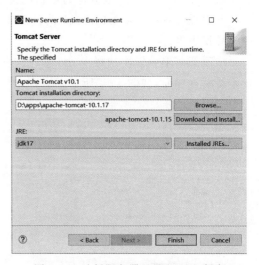
图 3-13　选择服务器目录和 JDK 版本

在 Eclipse 工作台界面依次选择 File→New→Dynamic Web Project，启动 Jakarta EE Web 项目创建向导，如图 3-14 所示。

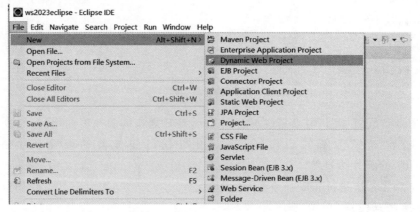
图 3-14　选择 File→New→Dynamic Web Project

当工作区中没有项目时，其左侧也有创建动态 Web 项目的超链接，即 Create a Dynamic Web project，单击后，即可进入动态 Web 项目创建界面，如图 3-15 所示。

如果工作区中已经有项目，则此超链接不会出现，因此推荐使用菜单命令进行项目的创建。选择创建 Dynamic Web Project，进入动态 Web 项目输入界面，如图 3-16 所示。

在图 3-16 中输入如下动态 Web 项目参数配置：

(1) Project name(项目名称)：javaweb01。

(2) Project location(项目目录)：使用默认工作区目录，即选中 Use default location 复选框。

(3) Target runtime(项目目标运行环境，即服务器)：选择安装的 Apache Tomcat 10.1。

(4) Dynamic web module version(Web 规范的版本)：6.0。这是 Jakarta EE 10 Web Profile 规范支持的最新版本。

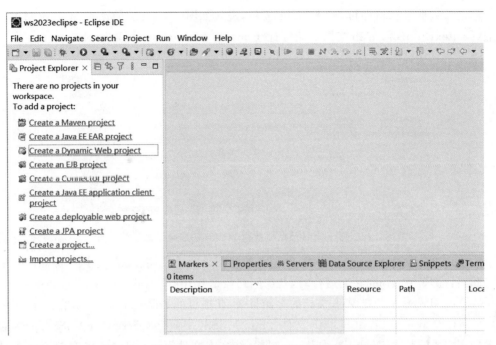

图 3-15 没有项目时直接创建动态 Web 项目的选择界面

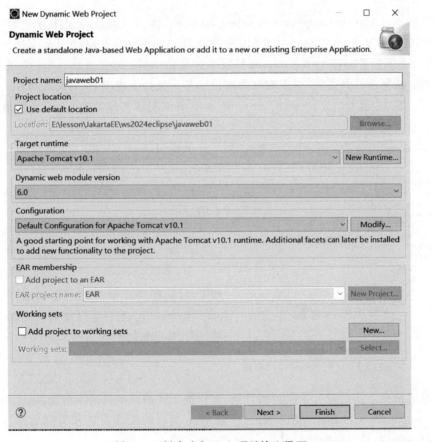

图 3-16 创建动态 Web 项目输入界面

其他参数取默认值即可，单击 Next 按钮，进入如图 3-17 所示的动态 Web 项目的站点地址（Context root）和 Web 文档存储位置（Content directory）的配置界面。

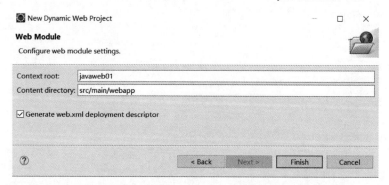

图 3-17　Web 项目站点地址和 Web 文档存储位置配置界面

图 3-17 中，Context root 指定 Web 站点的访问起始路径，默认是项目名，即 javaweb01。当将此项目部署到 Tomcat 上运行时，其访问路径是 http://localhost:8080/javaweb01。

Content directory 指定 Web 文档的存储目录，在项目的 src/main/webapp 目录下。注意，这里只能存储 Web 文档，如 HTML 文件（.html）、CSS（.css）、JavaScript（.js）、JSP（.jsp），以及 Web 应用需要的其他辅助文件，如图片、视频、纯文本文件等；此目录不能存储 Java 源代码文件。

默认情况下，Generate web.xml deployment descriptor 复选框是不选中的，即不生成 Web 应用的配置文件 web.xml。这是因为新版的 Java EE 和 Jakarta EE 支持注解类配置方式，可以不用配置文件 web.xml；而旧版本只支持 XML 配置方式，因此必须要有 web.xml 文件。实际项目开发时，可以根据需要决定是否选择生成 Web 的配置文件。这里推荐选中此复选框，生成配置文件 web.xml。即使不用该配置文件，也可以查看配置文件的结构和内容。

图 3-18　生成的 Jakarta EE Web 应用项目

单击 Finish 按钮，生成图 3-18 所示的 Jakarta EE Web 应用项目。

在项目 javaweb01 目录下，生成如下主要核心的目录。

（1）Java Resources/src/main/java：存储 Java 代码的目录。

（2）Java Resources/Libraries：项目引入的依赖库，目前有 JRE 和 Apache Tomcat 10.1。

（3）build：此目录存储编译后的 Java 类文件，即 .class 和依赖库文件 .jar。

（4）src/main/webapp：存储 Web 文档目录。

（5）src/main/webapp/META-INF：存储项目的配置信息。此目录为受保护的目录，客户端无法请求此目录下的文件。

（6）src/main/webapp/WEB-INF：存储 Web 项目的配置信息和关键文件。此目录不能被客户端访问，是受保护的目录。

(7) src/main/webapp/WEB-INF/web.xml：生成的 Java Web 配置文件。

通常 Web 项目需要一个启动文件，动态 Web 项目推荐的文件是 index.jsp。选择项目的 webapp 目录，右击，在弹出的快捷菜单中选择 new→JSP File 命令，弹出 JSP 文件生成向导界面，如图 3-19 所示，在 File name 文本框中输入 JSP 文件名 index.jsp。

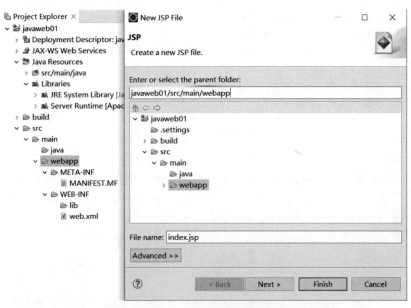

图 3-19　JSP 文件生成向导界面

单击 Next 按钮，进入 JSP 文件模板选择界面，如图 3-20 所示。

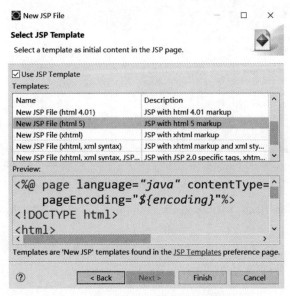

图 3-20　JSP 文件模板选择界面

在图 3-20 中自动选择 html 5 的模板语法来生成 JSP 页面代码。目前项目采用 HTML 5 的编程规范已经成为标准，因此保持默认的选择即可。使用 JSP 向导创建的 JSP 文件如图 3-21 所示。

```
 1 <%@ page language="java" contentType="text/html; charset=ISO-8859-1"
 2     pageEncoding="ISO-8859-1"%>
 3 <!DOCTYPE html>
 4 <html>
 5 <head>
 6 <meta charset="ISO-8859-1">
 7 <title>Insert title here</title>
 8 </head>
 9 <body>
10
11 </body>
12 </html>
```

图 3-21　使用 JSP 向导创建的 JSP 文件

默认生成的 JSP 的代码文本编码集都是 ISO-8859-1，但现在项目中都采用 UTF-8 字符编码标准，因此需要手动修改 JSP 文件中所有的 ISO-8859-1，都改成 UTF-8，也可以在项目中修改 JSP 默认的字符编码集，即选择 Window→Preferences→Web→JSP Files，打开 JSP 配置界面，如图 3-22 所示。

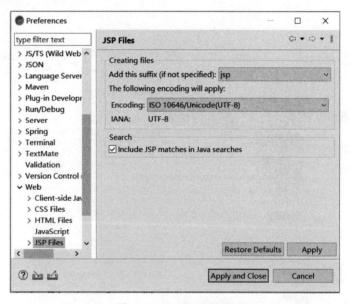

图 3-22　JSP 配置界面

在 Encoding 下拉框中选择 ISO 10646/Unicode（UTF-8），则以后创建的 JSP 文件默认的字符编码集就是 UTF-8。

在 JSP 文件的<body></body>之间输入 JSP 页面要显示的内容，这里只输入了简单的显示标题文本：<h1>欢迎使用 Jakarta EE Web</h1>。

3.2.6　部署 Jakarta EE Web 项目

Eclipse IDE 支持在不离开工作台环境下直接部署 Web 项目到配置的服务器上，大大缩短了程序员的开发和测试时间。3.2.5 小节已经创建了动态 Web 项目，并创建了项目的首页 index.jsp 文件，下面讲解如何将此项目部署到配置的 Tomcat 10.1.17 服务器并使用浏览器请求该页面。

1. 部署 Jakarta EE Web 项目

选择项目并右击，在弹出的快捷菜单中选择 Run As→1Run on Server 命令，启动 Web 项目部署向导，如图 3-23 所示。

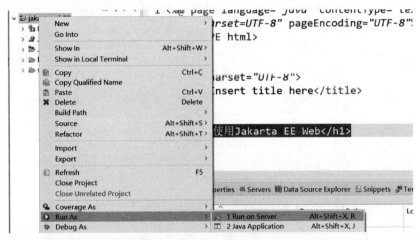

图 3-23　启动 Web 项目部署向导

2. 选择服务器并输入基本项目信息

弹出部署服务器选择界面，如图 3-24 所示。当首次执行部署任务时，选中 Manually define a new server 单选按钮，在 Select the server type 列表框中选择配置的服务器类型，这里选择 Tomcat v10.1 server。IDE 工具自动根据配置的服务器确定 Server's host name、Server name 和 Server runtime environment 这 3 个参数值，通常不需要修改，直接取默认值即可。

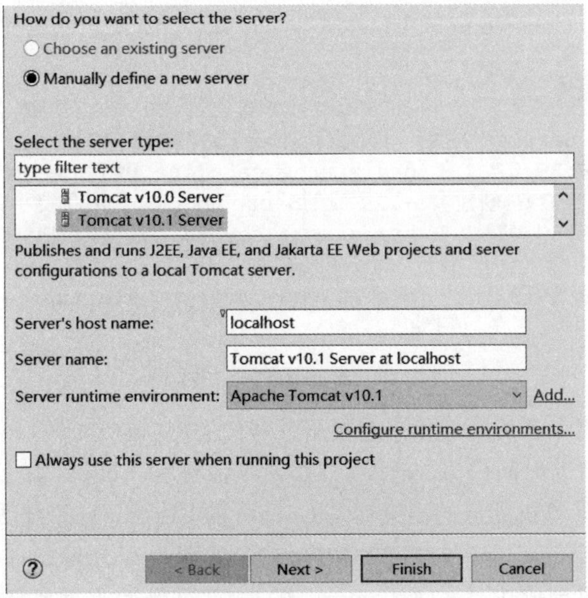

图 3-24　部署服务器选择界面

单击 Next 按钮,进入部署项目选择界面,如图 3-25 所示。

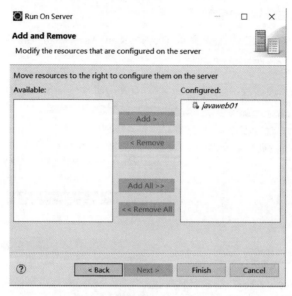

图 3-25　部署项目选择界面

默认情况下,要部署的项目会自动出现在右侧部署区内,左侧是此工作区的所有没有选择部署的项目。当前工作区只有一个项目,因此左侧未部署项目的区域为空;如果工作区创建多个项目,此区域就会有没有被选择部署的项目列表。Eclipse IDE 支持同时部署多个项目到服务器,因此工作区内的项目名称不能相同,否则无法部署;当然,也无法创建相同项目名称的项目。

3. 启动服务器并测试 Web 项目运行

单击图 3-25 中的 Finish 按钮,Eclipse 自动启动选择的部署服务器,这里选择 Tomcat 10.1.17,在工作台的 Console 窗口会显示 Tomcat 10.1.17 的启动信息,如图 3-26 所示。

```
Problems  Servers  Terminal  Data Source Explorer  Properties  Console ×
Tomcat v10.1 Server at localhost [Apache Tomcat] D:\apps\jdk17\bin\javaw.exe (2024年1月9日 上午8:39:01) [pid: 8896]
信息: 正在启动 Servlet 引擎:[Apache Tomcat/10.1.17]
1月 09, 2024 8:39:07 上午 org.apache.catalina.util.SessionIdGeneratorI
警告: 使用[SHA1PRNG]创建会话ID生成的SecureRandom实例花费了[121]毫秒。
1月 09, 2024 8:39:07 上午 org.apache.coyote.AbstractProtocol start
信息: 开始协议处理句柄["http-nio-8080"]
1月 09, 2024 8:39:07 上午 org.apache.catalina.startup.Catalina start
信息: [1522]毫秒后服务器启动
```

图 3-26　部署服务器启动信息

图 3-26 所示的服务器的启动信息包括服务器的类型、监听 HTTP 请求的端口(当前显示为 8080)、服务器启动时间(1522 毫秒)。服务器启动后,Eclipse IDE 自动启动操作系统默认的浏览器(作者计算机默认的浏览器是 Google 的 Chrome),并自动请求 Web 项目的默认主页,显示请求的 index.jsp 的 HTTP 响应内容,如图 3-27 所示。

图 3-27 表明项目已成功部署到 Tomcat 10.1.17,并开始监听客户端浏览器的请求。

图 3-27　Eclipse IDE 启动服务器并请求项目的默认主页

3.2.7　Maven 的安装和配置

使用创建 Dynamic Web Project 方式创建 Jakarta EE Web 项目对于初学者学习 Jakarta EE 项目编程非常简洁方便,但是这种方式在开发大型企业级项目时,尤其是当项目中需要引入非常多的依赖库时,需要手动复制各种 JAR 文件,会导致依赖库管理混乱、版本不统一和冲突等问题。

软件企业在开发 Jakarta EE 企业级项目时,通常使用项目构建工具对项目的代码、依赖和编译进行管理,目前使用最多的构建工具有 Maven 和 Gradle。本书使用 Maven 构建工具,对于 Gradle 的使用请读者参阅相关文档。

Maven 是 Apache 软件基金会的开源项目,访问其官网(https://maven.apache.org),可以参阅 Maven 的文档并下载发布的最新版本。Maven 官方网站主页显示如图 3-28 所示。

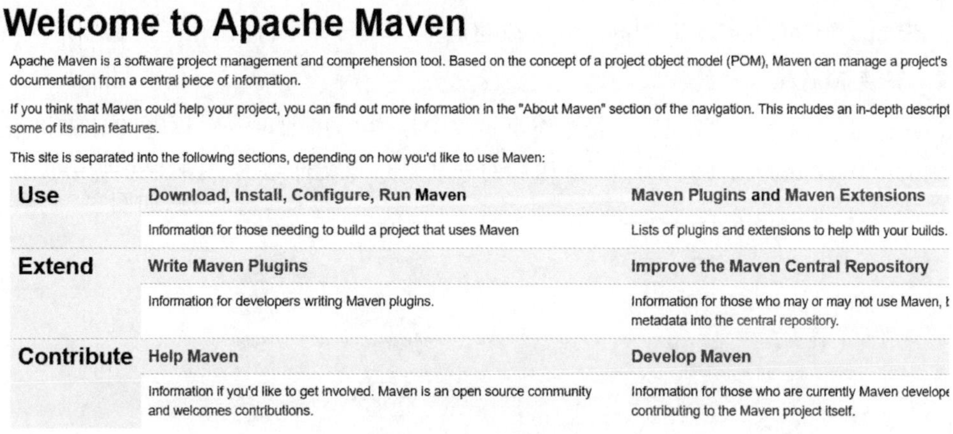

图 3-28　Maven 官方网站主页显示

其中,Use 栏目中包括 Download、Install、Configure、Run Maven 超链接,开发人员可以完成 Maven 的下载、安装、配置和运行。

1. 下载 Maven

在图 3-28 中单击 Download 超链接,进入 Maven 下载页面,如图 3-29 所示。

从 Maven 下载页面可见,目前 Maven 的最新版本是 3.9.6。其中,System Requirements 中介绍了 Maven 3.9.6 需要的环境信息,包括 JDK 版本必须在 8 以上和硬盘容量在 10MB 以上,而对内存和操作系统没有最低要求,可见 Maven 能适应任何操作系统。

推荐下载 Maven 的二进制(Binary)版本。Maven 提供了两种格式的压缩文件,分别为

Downloading Apache Maven 3.9.6

Apache Maven 3.9.6 is the latest release: it is the recommended version for all users.

System Requirements

Java Development Kit (JDK)	Maven 3.9+ requires JDK 8 or above to execute. It still allows you to build against 1.3 and other JDK v
Memory	No minimum requirement
Disk	Approximately 10MB is required for the Maven installation itself. In addition to that, disk space will be u repository will vary depending on usage but expect at least 500MB.
Operating System	No minimum requirement. Start up scripts are included as shell scripts (tested on many Unix flavors) a

Files

Maven is distributed in several formats for your convenience. Simply pick a ready-made binary distribution archive and follow the ins Maven yourself.

In order to guard against corrupted downloads/installations, it is highly recommended to verify the signature of the release bundles a

	Link	Checksums
Binary tar.gz archive	apache-maven-3.9.6-bin.tar.gz	apache-maven-3.9.6-bin.tar.gz.sha512
Binary zip archive	apache-maven-3.9.6-bin.zip	apache-maven-3.9.6-bin.zip.sha512
Source tar.gz archive	apache-maven-3.9.6-src.tar.gz	apache-maven-3.9.6-src.tar.gz.sha512
Source zip archive	apache-maven-3.9.6-src.zip	apache-maven-3.9.6-src.zip.sha512

图 3-29 Maven 下载页面

ZIP 和 tar.gz，对于 Windows 平台，推荐下载 ZIP 文件；而 Linux 和 macOS 平台推荐下载 tar.gz 文件。

单击 apache-maven-3.9.6-bin.zip 下载超链接，将下载的文件保存到指定目录即可。

2. 安装 Maven

Maven 也是绿色软件产品，直接将下载的 ZIP 文件解压即可。在作者的计算机上将其解压到 D:/apps/maven396 目录下，解压后的安装目录和文件结构如图 3-30 所示。

图 3-30 Maven 的安装目录和文件结构

注意，解压后的目录没有 m3 子目录，该目录是新创建的，用于存储 Maven 下载的依赖库 jar 的目录。读者可以自己创建任意位置的目录作为本地仓库的位置，但推荐在 Maven 目录下创建，这样比较容易管理；同时，推荐使用 m3 目录名，使用 Maven 2 时用户大都习惯使用 m2 作为本地仓库的目录名，到 Maven 3 时应自然过渡到 m3 目录名。

3. 配置 Maven

需要对安装好的 Maven 进行配置，以便使用创建的本地仓库目录 m3。另外，Maven 在下载项目需要的依赖库时，默认从国外的 Maven 中央仓库中读取，对于国内的开发者，其下载速度非常慢，经常由于下载超时导致 Maven 项目错误。为解决这一问题，阿里云在国内创建了 Maven 的镜像仓库，其中保存了与国外中央仓库相同的库文件，并保持同步，为此一定要配置阿里云 Maven 镜像仓库。

Maven 的配置通过安装目录下的 conf 子目录中的 settings.xml 文件完成。使用记事本打开该文件，找到 < localRepository > 标记，如图 3-31 所示。

```
<settings xmlns="http://maven.apache.org/SETTINGS/1.2.0"
          xmlns:xsi="http://www.w3.org/2001/XMLSchema-instance"
          xsi:schemaLocation="http://maven.apache.org/SETTINGS/1.2.0 https://maven.apache
<!-- localRepository
   | The path to the local repository maven will use to store artifacts.
   |
   | Default: ${user.home}/.m2/repository
<localRepository>/path/to/local/repo</localRepository>
-->
<localRepository>D:\apps\maven396\m3\localRepository>
<!-- interactiveMode
   | This will determine whether maven prompts you when it needs input. If set to false,
   | maven will use a sensible default value, perhaps based on some other setting, for
   | the parameter in question.
   |
   | Default: true
<interactiveMode>true</interactiveMode>
-->
```

图 3-31 Maven 本地仓库目录的配置

在 settings.xml 文件中增加如下配置代码，完成本地仓库存储目录的设置：

```
< localRepository > D:\apps\maven390\m3 </localRepository >
```

其中，本地仓库的位置根据自己创建的目录确定，这里设置为作者前面创建的 m3 目录。

配置好本地仓库的位置后，下一步需要配置阿里云 Maven 镜像仓库。在 settings.xml 文件中找到 < mirrors > 标记，在其内部增加如下 Maven 阿里云镜像的配置代码：

```
< mirror >
    < id > nexus - aliyun </id >
    < mirrorOf > central </mirrorOf >
    < name > Nexus aliyun </name >
    < url > http://maven.aliyun.com/nexus/content/groups/public </url >
</mirror >
```

配置 Maven 阿里云镜像仓库后的内容如图 3-32 所示。

```
<mirrors>
    <mirror>
        <id>maven-default-http-blocker</id>
        <mirrorOf>external:http:*</mirrorOf>
        <name>Pseudo repository to mirror external repositories initially using HTTP.</name>
        <url>http://0.0.0.0/</url>
        <blocked>true</blocked>
    </mirror>
    <mirror>
        <id>nexus-aliyun</id>
        <mirrorOf>central</mirrorOf>
        <name>Nexus aliyun</name>
        <url>http://maven.aliyun.com/nexus/content/groups/public</url>
    </mirror>
</mirrors>
```

图 3-32 Maven 阿里云镜像仓库的配置代码

配置后，保存 settings.xml 文件即可。

3.2.8　Eclipse IDE 配置 Maven

安装完 Maven 后,Eclipse IDE 需要配置 Maven,以实现 Maven 项目的构建和管理。依次选择 Window→Preferences→Maven→Installations,弹出 Maven 安装配置界面,如图 3-33 所示。

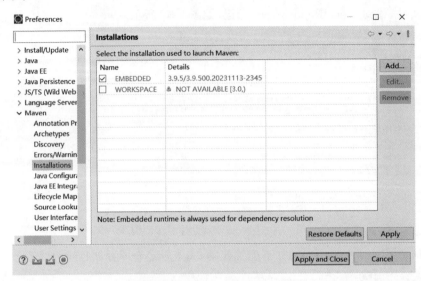

图 3-33　Maven 安装配置界面

图 3-33 的 Installations 列表框中列出了 IDE 已经安装的 Maven 及其版本,可见 IDE 已经内置了 Maven,其版本是 3.9.5。如果直接使用此版本,就不需要安装 Maven,直接使用即可。

由于这里安装的是 Maven 3.9.5,而上节下载和安装的是 3.9.6,因此需要对 Maven 进行配置。单击图 3-33 图中的 Add 按钮,弹出如图 3-34 所示的 Maven 安装向导界面。

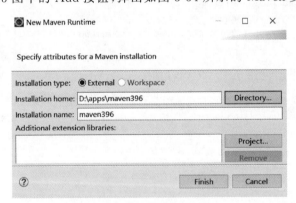

图 3-34　Maven 安装向导界面

选择 Maven 3.9.6 的安装目录,IDE 自动给出 Installation name,即 maven396,直接使用此名称即可。如果确实需要,可以手动修改此安装名。

单击 Finish 按钮,IDE 会自动更新 Maven 的安装列表,如图 3-35 所示。

安装成功 Maven 后,还需要选中新安装的 Maven 3.9.6,作为 IDE 的默认 Maven。单

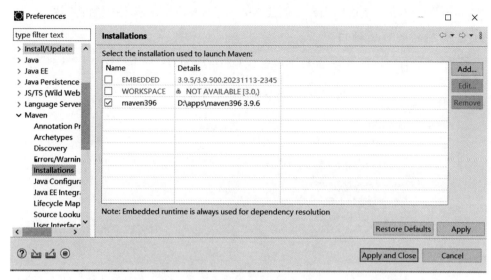

图 3-35　Maven 的安装列表界面

击 Apply and Close 按钮,使其配置激活并启用。

完成 Maven 的安装后,下一步需要使用 Maven 的配置文件。依次选择 Window→Preferences→Maven→User Settings,进入 Maven 配置文件选择界面,如图 3-36 所示。

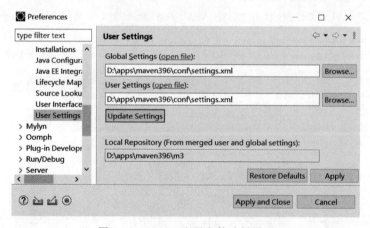

图 3-36　Maven 配置文件选择界面

将 Global Settings 和 User Settings 都选择为刚刚修改过的 Maven 配置文件 D:\apps\maven396\conf\settings.xml,可以看到 Local Repository(本地仓库)的目录自动更改为前面配置的本地仓库的目录。

单击 Apply and Close 按钮,完成 Maven 的配置工作。

3.2.9　创建 Maven Web 项目

安装并配置好 Maven 后,就可以创建 Maven Web 项目。但是,由于 Maven Web 项目模板一直没有更新,使用的 JDK 版本是 1.5,Web 版本是 2.5,因此无法创建最新版的 Jakarta EE Web 项目。因此,在使用 Maven Web 模板创建项目后,还需要对配置进行修改,使其符合最新版 Jakarta EE 规范的 Web 项目后,才能使用 Jakarta EE Web 规范进行企业级 Web 项目的开发。下面详细介绍创建 Maven Web 项目及修改配置的步骤。

1. 创建 Maven Web 项目

在 Eclipse IDE 中依次选择 File→New→Maven Project，弹出 Maven 项目创建界面，如图 3-37 所示。

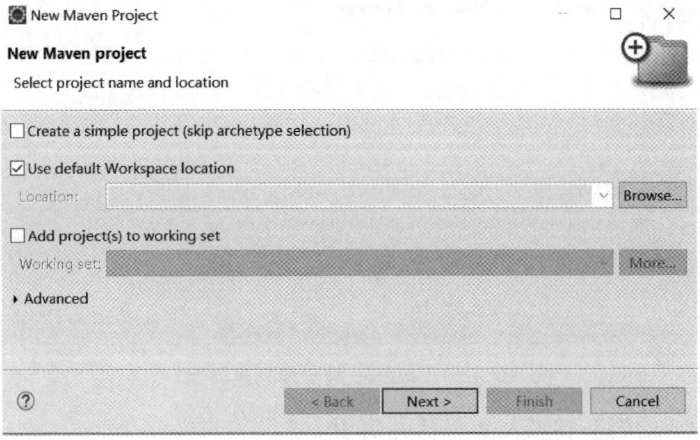

图 3-37　Maven 项目创建界面

在此界面中选择使用默认的工作区目录（选中 Use default Workspace location 复选框）作为项目的目录即可，单击 Next 按钮，进入 Maven 项目的模板选择界面，如图 3-38 所示。

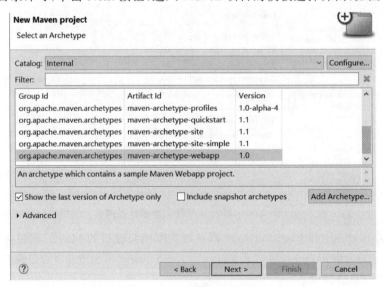

图 3-38　Maven 项目的模板选择界面

在 Catalog 下拉列表中选择 Internal，即内置模板库，系统会自动更新此类别下的所有 Maven 项目模板列表；再选择 Artifact Id 为 maven-archetype-webapp 1.0，此模板用于生成 Maven Web 项目。单击 Next 按钮，进入 Maven 项目信息输入界面，如图 3-39 所示。

在此界面中输入如下信息。

（1）Group Id：项目的公司信息，通常使用域名，如 com.city、com.ibm。

（2）Artifact Id：项目的名称，如 cityoa、oaerp，此名称作为工作区的项目名称。

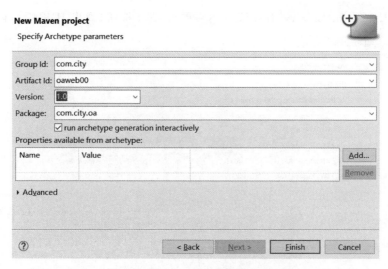

图 3-39　Maven 项目信息输入界面

（3）Version：项目的版本号，模板自动给出 0.0.1-SNAPSHOT。该参数可以改为 1.0，也可以输入任意版本号。

（4）Package：项目的起始包名，默认给出 groupid.artifactid 作为包名，如 com.city.oaweb00。该参数可以使用默认值，也可以输入新的起始包名，如 com.city.oa。

（5）Properties available from archetype：不需要输入任何新的属性名。

单击 Finish 按钮，Eclipse IDE 会使用 Maven 选择的模板生成 Maven Web 项目。

2. 修改 Maven Web 项目的 JDK 版本

由于 Maven Web 模板版本比较旧，生成的 Maven Web 项目默认使用 JDK 1.8，因此首先需要将其改为现在使用的 JDK 17。

选择项目并右击，在弹出的快捷菜单中选择 Properties→Java Build Paths→Libraries 命令，进入图 3-40 所示的项目 JDK 配置界面。

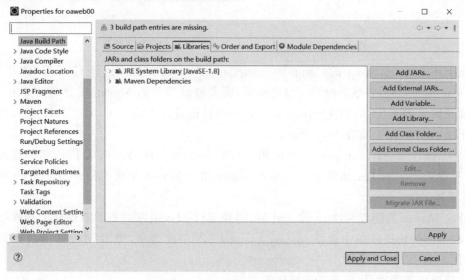

图 3-40　项目依赖库配置界面

选择 JRE System Library[JavaSE-1.8]，单击 Edit 按钮，弹出 JDK 版本修改界面，如图 3-41 所示。

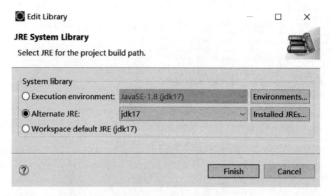

图 3-41　JDK 版本修改界面

选择 Alternate JRE 复选框，并在其下拉列表中选择前面安装的 jdk17，单击 Finish 按钮，完成 JDK 版本的修改。

在修改 JDK 版本的同时，也需要修改 Java 的编译版本。选择图 3-40 左侧功能区中的 Java Compiler，进入 Java 编译版本界面，如图 3-42 所示。

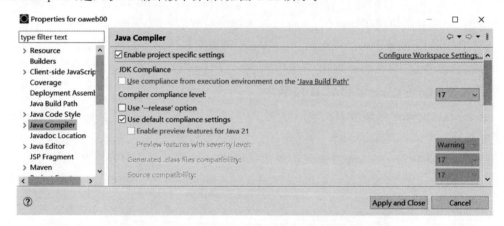

图 3-42　配置 Maven Web 项目的 Java 编译版本界面

在 JDK Compliance 下的 Compiler compliance level 下拉框中选择 17 即可，单击 Apply and Close 按钮，启用并激活配置。与此同时，需要修改项目的 Maven 配置文件 pom.xml，增加支持编译 JDK 17 的插件（plugins）。打开项目根目录中的 pom.xml 文件，在< build >标记下增加 2 个插件，如图 3-43 所示。

其中，插件 maven-compiler-plugin 用于指定 Maven 编译的 Java 源代码和目标类的版本，这里设置为 JDK 17；插件 maven-war-plugin 用于 Maven 生成 Jakarta EE Web 项目的 WAR 部署文件。

修改 Maven 的配置文件 pom.xml 后，需要进行 Maven 项目的更新操作。选择项目并右击，在弹出的快捷菜单中选择 Maven→Update Project 命令，弹出 Maven 项目更新对话框，如图 3-44 所示。

选择要更新的项目，单击 OK 按钮即可。

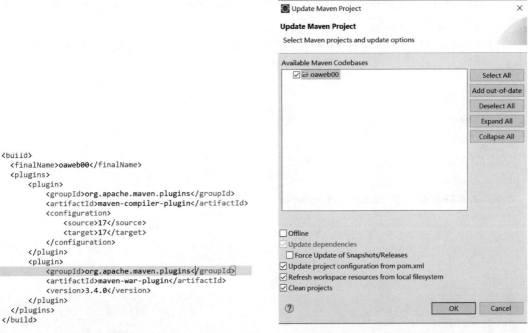

图 3-43　Maven 项目配置文件 pom.xml 增加插件　　图 3-44　Maven 项目更新对话框

3. 增加项目的 Server 依赖

新创建的 Maven Web 项目是没有 Jakarta EE 服务器依赖的，不增加服务器依赖就无法编写 Web 组件（如 Servlet 和 JSP 等）。增加服务器依赖与修改 JDK 依赖都在相同的界面操作，在此 Java Build Path 界面中选择 Libraries 标签，如图 3-45 所示，进入项目的依赖库配置窗口。

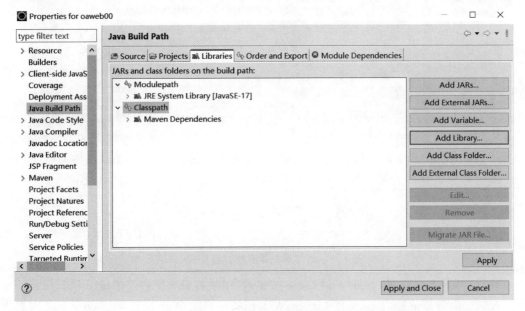

图 3-45　Java Build Path 界面

在图 3-45 中,首先选择 Classpath 文件夹,再单击右侧的 Add Library 按钮,弹出 Add Library 窗口,如图 3-46 所示。

选择 Server Runtime,单击 Next 按钮,进入 Server Library 依赖库选择界面,如图 3-47 所示。

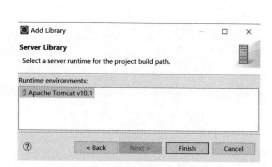

图 3-46　Add Library 窗口　　　　图 3-47　Server Library 依赖库选择界面

在图 3-47 选择配置的 Apache Tomcat v10.1,单击 Finish 按钮,即完成项目的服务器依赖配置,配置后的 Libraries 在 Classpath 下新增了 Server Runtime[Apache Tomcat v10.1],如图 3-48 所示。

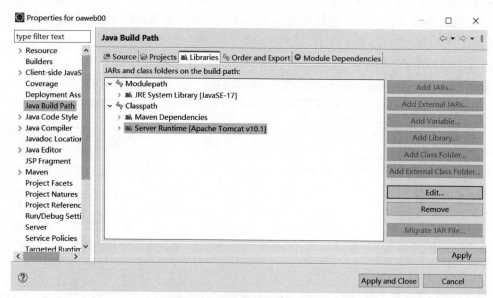

图 3-48　增加服务器依赖后的 Libraries

最后,单击 Apply 或 Apply and Close 按钮,启用项目中此服务器依赖。

配置完服务器依赖后,需要将 Maven Web 模板生成的 Web 配置文件 web.xml 内容更新为符合 Jakarta EE 10 Web Profile 规范的版本,这里直接将使用 Dynamic Web Project 创建的 Web 项目的 web.xml 内容复制并替换即可。

Maven 模板默认创建的 web.xml 的代码如下所示：

```xml
<!DOCTYPE web-app PUBLIC
"-//Sun Microsystems, Inc.//DTD Web Application 2.3//EN"
"http://java.sun.com/dtd/web-app_2_3.dtd" >

<web-app>
  <display-name>Archetype Created Web Application</display-name>
</web-app>
```

从以上代码可见，Maven 默认创建的 Web 的版本是 2.3，对应的 Tomcat 版本是 6.0，无法支持 Jakarta EE Web 项目。

替换后的 web.xml 代码如下所示：

```xml
<?xml version="1.0" encoding="UTF-8"?>
<web-app xmlns:xsi="http://www.w3.org/2001/XMLSchema-instance" xmlns="https://jakarta.ee/xml/ns/jakartaee" xsi:schemaLocation="https://jakarta.ee/xml/ns/jakartaee https://jakarta.ee/xml/ns/jakartaee/web-app_6_0.xsd" id="WebApp_ID" version="6.0">
    <display-name>javaweb01</display-name>
    <welcome-file-list>
      <welcome-file>index.html</welcome-file>
      <welcome-file>index.jsp</welcome-file>
      <welcome-file>index.htm</welcome-file>
      <welcome-file>default.html</welcome-file>
      <welcome-file>default.jsp</welcome-file>
      <welcome-file>default.htm</welcome-file>
    </welcome-file-list>
</web-app>
```

从代码可见，其 Web Module 版本是 6.0，这是 Jakarta EE 10 Web 规范的最新版本。

最后修改项目的配置信息，步骤如下：选择项目并右击，在弹出的快捷菜单中选择 Properties→Project Facets 命令，进入项目的配置参数界面，如图 3-49 所示。

将 Dynamic Web Module 的值改为 6.0，将 Java 的版本改为 17，其他属性参数不用修改，单击 Apply and Close 按钮，即完成参数的配置。

再次选择项目并右击，在弹出的快捷菜单中选择 Maven→Update Project 命令，完成项目的更新。

为测试项目的部署和运行，通常在 Maven Web 中创建一个主页 JSP 文件。选择项目中的 src/main/webapp 目录，右击，在弹出的快捷菜单中选择 New→JSP File 命令，创建 Web 项目的主页文件 index.jsp。在 index.jsp 文件的<body>和</body>之间输入 HTML 代码：

```html
<h1>欢迎使用 Maven Web 项目</h1>
```

修改后的 index.jsp 文件内容如图 3-50 所示。

4. 部署和运行 Maven Web 项目

Maven Web 项目编写完成后，即可部署和运行。Eclipse IDE 工具内部署和运行 Maven Web 项目与传统的 Dynamic Web Project 相同，其执行过程如下：选择项目并右击，在弹出的快捷菜单中选择 Run As→Run on Server 命令，进入服务器选择界面，会提示选择

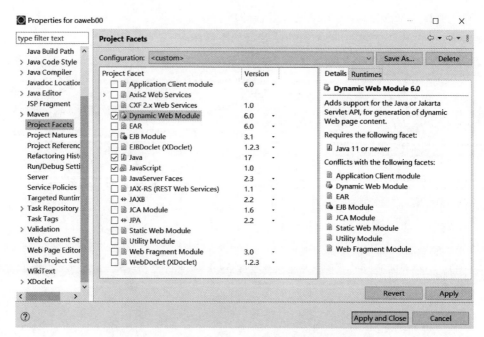

图 3-49　Maven Web 项目的参数配置界面

```
1  <%@ page language="java" contentType="text/html; charset=UTF-8"
2     pageEncoding="UTF-8"%>
3  <!DOCTYPE html>
4  <html>
5  <head>
6  <meta charset="UTF-8">
7  <title>Insert title here</title>
8  </head>
9  <body>
10 <h1>欢迎使用Maven Web项目</h1>
11 </body>
12 </html>
```

图 3-50　修改后的 index.jsp 文件内容

指定的服务器。如果已经配置了部署的服务器，则应该选中 Choose an existing server 单选按钮，并选择已有的 Tomcat v10.1 Server at localhost，如图 3-51 所示。

选择已有的 Tomcat 10.1 服务器后，单击 Next 按钮，进入项目部署选择界面，如图 3-52 所示。

从图 3-52 可以看出，左侧的 Available 列表框显示的是工作区未部署的项目，右侧 Configured 显示的是要部署到服务器的项目。通过选择 Add 或 Add All 按钮，可以将项目增加到 Configured 部署区；也可以选择 Remove 或 Remove All 按钮，将部署区的项目移动非部署区。

选择好要部署的项目，单击 Finish 按钮，启动 Tomcat 服务器，并运行部署的项目，可以从 IDE 工具的 Servers 标题区看到服务器的启动状态和部署的项目，如图 3-53 所示。

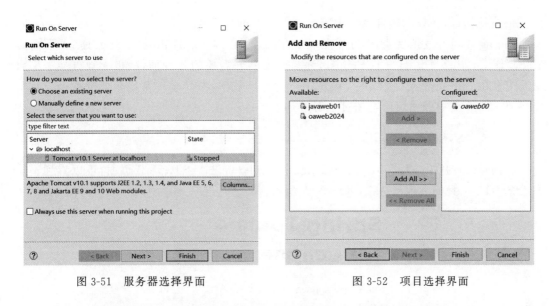

图 3-51　服务器选择界面　　　　　　　图 3-52　项目选择界面

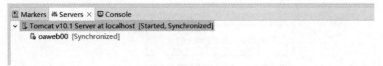

图 3-53　Servers 的标题区

如果 Eclipse IDE 没有 Servers 标题区，可以按照如下顺序操作显示该标题区：依次选择 Window→Show Views→Other→Server→Servers，在图 3-54 所示界面中选择 Servers，单击 Open 按钮，即可打开监控 Server 运行的 Servers 标题区。

图 3-54　打开监控服务器运行标题区

3.3　Spring Tools 4 for Eclipse 的安装和配置

由于在企业级 Jakarta EE 应用项目开发中都使用各种框架技术，尤其是 Spring 框架技术，而传统的 Eclipse IDE 工具没有对 Spring 项目提供支持，因此开发者需要安装各种

Spring 支持插件,比较麻烦且容易出错。

Spring 项目开发组为此专门开发了 Spring Tools 4 for Eclipse 开发工具(以下简称 STS),该工具内置了最新版的 Eclipse,并自动安装好需要的各种插件,极大地方便了广大开发者使用 Spring 框架技术,并提高了项目的开发效率,深受软件开发企业的欢迎。目前 STS 在软件企业中的使用已经超过了 Eclipse。

3.3.1 STS 的下载和安装

访问 STS 的官方网址(https://spring.io/tools/),进入 STS 下载页面,可以看到不同平台的 STS 工具的下载超链接,如图 3-55 所示。

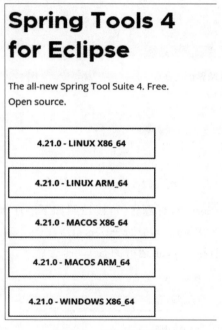

图 3-55 STS 下载页面

针对不同的平台,选择对应的 STS 下载超链接即可。例如,Windows 平台选择 4.21.0-WINDOWDS X86_64,下载的文件类型为 JAR 的 Java 类库,其文件名比较长,具体如下:
spring-tool-suite-4-4.21.0.RELEASE-e4.30.0-win32.win32.x86_64.self-extracting.jar。

下载完成后,推荐将其改为较短的文件名,如 sts4.21.0.jar。如果计算机安装 JDK 正确无误,Windows 平台会自动将 JAR 文件关联到 Java JRE,在文件名前显示 Java 虚拟机的图标,如图 3-56 所示。

图 3-56 修改文件名后的 STS 安装文件

选择下载的文件,直接双击即可启动 Java 引擎并执行该 JAR 文件进行解压,解压后的目录结构如图 3-57 所示。

图 3-57　解压后的 STS 目录结构

如果 Windows 平台没有自动关联到 JRE 引擎，也可以手动选择关联，方法如下：选择文件并右击，在弹出的快捷菜单中选择打开方式，这里选择 Java（TM）Platform SE binary，如图 3-58 所示。

推荐选中"始终使用此应用打开.jar 文件"复选框，如此可直接双击 JAR 文件运行。

如果无法找到 JRE，则进入 cmd 命令行，导航到下载的 JAR 文件目录，直接输入如下命令，也可以执行解压和安装工作：

```
java – jar sts4.21.0.jar
```

需要注意的是，不要使用解压软件如 360 压缩、WAR 工具等直接解压 JAR 文件，否则生成的目录与要求不符，影响工具的启用和运行。

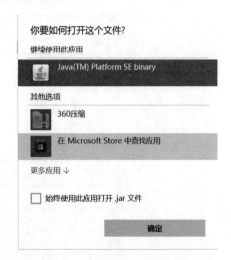

图 3-58　选择 JAR 文件的打开方式

3.3.2　STS 插件的安装

由于现在软件企业很少开发纯 Jakarta EE Web 项目，也很少直接编程 Servlet 和 JSP，都是开发以 Spring Boot 为基础的 REST API 微服务项目，因此 STS 工具默认没有内置安装 Java Web 的插件工具，这一点与 Eclipse IDE 不同。但是，本书内容以 Jakarta EE Web 开发为主，涉及编写其 Web 组件代码，因此需要原有 Eclipse 内置的企业级 Java Web 开发插件，应手动安装。

Eclipse IDE 提供的开发 Java 企业级 Web 应用的插件名称是 Eclipse Enterprise Java and Web Developer Tools。

启动 STS，选择工作区目录后（此操作与 Eclipse 相同），按如下操作顺序完成此插件的安装。选择 Help→Eclipse Marketplace，进入 Eclipse Marketplacec 安装插件界面，如图 3-59 所示。

在 Find 文本框中输入插件的名称，即 Eclipse Enterprise Java and Web Developer Tools，单击 Go 按钮，即开始在 Marketplace 中查找此插件。如成功找到该插件，则会显示插件的名称和版本（编写本书时的版本是 3.31，该插件会不断更新），单击 Install 按钮，下载和安装此插件，并弹出插件模块选择界面，如图 3-60 所示。

这里不需要选择额外的模块，直接单击 Confirm 按钮，STS 工具即开始进行插件的安装。安装插件过程中会提示是否信任所安装插件的界面，单击 Select All 按钮，再单击 Trust Selected 按钮，表示信任所有的插件，即可继续安装过程，如图 3-61 所示。

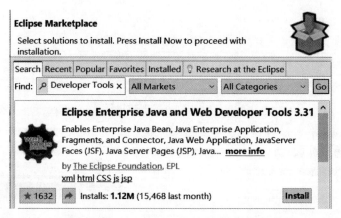

图 3-59　Eclipse Marketplace 安装插件界面

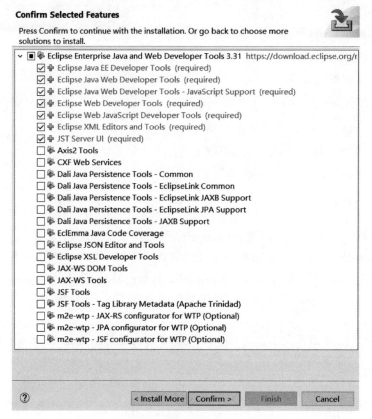

图 3-60　插件模块选择界面

进入提示重启界面,如图 3-62 所示。

单击 Restart Now 按钮,重新启动 STS 开发工具后,需要进行与 Eclipse IDE 相同的配置任务,其配置方法与 Eclipse IDE 相同,如配置 JDK、Java 编译版本、部署的服务器、Maven 安装、Maven 配置和 JSP 字符编码集,这里不再赘述。STS 配置完成后,即可进行 Web 项目的开发,编写 Web 组件,如 Servlet 和 JSP 等,其与 Eclipse IDE 都相同,这里不再赘述。

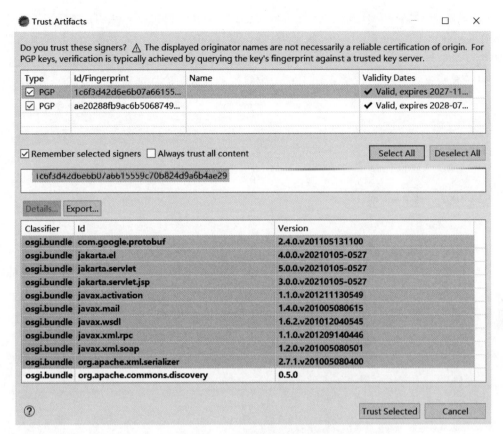

图 3-61　选择信任插件界面

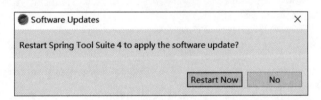

图 3-62　提示重启界面

3.4　IntelliJ IDEA 工具的安装和配置

IntelliJ IDEA（以下简称 IDEA）是 JetBrains 公司的旗舰产品，其是 Java 编程语言的集成开发环境（IDE），被业界公认为优秀的 Java 开发工具，尤其在智能代码助手、代码自动提示、重构、Java EE 支持、版本管理工具（git、svn 等）、JUnit、CVS 整合、代码分析、创新的 GUI 设计等方面，其功能可以说是超常的。IDEA 的宗旨就是"Develop with pleasure"，全球越来越多的开发者开始选择 IDEA 作为其 Java 项目的开发工具。

IDEA 在 2001 年 1 月发布 1.0 版本，同年 7 月发布 2.0 版本，之后基本每年发布一个版本。3.0 版本之后，IDEA 屡获大奖，其中又以 2003 年赢得的 Jolt Productivity Award 和 JavaWorld Editors's Choice Award 为标志，奠定了 IDEA 在 IDE 中的地位。IDEA 于 2018 年 8 月发布新版本 18.2.2，同时将版本更改为 2018.2.2，以后的版本号命名都遵循此标准。目前

IDEA 的最新版本 Version：2023.3.2 Build：233.13135.103 于 2023 年 12 月 20 日发布。

IDEA 分为 Ultimate Edition(旗舰版)和 Community Edition(社区版)两个版本。其中旗舰版可以免费试用 30 天，到期需要付费使用；社区版完全免费，从不过期，但是功能上对比旗舰版有所删减。图 3-63 展示了 IDEA 旗舰版和社区版的功能对比。

	IntelliJ IDEA Ultimate	IntelliJ IDEA Community Edition
Java, Kotlin, Groovy, Scala	✓	✓
Maven, Gradle, sbt	✓	✓
Git, GitHub, SVN, Mercurial, Perforce	✓	✓
Debugger	✓	✓
Docker	✓	✓
Profiling tools	✓	
Spring, Jakarta EE, Java EE, Micronaut, Quarkus, Helidon, and more	✓	
HTTP Client	✓	
JavaScript, TypeScript, HTML, CSS, Node.js, Angular, React, Vue.js	✓	
Database Tools, SQL	✓	
Remote Development (Beta)	✓	
Collaborative development	✓	✓

图 3-63　IDEA 旗舰版和社区版的功能对比

图 3-64　IDEA 旗舰版购买价格

通过图 3-63 比较可见，IDEA 社区版不能直接支持 Jakarta EE，因此开发 Spring 的企业级项目时选择 IDEA 旗舰版。但是，不是所有人都有能力每年付费，IDEA 旗舰版价格不菲，其官网给出的价格如图 3-64 所示。

从 2023 年开始 IDEA 支持人民币付费，图 3-64 所示的价格是针对企业每个用户的第 1 年价格；第 2 年是 4000 元；第 3 年是 3000 元。针对个人用户第 1 年是 1400 元；第 2 年是 1120 元；第 3 年是 840 元。国内的软件企业规模大的有上万开发者，小的也有几百开发者，如果使用 IDEA 也是一笔不小的开支。因此，国内软件公司很少使用 IDEA 旗舰版本进行项目开发，要么使用 IDEA 社区版，要么使用开源的其他 IDE 工具，如 STS 或 Eclipse IDE。

IDEA 社区版虽然不直接支持 Jakarta EE 企业级项目开发，但是通过安装第三方插件，一般也能满足开发需要。

3.4.1　IDEA 的下载和安装

进入 IDEA 的官方网站（https://www.jetbrains.com/idea/），其主页如图 3-65 所示。

图 3-65　IDEA 主页

单击 Download 超链接，进入 IDEA 下载页面，选择 IDEA 社区版，如图 3-66 所示。

图 3-66　IDEA 社区版下载页面

IDEA 下载页面自动检查客户使用的平台，生成符合平台的安装软件超链接。对应 Windows 平台，推荐下载 EXE 文件。单击 .exe 下载超链接，开始下载 IDEA 社区版的 IDE 软件。将下载的社区版安装软件 ideaIC-2023.3.2.exe 保存到指定的目录，并双击启动该安装程序，如图 3-67 所示。

选择指定的安装目录，单击 Next 按钮，进入选择关联文件和启动配置界面，如图 3-68 所示。

这里推荐选中创建桌面快捷方式 IntelliJ IDEA Community Edition 复选框，其他复选框不用选中，直接单击 Next 按钮，安装软件便开始复制文件操作，文件复制完成后，即完成了 IDEA 的安装。

3.4.2　IDEA 的启动和配置

IDEA 安装完成后，操作系统的桌面上会生成此工具的快捷启动图标，双击即可启动 IDEA 开发工具，如图 3-69 所示。

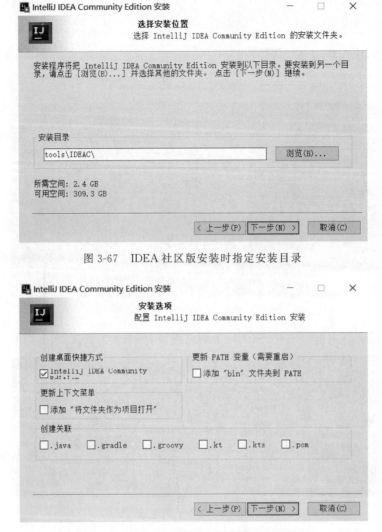

图 3-67　IDEA 社区版安装时指定安装目录

图 3-68　选择 IDEA 关联文件和启动配置界面

与 Eclipse 和 STS 不同，IDEA 启动时自动识别平台安装的 JDK，前提是平台需要设置 JAVA_HOME 和 PATH 环境变量，IDEA 根据这两个环境变量的值自动配置 Java JDK，极大地简化了 Java 项目的开发。

由于 IDEA 社区版没有提供对 Java EE 或 Jakarta EE 的支持，因此默认情况情况下其无法创建 Jakarta EE Web 项目。但是，IDEA 社区版提供了对 Maven 的支持，开发者可以使用 Maven Web 模板创建 Maven Web 项目方式实现 Java EE 或 Jakarta EE Web 项目的开发，这一点与 Eclipse 或 STS 是相同的。

为开发 Maven Web 项目，IDEA 需要配置 Maven 环境。启动 IDEA，在图 3-69 中选择 Customize 选项卡，再单击 All settings 超链接，如图 3-70 所示。

进入 IDEA 配置界面，选择"Build, Execution, Deployment"→Build Tools→Maven，可以看到图 3-71 所示的 Maven 配置界面。

Maven 主路径(Maven home path)选择 Maven 3.9.6 的安装路径，用户设置文件(User

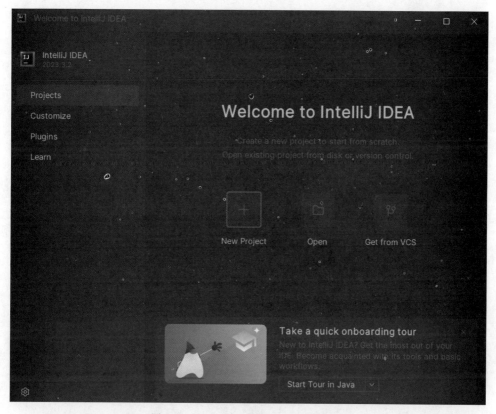

图 3-69　IDEA 社区版的初始启动界面

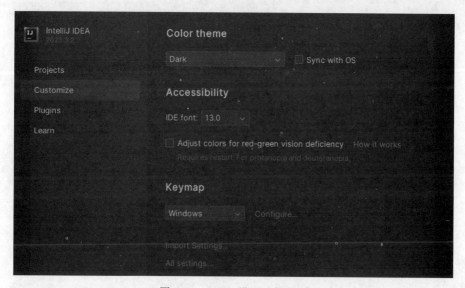

图 3-70　IDEA 设置选择界面

settings file)选择 confi 目录下的 setting.xml 文件,修改本地仓库(Local repository)的路径为 maven396 下的 m3,单击 Apply 按钮,完成 Maven 的配置。

为将来测试 Web 项目的运行和访问,推荐配置 Web 浏览器和预览。在配置界面中选择 Tools→Web Browsers and Preview,进入浏览器选择界面,如图 3-72 所示。

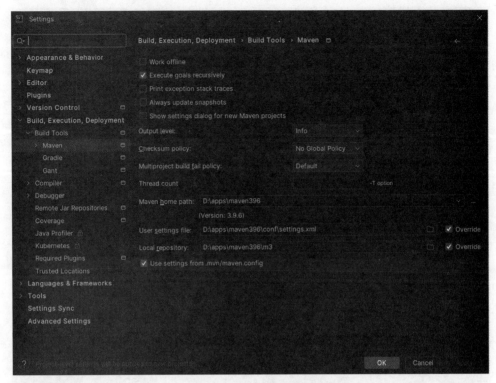

图 3-71　Maven 配置界面

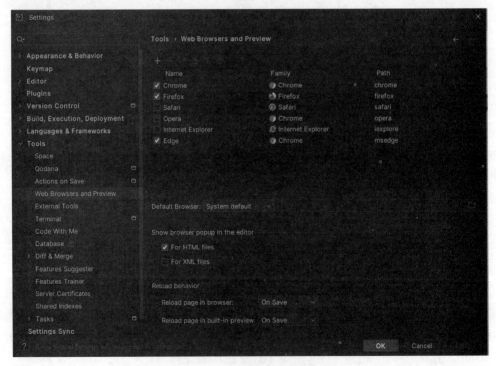

图 3-72　浏览器选择界面

在浏览器选择界面中，IDEA 自动列出操作系统安装的浏览器类型，并默认选中。因此，通常不需要更改此设置，使用默认选中的浏览器即可。

由于 IDEA 社区版没有内置对 Jakarta EE 应用部署和运行的支持，无法直接部署和运行 Jakarta EE Web 项目，因此需要使用第三方插件解决这个问题。目前开发者大都使用 Smart Tomcat 插件，以实现 IDEA 中对 Tomcat 的配置。

在 IDEA 的配置界面中选择"Plugins"，进入插件管理界面，如图 3-73 所示。

图 3-73　插件管理界面

在插件搜索文本框中输入 smart tomcat，IDEA 会在 Marketplace 中搜索此插件，成功找到后显示其安装信息；如果没有安装 Smart Tomcat 插件，则会显示"Install"按钮，单击此按钮，即可完成 Smart Tomcat 插件的安装。

安装 Smart Tomcat 插件后，会在配置界面最下方增加 Tomcat Server 配置项，如图 3-74 所示。

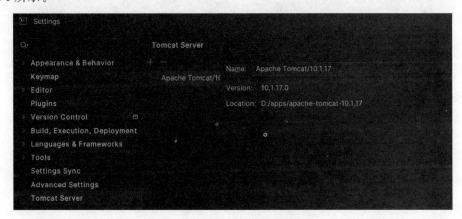

图 3-74　Tomcat 服务器配置界面

选择此配置项，即可进入 Tomcat 服务器配置界面。选择 Tomcat Server 配置项，会出现 Tomcat Server 配置列表。如果没有配置过，则列表为空。单击 + 号图标，选择 Tomcat 安装的目录，IDEA 自动显示服务器的如下信息。

（1）服务器名称：Apache Tomcat/10.1.17。

（2）Version（版本）：10.1.17。

（3）Location（安装路径）：D:/apps/apache-tomcat-10.1.17。

至此完成了 IDEA 社区版开发 Jakarta EE Web 应用的所有配置工作，接下来就可以创建 Maven Web 项目，进行 Jakarta EE Web 项目的开发工作。

3.4.3　IDEA 开发 Jakarta EE Web 项目

IDEA 社区版不支持直接创建 Jakarta EE Web 项目，可以通过创建 Maven Web 项目的方式实现 Jakarta EE 项目的编程。

在 IDEA 启动界面中单击 New Project 按钮，弹出 New Project 对话框，如图 3-75 所示。

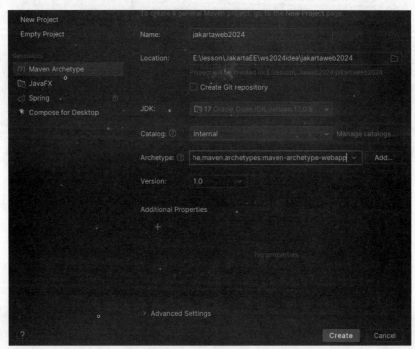

图 3-75　New Project 对话框

选择 Maven Archetype，提示输入 Maven 项目的如下基本信息。

（1）Name（名称）：输入项目的名称，这里输入 jakartaweb01。

（2）Location（位置）：选择项目路径。

（3）JDK：默认选择 IDEA 自动识别出来的 JDK，这里是 JDK 17。

（4）Catalog（Maven 模板目录）：默认选 Internal（内置模板）即可。

（5）Archetype（模板类型）：选择 org.apache.maven.archetypes:maven-archetype-webapp。

（6）Version（项目版本）：默认输入 1.0。

单击 Create 按钮，即开始创建 Maven Web 项目，创建后的项目和目录结构如图 3-76 所示。

从图 3-76 可以看到，创建的 Maven Web 项目没有包含编写 Java 代码的目录，需要开发者自己创建。在项目的 src/main 下手动创建 java 目录，创建后的目录结构如图 3-77 所示。

在 Maven 项目的依赖配置文件 pom.xml 中的<build>标记下增加如下插件代码，用于

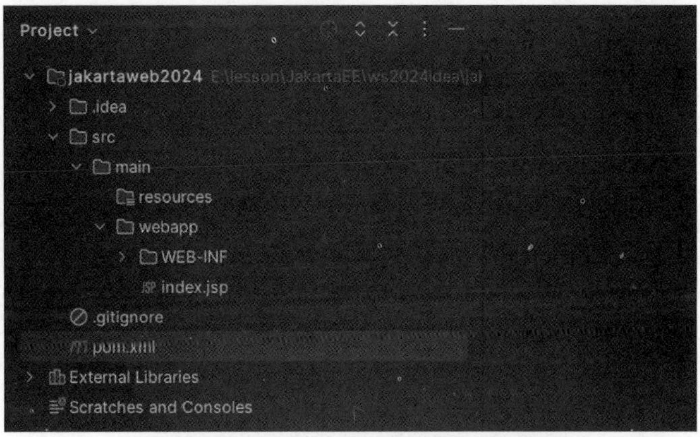

图 3-76　创建的 Maven Web 项目目录结构

图 3-77　创建 java 目录后的目录结构

指定 Java 编译版本和 WAR 打包方式：

```
<plugins>
  <plugin>
    <groupId>org.apache.maven.plugins</groupId>
    <artifactId>maven-compiler-plugin</artifactId>
    <configuration>
      <source>17</source>
      <target>17</target>
    </configuration>
  </plugin>
  <plugin>
    <groupId>org.apache.maven.plugins</groupId>
    <artifactId>maven-war-plugin</artifactId>
    <version>3.4.0</version>
  </plugin>
</plugins>
```

　　编写 Jakarta EE Web 的组件，如 Servlet、JSP、Filter、Listener 等，需要引入配置的 Tomcat 的依赖库。在 Maven 的中央仓库，搜索 tomcat，如图 3-78 所示。

　　选择 Tomcat Catalina，并选择与配置的 Tomcat 对应的版本，这里选择 Tomcat 10.1.17，如图 3-79 所示。

图 3-78　Maven 中央仓库搜索 tomcat 的显示结果

图 3-79　选择指定版本的 Tomcat 依赖库

单击 10.1.17 超链接后,显示 Maven 的依赖配置代码,如图 3-80 所示。

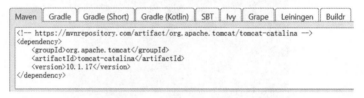

图 3-80　Tomcat 10.1.17 Maven 依赖库

将 Maven 标签下的代码复制到项目的 pom.xml 文件中的< dependencies >标记下,则 pom.xml 文件中依赖库部分的显示内容如下:

```
< dependencies >
    < dependency >
        < groupId > junit </ groupId >
        < artifactId > junit </ artifactId >
        < version > 3.8.1 </ version >
        < scope > test </ scope >
    </ dependency >
    <!-- https://mvnrepository.com/artifact/org.apache.tomcat/tomcat-catalina -->
    < dependency >
        < groupId > org.apache.tomcat </ groupId >
        < artifactId > tomcat - catalina </ artifactId >
        < version > 10.1.17 </ version >
    </ dependency >
</ dependencies >
```

保存 pom.xml 文件,IDEA 的 Maven 引擎自动下载指定的依赖库。

使用 Maven 模板创建的 Web 项目,其默认的 Web 模块版本是 2.3,而开发 Jakarta EE Web 项目对应的 Web Module 版本是 6.0,因此需要将项目的 Web 配置文件/webapp/ WEB-INF/web.xml 的内容修改如下:

```xml
<?xml version="1.0" encoding="UTF-8"?>
<web-app xmlns:xsi="http://www.w3.org/2001/XMLSchema-instance" xmlns="https://jakarta.ee/xml/ns/jakartaee"
xsi:schemaLocation="https://jakarta.ee/xml/ns/jakartaee https://jakarta.ee/xml/ns/jakartaee/web-app_6_0.xsd"
id="WebApp_ID" version="6.0">
    <display-name>javaweb01</display-name>
    <welcome-file-list>
        <welcome-file>index.html</welcome-file>
        <welcome-file>index.jsp</welcome-file>
        <welcome-file>index.htm</welcome-file>
        <welcome-file>default.html</welcome-file>
        <welcome-file>default.jsp</welcome-file>
        <welcome-file>default.htm</welcome-file>
    </welcome-file-list>
</web-app>
```

此文件内容在 Eclipse IDE 开发 Maven Web 项目中已经介绍过，这里不再赘述。

推荐将原有 webapp 目录下的 index.jsp 文件删除，重新创建 index.jsp。index.jsp 文件中要包括 JSP 的指令代码和 HTML 代码，将此 index.jsp 的内容修改为如下代码：

```jsp
<%@ page language="java" contentType="text/html; charset=UTF-8"
pageEncoding="UTF-8" %>
<!DOCTYPE html>
<html>
<head>
<meta charset="UTF-8">
<title>Insert title here</title>
</head>
<body>
<h1>欢迎使用 Jakarta EE Web</h1>
</body>
</html>
```

编写好 JSP 文件后，需要将此 Web 项目部署到 Tomcat 服务器，并启动 Tomcat 服务器，以测试项目的运行。

IDEA 需要配置 Tomcat 服务器，在 Current File 配置下拉列表中选择 Edit Configurations，如图 3-81 所示。

图 3-81 选择配置 Edit Configurations

编辑配置界面中默认的配置项目为空白，单击＋图标，在配置项目列表中选择 Smart Tomcat，显示 Tomcat 配置界面，如图 3-82 所示。

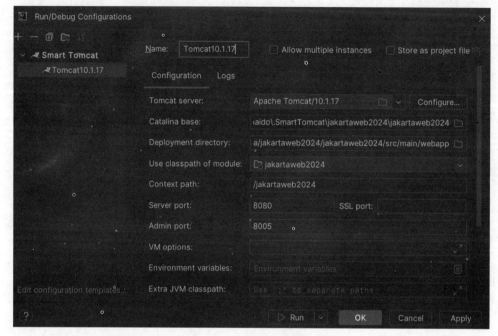

图 3-82　Tomcat 配置界面

在 Tomcat 配置界面中输入或选择如下信息。

（1）Name（配置名称）：这里输入 Tomcat10.1.17 或任意输入其他配置名称。

（2）Tomcat server（服务器）：默认显示已经配置的 Apache Tomcat/10.1.17。

（3）Deployment directory（部署的目录）：默认当前项目的 webapp 目录，即 Web 站点目录，不需要修改。

（4）Context path（站点名称）：部署运行的 Web 应用的站点名称，默认为项目名，不需要修改。

（5）Server port（服务器端口）：Web 应用的服务端口号，IDEA 配置默认值 8080。

（6）Admin port：后台管理站点的端口号，这里默认为 8005。如果与系统的其他服务不冲突，此默认值可不用修改。

其他选项可以不用配置，单击 OK 按钮，完成此配置，在"配置"下拉列表内会显示刚刚配置好的名称，如图 3-83 所示。

图 3-83　配置名称显示

在配置项目的右边出现"运行"按钮，单击此按钮，会启动 Tomcat 服务器，并部署开发的 Maven Web 项目。Tomcat 服务器启动完成后，会在控制台窗口显示图 3-84 所示的启动日志信息。

图 3-84　启动 Maven Web 的日志信息

在日志的最后，给出了 Web 项目的访问地址，即 http://localhost:8080/jakartaweb2024。启动浏览器，如 Google 的 Chrome，访问该地址，会显示 Web 站点的主页（index.jsp）内容，如图 3-85 所示。

图 3-85　浏览器访问部署的 Web 站点默认主页内容

现在 Jakarta EE 的 Web 组件之一 JSP 可以正常工作，下面再增加一个 Web 组件 Servlet。在 src/main/java 目录下创建包 com.city.oa.servlet，在此包下创建 Servlet 类：Test01，IDEA 的工作台显示如图 3-86 所示。

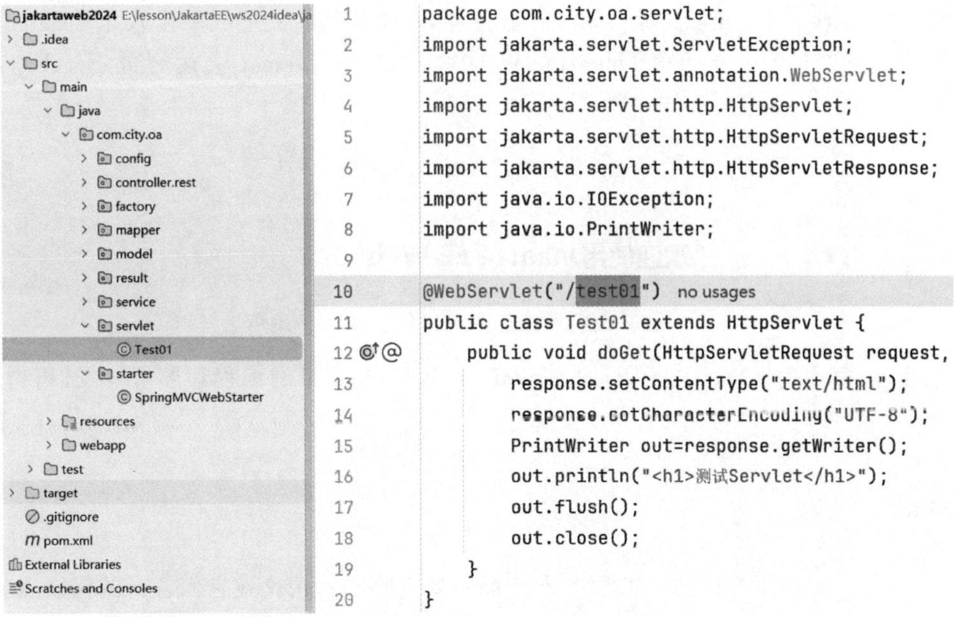

图 3-86　增加 Servlet 组件的显示结果

Servlet Test01 的 Java 代码如程序 3-1 所示。

程序 3-1 Test01Java 测试 Servlet 的 Java 代码。

```java
package com.city.oa.servlet;
import jakarta.servlet.ServletException;
import jakarta.servlet.annotation.WebServlet;
import jakarta.servlet.http.HttpServlet;
import jakarta.servlet.http.HttpServletRequest;
import jakarta.servlet.http.HttpServletResponse;
import java.io.IOException;
import java.io.PrintWriter;
@WebServlet("/test001")
public class Test001 extends HttpServlet {
    public void doGet(HttpServletRequest request, HttpServletResponse response) throws IOException, ServletException {
        response.setContentType("text/html");
        response.setCharacterEncoding("UTF-8");
        PrintWriter out = response.getWriter();
        out.println("<h1>测试 Servlet </h1>");
        out.flush();
        out.close();
    }
}
```

Jakarta EE Servlet 与传统的 Java EE 的代码基本相同，不同的是所有 Servlet API 的接口和类的包名都以 jakarta 开头，而不再以 javax 开头；传统的 Java EE Web 的请求对象类型是 javax.servlet.http.HttpServletRequest，而现在 Jakarta EE Web 的请求对象类型是 jakarta.servlet.http.HttpServletRequest，这一点之前使用 Java EE 的开发者尤其需要注意。

编写好 Servlet 后，重新启动 Tomcat 服务器，在浏览器的地址栏中输入此 Servlet 的请求地址（http://localhost:8080/jakartaeeweb01/test01），Tomcat 会运行此 Servlet，显示图 3-87 所示的响应内容。

欢迎使用Jakarta EE Web

图 3-87 IDEA 启动 Tomcat 并运行 Servlet 的响应结果

至此，可以使用 IDEA 社区版进行 Jakarta EE Web 项目的编程和部署，不必再付费购买 IDEA 旗舰版。

简答题

1. 市场上流行的 Jakarta EE 服务器产品主要有哪些？请比较它们各自的优缺点。
2. 主流的 Jakarta EE 应用开发工具有哪些？

第4章 Servlet编程

本章要点

- Web 基础回顾
- Servlet 概念
- Servlet 功能
- Servlet 编程
- Servlet 配置
- Servlet 生命周期
- Servlet 应用案例

在 Jakarta EE Web 应用编程中，Servlet 是基础，JSP 和 JSF 都是建立在 Servlet 基础上的，包括其他 Web 框架如 Struts2、WebWork、Spring MVC 都是基于 Servlet 的。因此，理解 Servlet 的工作过程、生命周期、部署和调用是掌握 Jakarta Web 开发的基础。

4.1 Web 基础回顾

在系统学习 Servlet 开发之前，了解 Web 基础是很有必要的，对学习 Servlet 编程有非常重要的引导作用。Servlet、JSP、JSF 等都是 Web 组件，都遵循 W3C 组织的 Web 规范的工作过程。

4.1.1 Web 基本概念

Web 是 World Wide Web 的简称，也称万维网。本质上，Web 就是 Intenet 上的所有文档的总称。Web 文档的主要类型有 HTML 网页、CSS、JavaScript、各种动态网页、图片、声音、视频等。

Web 文档保存在 Web 站点(Site)上，Web 站点驻留在 Web 服务器上。Web 服务器是一种软件系统，提供 Web 文档的管理和请求响应服务。常见的 Web 服务器有 Apache、微软的 IIS、Oracle 的 WebLogic、Eclipse 的 GlassFish、JBoss 的 WildFly、Apache 的 Tomcat

等。Web 服务器运行在 Internet 中的计算机（通常称服务器）上，每个服务器都有一个唯一的 IP 地址。Web 服务对外都有一个服务端口，默认是 80，也可以设定为其他端口。

Web 文档都有一个唯一的地址，通过 URL 进行定位，URL 格式为"协议：//IP 地址：端口/站点名/目录/文件名"。其中，协议主要有 HTTP、HTTPS、FTP，根据不同的协议，默认端口号可以省略，HTTP 和 HTTPS 为 80，FTP 为 21。

Web 文档请求示例：

（1）https://www.jetbrains.com/help/idea/getting-started.html，以 HTTP 请求 Web 文档。

（2）ftp://210.30.108.30/software/sun/jsk6.zip，以 FTP 请求 Web 文档。

Web 服务器接收到请求后，根据 URL 定位到相应的文档，根据文档的类型进行对应的处理，将文档通过网络发送到客户端，客户使用浏览器即可查看或下载请求的文档。

4.1.2　Web 工作模式

Web 使用请求/响应（request/response）模式进行工作，即由客户（一般是浏览器）使用地址 URL 对 Web 文档进行请求，Web 服务器接收并处理请求，处理结束后将响应内容发送到客户。Web 服务器不会主动将 Web 文档发送到客户端，这种方式也称为拉（Pull）模式式，其工作原理如图 4-1 所示。

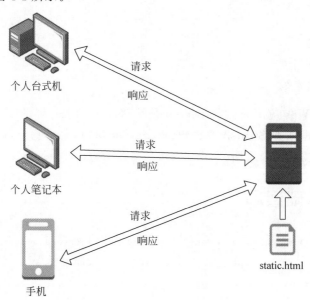

图 4-1　Web 工作原理

目前 Web 出现了一种新的请求协议，称为 WebSocket，其可工作在推（Push）模式下，即客户端与服务器使用 WebSocket 连接后，客户端不需要发起请求，服务器可自动推送内容给客户端浏览器。通常此模式工作在过程监控系统或聊天类的 Web 应用中。

4.1.3　Web 请求方式

Web 请求方式主要有 GET、POST、PUT、DELETE 和 HEAD 等。

1. GET 请求

GET 请求用于获取和查询数据,不对服务器的数据做任何修改、新增、删除等操作。针对 GET 请求,服务器端直接返回请求的文档,同时在请求时传递参数数据。参数在 URL 地址上直接传递,如 http://localhost:8080/web01/main.do?id=lhd&password=9002,这会导致客户的数据不安全。HTTP 没有限制 GET 请求的 URL 长度,但是不同的浏览器对其有不同的长度限制。

Web 请求一般使用 GET 方式,如在浏览器地址栏直接输入 URL 地址、单击超链接等使用的就是 GET 方式。

2. POST 请求

POST 请求一般对服务器的数据进行修改,常用来完成数据的提交,实现增加数据操作。POST 请求的请求参数都在请求体中。HTTP 没有对 POST 请求体大小进行限制,而 Web 服务器对 POST 请求体大小有限制。POST 请求将传递到 Web 服务器的数据保存到数据流中,可以发送大的请求数据,如上传文件到 Web 服务器。POST 请求可使用表单提交实现,或前端框架使用 AJAX 提交实现,如下为表单形式的 POST 请求实例:

```
<form action="add.do" method="post">
    <input type="text" name="username"/>
    <input type="submit" value="提交"/>
</form>
```

当然,客户的 AJAX 框架也可以实现 POST 请求,如 jQuery、Axios 等,都可以实现编程方式的 POST 请求,如下实例展示了 Axios 框架发送 POST 请求:

```
this.axios.post("department/add",this.department).then(result=>{
    if(result.data.status=="Y"){
        alert("增加部门成功");
        this.$router.push("/department/list");
    }
});
```

3. PUT 请求

PUT 请求通常用于更新指定的资源,如修改数据库表数据等。浏览器在发送 PUT 请求前会先发送 OPTIONS 请求进行预检,看服务端是否可以接受 PUT 请求,若可以就在响应头添加字段告诉浏览器可以继续发送 PUT 请求,如下为服务器发送给客户的响应头和值:

```
response["Access-Control-Allow-Methods"]="PUT"
```

所以,发送 PUT 请求时,实际上浏览器会向服务端发送两次请求。

Form 表单和前端框架都可以实现 PUT 请求,如下示例展示了使用 Axios 发送 PUT 请求到 Web 服务器:

```
this.axios.put("department/modify",this.department).then(result=>{
    if(result.data.status=="Y"){
        alert("修改部门成功");
        this.$router.push("/department/list");
    }
});
```

4. DELETE 请求

DELETE 请求用于完成数据删除操作。与 POST 和 PUT 请求类似，DELETE 请求将请求数据保存在请求体中发送给服务器。表单和前端框架都可以实现 DELETE 请求，如下示例为 Axios 使用 DELETE 请求发送给服务器，实现部门数据的删除：

```
this.axios.delete("department/delete",this.department).then(result =>{
    if(result.data.status == "Y"){
        alert("删除部门成功");
        this.$router.push("/department/list");
    }
});
```

5. HEAD 请求

HEAD 请求和 GET 请求相同，只不过服务器响应时不会返回响应体。一个 HEAD 请求的响应中，HTTP 头中包含的头信息和 GET 请求的响应数据相同。HEAD 请求可以用来获取请求中隐含的元信息，而不用传输请求体；HEAD 请求也经常用来测试超链接的有效性、可用性和最新的修改。

HEAD 请求的响应可被缓存，即响应中的信息可能被用来更新之前缓存的实体。在 Web 开发中 HEAD 请求常常被忽略，但是其能提供很多有用的信息，特别是在有限的速度和带宽下。

HEAD 请求主要有以下特点：

（1）只请求资源的首部。

（2）检查超链接的有效性。

（3）检查网页是否被修改。

（4）多用于自动搜索机器人获取网页的标志信息、获取 RSS（Really Simple Syndication，简易信息聚合）种子信息，或者传递安全认证信息等。

Web 请求方式中，GET 请求和 POST 请求使用最为广泛，本书主要使用这两种方式完成 Web 请求和响应的编程和应用。

4.1.4 Web 响应类型

当 Web 服务器接收客户端请求（Request）并处理完毕后，向客户端发送 HTTP 响应（Response），客户端接收服务器的响应后，将响应内容显示在浏览器上，完成一次请求/响应过程。

服务器发送给浏览器客户端的 HTTP 响应通常是 HTML 文档类型，但有时也可以是其他类型格式。Web 标准化组织 W3C 使用 MIME 标准确定具体的响应类型，读者可以在互联网组织官方网站（https://www.w3.org）上查看所有的 MIME 类型。

HTTP 响应类型总体上分为两大类。

（1）文本类型：纯文本类型响应，包括纯文本字符、HTML、XML 等。

（2）二进制原始类型：包括图片、声音、视频等。

每个大类里又包含非常多的子类型，本书将在第 6 章详细讲解响应类型的具体细节。

4.2 Servlet 概述

在 Sun 公司制定 Java EE 规范初期,为实现动态 Web 的编程而引入了 Servlet 技术规范,替代了原有笨拙的 CGI(Common Gateway Interface,公共网关接口),实现了使用 Java 语言编程的动态 Web 技术,奠定了 Java EE 的 Web 开发基础,使动态 Web 开发达到了一个新的高度。后来,为进一步简化动态 Web 网页的生成,并且在微软公司推出 ASP(Active Server Pages,动态服务器页面)技术的竞争情况下,Sun 公司推出了 JSP 规范,进一步优化了 Web 网页的编程。

JSP 的优势在于编写 HTML 动态页面,但其在编程处理 HTTP 请求方面不如 Servlet 方便。因此,Servlet 在当今 MVC(Model-View-Controller,模型-视图-控制器)模式 Web 开发中牢牢占据着一席之地,并且当前流行的 Web 框架都基于 Servlet 技术,如 Spring MVC。只有掌握了 Servlet,才能真正掌握 Java Web 编程的核心和精髓。

Jakarta EE 继续支持动态 Web 开发,且继续提供 Web 组件规范,如 Servlet、JSP、Filter、Listener 等支持。现在 Web 组件都定义在 Jakarta EE 的 Web Profile 规范下。

4.2.1 Servlet 概念

按照 Jakarta EE 规范定义,Servlet 是运行在 Web 容器的 Web 组件,采用 Java 类的编程模式,能处理 Web 客户的 HTTP 请求,并产生 HTTP 响应。

Servlet 是 Jakarta EE Web Profile 规范定义的 Web 组件,运行在 Web 容器中,由 Web 容器(如 Tomcat)负责管理 Servlet 的生命周期,包括创建和销毁 Servlet 对象。

客户端(如浏览器)不能直接创建 Servlet 对象和调用 Servlet 的方法,只能通过向 Web 服务器发送 HTTP 请求,由服务器创建 Servlet 对象,再自动调用 Servlet 方法,产生 HTTP 响应,发送给客户端。这是 Servlet 与普通 Java 类的重要区别,普通 Java 类无法处理客户请求,也不能发送响应给客户端。

4.2.2 Servlet 体系结构

Jakarta EE 在如下两个包中提供了 Servlet 编程使用的全部接口和类。

(1) jakarta.servlet:包含支持所有协议的通用的 Web 组件接口和类。

(2) jakarta.servlet.http:包含支持 HTTP 的接口和类。

Servlet API 的主要接口和类结构如图 4-2 所示。

前面已经讲述,Oracle 将 Java EE 规范捐献给了 Eclipse 软件基金会,但是却不允许 Eclipse 继续使用 Java 的商标名称,因此 Eclipse 不得不将所有的包名从 javax 改为 jakarta,从 Java EE 开发转换为 Jakarta EE 的开发时要特别注意这一点。Tomcat 从版本 10 开始全面支持 Jakarta EE,不再支持 Java EE。

4.2.3 Servlet 功能

Servlet 可以完成 Web 组件的所有功能,这些功能主要包括如下几项。

(1) 接收 HTTP 请求。

(2) 取得请求信息,包括请求头和请求参数数据。

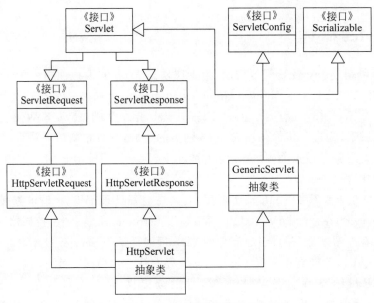

图 4-2　Servlet API 的主要接口和类结构

(3) 调用其他 Java 类方法,完成具体的业务功能。

(4) 生成 HTTP 响应,包括 HTML 类型和非 HTML 类型响应。

(5) 实现到其他 Web 组件的跳转,包括重定向和转发,以后章节将介绍这些跳转方式。

Servlet 的工作模式完全符合 Web 的工作模式,在请求 Servlet 时,服务器会创建 Servlet 对象、请求对象、响应对象、配置对象等,其工作原理如图 4-3 所示。

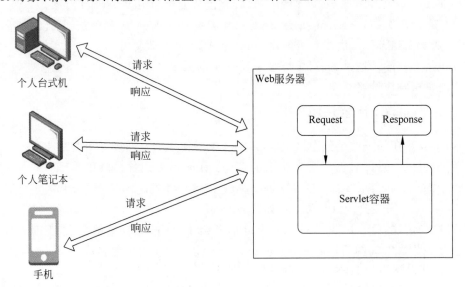

图 4-3　Servlet 工作原理

4.3　Servlet 编程

Servlet 的编程方式与普通 Java 类基本相同,区别在于 Servlet 的类要严格按照 Jakarta EE 的 Web Profile 规范进行编写,包括需要实现的接口、继承的类、方法和方法的参数都要符合规范，否则无法在 Web 容器（如 Tomcat）内部署和运行。

4.3.1　引入 Servlet API 的包

编写 Servlet 需要引入 Servlet 的两个核心包和 java io 包，代码如下：

```
import java.io.*;
import jakarta.servlet.*;
import jakarta.servlet.http.*;
```

再次强调，核心包以 jakarta 开头，而不是 javax 开头，这是 Jakarta EE 与 Java EE 的重要区别。

在使用 IDE 开发工具时，不推荐开发者一次性引入包内的所有接口和类的方式，而是推荐使用单独引入每个具体的接口和类的方式。例如，编写 Servlet 单独引入使用的接口或类，import 代码示意如下：

```
import jakarta.servlet.ServletConfig;
import jakarta.servlet.ServletException;
import jakarta.servlet.annotation.WebInitParam;
import jakarta.servlet.annotation.WebServlet;
import jakarta.servlet.http.HttpServlet;
import jakarta.servlet.http.HttpServletRequest;
import jakarta.servlet.http.HttpServletResponse;
import java.io.IOException;
import java.io.PrintWriter;
```

4.3.2　Servlet 类的定义

Servlet 的编程与普通 Java 类的编程一样，都需要定义类。但是，Servlet 的类的定义必须符合 Jakarta EE Web 规范，即编写接收 HTTP 请求并进行 HTTP 响应的 Servlet 要继承父类 jakarta.servlet.http.HttpServlet。Serlvet 类定义代码如下：

```
import jakarta.servlet.http.HttpServlet;
public class LoginAction extends HttpServlet {
}
```

一般情况下不需要编写构造方法，使用默认的无参数的构造方法即可。

IDE 工具（如 Eclipse、STS、NetBeans）都提供了创建 Servlet 的向导，不需要手动编写 Servlet 的类和类的方法，以及 Servlet 的配置代码。

4.3.3　重写 doGet 方法

每个 Servlet 都需要重写 doGet 方法，因为父类 HttpServlet 的 doGet 方法是空的，没有包含任何代码。doGet 方法定义代码如下：

```
public void doGet ( HttpServletRequest request, HttpServletResponse response ) throws ServletException,IOException{
}
```

当客户使用 GET 方式请求 Servlet 时，Web 容器调用 Servlet 的 doGet 方法处理 GET

请求,并发送 HTTP 响应给客户端。

4.3.4 重写 doPost 方法

为处理 POST 请求,Servlet 编程时需要重写父类的 doPost 方法。doPost 方法定义代码如下:

```
public void doPost ( HttpServletRequest request, HttpServletResponse response ) throws ServletException,IOException{
}
```

当客户使用 POST 方式请求 Servlet 时,Web 容器调用 doPost 方法处理该请求,在处理结束后发送 HTTP 响应给客户端。

doGet 和 doPost 方法都接收 Web 容器自动创建的请求对象和响应对象,使得 Servlet 能够解析请求数据和发送响应给客户端。

4.3.5 重写 init 方法

当 Web 容器创建 Servlet 对象后,会自动调用 init 方法完成初始化功能。一般情况下,会将耗时的连接数据库、打开外部资源文件等操作功能代码放在 init 方法中。

init 方法在 Web 容器创建 Servlet 类对象后立即执行,且只执行一次。以后每次 Servlet 处理 HTTP 的 GET 或 POST 请求时不再执行 init 方法,只执行 doGet 或 doPost 方法。init 方法定义代码如下:

```
public void init(ServletConfig config) throws ServletException{
        super.init(config);
        //这里放置进行初始化工作的代码
}
```

在 init 方法中可以使用 Web 容器传递的 ServletConfig 对象,取得 Servlet 的各种配置初始参数,进而使用这些参数完成读取数据库或其他外部资源操作。

4.3.6 重写 destroy 方法

当 Web 容器销毁 Servlet 对象时(Web 容器停止运行或 Servlet 源代码因修改而重新部署),会自动运行其 destroy 方法完成清理工作,如关闭数据库连接、关闭 I/O 流等。如下示例为关闭数据库连接的 destroy 方法的代码:

```
public void destroy()
{
    try {
        cn.close();
    } catch(Exception e) {
    application.Log("登录处理关闭数据库错误" + e.getMessage());
    }
}
```

上述代码中,cn 是在 init 方法中取得的数据库连接对象 Connection,每次处理 HTTP 请求时可以使用此连接对象,最后在 Servlet 销毁之前将其关闭并销毁,这将极大地改善 Servlet 的运行性能,提高系统的响应速度;application 为 Web 应用的上下文环境对象,参见第 8 章。

4.3.7 重写其他的请求方法

对应其他方式的请求，如 PUT、DELETE、HEAD 等，Servlet 规范也提供了对应的处理方法，如 doPut、doDelete、doHead 方法等。这些方法的参数与 doGet 和 doPost 相同，取得请求数据和发送响应数据给客户端的方法也基本一样。

4.4 使用 IDE 工具 Servlet 向导创建 Servlet

企业开发实际项目时很少使用上述手动编写 Java 类的方式编写 Servlet，因为从引入依赖接口和类，到定义类、定义各种处理请求的方法会占用开发者大量时间。IDE 工具（如 Eclipse、STS、NetBean、IDEA 旗舰版）都提供了创建 Servlet 的向导，可以一次性创建 Servlet 所需的所有代码，而且自动创建配置代码（或者注解类方式，或者 web.xml 方式），节省了大量的开发时间。

安装 Eclipse IDE for Enterprise Java and Web Developers 版本时会自带 Web 开发的各种向导，初次安装 STS 是没有内置的 Web 开发工具的，因此需要安装插件 Eclipse Enterprise Java and Web Developer Tools。由于 Eclipse IDE 和 STS 的 Web 工具相同，因此这里以 STS 为例讲解使用向导方式创建 Servlet。

1. Servlet 的创建和编程

在第 3 章中使用 STS 创建 Maven Web 项目后，需要在项目的 src/main/java 目录下创建所有的 Java 代码，包括 Servlet。选择 src/main/java 目录，右击，在弹出的快捷菜单中选择 New→Other 命令，在打开的 Select a wizard 窗口中，选择 Web→Servlet，即可启动 Servlet 的创建向导，如图 4-4 所示。

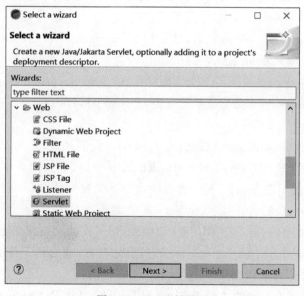

图 4-4　STS 选择界面

单击 Next 按钮,进入创建 Servlet 向导类定义界面,如图 4-5 所示。

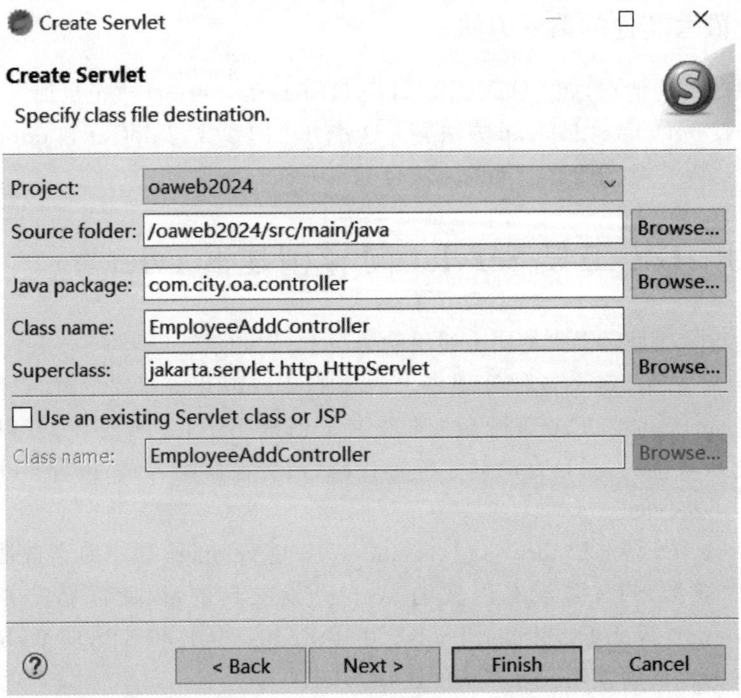

图 4-5 类定义界面

在创建 Servlet 向导类定义界面需要选择和输入以下基本信息。

(1) Project:选择 Servlet 所在的项目,默认为当前 src/main/java 所在的项目,通常不需要更改。

(2) Source folder:Servlet 类代码的起始文件夹,默认为 /项目名/src/main/java,不需要更改。

(3) Java package:Servlet 的包名,推荐使用"domain.项目名.servlet"或"域名.项目名.controller",这里输入 com.city.oa.controller。

(4) Class name:Servlet 的类名,输入需要定义的类名即可,这里为 EmployeeAddController。

(5) Super class:Servlet 必须继承的父类,必须是 jakarta.servlet.http.HttpServlet,否则不符合 Servlet 规范。

其他参数不用设置,单击 Next 按钮,进入 Servlet 配置界面,如图 4-6 所示。

Servlet 都需要配置才能被符合 Jakarta EE 的服务器识别,配置信息包括请求地址和 Servlet 的初始化参数。在 Servlet 配置界面输入如下配置信息。

(1) Name:Servlet 的名称,默认是 Servlet 的类名。

(2) Description:Servlet 的说明,用于说明此 Servlet 的功能或用途等。

(3) Initialization parameters:Servlet 的初始化参数,通常用于配置 Servlet 使用的各种参数(如连接数据库的账号、密码)。

要增加参数,可单击右侧的 Add 按钮,弹出 Initialization Parameters(初始化参数)对话框,如图 4-7 所示。

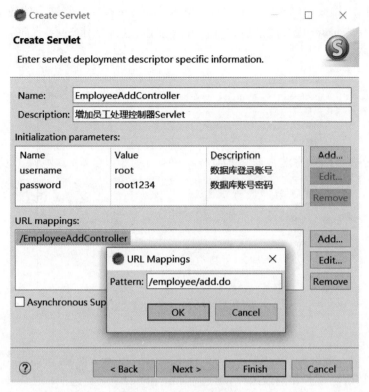

图 4-6　Servlet 配置界面

输入参数的 Name、Value(值)和 Description(说明)，单击 OK 按钮，即可完成参数的增加。不断重复此过程，可以增加多个 Servlet 的初始化参数。每次增加新的参数后，初始化参数列表会自动更新，如图 4-8 所示。

图 4-7　Initialization parameters 对话框

图 4-8　Servlet 初始化参数列表显示和增加

要修改参数，选中指定的参数，单击 Edit 按钮，在弹出的参数修改对话框中，对参数进行修改即可；选中指定的参数，单击 Remove 按钮，即可删除此参数。

(4) URL Mappings：Servlet 的请求地址。所有 Servlet 都必须有请求地址，才能使用浏览器请求此 Servlet。一个 Servlet 可以有多个地址，地址不能重复。多个 Servlet 不能使用相同的地址，否则 Web 应用无法启动。

单击 URL Mappings 下的 Add 按钮，弹出 URL Mappings 请求地址对话框，如图 4-9 所示。

输入新的请求地址如/employee/add.action，注意，请求地址必须以"/"开头，否则 Web 会启动错

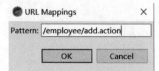
图 4-9　URL Mappings 映射地址对话框

误。同理，单击 Edit 按钮修改现有的地址；单击 Remove 按钮删除选中的地址。

输入所有的 Servlet 配置信息后，单击 Next 按钮，进入创建 Servlet 向导的方法选择界面，如图 4-10 所示。

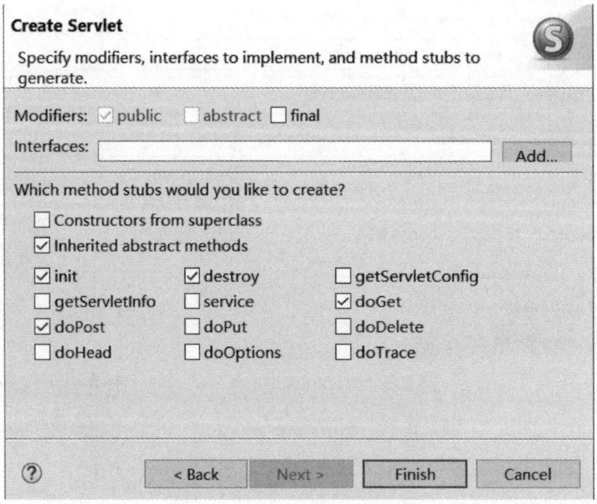

图 4-10　方法选择界面

在图 4-10 中一般不需要选中 Constructors from superclass 复选框，即不生成构造器方法；如果需要初始化任务和销毁编程，则选中 init 和 destroy 复选框；通常 doGet 和 doPost 复选框是默认选中的，因为 GET 和 POST 请求最常用。可以根据需要选择 doPut、doDelete、doHear、doOptions 和 doTrace 方法。单击 Finish 按钮，Servlet 向导会根据配置信息创建 Servlet 类代码和配置代码。Servlet 向导生成的 Servlet 类代码如程序 4-1 所示。

程序 4-1　EmployeeAddController.java STS 开发工具 Servlet 向导创建的代码结构。

```java
package com.city.oa.controller;
import jakarta.servlet.ServletConfig;
import jakarta.servlet.ServletException;
import jakarta.servlet.annotation.WebInitParam;
import jakarta.servlet.annotation.WebServlet;
import jakarta.servlet.http.HttpServlet;
import jakarta.servlet.http.HttpServletRequest;
import jakarta.servlet.http.HttpServletResponse;
import java.io.IOException;
/**
 * Servlet implementation class EmployeeAddController
 */
public class EmployeeAddController extends HttpServlet {
    private static final long serialVersionUID = 1L;

    /**
     * @see Servlet#init(ServletConfig)
     */
    public void init(ServletConfig config) throws ServletException {
        // TODO Auto-generated method stub
    }
    /**
```

```java
     * @see Servlet#destroy()
     */
    public void destroy() {
        // TODO Auto-generated method stub
    }

    /**
     * @see HttpServlet#doGet(HttpServletRequest request, HttpServletResponse response)
     */
    protected void doGet(HttpServletRequest request, HttpServletResponse response) throws ServletException, IOException {
        // TODO Auto-generated method stub
        response.getWriter().append("Served at: ").append(request.getContextPath());
    }

    /**
     * @see HttpServlet#doPost(HttpServletRequest request, HttpServletResponse response)
     */
    protected void doPost(HttpServletRequest request, HttpServletResponse response) throws ServletException, IOException {
        // TODO Auto-generated method stub
        doGet(request, response);
    }
}
```

从定义可见，Servlet 类 EmployeeAddController 继承了 HttpServlet 父类，并根据选择生成 init 初始化方法、destroy 销毁方法、doGet 和 doPost 处理客户端请求的方法。可以根据具体的处理需求，在各种请求方式对应的方法中编写处理代码。

在使用 Tomcat 10.1 版本的情况下，Servlet 向导将 Servlet 的配置信息创建在 /WEB-INF/web.xml 中，采用 XML 方式配置；而在使用 Tomcat 9 时，则采用注解类方式。Servlet 向导根据输入的配置信息，生成的 Servlet 配置代码如下：

```xml
<?xml version="1.0" encoding="UTF-8"?>
<web-app xmlns:xsi="http://www.w3.org/2001/XMLSchema-instance" xmlns="https://jakarta.ee/xml/ns/jakartaee" xsi:schemaLocation="https://jakarta.ee/xml/ns/jakartaee https://jakarta.ee/xml/ns/jakartaee/web-app_6_0.xsd" id="WebApp_ID" version="6.0">
    <display-name>web01</display-name>
    <welcome-file-list>
        <welcome-file>index.html</welcome-file>
        <welcome-file>index.jsp</welcome-file>
        <welcome-file>index.htm</welcome-file>
        <welcome-file>default.html</welcome-file>
        <welcome-file>default.jsp</welcome-file>
        <welcome-file>default.htm</welcome-file>
    </welcome-file-list>
    <servlet>
        <description>增加员工处理控制器 Servlet</description>
        <display-name>EmployeeAddController</display-name>
        <servlet-name>EmployeeAddController</servlet-name>
        <servlet-class>com.city.oa.controller.EmployeeAddController</servlet-class>
        <init-param>
            <description>数据库登录账号</description>
            <param-name>username</param-name>
            <param-value>root</param-value>
```

```xml
        </init-param>
        <init-param>
            <description>数据库账号密码</description>
            <param-name>password</param-name>
            <param-value>root1234</param-value>
        </init-param>
    </servlet>
    <servlet-mapping>
        <servlet-name>EmployeeAddController</servlet-name>
        <url-pattern>/employee/add.do</url-pattern>
        <url-pattern>/employee/add.action</url-pattern>
    </servlet-mapping>
</web-app>
```

这里采用的是 XML 配置方式,在<web-app>标记下生成<servlet>子标记,每个<servlet>标记用于配置一个 Servlet。在<servlet>标记下包含如下子标记:

(1) <description>:配置 Servlet 的说明。

(2) <display-name>:在 IDE 工具中显示的名称。

(3) <servlet-name>:Servlet 的配置名称,不能省略。其默认是 Servlet 的类名,也可以手动修改。

(4) <init-param>:用于配置 Servlet 的初始参数,包含 3 个子标记。其中,<description>为配置参数的说明;<param-name>为配置参数的名称,Servlet 根据此名称,使用 ServletConfig 的对象取得参数的值;<param-value>为参数的值。

与<servlet>标记对应的是标记<servlet-mapping>,它用于配置 Servlet 的请求地址,通常每个<servlet>对应一个<servlet-mapping>。<servlet-mapping>包括如下两个子标记:

(1) <servlet-name>:指定要配置请求地址的 Servlet,与<servlet>中子标记<servlet-name>的值相同。

(2) <url-pattern>:指定 Servlet 的请求地址,需要以"/"开头,如/employee/add.do。

每个 Servlet 都必须有类代码和配置代码,否则无法被 Tomcat 服务器识别并运行。

这里将 doGet 中的生成代码修改为如下发送响应信息给浏览器客户端的代码:

```java
package com.city.oa.controller;
import jakarta.servlet.ServletConfig;
import jakarta.servlet.ServletException;
import jakarta.servlet.annotation.WebInitParam;
import jakarta.servlet.annotation.WebServlet;
import jakarta.servlet.http.HttpServlet;
import jakarta.servlet.http.HttpServletRequest;
import jakarta.servlet.http.HttpServletResponse;
import java.io.IOException;
import java.io.PrintWriter;
/**
 * 员工增加处理控制器 Servlet
 */
public class EmployeeAddController extends HttpServlet {
    private static final long serialVersionUID = 1L;
```

```java
/**
 * 初始化方法
 */
public void init(ServletConfig config) throws ServletException {
}
/**
 * 销毁方法
 */
public void destroy() {
}
/**
 * GET 请求处理方法
 */
protected void doGet(HttpServletRequest request, HttpServletResponse response) throws ServletException, IOException {
    response.setContentType("text/html");
    response.setCharacterEncoding("UTF-8");
    PrintWriter out = response.getWriter();
    out.println("<h1>员工增加处理 Servlet</h1>");
    out.flush();
    out.close();
}
/**
 * POST 请求处理方法
 */
protected void doPost(HttpServletRequest request, HttpServletResponse response) throws ServletException, IOException {
    doGet(request, response);
}
}
```

该代码的主要功能为设置响应类型是 HTML 页面，设置字符编码集为 UTF-8，并通过文本输出流对象 PrintWriter 的 println 方法将响应的字符发送给浏览器客户端（响应处理的编程在将第 6 章中详细讲解）。

注意，Eclipse IDE 和 STS 工具对 Java 代码的不同部分使用不同的颜色，便于开发者辨识。

2. Servlet 的部署和运行

STS 配置好 Tomcat 服务器后，可以直接选择运行此 Servlet。选择要运行的 Servlet 并右击，在弹出的快捷菜单中选择 Run As→Run on Server 命令，操作界面如图 4-11 所示。

打开 Run On Server 窗口，选择要部署和运行的 Tomcat 服务器，如图 4-12 所示。

选中 Choose an existing server 单选按钮，并选择指定的服务器，如 Tomcat v10.1 Server at localhost。单击 Next 按钮，进入项目部署选择界面，如图 4-13 所示。

在项目部署选择界面中，推荐只增加（Add）要运行 Servlet 的项目，其他项目都移动（Remove）到 Available 列表框中，单击 Finish 按钮，启动服务器，运行此 Servlet。STS 工具

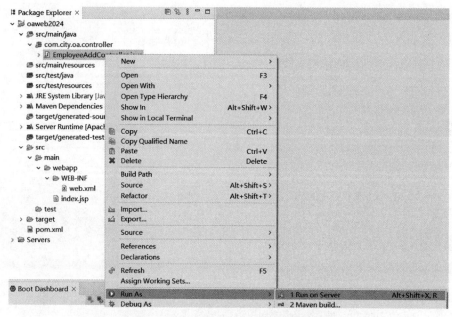

图 4-11　直接运行 Servlet 的操作界面

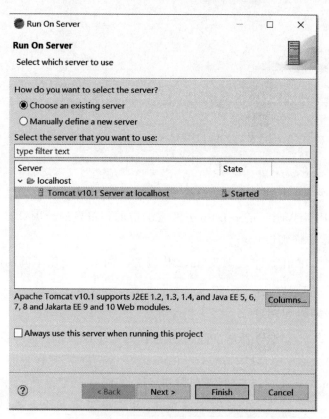

图 4-12　选择要部署和运行的 Tomcat 服务器

会提示重新启动服务器,单击 OK 按钮后,服务器启动并部署选中的项目。运行此 Servlet,并启动浏览器请求该 Servlet 地址,运行结果如图 4-14 所示。

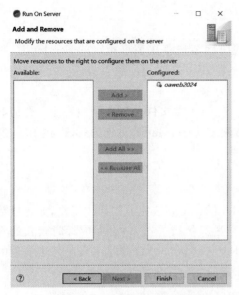

图 4-13　项目部署选择界面

图 4-14　浏览器请求 Servlet 地址的运行结果

4.5　Servlet 生命周期

只有真正了解 Servlet 的生命周期，理解 Servlet 生命周期中每个阶段的状态，才能开发出性能好、效率高的 Servlet 组件。

Servlet 的生命周期完全由 Web 容器，即服务器管理（如 Tomcat）。客户端必须使用 HTTP 或 HTTPS 向 Web 容器发送对 Servlet 的请求，由 Web 容器根据请求地址 URL 决定请求的 Servlet，创建该 Servlet 的对象，并调用与其请求方式对应的方法。客户端无法直接创建 Servlet 对象，也不能像调用普通 Java 类那样直接调用 Servlet 的方法，Servlet 的所有方法都由 Web 容器调用。Servlet 要经过创建实例、初始化、调用方法、发送 HTTP 响应和销毁 5 个阶段，如图 4-15 所示。

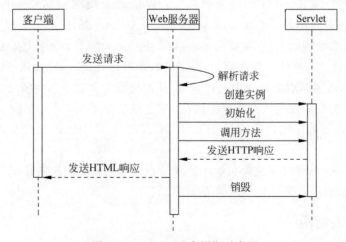

图 4-15　Servlet 生命周期时序图

4.5.1 实例化阶段

Servlet 由 Web 容器进行加载，当 Web 容器检测到客户首次请求指定的 Servlet 时，将根据 Servlet 配置信息定位到该 Servlet。Servlet 的配置可以使用注解类方式，也可以使用配置文件 web.xml 方式。

Web 服务器在 WEB-INF/classes 目录下查找 Servlet 类文件并加载到内存中；类加载结束后，使用反射机制调用默认的无参数的构造方法创建 Servlet 类对象，并保存在 Web 容器的 JVM 内存中。

4.5.2 初始化阶段

Web 容器在创建 Servlet 对象后，会调用 Servlet 的 init 方法完成初始化工作，如连接数据库、打开 I/O 流等。对每个 Servlet 对象的 init 方法只执行一次，适合完成耗时较长的对象创建操作。当对象创建以后，每次请求的服务处理方法就可以直接使用 init 方法创建的对象，从而极大地提高系统性能。可以重写两种形式的 init 方法的其中一种：

(1) public void init() throws ServletException；

(2) public void init(ServletConfig config) throws ServletException。

推荐重写第二种形式的 init 方法，通过 ServletConfig 对象可以获得 Servlet 的初始化配置信息，而第一种方法无法得到 ServletConfig 对象。

4.5.3 处理请求阶段

Web 容器每次接收到对 Servlet 的 HTTP 请求时，都会自动调用 Servlet 的 service 方法，一般不需要重写 service 方法。父类 HttpServlet 的 service 方法非空，在此方法中会取得请求的方式，如果是 GET 请求就调用子类的 doGet 方法，如果是 POST 请求就调用子类的 doPost 方法，其他请求就会调用对应的 doXxx 方法（如 doPut、doDelete、doHeader 等），如果没有对应的 doXxx 请求处理方法，则抛出异常。

Web 容器在调用 service 方法之前，将创建 HttpServletRequest 请求对象和 HttpServletResponse 响应对象，将客户端发送的请求行（Query）、请求头（Header）和请求体（Body）数据进行解析，并存入请求对象中；将请求对象和响应对象作为参数传递到 service 方法中，进而传递到 doGet、doPost、doPut、doDelete、doHead 等方法。

Servlet 在请求处理的方法（主要是 doGet 或 doPost）中通过请求对象获得客户提交的请求信息，如表单数据、地址栏参数等，并对这些数据进行处理。最后，调用业务类的方法将数据写入数据库，或者读取数据库中的数据等，从而完成实际业务需要的处理工作。

Servlet 使用响应对象完成对客户的响应，发送响应状态码，设置响应头和发送响应体数据，由 Web 容器将响应的内容通过 HTTP/HTTPS 和 TCP/IP 以流方式发送到客户端浏览器中。

Servlet 的请求/响应处理主要在请求处理阶段进行，编程任务主要在与请求方式对应的 doGet、doPost、doPut 或 doDelete 等方法中。

4.5.4 销毁阶段

当发生以下情况时，Web 容器就会销毁 Servlet 组件对象。

（1）Web 容器停止。
（2）Servlet 类代码修改并重新编译。
（3）Web 应用重新部署。

Web 服务器在销毁 Servlet 组件之前会调用其 destroy 方法完成资源清理工作。这些资源通常是在 Servlet 的初始化方法 init 中创建的，如数据库连接、I/O 流等。关闭这些资源对象可以释放其所占的内存。

4.6 Servlet 配置

Servlet 作为 Web 组件可以处理 HTTP 请求/响应，因此必须有一个唯一的 URL 地址。但是，由于 Servlet 是一个 Java 类文件，因此无法像 JSP 那样直接存放在 Web 目录下就能获得 URL 请求访问地址。Servlet 需要配置请求地址和其他辅助参数信息，才能被 Web 容器识别并处理。Servlet 的配置可以通过注解类方式或 XML 文件配置方式完成。

4.6.1 Servlet 的注解类方式配置

从 Java EE 的 Web Module 3.0 开始，Servlet 的配置开始支持注解类方式，不再需要在配置文件 web.xml 中配置 Servlet 和请求地址。另外，目前开发 Servlet 使用注解类方式配置的居多，XML 方式配置则越来越少。

Servlet 的注解类方式配置是通过注解类@WebServlet 实现的，在 Servlet 的类定义前增加@WebServlet 即可实现 Servlet 的配置，包括名称、简介、初始化参数、请求地址等配置信息，其配置语法代码如下：

```
@WebServlet(属性名 = 属性值,属性名 = 属性值,..)
public class Serlvet 类名 extends HttpServlet {
}
```

其中，@WebServlet 的常用属性和取值如下。

（1）displayName：String 类型，指定 Servlet 在 IDE 工具中的名称。
（2）description：String 类型，指定 Servlet 的说明信息。
（3）name：String 类型，指定 Servlet 的名称，注解配置方式中很少使用此属性。
（4）urlPatterns：String[]类型，指定 Servlet 的请求地址。每个 Servlet 可以指定多个请求地址，格式如下：

```
urlPatterns = {"地址 1","地址 2",..}
```

（5）initParams：WebInitParam[]类型，配置 Servlet 的初始参数。可以配置多个参数，每个参数使用@WebInitParam 注解类表达，格式如下：

```
initParams = {@WebInitParam(属性名 = 值,属性名 = 值,..), @WebInitParam(属性名 = 值,属性名 = 值,..), ..})
```

（6）loadOnStartup：int 类型，指定 Servlet 的启动顺序值，默认值为−1，表示 Servlet 不会随服务器启动而自动启动。当 loadOnStartup 取值大于 0 时，指定 Servlet 会自动启动，并根据该值确定启动顺序，如值 1 要先于值 2 的 Servlet 启动。Spring MVC 框架就是使用该属性确定其起始类 DispatcherServlet 自动启动方式,启动 Spring MVC。

在配置 Servlet 的初始化参数时,需要使用辅助注解类@WebInitParam 实现初始化参数的配置,其主要的属性和取值如下。

(1) name:String 类型,指定参数的名称,必需项,不能省略。

(2) value:String 类型,指定参数的值,必需项,不能省略。

(3) description:String 类型,指定参数的说明,可以省略。

如下代码是完整的使用注解类方式的 Servlet 配置示例:

```
@WebServlet(
    description = "员工增加处理 Servlet",
    urlPatterns = {"/employee/add", "/employee/add.do"},
    initParams = {
    @WebInitParam(name = "drivername", value = "com.mysql.jdbc.Driver", description = "MySQL 驱动类"),
    @WebInitParam(name = "username", value = "root", description = "MySQL 账号"),
    @WebInitParam(name = "password", value = "1234", description = "账号密码")
})
public class EmployeeAddController extends HttpServlet {
}
```

经过实际测试,最新版的 STS 和 Eclipse IDE 在使用 Servlet 向导创建基于 Tomcat 9 的 Java EE Servlet 时,自动使用注解类方式配置 Servlet;而创建基于 Tomcat 10 的 Jakarta EE Servlet 时,则自动使用 web.xml 方式配置 Servlet。

如果只想使用注解方式配置 Servlet,需要开发者手动删除 web.xml 文件中的配置代码,并在 Servlet 类前增加注解类@WebServlet,并配置对应的属性值。

4.6.2　Servlet 的 XML 方式配置

使用 XML 配置方式,Servlet 必须在 Web 的配置文件/WEB-INF/web.xml 中进行配置和映射,才能指定 URL 地址并能响应 HTTP 请求。Servlet 的配置分为声明和映射两个步骤,包括 Servlet 的声明配置和映射配置。

1. Servlet 的声明配置

Servlet 声明的作用是通知 Web 容器 Servlet 的存在。Servlet 声明的基本语法如下:

```
<serlvet>
    <description>说明</description>
    <display-name>显示名</display-name>
    <servlet-name>配置名</servlet-name>
    <servlet-class>Serlvet 类全名</servlet-class>
    <init-param>
        <description>参数说明</description>
        <param-name>参数名</param-name>
        <param-value>参数值</param-value>
    </init-param>
    <load-on-startup>2</load-on-startup>
</servlet>
```

Servlet 声明包含的配置内容如下。

(1) < servlet-name >：声明 Servlet 的名字，可以为任何字符串，一般与 Servlet 的类名相同即可。要求在一个 web.xml 文件内 Servlet 的名字唯一，此项不能省略。

(2) < servlet-class >：指定 Servlet 的全名，即包名.类名。Web 容器会根据此定义载入类文件到内容中，进而调用默认构造方法创建 Servlet 对象，此项不能省略。

(3) < init-param >：Servlet 初始参数。在 Servlet 声明配置中可以配置 Servlet 初始参数，如数据库的 Driver、URL、账号和密码等信息。在 Servlet 的 init 方法中可以读取这些信息。从而避免在 Servlet 中以硬代码方式定义这些信息。当这些信息要修改时，不需要重新编译 Servlet，直接修改配置文件即可，改善了系统的可维护性。

初始化参数使用< init-param >标记及其子标记< param-name >和< param-value >完成，其初始参数的配置语法示例如下：

```xml
< servlet >
    < init – param >
        < param – name > driver </param – name >
        < param – value > com.mysql.cj.jdbc.Driver </param – value >
    </init – param >
    < init – param >
        < param – name > url </param – name >
        < param – value > jdbc:mysql://localhost:3319/cityoa </param – value >
    </init – param >
</servlet >
```

本示例中定义了两个初始参数，即数据库的 JDBC 驱动和地址 URL。在 Servlet 中可以通过 ServletConfig 取得定义的初始化参数。取得以上定义的初始参数示例代码如下：

```java
//取得 Servlet 定义的初始参数
String driver = config.getInitParameter("driver");
String url = config.getInitParameter("url");
//根据 Servlet 初始参数连接数据库
Class.forName(driver);                    //载入驱动
Connection cn = DriverManager.getConnection(url,"root","123456");        //连接数据库
```

其中，config 是在 Servlet 中定义的 ServletConfig 类型的属性变量，由 init 方法取得它的实例。由此可见，要连接不同的数据库，直接修改配置文件即可，不需要代码的修改和重新编译。

(4) < load-on-startup >：指定 Servlet 启动时机。在配置 Servlet 时，可以指示 Servlet 跟随 Web 容器一起自动启动，这时 Servlet 就可以在没有请求的情形下进行实例化和初始化，完成特定的任务。许多 Web 框架（如 Spring MVC、Struts2）使用此配置项在 Web 容器启动后，使用自启动 Servlet 完成框架的导入和对象创建工作。自启动 Servlet 的配置语法如下：

```xml
< load – on – startup > 2 </load – on – startup >
```

其中，数字表示启动的顺序，数字越小越先启动，最小为 0，表示 Web 容器启动后第一个启动。原则上不同的 Servlet 应该使用不同的启动顺序数字。如下配置代码为 Spring MVC 中能自动启动的 DispatcherServlet 的配置案例：

```xml
<!-- 部署 DispatcherServlet -->
<servlet>
    <servlet-name>springmvc</servlet-name>
    <servlet-class>org.springframework.web.servlet.DispatcherServlet</servlet-class>
    <!-- 表示容器在启动后立即加载 Servlet -->
    <load-on-startup>1</load-on-startup>
</servlet>
<servlet-mapping>
    <servlet-name>springmvc</servlet-name>
    <!-- 处理所有 URL -->
    <url-pattern>/</url-pattern>
</servlet-mapping>
```

此时可配置<load-on-startup>1</load-on-startup>，使此 Servlet 优先启动。

2．Servlet 的映射配置

任何 Web 文档在 Internet 中必须有一个 URL 地址才能被请求访问。Servlet 不能像 JSP 那样直接放在 Web 的发布目录下，因此 Servlet 需要配置单独的映射 URL 地址。在项目的/WEB-INF/web.xml 文件中完成 Servlet 的 URL 映射。

(1) Serlvet 的映射配置语法。

```xml
<servlet-mapping>
    <servlet-name>servlet 名称</servlet-name>
    <url-pattern>URL</url-pattern>
</servlet-mapping>
```

其中，servlet 名称与 Servlet 声明中的名称应一致。

(2) 映射地址方式。

Servlet 映射地址可以是绝对地址，对应一个具体的请求 URL 地址，也可以是匹配式地址模式，即对应多个请求地址。

① 绝对地址方式映射。绝对地址只能映射到一个地址。其 URL 格式如下：

/目录/目录/文件名.扩展名

Servlet 映射绝对地址 URL 配置实例如下：

```xml
<servlet-mapping>
    <servlet-name>EmployeeAddController</servlet-name>
    <url-pattern>/employee/add.do</url-pattern>
</servlet-mapping>
```

此 Servlet(EmployeeAddController)只能响应单个地址/employee/add.do 的请求。

② 匹配目录模式映射方式。此模式的 URL 格式如下：

/目录/目录/*

这类映射重点匹配目录，只要目录符合映射模式，不用考虑文件名，该 Servlet 就可以响应多个请求 URL。此模式的 Servlet 映射配置示例如下：

```xml
<servlet-mapping>
    <servlet-name>SpringMVC</servlet-name>
    <url-pattern>/app/*</url-pattern>
</servlet-mapping>
```

对于该映射地址配置，只要是以/app/为开头的 URL 都能请求此 Servlet。如下请求均被此 Servlet 响应：

```
http://localhost:8080/oaweb2024/app/login.jsp
http://localhost:8080/oaweb2024/app/info/add.do
```

③ 匹配扩展名模式映射方式。以匹配扩展名的方式进行 URL 映射，不考虑文件的目录信息，也可以响应多地址的请求。其 URL 格式如下：

```
*.扩展名
```

此模式的配置示例代码如下：

```
<servlet-mapping>
    <servlet-name>DispatcherServlet</servlet-name>
    <url-pattern>*.do</url-pattern>
</servlet-mapping>
```

对于以上配置，只要是扩展名为.do 的任何请求均被此 Servlet 处理并响应。例如：

```
http://localhost:8080/oaweb2024/login.do
http://localhost:8080/oaweb2024/main/info/add.do
```

注意：不能混合使用以上两种匹配模式，否则会在 Web 项目部署并运行时产生运行时错误。如下映射地址是错误的：

```
<servlet-mapping>
    <servlet-name>DispatchServlet</servlet-name>
    <url-pattern>/app/*.do</url-pattern>
</servlet-mapping>
```

在启动包含此映射配置的 Web 应用时，会抛出如下异常：

```
Caused by: java.lang.IllegalArgumentException: Invalid <url-pattern> /main/*.do in servlet mapping.
```

4.7　Servlet 部署

编译好的 Servlet 类文件只有放置到指定的 Web 应用目录下才能被 Web 容器找到，该目录就是/WEB-INF/classes。在此目录下，根据 Servlet 类的包名创建对应的目录，即

```
/WEB-INF/classes/包名目录/类名.class
```

例如，Servlet 类为 com.city.oa.controller.EmployeeAddController，则其部署为

```
/WEB-INF/classes/com/city/oa/controller/EmployeeAddController.class
```

如果使用 IDE 开发工具（如 Eclipse、STS、IDEA 等），则会自动进行 Servlet 的部署，不需要手工编译和复制。

4.8　Servlet 取得数据表记录并显示案例

4.8.1　案例功能简述

编写一个 Servlet，连接 MySQL 数据库 cityoa，显示员工表 oa_employee 中所有员工的

记录，其包括如下字段：账号（EMPID），姓名（EMPNAME），性别（EMPSEX），年龄（AGE），工资（SALARY）。

MySQL 数据库 cityoa 的员工表 oa_employee 的字段结构如图 4-16 所示。

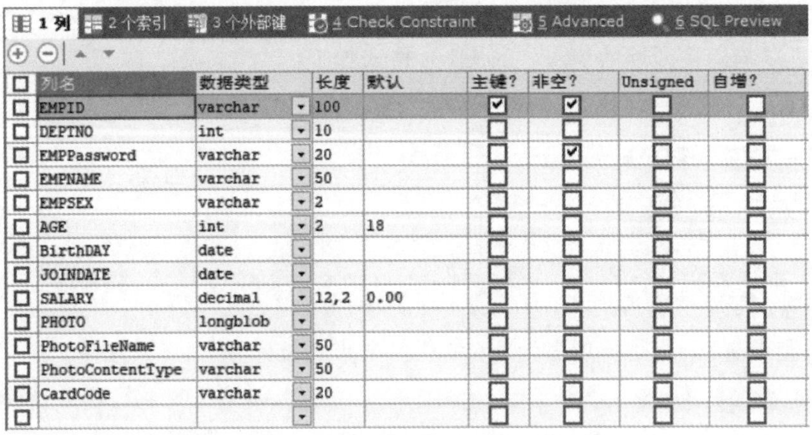

列名	数据类型	长度	默认	主键?	非空?	Unsigned	自增?
EMPID	varchar	100		✓	✓		
DEPTNO	int	10					
EMPPassword	varchar	20			✓		
EMPNAME	varchar	50					
EMPSEX	varchar	2					
AGE	int	2	18				
BirthDAY	date						
JOINDATE	date						
SALARY	decimal	12,2	0.00				
PHOTO	longblob						
PhotoFileName	varchar	50					
PhotoContentType	varchar	50					
CardCode	varchar	20					

图 4-16　员工表 oa_employee 的字段结构

4.8.2　案例分析设计

为演示直接使用 Servlet 编程，本案例没有按照 MVC 模式进行设计，而是直接在 Servlet 中连接数据库，执行查询，遍历取得的记录，并示所有员工的信息。

数据库的连接信息都在 Servlet 初始参数中进行配置，避免硬编码方式，提高了系统的可维护性。在 init 方法中取得初始参数，并取得数据库连接，供每次请求时使用，而不是每次请求时都连接数据库，提高了系统的性能。

在 destroy 方法中关闭数据连接，释放连接对象，节省内存占用。

需要注意的是，这种编程方式在实际项目是不能使用的，因为此 Servlet 共用一个数据库连接，而 Web 项目中 Servlet 运行是多线程方式，每次客户端请求此 Servlet 时都会创建新线程。如果同时有许多客户端请求，则会创建许多 Servlet 的线程，这些线程不能共用一个数据库连接，因为每个数据库连接 Connection 的对象只能执行一个 SQL 语句，无法满足多客户端请求的情景。本案例这样设计只是演示 Servlet 初始化方法 init 和销毁方法 destroy 的使用，真正的企业级项目不会在 Servlet 编写操作数据库的代码，而是使用 DAO（Data Access Object，数据访问对象）层框架（如 Hibernate、JPA 或 MyBatis 等）实现数据库的操作。

4.8.3　Servlet 案例的编程实现

使用 STS 的 Servlet 向导完成 Servlet 的创建，如果生成的配置代码在 web.xml 文件中，则读者根据自己的习惯，使用 XML 配置方式或注解类配置方式均可。本案例使用注解类方式实现 Servlet 的配置。

首先配置 Servlet 的初始化参数，这些参数用于连接数据库，包括数据库驱动类 driver、数据库的位置 url、账号 user 和密码 password 这 4 个参数。完成此案例功能的 Servlet 代码如程序 4-2 所示。

程序 4-2　EmployeeListController.java 员工列表显示的 Servlet 类代码。

```java
package com.city.oa.controller;
//引入需要的接口和类
import jakarta.servlet.ServletConfig;
import jakarta.servlet.ServletException;
import jakarta.servlet.annotation.WebInitParam;
import jakarta.servlet.annotation.WebServlet;
import jakarta.servlet.http.HttpServlet;
import jakarta.servlet.http.HttpServletRequest;
import jakarta.servlet.http.HttpServletResponse;
import java.io.IOException;
import java.io.PrintWriter;
import java.sql.Connection;
import java.sql.DriverManager;
import java.sql.PreparedStatement;
import java.sql.ResultSet;
/**
 * 员工列表显示 Servlet
 */
@WebServlet(
    urlPatterns = { "/employee/list.do" },
    initParams = {
    @WebInitParam(name = "driver", value = "com.mysql.cj.jdbc.Driver"),
    @WebInitParam(name = "url", value = "jdbc:mysql://localhost:3319/cityoa"),
    @WebInitParam(name = "user", value = "root"),
    @WebInitParam(name = "password", value = "root1234")
    }
)
public class EmployeeListController extends HttpServlet {
    private static final long serialVersionUID = 1L;
    private Connection cn = null;
    /**
     * 初始化方法,取得配置的初始化参数
     */
    public void init(ServletConfig config) throws ServletException {
        String drvier = config.getInitParameter("driver");
        String url = config.getInitParameter("url");
        String user = config.getInitParameter("user");
        String password = config.getInitParameter("password");
        try {
            Class.forName(drvier);
            cn = DriverManager.getConnection(url,user,password);
        }
        catch(Exception e) {
            e.printStackTrace();
        }
    }
    /**
     * Servlet 销毁方法,关闭数据库连接
     */
    public void destroy() {
        try {
            cn.close();
```

```java
        }catch(Exception e) {
            e.printStackTrace();
        }
    }
    /**
     * GET 请求方法处理,使用 init 方法创建的连接对象执行 SQL 语句,取得查询结果并显示
     */
    protected void doGet(HttpServletRequest request, HttpServletResponse response) throws ServletException, IOException {
        response.setContentType("text/html");
        response.setCharacterEncoding("UTF-8");
        PrintWriter out = response.getWriter();
        out.println("<h1>员工列表显示</h1>");
        out.println("<table width='100%' border='1'>");
        out.println("<tr>");
        out.println("<th>账号</th><th>姓名</th><th>性别</th><th>年龄</th><th>工资</th>");
        out.println("</tr>");
        try {
            String sql = "select * from oa_employee";
            PreparedStatement ps = cn.prepareStatement(sql);
            ResultSet rs = ps.executeQuery();
            while(rs.next()) {
                out.println("<tr>");
                out.println("<td>" + rs.getString("EMPID") + "</td>");
                out.println("<td>" + rs.getString("EMPNAME") + "</td>");
                out.println("<td>" + rs.getString("EMPSEX") + "</td>");
                out.println("<td>" + rs.getString("AGE") + "</td>");
                out.println("<td>" + rs.getString("SALARY") + "</td>");
                out.println("</tr>");
            }
        }
        catch(Exception e) {
            out.println("异常:" + e.getLocalizedMessage());
        }
        out.println("</table>");
        out.flush();
        out.close();
    }
    /**
     * POST 请求处理,直接调用 GET 处理方法
     */
    protected void doPost(HttpServletRequest request, HttpServletResponse response) throws ServletException, IOException {
        doGet(request, response);
    }
}
```

上述代码中,Servlet 发送 HTTP 响应的编程需要设置响应类型为 text/hmtl(即 HTML 页面类型),并设置字符编码集为 UTF-8,通过输出文本流 PrintWriter 的对象向浏览器发送响应内容。其详细的响应编程将在第 6 章中讲解。

4.8.4 案例部署和测试

将包含以上 Servlet 的 Web 应用部署到 Tomcat 服务器上,启动 Tomcat 服务器,可以

通过访问Servlet的配置URL地址实现对Servlet的请求。

本案例中采用MySQL数据库系统,并使用作者创建的员工表oa_employee中的数据,显示该表的所有员工记录。Servlet配置参数使用了MySQL的JDBC驱动,因此需要将MySQL的驱动类库复制到Tomcat的lib目录下。MySQL的驱动类可以到Maven的仓库中下载,如图4-17所示。

图4-17　MySQL驱动类的引入或下载

要下载其JAR文件,直接单击JAR超链接即可,将下载的JAR文件复制到/WEB-INF/lib目录中,如果没有此目录可以手动创建,这是传统的动态Web项目的引入方式。

本书中都使用Maven Web项目,因此需要将图4-17所示Maven标签下的引入代码复制到项目的pom.xml文件中。引入MySQL驱动类依赖库后的pom.xml代码如下:

```
<project xmlns="http://maven.apache.org/POM/4.0.0" xmlns:xsi="http://www.w3.org/2001/XMLSchema-instance"
    xsi:schemaLocation="http://maven.apache.org/POM/4.0.0 http://maven.apache.org/maven-v4_0_0.xsd">
    <modelVersion>4.0.0</modelVersion>
    <groupId>com.city</groupId>
    <artifactId>jakartaee01</artifactId>
    <packaging>war</packaging>
    <version>0.0.1-SNAPSHOT</version>
    <name>jakartaee01 Maven Webapp</name>
    <url>http://maven.apache.org</url>
    <dependencies>
        <dependency>
            <groupId>junit</groupId>
            <artifactId>junit</artifactId>
            <version>3.8.1</version>
```

```
            <scope>test</scope>
        </dependency>
        <!-- https://mvnrepository.com/artifact/com.mysql/mysql-connector-j -->
        <dependency>
         <groupId>com.mysql</groupId>
         <artifactId>mysql-connector-j</artifactId>
         <version>8.0.32</version>
        </dependency>
    </dependencies>
    <build>
        <finalName>jakartaee01</finalName>
        <plugins>
            <plugin>
                <groupId>org.apache.maven.plugins</groupId>
                <artifactId>maven-compiler-plugin</artifactId>
                <configuration>
                    <source>17</source>
                    <target>17</target>
                </configuration>
            </plugin>
            <plugin>
                <groupId>org.apache.maven.plugins</groupId>
                <artifactId>maven-war-plugin</artifactId>
                <version>3.3.2</version>
              </plugin>
        </plugins>
    </build>
</project>
```

其中，引入 MySQL 数据库驱动的代码如下：

```
<dependency>
        <groupId>com.mysql</groupId>
        <artifactId>mysql-connector-j</artifactId>
        <version>8.0.32</version>
</dependency>
```

Maven 会根据此配置代码自动下载其对应的 JAR 文件，并在部署阶段将此 JAR 文件自动复制到 Web 项目的/WEB-INF/lib 目录中，不再需要开发者手动复制。

启动此 Maven Web 项目，部署到 Tomcat 服务器，使用浏览器请求此 Servlet，如果没有异常，则显示 EMP 表中所有的员工列表，运行结果如图 4-18 所示。

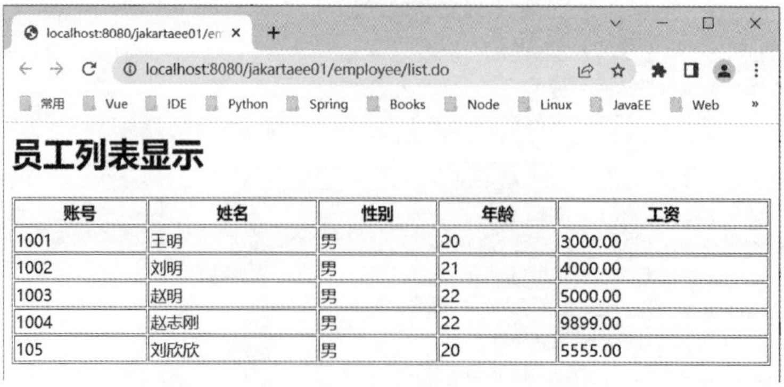
localhost:8080/jakartaee01/em
localhost:8080/jakartaee01/employee/list.do
常用 Vue IDE Python Spring Books Node Linux JavaEE Web
员工列表显示
账号 姓名 性别 年龄 工资
1001 王明 男 20 3000.00
1002 刘明 男 21 4000.00
1003 赵明 男 22 5000.00
1004 赵志刚 男 22 9899.00
105 刘欣欣 男 20 5555.00

图 4-18 显示员工 Servlet 请求结果

由此可见,通过 Servlet 可以实现动态 Web 编程。但是,使用 Servlet 生成 HTML 页面编程比较复杂,JSP 的出现改变了这一局面。JSP 编程 Web 页面简单高效,因此以后 Servlet 的主要工作不是显示网页,而是专门进行数据的提交处理。

简答题

1. Servlet 与一般 Java 类的相同点和不同点是什么?
2. 简述 Servlet 的生命周期。
3. 简述 Servlet URL 地址的映射方式类型。

实验题

1. 编写一个能计数 Servlet 访问次数的 Servlet,每次请求次数增 1,并显示访问次数。
2. 编写一个连接 SQL Server 2000 的样本数据库 northwind,并显示其中产品表 Products 所有记录的 Servlet,显示每个产品的名称、价格、库存数量 3 个字段。可以使用 JDBC-ODBC 桥连接模式,也可以使用微软公司的 SQL Server 2000 JDBC 驱动。请自行决定 Servlet 的包、类、URL 地址等信息。要求数据库连接参数要在 Servlet 的配置参数中,不要在 Servlet 代码中以硬编码方式取得。

第5章 HTTP请求处理编程

本章要点

- HTTP请求内容
- HTTP请求行
- HTTP请求头
- HTTP请求体
- Jakarta EE请求对象类型
- Jakarta EE请求对象功能和方法
- Jakarta EE请求对象的生命周期
- 请求对象编程应用案例

Web应用工作在请求/响应模式下,要访问Web文档,需要使用浏览器通过URL地址对该文档进行HTTP请求。当Web服务器接收并处理该请求后,向请求的客户端发送HTTP响应,客户端接收到HTTP响应后进行显示,用户即可看到请求文档的内容,主要是HTML网页及其他类型文档。

在动态Web应用中,用户需要将信息输入Web系统中,通常使用HTML FORM表单和表单元素,如文本框、单选按钮、复选框、文本域等。将客户端信息提交到Web服务器端,服务器接收客户提交的数据,按具体业务进行处理,完成业务功能,如验证用户是否合法、增加新员工等。

Jakarta EE提供了HTTP请求对象,可以取得客户提交的数据。HTTP请求对象保存客户在发送HTTP请求时传递给Web服务器的所有信息,并提供相应的方法取得不同的提交信息。

确定HTTP请求中包含的数据类型和内容,并使用Jakarta EE规范中的请求对象取得HTTP请求中包含的这些数据是开发动态Web的关键。

5.1 HTTP请求内容

当客户端对Web文档进行HTTP请求时,在请求中不但包含请求协议(如HTTP)、请求 URL(如 localhost:8080/web01/login.jsp)，还包含其他客户端提交的数据。因此，在 Web 应用编程中，开发人员需要了解客户端发送请求中包含的数据和类型。

5.1.1　HTTP 请求中包含信息

当在浏览器地址中输入 http://localhost:8080/web01/admin/login.jsp，对此 Web JSP 组件进行请求时，Web 服务器会收到请求中包含的如下信息：

```
GET /dumprequest HTTP/1.0
Host: djce.org.uk
User-Agent: Mozilla/5.0 (Windows; U; Windows NT 5.1; zh-CN; rv:1.9.1.3) Gecko/20090824
Firefox/3.5.3 (.NET CLR 3.5.30729)
Accept: text/html,application/xhtml+xml,application/xml;q=0.9,*/*;q=0.8
Accept-Language: zh-cn,en-US;q=0.5
Accept-Encoding: gzip,deflate
Accept-Charset: GB2312,utf-8;q=0.7,*;q=0.7
Referer: http://www.google.cn/search?hl=zh-CN&source=hp&q=Http+request&btnG=
Google+%E6%90%9C%E7%B4%A2&aq=f&oq= Via: 1.1 cache3.dlut.edu.cn:3128 (squid/2.6.
STABLE18)
X-Forwarded-For: 210.30.108.201
Cache-Control: max-age=259200
Connection: keep-alive
```

以上请求信息按类别分为如下 3 部分。

(1) 请求行(Request Query)信息。请求行信息包括请求的协议 HTTP、请求的方式、请求的地址 URL、URI 等。

(2) 请求头(Request Header)信息。请求头信息主要包含请求指示信息，用于通知 Web 容器请求中信息的类型、请求方式、信息的大小、客户的 IP 地址等。根据这些信息，Web 组件可以采取不同的处理方式，实现对 HTTP 的请求处理。

(3) 请求体(Request body)信息。请求体信息中包含客户提交给服务器的数据，如表单提交中的数据、上传的文件等。

下面分别介绍每个组成部分的具体内容和意义。

5.1.2　请求行

请求行(Request Query)信息位于请求信息的第一行，包括请求的协议、请求的地址 URL、请求的方式等。请求行的案例代码如下：

```
GET https://www.baidu.com/content-search.xml HTTP/1.1
```

其中，GET 是请求方法，https://www.baidu com/是 URL 地址，HTTP/1.1 指定了协议版本。

不同的 HTTP 版本能够使用的请求方法也不同，具体介绍如下。

(1) HTTP 0.9：只有基本的文本 GET 功能。

(2) HTTP 1.0：具有完善的请求/响应模型，并将协议补充完整，定义了 GET、POST 和 HEAD 3 种请求方法。

（3）HTTP 1.1：在 HTTP 1.0 基础上进行更新，新增了 5 种请求方法：OPTIONS、PUT、DELETE、TRACE 和 CONNECT。

（4）HTTP 2.0：请求/响应首部的定义基本没有改变，只是所有首部键必须全部小写，而且请求行要独立为：method、:scheme、:host、:path 等键值对。

不同请求方式的意义如下。

（1）GET：请求指定的页面信息，并返回实体主体。

（2）POST：向指定资源提交数据请求处理（如提交表单或者上传文件），数据被包含在请求体中。POST 请求可能会导致新的资源的建立和已有资源的修改。

（3）HEAD：类似于 GET 请求，只不过返回的响应中没有具体内容，用于获取报头。

（4）PUT：这种请求方式下，从客户端向服务器传送的数据取代指定的文档内容。

（5）DELETE：请求服务器删除指定的页面。

（6）OPTIONS：允许客户端查看服务器的性能。

（7）TRACE：回显服务器收到的请求，主要用于测试或诊断。

当 Web 客户向服务器发出 HTTP 请求时，请求头首先被发送到服务器端，服务器根据请求行的 URL 信息定位指定的文档，如果文档不存在，则服务器给客户端发送 404 错误信息，根据请求的方式，调用文档的指定的处理方法，如 Servlet 的 doGet、doPost、doPut、doDelete 等。

5.1.3 请求头

当 Web 客户向服务器发出 HTTP 请求时，发送请求行信息后，请求头信息被发送到服务器端，告知服务器此请求中包含的指示信息，服务器以便根据这些指示信息采取不同的处理。请求头中主要是客户端的一些基础信息，其中关键信息如下。

（1）accept：表示当前浏览器可以接受的文件类型。假设这里有 image/webp，表示当前浏览器可以支持 webp 格式的图片，那么当服务器给当前浏览器下发送 webp 类型图片时，可以更省流量。

（2）accept-encoding：表示当前浏览器可以接收的字符编码。如果服务器发送的响应数据不是浏览器可接收的字符编码，就会显示乱码。

（3）accept-language：表示当前客户端使用的语言，也包含客户所在的国家或地区。Web 服务器端应用要实现国际化，可根据此请求头信息给客户端发送对应的语言文本，如给中国大陆客户发送中文简体、给美国客户发送英语。

（4）Cookie：存储和用户相关的信息，每次用户在向服务器发送请求时会带上 Cookie。例如，用户在一个网站上登录之后，下次访问时就不用再登录，就是因为登录成功的 token 放在了 Cookie 中；另外，随着每次请求发送给服务器，服务器就会知道当前用户已登录。

（5）user-agent：表示浏览器的类型和版本信息。当服务器收到浏览器的请求后，通过该请求头知道浏览器的类型和版本，进而知道支持的语言版本（如 JavaScript、HTML、CSS 等），开发者可以针对此类型浏览器编写对应版本的代码。

请求头中也可以包含客户端自定义的信息，通常前端框架（如 Vue、Angular 等）都可以在请求头中加入自己定义的 name 和 value 值。表 5-1 列出了 W3C 规范中规定的常用 HTTP 请求头标记和说明。

表 5-1　W3C 规范中规定的 HTTP 请求头标记和说明

头 标 记	说　　明	包含的值示例
User-Agent	客户端的类型（包含浏览器名称）	LII-Cello/1.0 libwww/2.5
Accept	浏览器可接收的 MIME 类型	各种标准的 MIME 类型
Accept-Charset	浏览器支持的字符编码	字符编码，如 ISO-8859-1
Accept-Encoding	浏览器知道如何解码的数据编码类型	x-compress；x-zip
Accept-Language	浏览器指定的语言	如 en：English
Connection	是否使用持续连接	Keep-Alive，持续连接
Content-Length	使用 POST 方法提交时，传递数据的字节数	2352
Cookie	保存的 Cookie 对象	userid＝9001
Host	主机和端口	192.168.100.3：8080

在 Jakarta EE Web 组件的 Servlet 和 JSP 中，可以使用请求对象的方法读取这些请求头的信息，进而进行相应的处理。5.2.4 小节将讲述请求头信息的取得方法。

5.1.4　请求体

每次 HTTP 请求时，在请求头后面会有一个空行，之后是请求中包含的提交数据，即请求体。请求体通常是表单元素中输入的数据，所有 Web 应用都需要客户输入数据。登录淘宝、京东的账号和密码信息，增加新产品的信息数据等，这些数据通常包含在请求体中。

不是所有的请求都有请求体，当为 GET 请求时，则没有请求体，因为请求数据直接附加在请求文档的 URL 地址中，请求体作为 URL 的一部分发送到 Web 服务器。例如，http://localhost：8080/web01/login.do?id＝9001&pass＝9001，这时请求体为空，因为提交数据直接在 URL 中，作为请求行的一部分传输到 Web 服务器，通过解析 URL 的 QueryString 部分就可以得到提交的参数数据。这种方式对提交的数据大小有限制，不同浏览器会有所不同，如 IE 为 2083 字节。GET 请求时，数据会出现在 URL 中，保密性差，因此在实际项目编程中要尽量避免在 URL 地址栏中传递请求数据。

POST 请求时，请求体数据单独打包为数据块，通过 Socket 直接发送到 Web 服务器端，数据不会在地址栏中出现，因此可以提交数据的类型和大小基本没有限制，可以包括二进制文件，可以实现文件上传功能。原则上 POST 请求对提交的数据没有大小限制，但为了应用需要，一般在编程时会对文件的大小加以限制。

Jakarta EE Web 组件（如 Serlvet、JSP、Filter、Listener 等）规范中都定义了如何取得请求体数据的方法，在 5.2 节中会详细说明这些方法和编程应用。

5.2　Jakarta EE 请求对象

为取得客户 HTTP 请求中包含的信息，Jakarta EE 的 Web 组件规范定义了请求对象接口规范，通过实现该接口的请求对象可以取得请求中包含的所有信息，包括请求行、请求头和请求体。

5.2.1 请求对象接口类型与生命周期

1. 请求对象接口类型

Jakarta EE 规范中,通用请求对象(不依赖请求协议的情况)要实现接口:

```
jakarta.servlet.ServletRequest
```

而本书重点介绍的是 HTTP 下工作的请求对象,要实现接口:

```
jakarta.servlet.http.HttpServletRequest
```

这两个接口的所有方法和属性可参阅 Eclipse Jakarta EE API 文档。

2. 请求对象生命周期

在 Java Web 组件开发中,不需要开发者自己创建 Servlet 或 JSP 使用的请求对象,它们由 Web 容器自动创建,并传递给 Servlet 和 JSP 的服务方法 doGet、doPost、doPut、doDelete 及 doHead 等。在这些 HTTP 请求处理方法中可以直接使用请求对象,调用其方法,取得客户端提交的数据。

(1) 创建请求对象。每次 Web 服务器接收到 HTTP 请求时,会自动创建实现 HttpServletRequest 接口的对象。具体的请求对象实现类由 Jakarta EE 服务器厂家实现,不同的服务器产品(如 Tomcat、GlassFish、WebLogic 等)实现请求对象接口的实现类不一定相同,但开发者不需要了解具体的请求对象的实现类型,只需掌握请求对象接口的方法即可。创建请求对象后,Web 服务器将请求行、请求头和请求体信息存入请求对象,并自动把请求对象传递给请求的 Web 组件,如 Servlet、JSP 等。这些 Web 组件可以通过请求对象的方法取得这些请求信息,即客户端用户提交的数据。

(2) 销毁请求对象。当 Web 服务器处理 HTTP 请求,向客户端发送 HTTP 响应结束后,会自动销毁请求对象,保存在请求对象中的数据随即丢失。当下次请求时新的请求对象又会创建,重新开始请求对象新的生命周期。

5.2.2 请求对象的功能与方法

Jakarta EE 提供的 HttpServletRequest 请求对象用于取得 HTTP 请求中包含的请求行、请求头和请求体的数据信息。HttpServletRequest 接口定义的方法分类如下。

(1) 取得请求行的数据。
(2) 取得请求头信息。
(3) 取得请求体中包含的提交参数数据,包含表单元素或地址栏 URL 的参数。
(4) 取得服务器端的相关信息,如服务器的 IP 等。
(5) 取得请求对象存储的属性信息。

请求对象除了可以取得客户端的各种信息外,还提供了作为传递数据的容器的方法,用于在 Web 组件间传递数据。该功能在 Web 开发中使用得非常多,在 7.2.3 小节中会详细讲解请求对象的此项功能和方法。

5.2.3 取得请求行方法

请求对象接口 HttpServletRequest 提供了如下方法,用于取得请求行中包含的数据。

（1）String getProtocol()：取得使用的请求协议。

（2）String getMethod()：取得请求的方式，返回字符串类型的 GET、POST、PUT、DELETE 等。

（3）StringBuffer getRequestURL()：取得请求的 URL 地址。需要注意的是，其返回类型不是 String，而是 StringBuffer，需要调用其 toString() 方法将其转换为 String 类型再显示。

（4）String getRequestURI()：取得请求的 URI 地址。URI 地址是 Web 站点内的地址，从 Web 应用的起始站点名开始，假如 Web 的站点起始路径为 /jakartaweb05，Web 文档 JSP 目录是 /employee，文件名是 list.jsp，则 URI 地址是 /jakartaweb05/employee/list.jsp。而 URL 地址是包含协议、IP 地址和端口的全地址，上面 JSP 文件的 URL 地址如下：

http://localhost:8080/jakartaweb05/employee/list.jsp

从 URL 地址可以看出，URL 包含 URI，URI 是 URL 的一部分，即：

URL = 协议://IP:端口/URI

测试取得请求行的 Servlet 代码如程序 5-1 所示。

程序 5-1 RequestQueryGetting.java 取得请求行的测试 Servlet 类代码。

```
package com.city.oa.servlet;
import jakarta.servlet.ServletConfig;
import jakarta.servlet.ServletException;
import jakarta.servlet.annotation.WebInitParam;
import jakarta.servlet.annotation.WebServlet;
import jakarta.servlet.http.HttpServlet;
import jakarta.servlet.http.HttpServletRequest;
import jakarta.servlet.http.HttpServletResponse;
import java.io.IOException;
import java.io.PrintWriter;
/**
 * 取得请求行的测试 Servlet
 */
@WebServlet(urlPatterns = { "/requestquery/get.do" })
public class RequestQueryGetting extends HttpServlet {
    private static final long serialVersionUID = 1L;
    /**
     * GET 请求处理
     */
    protected void doGet(HttpServletRequest request, HttpServletResponse response) throws ServletException, IOException {
        //取得请求协议
        String protocol = request.getProtocol();
        //取得请求方式
        String method = request.getMethod();
        //取得请求地址 URL
        String url = request.getRequestURL().toString();
        //取得请求地址 URI
        String uri = request.getRequestURI();
        //发送响应数据
        response.setContentType("text/html");
```

```java
            response.setCharacterEncoding("UTF-8");
            PrintWriter out = response.getWriter();
            out.println("<h1>取得请求行信息</h1>");
            out.println("<hr/>");
            out.println("请求协议:" + protocol + "<br/>");
            out.println("请求方式:" + method + "<br/>");
            out.println("请求URL地址:" + url + "<br/>");
            out.println("请求URI地址:" + uri + "");
            out.println("<hr/>");
            out.flush();
            out.close();
    }
    /**
     * POST 请求处理
     */
    protected void doPost(HttpServletRequest request, HttpServletResponse response) throws
ServletException, IOException {
        doGet(request, response);
    }
}
```

运行此 Servlet 代码,结果如图 5-1 所示。

图 5-1　取得请求行的 Servlet 代码运行结果

5.2.4　取得请求头方法

5.1.3 小节介绍了请求中包含的主要请求头信息,HttpServletRequest 接口提供了如下方法用于取得不同类型的请求头中的数据。通常请求头中的数据类型主要有 String、int、Date 等。

(1) String getHeader(String name):取得指定请求头字符串类型的内容。例如,在 Servlet 的 doGet 或 doPost 方法中取得客户端浏览器类型的代码如下:

```
String browser = request.getHeader("User-Agent");
```

(2) int getIntHeader(String name):取得整数类型的指定请求头内容。如当 HTTP 请求中包含请求体数据时,通常会在请求中包含名称为 Content-Length 的请求头,表示请求体的长度,服务器端可以根据该请求头的值得知请求体数据的字节长度。取得请求体长度的示例代码如下:

```
int size = request.getIntHeader("Content-Length");
```

请求头 Content-Length 中包含的请求体长度为 int 类型。该方法在编程文件上传类型应用中特别有用。

（3）long getDateHeader(String name)：此方法取得日期类型的指定请求头的内容。其返回的类型不是 Date 型，而是 long 型（表示从 1970 年 1 月 1 日 0 点开始计时的毫秒数），根据此 long 值计算出 Date 类型日期。如下代码为取得 If-Modified-Since 的请求头的值，表达请求文档的最近修改日期：

```
long datetime = request.getDataHeader("If-Modified-Since");
```

上述代码取得请求文档的最后修改日期的毫秒数。如果想要取得具体的日期，则使用 java.util.Date 的构造方法传递此 long 类型的值即可。其示例代码如下：

```
Date modifyDate = new Date(datetime);
```

（4）Enumeration getHeaderNames()：此方法取得所有请求头的 name 的列表，以枚举类型返回。可以使用遍历枚举类型的方法取得所有的请求头，包括 name 和 value。

程序 5-2 的代码展示了取得并输出所有请求头名称及每个请求头 name 对应的值的 Servlet 编程。

程序 5-2 RequestHeaderGetting.java 取得请求头的 Servlet 类代码。

```java
package com.city.oa.servlet;
import jakarta.servlet.ServletException;
import jakarta.servlet.annotation.WebServlet;
import jakarta.servlet.http.HttpServlet;
import jakarta.servlet.http.HttpServletRequest;
import jakarta.servlet.http.HttpServletResponse;
import java.io.IOException;
import java.io.PrintWriter;
import java.util.Enumeration;
/**
 * 取得请求头的 Servlet
 */
@WebServlet(urlPatterns = { "/requestheaders/get.do" })
public class RequestHeaderGetting extends HttpServlet {
    private static final long serialVersionUID = 1L;
    /**
     * GET 请求处理方法
     */
    protected void doGet(HttpServletRequest request, HttpServletResponse response) throws ServletException, IOException {
        response.setContentType("text/html");
        response.setCharacterEncoding("UTF-8");
        PrintWriter out = response.getWriter();
        out.println("<h1>取得请求头信息</h1>");
        out.println("<hr/>");
        out.println("请求头 User-Agent:" + request.getHeader("User-Agent") + "<br/>");
        out.println("请求头 Host:" + request.getHeader("Host") + "<br/>");
        out.println("客户 IP 地址:" + request.getRemoteAddr() + "<br/>");
        out.println("<hr/>");
        out.println("<h1>所有请求头遍历</h1>");
        Enumeration<String> headers = request.getHeaderNames();
```

```
            for(;headers.hasMoreElements();) {
                String headerName = headers.nextElement();
                out.println(headerName + " = " + request.getHeader(headerName) + "< br/>");
            }
            out.println("< hr/>");
            out.flush();
            out.close();
    }
    /**
     * POST 处理方法
     */
    protected void doPost(HttpServletRequest request, HttpServletResponse response) throws
ServletException, IOException {
        doGet(request, response);
    }
}
```

上述代码首先使用 request 请求对象的方法取得了常用的请求头,然后使用遍历方法遍历所有请求头的名称和值。将上述 Servlet 代码部署到 Tomcat 上运行,使用浏览器请求该 Servlet 取得图 5-2 所示的请求头信息。

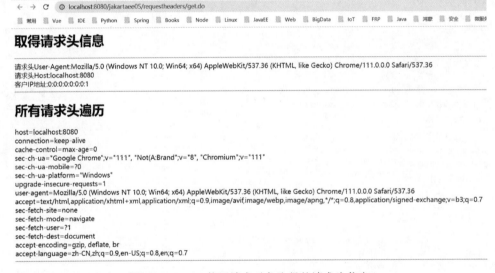

图 5-2　Servlet 使用请求对象取得的请求头信息

5.2.5　取得请求体方法

在 Web 开发中,用户通过表单输入将客户端数据提交到服务器端,这些数据被 Web 服务器自动保存到请求对象中,Web 组件 Servlet 和 JSP 可以通过请求对象取得提交的数据。HttpServletRequest 请求对象提供了如下方法,用于取得客户提交的数据。

(1) String getParameter(String name):取得指定名称的请求体数据。此方法用于单个数据的参数,所有取得的参数值都是 String 类型,开发者需要根据业务需求,将其转换为对应的数据类型,如 int、double、Date 等。

参数 name 为 FORM 表单元素的 name 属性或 URL 参数名称,如:

产品名称:< input type = "text" name = "productName" />
productSearch.do?productName = Acer

如下代码可取得以上参数名为 productName 的数据:

```
String productName = request.getParameter("productName");
```

(2) String[] getParameterValues(String name):取得指定参数名称的数据数组,用于多值参数的情况,如复选框、复选列表等。如下示例代码中展示复选框形式的爱好选择数据:

```
爱好:< input type = "checkbox" name = "behave" value = "旅游" />旅游
    < input type = "checkbox" name = "behave" value = "读书" />读书
    < input type = "checkbox" name = "behave" value = "体育" />体育
```

取得上面复选框选中爱好数据的示例代码如下:

```
String[] behaves = request.getParameterValues("behave");
for(int i = 0;i < behaves.length;i++){
    out.println(behaves[i]);
}
```

注意:此数组不需要事先确定大小,由 Web 容器自动根据参数名对应值的个数确定数组的容量大小。

(3) Enumeration getParameterNames():取得所有请求参数的名称,返回遍历器类型。使用遍历器的方法可以取得所有请求的参数名。如下示例代码为遍历所有请求参数名:

```
for (Enumeration enum = request. getParameterNames(); enum.hasMoreElements();)
{   String paramName = (String)enum.nextElement();
    System.out.println("Name = " + paramName);
}
```

(4) Map getParameterMap():取得所有请求参数名和值,包装在一个 Map 对象中,可以使用该对象同时取得所有参数名和参数值。如下示例代码取得所有请求参数名和参数值:

```
Map params = request.getParameterMap();
Set names = params.keySet();
for(Object o:names) {
    String paramName = (String)o;
    out.print(paramName + " = " + params.get(paramName) + "< br/>");
}
```

(5) ServletInputStream getInputStream() throws IOException:取得客户提交数据的输入流。当使用 getParameter 方法后,就无法使用 getInputStream 方法,反之亦然,二者只能使用其一。当用户使用 POST 方式提交包含文件上传的数据时,请求数据以二进制编码方式提交到服务器,此时 Servlet 无法使用之前的 getParameter 方法取得请求数据,只能取得纯文本数据。要取得包含文本和二进制编码的请求数据,只能使用 getInputStream 方法以二进制方式取得请求数据,再对此数据进行解析,从而分离出文本数据和上传的文件。如果开发者自己编程解析将非常复杂,因此经常使用成熟的框架技术来处理这种有文件上传的请求。目前市场上已经存在多种第三方框架来实现上传文件处理,如 Apache 的

Common upload 组件、JSP Smartupload 等。如下代码示例为有文件上传的表单 HTML：

```
<form action = "addEmp.do" method = "POST" enctype = "multipart/form-data"/>
    姓名:<input type = "text" name = "name" /><br/>
    照片:<input type = "file" name = "photo" /><br/>
<input type = "submit" value = "提交"/>
</form>
```

使用第三方框架技术，如 Common Upload，可以非常方便地取得表单中包含的姓名和照片文件，具体可参阅相应的框架文档资料。

（6）Part getPart(String name)：从 Servlet 3.0 开始，请求对象提供了取得上传文件的方法 getPart。在此之前要取得上传文件，必须使用 getInputStream 方法取得所有请求数据的输入流，开发者自己解析此输入流取得上传的文件，或者使用第三方框架。现在直接使用 getPart 方法就可以取得表单中的上传文件，非常方便。其中 getPart 方法的参数是提交数据项的 name，返回 Part 类型的数据，其接口类型为 jakarta.servlet.http.Part，该接口的具体实现类由使用的服务器（如 Tomcat）实现。

Part 接口提供了如下方法用于处理取得的上传文件。

① InputStream getInputStream()：取得其输入流对象，进而可以通过流的编程取得上传文件。

② long getSize()：取得上传文件的大小（字节数）。

③ String getContentType()：取得上传文件的类型，为 MIME 类型，将在第 6 章中详细介绍。

④ String getSubmittedFileName()：取得文件的名称。

⑤ void write(String fileName)：将上传的文件写入指定的文件中。当需要保存上传文件到指定目录时，此方法特别有用。

⑥ void delete()：将此上传文件删除。当服务器接收到上传文件时，会在服务器指定的临时目录中保存此文件。使用此方法可以立即删除此文件。

5.2.6　请求对象取得常用请求头数据的便捷方法

对于取得请求行和请求头数据，HttpServletRequest 请求对象除提供通用的方法以外，还提供了专门的便捷方法来取得请求行和请求头信息，如客户端信息、请求方式、客户端 IP 地址等。下面是请求对象提供的取得专门信息的便捷方法。

（1）String getRemoteHost()：取得请求客户的主机名。其与通用方法 getHeader("Host")等价。

（2）String getRemoteAddr()：取得请求客户端的 IP 地址。其没有专门的等价通用方法，需要先取得 Host 请求头，再解析客户的 IP 地址。

（3）int getRemotePort()：取得请求客户的端口号。其没有等价的通用方法，也需要先取得 Host 请求头，再解析客户的端口。

（4）String getProtocol()：直接取得请求行中的协议。

（5）String getContentType()：取得请求体的内容类型，以 MIME 表达。其与通用的取得请求头方法 getHeader("Content-Type")等价。

(6) int getContentLength()：取得请求体的长度(字节数)，当处理有文件上传请求时特别有用。其与通用的取得请求头的方法 getIntHeader("Content-Length") 等价。

(7) String getMethod()：取得请求的方式，返回 GET、POST、PUT、DELETE 等信息。

5.2.7 取得服务器端信息

通过 HttpServletRequest 请求对象还可以取得服务器的信息，如服务器名称、接收端口等。如下方法用于服务器端信息的取得。

(1) String getServerName()：取得服务器的 HOST，一般为 IP 地址。

(2) int getServerPort()：取得服务器接收端口。实际编程中很少使用此方法，因为服务器的地址和端口是开发人员已知的，而客户端的地址和端口是未知的。因此，取得客户端的 IP 是必要的，而且经常使用。例如，所有的聊天类、BBS 公告板、贴吧等应用都需要取得客户的 IP 地址，以便追踪客户的上网地址。

如下代码演示了取得服务器的 IP 地址和端口号：

```
out.println("服务器名称:" + request.getServerName() + "<br/>");
out.println("服务器端口:" + request.getServerPort() + "<br/>");
```

上述代码将显示图 5-3 所示的内容。

服务器名称:localhost
服务器端口:8080

图 5-3 取得服务器名称和端口的显示信息

5.3 取得客户端 HTML 表单提交数据案例

本案例使用 HttpServeltRequest 请求对象取得客户端表单提交的业务数据编程。在实际项目开发中，经常需要向服务器提交数据，如用户注册、产品增加等类似应用都非常普遍。

5.3.1 业务描述

在线购物网站中要求有客户注册功能，只有已经注册且登录的用户才能进行购物结算和发送订单。本案例即实现用户注册和处理功能，并且在 Servlet 中直接完成数据库的处理。这样做的目的是演示 Servlet 能完成的功能和编程，企业实际应用开发中并不会使用 Servlet 直接进行数据库的操作，而是使用 MVC 模式，通过持久化 DAO 层进行数据库的操作。

本案例使用 JSP 页面完成用户注册界面的编程，用户注册的处理使用 Servlet 完成。其中，用户注册页面如图 5-4 所示。

用户在注册页面(/customer/register.jsp)输入注册信息，提交给注册处理 Servlet (CustomerRegisterServlet)，该 Servlet 将取得的注册信息写入数据库表中。Servlet 处理成功后，跳转到注册处理成功显示页面(/customer/registersuccess.jsp)，显示注册成功消息，如图 5-5 所示。

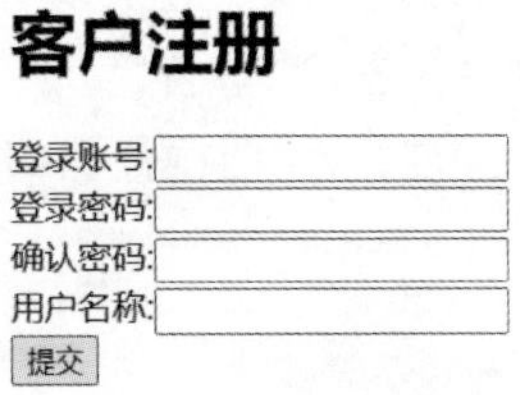

图 5-4　用户注册页面 　　　　　　　图 5-5　客户注册成功显示页面

5.3.2　案例编程

本案例使用一个 JSP 注册页面和一个处理 Servlet，使用 STS 和 Tomcat 10.1.17 进行开发和部署。

1. 创建 Maven Web 项目：oaweb2024

创建步骤参见第 3 章的 Eclipse 创建 Maven 项目的流程，创建的项目目录结构如图 5-6 所示。

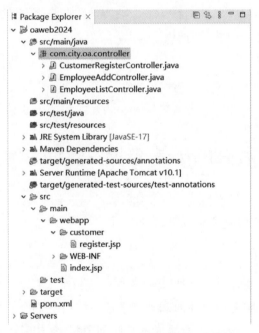

图 5-6　案例 Maven Web 项目的目录结构

2. 客户注册页面的 JSP 编程

客户注册页面采用 JSP 实现，显示一个简单的客户注册表单。客户输入表单中对应的注册信息，单击"提交"按钮，会请求注册处理 Servlet。该 JSP 页面的代码如程序 5-3 所示。

程序 5-3　register.jsp 客户注册页面的 JSP 代码

```
<%@ page language="java" contentType="text/html; charset=UTF-8"
    pageEncoding="UTF-8" %>
<!DOCTYPE html>
<html>
```

```html
<head>
<meta charset = "UTF-8">
<title>网上商城系统</title>
</head>
<body>
<h1>客户注册</h1>
<form method = "post" action = "add.do">
登录账号:<input type = "text" name = "id" /><br/>
登录密码:<input type = "password" name = "password"/><br/>
确认密码:<input type = "password" name = "repassword"/><br/>
用户名称:<input type = "text" name = "name"/><br/>
<input type = "submit" value = "提交" />
</form>
</body>
</html>
```

使用表单和表单元素提交数据推荐使用 POST 方式,即设置<form>标记的属性 method="post"。

3. 客户注册处理 Servlet 编程

客户注册处理 Servlet 取得注册信息,并将注册信息写入数据库中。如果出现异常,将自动重定向到用户注册页面。注册处理 Sevlet 代码如程序 5-4 所示。

程序 5-4 CustomerRegisterController.java 客户注册处理 Servlet 代码。

```java
package com.city.oa.controller;
import java.io.IOException;
import java.io.PrintWriter;
import java.sql.*;
import jakarta.servlet.ServletConfig;
import jakarta.servlet.ServletException;
import jakarta.servlet.http.HttpServlet;
import jakarta.servlet.http.HttpServletRequest;
import jakarta.servlet.http.HttpServletResponse;
//用户注册处理 Servlet
@WebServlet(
        urlPatterns = { "/customer/register.do" },
        initParams = {
            @WebInitParam(name = "driver", value = "com.mysql.cj.jdbc.Driver"),
            @WebInitParam(name = "url", value = "jdbc:mysql://localhost:3319/cityoa"),
            @WebInitParam(name = "user", value = "root"),
            @WebInitParam(name = "password", value = "root1234")
})
public class CustomerRegisterController extends HttpServlet
{
    //定义数据库连接对象
    private Connection cn = null;
     //数据库驱动器
    private String driverName = null;
     //数据库地址 URL
    private String url = null;
    //初始化方法,取得数据库连接对象
    public void init(ServletConfig config) throws ServletException
    {
```

```java
        super.init(config);
        driverName = config.getInitParameter("driverName");
        url = config.getInitParameter("url");
        try{
            Class.forName(driverName);
            cn = DriverManager.getConnection(url);
        } catch(Exception e){
            System.out.println("取得数据库连接错误:" + e.getMessage());
        }
    }
    //处理 GET 请求方法
    public void doGet(HttpServletRequest request, HttpServletResponse response)
            throws ServletException, IOException
    {
        //取得用户注册表单提交的数据
        String userid = request.getParameter("userid");
        String password = request.getParameter("password");
        String repassword = request.getParameter("repassword");
        String name = request.getParameter("name");
        //判断登录账号为空,自动跳转到注册页面
        if(userid == null||userid.trim().length() == 0) {
            response.sendRedirect("register.jsp");
        }
        //如果登录密码为空,则自动跳转到注册页面
        if(password == null||password.trim().length() == 0){
            response.sendRedirect("register.jsp");
        }
        //如果确认登录密码为空,则自动跳转到注册页面
        if(repassword == null||repassword.trim().length() == 0) {
            response.sendRedirect("register.jsp");
        }
        //如果密码和确认密码不符,则自动跳转到注册页面
        if(!password.equals(repassword)) {
            response.sendRedirect("register.jsp");
        }
        //将姓名进行汉字乱码处理
        if(name!= null&&name.trim().length()> 0){
    name = new String(name.getBytes("ISO-8859-1")); }
        //增加新用户处理
        String sql = "insert into USERINFO (USERID,PASSWORD,NAME) values (?,?,?)";
        try{
            PreparedStatement ps = cn.prepareStatement(sql);
            ps.setString(1, userid);
            ps.setString(2, password);
            ps.setString(3, name);
            ps.executeUpdate();
            ps.close();
            //处理结束后,跳转到注册成功提示页面
            response.sendRedirect("registersuccess.jsp");
        } catch(Exception e){
            System.out.println("错误:" + e.getMessage());
            response.sendRedirect("register.jsp");
        }
    }
```

```
    //处理POST请求方法
    public void doPost(HttpServletRequest request, HttpServletResponse response)
            throws ServletException, IOException {
        doGet(request,response);
    }
    //销毁方法
    public void destroy() {
        super.destroy();
        try{
            cn.close();
        } catch(Exception e) {
            System.out.println("关闭数据库错误:" + e.getMessage());
        }
    }
}
```

在注册处理Servlet中取得注册页面提交的用户信息,若这些注册信息不为空,则将其插入用户表中。此Servlet使用注解类配置方式,不需要在web.xml文件中编写配置代码。

4. 注册成功显示页面编程

当客户注册处理Servlet完成客户注册的功能后,自动跳转到注册成功显示页面,提醒客户注册成功。其JSP页面代码如程序5-5所示。

程序5-5 /customer/registersuccess.jsp 客户注册成功显示页面。

```
<%@ page language="java" contentType="text/html; charset=UTF-8" pageEncoding="UTF-8"%>
<!DOCTYPE html>
<html>
<head>
<meta charset="UTF-8">
<title>网上商城系统</title>
</head>
<body>
<h2>客户注册成功</h2>
</body>
</html>
```

启动项目,部署到Tomcat服务器,使用浏览器请求客户注册页面,填写注册信息,单击"提交"按钮,完成注册处理后,即显示注册成功页面。

5.4 取得客户端信息并验证案例

有的Web应用需要限制客户的访问,只允许部分IP地址的客户访问指定的页面或控制组件;有时封杀某些IP的客户访问,因为这些IP已经被记录在黑名单中。本案例使用请求对象取得客户的IP地址,检查IP是否在被封杀之列,从而决定此客户是否可以继续访问Web应用。

5.4.1 业务描述

编写Servlet,取得客户端的IP地址,并将此IP与数据库表中保存的封杀IP进行比较。

如果此 IP 在封杀之列,则跳转到错误信息显示页面,阻止客户进一步的访问;如果 IP 不在封杀之列,则允许跳转到主页。

5.4.2 案例编程

根据案例的功能要求,设计如下数据库表和 Web 组件。

1. 设计 IP 封杀数据表

IP 封杀数据表保存被封杀的 IP 列表,表结构设计如表 5-2 所示。本案例使用 MySQL 数据库,在数据库 cityoa 下创建此 IP 封杀记录表。

表 5-2 IP 封杀数据表(表名称 LimitIP)结构设计

字 段 名	类 型	约 束	说 明
IPNO	Int	主键	编号
IP	Varchar(50)	非空	IP 地址

2. 监测 IP 地址是否被封杀的 Servlet 编程

此 Servlet 首先取得客户的 IP 地址,再连接数据库,判断 IP 是否在封杀列表中。如果 IP 在封杀之列,则自动跳转到错误信息显示页面;否则自动跳转到系统的主页面。监测客户 IP 是否被封杀的 Servlet 代码如程序 5-6 所示。

程序 5-6 IPCheckController.java IP 检查 Servlet 类代码。

```java
package com.city.oa.controller;
import java.io.IOException;
import java.io.PrintWriter;
import java.sql.Connection;
import java.sql.DriverManager;
import java.sql.PreparedStatement;
import java.sql.ResultSet;
import jakarta.servlet.ServletConfig;
import jakarta.servlet.ServletException;
import jakarta.servlet.http.HttpServlet;
import jakarta.servlet.http.HttpServletRequest;
import jakarta.servlet.http.HttpServletResponse;
//客户 IP 检查 Servlet
@WebServlet(
        urlPatterns = { "/client/ipcheck.do" },
        initParams = {
            @WebInitParam(name = "driver", value = "com.mysql.cj.jdbc.Driver"),
            @WebInitParam(name = "url", value = "jdbc:mysql://localhost:3319/cityoa"),
            @WebInitParam(name = "user", value = "root"),
            @WebInitParam(name = "password", value = "root1234")
})
public class ClientIPCheckAction extends HttpServlet
{
    //定义数据库连接对象
    private Connection cn = null;
     //数据库驱动器
    private String driverName = null;
     //数据库地址 URL
```

```java
private String url = null;
public void init(ServletConfig config) throws ServletException
{
    super.init(config);
    driverName = config.getInitParameter("driverName");
    url = config.getInitParameter("url");
    try{
        Class.forName(driverName);
        cn = DriverManager.getConnection(url);
    } catch(Exception e){
        System.out.println("取得数据库连接错误:" + e.getMessage());
    }
}
//GET 请求
public void doGet(HttpServletRequest request, HttpServletResponse response)
        throws ServletException, IOException
{
    boolean isLocked = false;
    String ip = request.getRemoteAddr();
    String sql = "select * from LimitIP where IP = ?";
    try{
        PreparedStatement ps = cn.prepareStatement(sql);
        ps.setString(1, ip);
        ResultSet rs = ps.executeQuery();
        if(rs.next())
        {
            isLocked = true;            //如果 IP 在数据表中,则表示被封杀
        }
        rs.close();
        ps.close();
        if(isLocked)
        {
            //如果 IP 被封杀,自动跳转到封杀信息页面
            response.sendRedirect("ipLock.jsp");
        }
        else
        {
            //如果 IP 允许访问,则可以跳转到主页面
            response.sendRedirect("main.jsp");
        }
    } catch(Exception e) {
        System.out.println("检查 IP 是否封杀错误:" + e.getMessage());
        response.sendRedirect("errorInfo.jsp");
    }
}
//POST 请求处理
public void doPost(HttpServletRequest request, HttpServletResponse response)
        throws ServletException, IOException
{
    doGet(request,response);
}
//销毁方法
public void destroy()
{
```

```
            super.destroy();
            try{
                cn.close();
            } catch(Exception e){
                System.out.println("关闭数据库错误:" + e.getMessage());
            }
        }
    }
```

3. 错误信息显示页面编程

当客户 IP 在被封杀之列时,此页面将被显示。该页面 JSP 代码如程序 5-7 所示。

程序 5-7 errorInfo.jsp 客户 IP 被封杀信息显示页面。

```
<%@ page language="java" contentType="text/html; charset=UTF-8"
    pageEncoding="UTF-8"%>
<!DOCTYPE html>
<html>
  <head>
    <title>网上商城</title>
  </head>
  <body>
    <h1>错误信息</h1>
    <hr/>
    对不起,您无法访问网上商城.<br/><br/>
    因为您的 IP 已经被封杀!
    <hr/>
  </body>
</html>
```

此错误页面只显示简单的错误信息,关键用于配合 Servlet 进行演示。实际应用项目中,错误信息页面应设计得与应用页面总体布局相符。

4. 系统主页面编程

当 IP 通过检查之后,跳转到系统的主页面。该页面通常用于功能导航,其代码如程序 5-8 所示。

程序 5-8 main.jsp 系统主页面代码。

```
<%@ page language="java" contentType="text/html; charset=UTF-8" pageEncoding="UTF-8"%>
<!DOCTYPE html>
<html>
  <head>
    <title>网上商城</title>
  </head>
  <body>
    <h1>网上商城</h1>
    <hr/>
        欢迎您访问网上商城.<br/>
    <a href="product/main.jsp">产品检索</a>
        <a href="purchase/main.jsp">购物车</a>
    <a href="order/main.jsp">订单管理</a>
    <hr/>
  </body>
</html>
```

目前的主页只是一个简单页面,并没有实质功能,仅用于演示 Servlet 和请求对象的功能,以及简单的功能导航。

5.4.3 案例部署和测试

将开发完毕的 Web 项目部署到 Tomcat 服务器上,如果客户端 IP 地址与数据表的 IP 地址相同,则 IP 封杀检查 Servlet 将自动跳转到 IP 封杀信息页面,如图 5-7 所示。

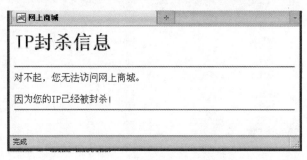

图 5-7　IP 封杀信息页面

修改数据表中的 IP 地址,使之与客户端的 IP 不同,再次请求此 Servlet,则自动跳转到网上商城的主页 main.jsp。

通过此案例,读者可以知道如何通过请求对象取得客户端的信息,并使用这些客户端信息进行特定的业务处理。

5.5　文件上传请求处理案例

任何项目都需要提交上传文件给服务器,如增加员工时上传员工的照片、网上商城增加产品时上传产品图片、新闻网站增加新闻时上传新闻图片等,所有这些都涉及文件的上传处理。有时需要将上传文件写入数据库表,有时则需要将图片保存到服务器端的指定目录中。

本节将详细介绍使用 Servlet 的请求对象如何取得表单中上传的图片文件,以及在取得上传文件后,如何将其写入数据库或保存到服务器的文件系统的指定目录中。

5.5.1　业务描述

在编写员工增加的 JSP 页面时,需要上传员工的照片。表单中包含文件域表单元素,文件域专门用于上传文件。输入员工信息后,单击"提交"按钮,请求员工增加处理的 Servlet,实现增加员工的处理功能。

Servlet 使用请求对象的方法,取得员工增加页面提交的数据,包括上传的图片文件,并将员工数据增加到员工表 oa_employee 中。员工表包含一个保存图片的二进制字段,其类型是 longblob,此类型专门用于保存文件的原始格式,最大能存储 2GB 的文件。员工表 oa_employee 的字段结构如图 5-8 所示。

5.5.2　案例编程

本案例包含一个员工增加的 JSP 页面,以及员工增加处理的 Servlet。其中,员工增加

图 5-8　员工表 oa_employee 的字段结构

JSP 页面负责增加界面的显示，接收用户输入的新员工数据；Servlet 负责取得员工增加 JSP 页面提交的数据，连接数据库，执行增加 SQL 语句，将新员工数据写入员工表 oa_employee，同时将取得的员工照片保存到 d:/temp 目录下。

1. 员工增加 JSP 页面编程

员工增加 JSP 页面主要负责增加表单的显示，使用 HTML 的表单和表单元素即可。为简化案例的编程，该 JSP 页面并没有使用使其美观的框架（如 Bootstrap 等）对其进行美化，而实际项目一定会使用特定的 UI 框架对操作界面进行美观处理。员工增加 JSP 页面的代码如程序 5-9 所示。

程序 5-9　/employee/add.jsp 员工增加 JSP 页面。

```jsp
<%@ page language="java" contentType="text/html; charset=UTF-8" pageEncoding="UTF-8"%>
<!DOCTYPE html>
<html>
<head>
<meta charset="UTF-8">
<title>Insert title here</title>
</head>
<body>
<h1>员工增加</h1>
<form method="post" action="add.do" enctype="multipart/form-data">
账号:<input type="text" name="id" /><br/>
密码:<input type="password" name="password"/><br/>
姓名:<input type="text" name="name"/><br/>
年龄:<input type="text" name="age"/><br/>
照片:<input type="file" name="photo"/><br/>
<input type="submit" value="提交" />
</form>
</body>
</html>
```

需要注意的是，由于该 JSP 页面需要文件上传功能，因此对表单< form >的属性有特殊要求。首先，必须使用 POST 请求，GET 请求无法提交上传文件数据，因此设置 method="post"。其次，由于表单中有文件域元素，请求时需要传输文件，因此必须使用混合表单数据模式，不能使用默认的纯文本模式数据传输，因此要增加属性 enctype="multipart/form-data"，其中 multipart/form-data 表示请求体的数据是文本和二进制混合的数据。如果不指定 enctype 属性，则其默认值是 x-www-form-urlencoded 格式，即 HTML 文本格式，只能传输纯文本数据给服务器。

2. 员工增加处理 Servlet 编程

为处理有文件上传的 Servlet，必须进行特殊的配置，即启用 Servlet 引擎的文件上传功能。在 Servlet 3.0 之前无法直接处理文件上传，只能由开发者自己编程，或者使用第三方文件上传框架（如 Apache Common Upload、JSP Smart Upload 等）取得和处理上传的文件。从 Servlet 3.0 开始，Web 组件内置了文件上传处理机制，增加了取得上传文件的类型 jakarta.servlet.http.Part；请求对象增加了 getPart 方法，用于取得 Part 类型的上传文件。5.2.5 小节已经介绍了 Part 的常用方法，在此不再赘述。

在 Servlet 配置中，除了在类级别上使用常规的@WebServlet 注解类对 Servlet 的请求地址和初始参数进行配置外，还需要使用注解类@MultipartConfig 对 Servlet 类进行配置，该注解类用于启用 Servlet 3.0 内置的文件上传处理机制。如果不使用@MultipartConfig，则 Servlet 不能处理文件上传，只能处理提交的文本数据。员工增加处理的 Servlet 实现代码如程序 5-10 所示。

程序 5-10 EmployeeAddController.java 员工增加处理 Servlet。

```
package com.city.oa.controller;
import jakarta.servlet.ServletConfig;
import jakarta.servlet.ServletException;
import jakarta.servlet.annotation.MultipartConfig;
import jakarta.servlet.annotation.WebInitParam;
import jakarta.servlet.annotation.WebServlet;
import jakarta.servlet.http.HttpServlet;
import jakarta.servlet.http.HttpServletRequest;
import jakarta.servlet.http.HttpServletResponse;
import jakarta.servlet.http.Part;
import java.io.IOException;
import java.io.PrintWriter;
import java.sql.Connection;
import java.sql.DriverManager;
import java.sql.PreparedStatement;
/**
 * 员工增加处理 Servlet
 */
@WebServlet(
        urlPatterns = { "/employee/add.do" },
        initParams = {
            @WebInitParam(name = "driver", value = "com.mysql.cj.jdbc.Driver"),
            @WebInitParam(name = "url", value = "jdbc:mysql://localhost:3319/cityoa"),
            @WebInitParam(name = "user", value = "root"),
            @WebInitParam(name = "password", value = "root1234")
```

```java
})
@MultipartConfig
public class EmployeeAddController extends HttpServlet {
    private static final long serialVersionUID = 1L;
    private Connection cn = null;
    /**
     * 初始化方法,取得配置的初始化参数
     */
    public void init(ServletConfig config) throws ServletException {
        String drvier = config.getInitParameter("driver");
        String url = config.getInitParameter("url");
        String user = config.getInitParameter("user");
        String password = config.getInitParameter("password");
        try {
            Class.forName(drvier);
            cn = DriverManager.getConnection(url,user,password);
        }
        catch(Exception e) {
            e.printStackTrace();
        }
    }
    /**
     * Servlet 销毁方法,关闭数据库连接
     */
    public void destroy() {
        try {
            cn.close();
        }catch(Exception e) {
            e.printStackTrace();
        }
    }
    //处理 GET 请求的方法,取得客户端提交的员工数据,包括上传的员工照片
    //将数据增加到数据库表中,并保存员工照片到 d:/temp 目录
    protected void doGet(HttpServletRequest request, HttpServletResponse response) throws ServletException, IOException {

        //取得员工增加表单提交的数据
        String id = request.getParameter("id");
        String password = request.getParameter("password");
        String name = request.getParameter("name");
        String sage = request.getParameter("age");
        //取得员工照片
        Part photo = request.getPart("photo");
        response.setContentType("text/html");
        response.setCharacterEncoding("UTF-8");
        PrintWriter out = response.getWriter();
        out.println("<h1>员工增加处理 Servlet </h1>");
        String sql = " insert into oa_employee (EMPID, EMPPASSWORD, EMPNAME, AGE, PHOTO, PHOTOCONTENTTYPE) values (?,?,?,?,?,?)";
        try {
            int age = Integer.parseInt(sage); //转换年龄类型为 int
            //将上传的图片保存到 d:/temp 目录下
            if(photo!= null&&photo.getSize()> 0) {
                PreparedStatement ps = cn.prepareStatement(sql);
```

```
                ps.setString(1, id);
                ps.setString(2, password);
                ps.setString(3, name);
                ps.setInt(4, age);
                //取得上传文件的输入流,写入 SQL 语句
                ps.setBinaryStream(5, photo.getInputStream(),photo.getInputStream().available());
                ps.setString(6, photo.getContentType());
                ps.executeUpdate(); //执行 SQL 语句
                ps.close();
                //上传文件保存到指定目录
                photo.write("d:/temp/" + photo.getSubmittedFileName());
            }
        }
        catch(Exception e) {
            out.println("增加员工异常:" + e.getLocalizedMessage());
        }
        out.flush();
        out.close();
    }
    // POST 请求处理,直接调用 GET 方法处理,让 doGet 方法处理请求数据
    protected void doPost(HttpServletRequest request, HttpServletResponse response) throws ServletException, IOException {
        doGet(request, response);
    }
}
```

Servlet 代码在类级别上使用了@MultipartConfig,这是需要特别注意的。之前的 Servlet 都没有此注解类,今后在开发有文件上传功能的 Servlet 时一定要增加此注解类。

在处理文件上传的代码中,使用 Part 的 getInputStream 方法取得上传文件的字节输入流,将其 set 到数据库表的 PHOTO 字段。JDBC 在执行 insert 语句时,自动读取字节流中的数据,写入该字段中。

Servlet 处理代码最后使用"photo.write("d:/temp/"+photo.getSubmittedFileName())"将上传的图片写入指定目录中。上传文件通常保存到数据库或服务器的目录中,具体选择哪种方式要根据项目的实际需求决定。如果项目需要快速读取上传的文件,则推荐保存到目录中,因为从数据库中读取文件速度太慢;如果安全性要求较高,则对上传文件的访问有权限限制,推荐将其保存到数据库。

5.5.3 案例部署和测试

将编写完成的案例项目部署到 Tomcat 服务器,使用浏览器请求增加员工的 JSP 页面,如图 5-9 所示。

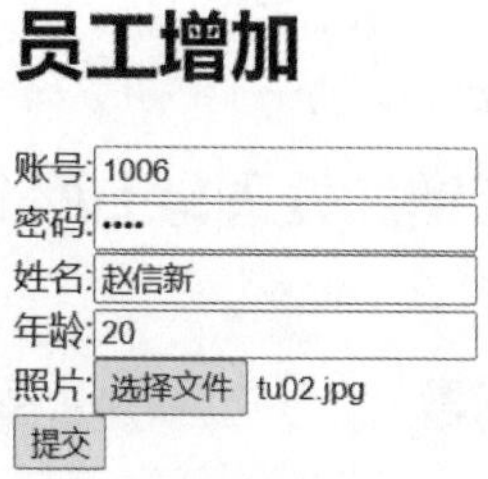

输入新员工对应的数据,尤其是要选择员工的照片文件。单击"提交"按钮,请求到增加处理 Servlet。Servlet 取得请求数据后,完成处理,在数据库员工表 oa_employee 中增加一条新记录。增加的员工记录数据如图 5-10 所示。

如果图片上传成功,则 PHOTO 字段显示"(Binary/Image)",表明文件已经存储到数据库中;如果没有文件上

图 5-9 员工增加页面显示

	EMPID	DEPTNO	EMPPassword	EMPNAME	EMPSEX	AGE	BirthDAY	JOINDATE	SALARY	PHOTO
□	1001	1	1001	王明	男	20	1989-10-01	2013-10-10	3000.00	(NULL)
□	1002	1	1002	刘明	男	21	1988-05-01	2012-10-10	4000.00	(NULL)
□	1003	3	1003	赵明	男	22	1987-10-01	2011-11-10	5000.00	(NULL)
□	1004	4	1004	赵志刚	男	22	2022-10-31	2022-10-31	9899.00	(Binary/Image)
□	1006	(NULL)	1006	赵信新	(NULL)	20	(NULL)	(NULL)	0.00	(Binary/Image)
□	105	(NULL)	105	刘欣欣	男	20	2020-10-09	2023-10-09	5555.00	(Binary/Image)
*	(NULL)	(NULL)	(NULL)	(NULL)	(NULL)	18	(NULL)	(NULL)	0.00	(NULL)

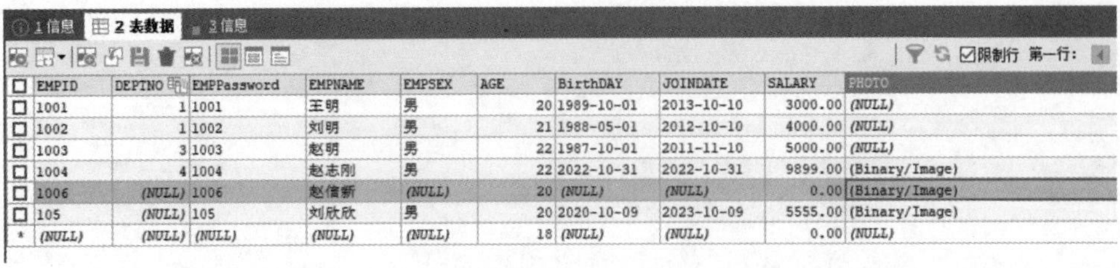

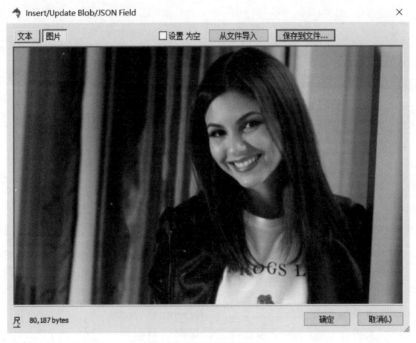

图 5-10　增加的员工记录数据

传,则显示"(NULL)"。单击 PHOTO 的"(Binary/Image)",MySQL 的客户端工具 SQLYog 弹出显示存储的图片对话框,如图 5-11 所示。

图 5-11　表中存储的图片

Servlet 处理完成后,直接在 Servlet 中显示处理信息,如图 5-12 所示。

此 Servlet 在保存上传图片到数据库中的同时,也将文件保存到 D:/temp 目录中。使用 Windows 的资源管理器,可以看到此目录下有上传的文件,如图 5-13 所示。

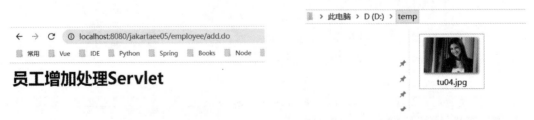

图 5-12　员工增加处理后的显示信息

图 5-13　将上传图片保存到 D:/temp 目录中

通过 Servlet 的编程可见,新版 Servlet 由于内置了文件上传机制,使得处理文件上传的编程非常简单,不再需要引入并使用第三方文件上传框架。

简答题

1. 简述请求对象的生命周期。
2. 描述请求对象的主要方法。

实验题

1. 创建 Web 项目：项目名：erpweb；项目使用规范：Jakarta EE 6.0。
2. 创建增加客户表单页面/customer/add.jsp，显示增加客户表单：

编号：文本框

登录密码：密码框

公司名称：文本框

是否上市：是 否 单选按钮。

购买产品：复选框（至少有 4 个产品名称）

公司人数：文本框

年销售额：文本框

提交按钮

提交后请求 Servelt 进行处理。

3. 编写客户增加处理 Servlet。

（1）包名：com.city.erp.servlet。（2）类名：CustomerAddAction。（3）映射地址为：/customer/add.do。（4）功能：取得表单提交的数据，根据需要进行相应的数据类型转换，在创建的 Customer 表中增加一个新客户。处理成功后显示"处理完毕"和返回超链接，否则显示异常信息。

4. 创建数据库和客户表

使用本机的 MySQL，创建数据库。

数据库名称：cityerp。

用户：cityerp。

密码：cityerp。

表：Customer，其结构如表 5-3 所示。

表 5-3 Customer 表字段结构

字 段 名	类 型	说 明
CompanyID	Varchar(20)	公司 ID
Password	Varchar(20)	密码
CompanyName	Varchar(50)	公司名称
staffnum	Int	公司人数
Income	Decimal(18,2)	年销售额
CompanyType	Char(4)	是否上市
Products	Varchar(200)	购买产品列表,使用空格分开

第6章

HTTP 响应处理编程

本章要点

- HTTP 响应基本知识
- HTTP 响应内容
- 响应状态码
- 响应头
- 响应体
- 文本 HTML 响应体
- 二进制响应体
- HTTP 响应案例编程与应用

Jakarta EE Web 组件除了处理客户端的请求外，另一个重要功能是发送动态 Web 响应给客户端，实现业务需要的数据显示功能。Web 组件不但可以生成动态 HTML 响应（包含功能代码的动态网页），还可以是任意的 MIME 类型，如图片、Office 文档、PDF 文档等，这些功能极大地扩展了 Web 组件的应用范围。

本章首先介绍 HTTP 响应的类型和内容，然后介绍 Jakarta EE 提供的响应对象的主要功能和方法，最后通过几个实际案例说明响应对象的编程和应用。

6.1 HTTP 响应内容

Web 工作在请求/响应模式，客户端使用 HTTP 请求 Web 组件，如 JSP 或 Servlet，Web 组件接收请求并进行处理；处理结束后 Web 组件向客户端发送 HTTP 响应，客户端浏览器接收 Web 组件响应，完成一个请求/响应处理周期。每次响应过程中，Web 服务器通过 TCP/IP 网络和 HTTP 将响应内容以文本或二进制类型发送到客户端浏览器，浏览器接收到响应内容后，根据响应内容的类型启动相应的程序进行处理。例如，如果是 Word 文档类型，则启动 MS Office Word 打开响应文档；如果是 PDF 文档，则启动操作系统默认的 PDF 阅读器。另外，浏览器也在不断发展完善，不断增加直接打开文档的类型，即在浏览器内打开的文件类型越来越多，不再需要开启额外的软件应用。

Web 服务器发送的 HTTP 响应内容包含如下 3 部分。

(1) 响应状态(Response Status)：响应状态表示 Web 服务器响应是否成功和处理过程所处的状态。客户端浏览器首先接收到响应状态信息(包括状态码和状态消息)，根据响应的状态码决定是否进一步处理其余响应内容。

(2) 响应头(Response Header)：响应头用于向客户端发送响应体的基本信息，如响应体的字符编码集、响应体类型、响应体字节大小等信息。同时，响应头中也包含服务器要保留在客户的 Cookie 信息，实现简单的会话跟踪功能。会话跟踪功能将在第 7 章进行详细讲解。

(3) 响应体(Response Body)：响应体是服务器发送给客户端的响应内容，通常 HTML 格式的文档比较多，浏览器接收并解析成 HTML 网页，同时显示此 HTML 代码。除了 HTML 文档类型外，响应体类型也可以是其他 MIME 类型，如图片、Word、Excel、PDF、音频、视频等。

6.1.1 响应状态

HTTP 响应最先发送给客户端的是响应状态行(Response Status)，浏览器接收到服务器发送的响应状态行后，根据响应状态行的内容决定后续的响应内容处理。

响应状态为 Web 服务器处理客户 HTTP 请求后的响应处理进度的阶段信息，每个状态行由状态码(Status Code)和状态消息(Status Message)组成，其中状态码为 int 类型的整数，表示响应处理所处的阶段；而状态消息是 String 类型，表示状态说明信息。常用的 HTTP 状态码和状态消息如表 6-1 所示。

表 6-1 常用的 HTTP 状态码和状态消息

状态码	状态消息	含义
1xx	表示服务器响应没有结束，正在处理的状态	
100	Continue	服务器已经接收请求，正在处理
101	Switching Protocols	服务器接收申请，并切换请求协议
2xx	表示服务器处理请求成功	
200	OK	服务器接收请求并发送响应完毕
201	Created	服务器接收并响应完成，同时创建新的资源
202	Accepted	告诉客户端请求正在被执行，但还没有处理完
3xx	用于已经移动的文件，并且常被包含在定位头信息中指定新的地址信息	
300	Multiple Choices	表示被请求的文档可以在多个地方找到，并将在返回的文档中列出。如果服务器有首选设置，首选项将被列于定位响应头信息中
301	Moved Permanently	所请求的文档在其他位置；文档新的 URL 会在定位响应头信息中给出。浏览器会自动连接到新的 URL
302	Found	与 301 类似，只是定位头信息中所给的 URL 应被理解为临时交换地址而不是永久地址
307	Temporary Redirect	浏览器处理 307 状态的规则与 302 相同
4xx	指示客户端的错误	
400	Bad Request	服务器无法支持的请求方式

续表

状态码	状态消息	含 义
401	Unauthorized	请求未被授权
402	Payment Required	预留代码,未来版本将使用
403	Forbidden	除非拥有授权,否则服务器拒绝提供所请求的资源。该状态经常会由于服务器上的损坏文件或目录许可而引起
404	Not Found	请求地址的文档 URL 不存在
405	Method Not Allowed	请求的方法不支持
5xx		指示服务器出现异常
500	Internal Server Error	该状态经常由服务器程序引起,也可能由无法正常运行的或返回头信息格式不正确的 Servlet 引起
501	Not Implemented	告知客户端服务器不支持请求中要求的功能
502	Bad Gateway	充当代理或网关的服务器。该状态指出接收服务器接收到远端服务器的错误响应
503	Service Unavailable	服务器由于在维护或已经超载而无法响应

从表 6-1 可以得到响应处理的不同阶段状态信息,其中最重要的状态码是 200,表示服务器处理请求没有任何异常,发送响应也正常,服务器就会自动发送状态码 200 给客户端。

假如浏览器请求项目的主页 index.jsp,如果没有任何异常,则显示该页面的 HTML 代码,如图 6-1 所示。

图 6-1 浏览器请求主页 index.jsp 时的无异常显示

默认情况下,状态码 200 是不显示的,表示处理正常。要想看到服务器发送的状态码信息,需要使用浏览器的开发者工具,如 Chrome 浏览器。打开 Chrome 浏览器的开发工具,查看响应状态码,结果如图 6-2 所示。

由图 6-2 可见,状态码为 200;状态信息通常是 OK,默认不显示。

如果服务器发送的状态码不是 200,则浏览器会显示此状态码及状态信息。假如请求一个不存在的文档,如 index01.jsp,服务器并非没有发送任何内容,而是发送 404 状态码给浏览器,表示客户端请求的文档不存在,如图 6-3 所示。

使用浏览器访问 Web 应用时,404 状态码和 Not found 信息是经常遇到的,通过 Chrome 的开发者工具,也可以看到返回的状态码 404,如图 6-4 所示。

通过响应对象可以直接设置响应状态码和响应状态消息,进而人为干预 HTTP 响应的阶段,替换服务器自动发送的状态码和状态信息,实现对响应阶段的进度控制。具体如何设置状态码和状态信息,将在 6.3 节中进行详细介绍。

图 6-2　Chrome 浏览器开发者工具显示服务器发送的状态码

图 6-3　浏览器请求不存在的文档地址时服务器发送 404 状态码

6.1.2　响应头

与客户端浏览器在发送 HTTP 请求时包含请求头来指定请求体的类型、字符编码等信息一样，Web 服务器在向客户端发送 HTTP 响应时也包含响应头，用来指示客户端应该如何处理响应体，主要告诉浏览器响应的类型、字符编码、响应体大小（字节数）等信息。浏览器在接收响应时可以根据这些响应头信息决定使用何种软件和格式来处理响应内容。

图 6-4　Chrome 浏览器开发者工具查看状态码 404

实际编程中常使用的响应头如下。

（1）Accept：指示 HTTP 响应可以接收的文档类型，即 MIME 类型。

（2）Accept-Charset：告知客户端可以接收的字符编码集，常见值为 ISO-8859-1、UTF-8、GBK 等。

（3）Accept-Encoding：服务器响应文本的字符编码集。

（4）Content-Type：响应体的 MIME 类型。浏览器根据此响应头的值确定如何处理接收到的响应体。

（5）Content-Language：响应体的语言类型，如中文、英文等。

（6）Content-Length：响应体的长度(字节数)。浏览器只接收此长度的数据，多余数据将被忽略。实际编程中通常不设置此响应头的值，而是默认接收所有请求体数据。

（7）Expires：通知客户端过期时间，防止客户端浏览器使用本地缓存副本。

（8）Cookie：包含保存到客户端的 Cookie 的集合。

（9）Redirect：提供指定重定向。可以不向浏览器输出响应内容，而是直接重新请求到另一个 URL 地址，实现重定向响应，即是一种自动页面跳转方式。在地址栏输入 URL 或通过超链接实现的重定向称为手动重定向。自动重定向编程在本章 6.3.5 小节中详细介绍。

通过 Jakarta EE 的响应对象可以设置任何响应头，包括 W3C 的标准响应头(所有浏览器都公认的并知道其含义)，以及自定义响应头(可以被项目组成员接受)。

6.1.3　响应体

响应体是 Web 服务器发送给客户端浏览器的实际内容，可以是 HTML 网页，也可以是其他类型的文档(如 Word、Excel、PDF、音频、视频等)。浏览器在处理响应体之前会接收响应头，根据响应头的信息确定如何处理响应体。例如，响应头 Content-Type 为 PDF，则浏览器会启动 PDF Reader 来处理此响应体,显示 PDF 文档,浏览器本身并不直接处理该 PDF 类型响应体;当响应类型是浏览器自身能处理的情况下会直接处理,如响应类型是 JPEG 图片,浏览器则会直接显示此图片,不需要启动第三方程序。

响应体的类型由 W3C 组织的 MIME 规范确定,所有的 MIME 类型可参阅 W3C 官方网站发布的所有类型列表。表 6-2 为常用的 HTTP 响应体的 MIME 类型。

表 6-2 常用的 HTTP 响应体的 MIME 类型

扩 展 名	类型/子类型	扩 展 名	类型/子类型
*	application/octet-stream	mp2	video/mpeg
avi	video/x-msvideo	mp3	audio/mpeg
bmp	image/bmp	mpeg	video/mpeg
css	text/css	mpg	video/mpeg
doc	application/msword	pdf	application/pdf
dot	application/msword	pfx	application/x-pkcs12
gif	image/gif	pgm	image/x-portable-graymap
htm	text/html	pps	application/vnd.ms-powerpoint
html	text/html	ppt	application/vnd.ms-powerpoint
jpe	image/jpeg	txt	text/plain
jpeg	image/jpeg	xls	application/vnd.ms-excel
jpg	image/jpeg	xwd	image/x-xwindowdump
movie	video/x-sgi-movie	zip	application/zip

表 6-2 只展示了编程中常用的响应类型,要查阅全部的响应类型,可以到如下网址查看: https://developer.mozilla.org/zh-CN/docs/Web/HTTP/Basics_of_HTTP/MIME_types。

HTTP 的所有响应体按大类区分为如下类型。

(1) 文本类型:响应体以字符方式发送到客户端浏览器,如 text/html、text/plain 等。文本类型响应体要求在响应头中包含 MIME 类型和字符编码集,使用字符输出流向客户端发送响应体数据。文本类型响应体使用特定的字符编码表达,目前最常用的字符编码集是 UTF-8。

(2) 二进制类型:响应体以二进制原始数据格式发送到浏览器,如图片类型响应体 image/jpeg、image/gif 等。二进制类型响应体需要在响应头中包含 MIME 类型,不设置字符编码集,使用字节输出流向客户端发送响应体数据。

在 Jakarta EE Web 应用编程中发送状态码、状态信息、响应头和响应体都是通过响应对象的编程来完成的。

6.2 Java EE Web 响应对象

以上讲述的 HTTP 响应内容,包括状态码、响应头和响应体,都由 Web 服务器端发送到客户端浏览器,而发送响应的任务由 Jakarta EE Web 组件规范中的响应对象来完成。本节将讲述如何通过响应对象的功能和方法完成响应内容的设置和发送任务。

6.2.1 响应对象类型

Jakarta EE Web 中响应对象的通用类型是 jakarta.servlet.ServletResponse,可以进行

任何类型的响应处理工作。实际进行 Web 项目开发时,最主要的工作就是处理 HTTP 的请求和响应,本书重点也为 HTTP 的请求和响应。针对 HTTP 响应处理,Jakarta EE 规范提供了专门的接口类型:jakarta.servlet.http.HttpServletResponse。该接口的实现类由符合 Jakarta EE 规范的服务器提供,Web 应用开发者不需要了解该接口的具体实现类,只需熟练掌握响应对象接口提供的方法即可。

6.2.2 响应对象的取得和生命周期

响应对象由 Web 容器创建,并传递给 Web 组件(如 JSP、Servlet、Filter 和 Listener 等),最后由 Web 容器销毁。

Web 容器在处理 HTTP 请求时,每次接收到客户端对 Web 组件的请求,都会创建新的 Servlet 线程(JSP 运行时也将转变为 Servlet),同时单独创建请求对象和响应对象,并把它们传入 Servlet 的处理请求方法中,供 Servlet 使用。Web 组件自动获取响应对象,不需要额外的编程,可以直接使用响应对象。

响应对象与请求对象一样,每个生命周期都经历了 3 个阶段。

(1) 创建阶段。Web 容器在接收到 HTTP 请求时自动创建响应对象,并将其以参数方式传入 Servlet 的 doGet 和 doPost 方法。如下 doGet 处理请求的方法被传入响应对象:

```
public void doGet（HttpServletRequest request, HttpServletResponse response）throws ServletException, IOException{
}
```

(2) 使用阶段。在 Servlet 进行 HTTP 请求和响应处理阶段,Servlet 或 JSP 会使用响应对象向客户端浏览器发送响应内容,如状态码、响应头、响应体数据等。例如,在 doGet 或 doPost 方法内设置响应体类型为 text/html 页面的示例代码如下:

```
response.setContentType("text/html");
```

(3) 销毁阶段。在 Web 容器完成 HTTP 响应,客户端接收响应内容完毕后,Web 容器自动销毁响应对象,清理响应对象占用的内存。

6.3 响应对象功能和方法

HTTP 响应处理编程,主要是对响应内容进行编程和发送。响应内容包括状态码、状态消息、响应头和响应体。Jakarta EE Web 规范在响应对象接口 HttpServletResponse 中定义了大量的方法来管理和设置响应内容,这些方法主要按状态码、响应头和响应体的设置和发送进行分类。

6.3.1 响应状态码设定方法

一般情况下,Web 开发人员是不需要编程来改变响应的状态码,Web 服务器会根据请求处理的情况自动设置状态码,并发送到客户端浏览器。例如,当客户请求不存在的 URL 地址时,Web 服务器会自动设置状态码为 404,状态信息为"not found",这是不需要编程的。

为在编程中人为控制响应状态码信息,Jakarta EE Web 规范提供了如下方法。

（1）public void setStatus(int code)：直接发送指定的响应状态码。因为只设定状态码，没有设定状态消息。浏览器会根据接收的状态码，显示其内置的默认状态消息；如果无对应的默认状态消息，则显示为空。

（2）public void setStatus(int code, String message)：设置指定的状态码，同时设置自定义的状态消息，可以修改默认的状态消息文本。该方法在 Servlet 2.5 以后被舍弃，一般不要使用，防止未来版本不支持。目前最新版的 Jakarta EE 的响应对象已经没有此方法。

（3）public void sendError(int code) throws IOException：向客户端发送指定的错误信息码，可以是任意定义的整数。示例代码如下：

```
response.setCharacterEncoding("GBK");
response.sendError(580);
```

上述代码只发送错误状态码，但无错误消息文本显示，状态消息显示为空，如图 6-5 所示。

由于 580 状态码不是 W3C 标准的状态码，因此浏览器无法识别，Chrome 浏览器显示该网页无法正常运转，显示 HTTP ERROR 580。如果使用微软公司的 Edge 浏览器请求上述示例代码，则显示图 6-6 所示的结果。

图 6-5　发送错误状态码显示页面

图 6-6　微软公司的 Edge 浏览器显示　　　状态码 580 的页面

由此可见，不同浏览器解析非标准的状态码是不同的，因此尽可能不要发送非标准的状态码给浏览器。

（4）public void sendError(int sc, String msg) throws IOException：向客户端浏览器发送错误状态码和自定义状态信息。示例代码如下：

```
protected void doGet(HttpServletRequest request, HttpServletResponse response) throws ServletException, IOException {
    response.sendError(404,"您请求的地址不存在");
    response.setContentType("text/html");
    response.setCharacterEncoding("UTF-8");
    PrintWriter out = response.getWriter();
    out.println("<h1>响应对象发送状态码</h1>");
```

```
        out.flush();
        out.close();
}
```

将以上代码写入 Servlet 的 doGet 方法，访问此 Servlet，将显示图 6-7 所示的自定义错误信息。

图 6-7　使用 sendError 的状态信息显示页面

通过上述代码可见，即使在"response.sendError(404,"您请求的地址不存在");"后面还有发送响应的代码，但是浏览器接收到状态码后仍直接显示 404 的状态码，以及默认的消息文本"未找到"，在具体的消息中才显示自己设定的消息信息"您请求的地址不存在"；后面的 HTML 响应代码没有接收到，表明浏览器在接收到错误的状态码后，不再继续接收和处理后面的响应体。

如果把发送状态码的代码由 sendError 改为 setStatus，则示例代码如下：

```
response.setStatus(404);
response.setContentType("text/html");
response.setCharacterEncoding("UTF-8");
PrintWriter out = response.getWriter();
out.println("<h1>响应对象发送状态码</h1>");
out.flush();
out.close();
```

此时，浏览器会忽略此状态码，继续接收和处理 HTML 响应的发送代码。上述代码的运行结果如图 6-8 所示。

图 6-8　使用 setStatus 设置状态码的运行结果

因此，实际编程中，如果确实需要发送状态码给浏览器，推荐使用响应对象的 sendError 方法，不要使用 setStatus 方法。

6.3.2　设置响应头功能和方法

当客户端接收到响应状态为 200 时，浏览器会继续接收响应头信息，并根据响应头信息确定响应体的类型和大小。响应对象接口提供了如下设置响应头的通用方法。

（1）public void setHeader(String name，String value)：将指定名称和值的响应头发送到客户端。如下代码将设置响应类型为 HTML 网页：

```
response.setHeader("Content-Type","text/html");
```

（2）public void setIntHeader(String name，int value)：设置整数类型的响应头的名和值。例如，设置响应体长度的代码如下：

```
sesponse.setIntHeader("Content-Length",20);
```

访问含有此代码的 Servlet，将显示图 6-9 所示的响应页面，可以看到由于设定了响应内容的长度为 20，浏览器只接收了 20 个字符的响应体，因此只显示了接收的前 20 个字符。

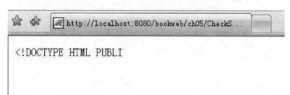

图 6-9　设定了指定长度的响应头的响应页面

如果响应体长度超过设定的长度，浏览器将只响应设定长度的内容，其余内容将被忽略。实际项目开发中是不需要设定该响应头的，Web 服务器会自动计算响应体长度，并将所有响应体数据发送到客户端浏览器。

（3）public void setDateHeader(String name，long date)：设定日期类型的响应头。其中，参数 long 为 GMT 格式的日期，表示从 1970 年 1 月 1 日 0 时 0 分 0 秒开始计算到指定时间间隔的毫秒数。此方法的示例代码如下：

```
response.setDateHeader("Modify-Date",909920);
```

实际编程中直接使用毫秒数非常不方便，通常做法是先取得日期类型的对象，再调用日期对象的 getTimes()方法取得毫秒数，再设置此日期类型的响应头。如下示例代码展示了使用此种方法设置日期类型的响应头：

```
Date now = new Date();
response.setDateHeader("Modify-Date",now.getTimes());
```

使用上面介绍的三种通用的设置响应头的方法可以设置任何响应头，包括 W3C 指定的标准响应头，也可以设置用户自定义的响应头。如下示例代码展示了设置自定义响应头，所有的响应头都会自动发送给客户端。

```
response.setHeader("username","admin001");
response.setIntHeader("userage",20);
```

如下示例代码设置多个响应头，并发送 HTML 页面响应体到浏览器。

```
//发送响应头的通用方法
response.setHeader("Content-Type","text/html");
response.setIntHeader("Content-Length", 10);
```

```
response.setHeader("username", "admin001");
response.setIntHeader("userage", 20);
//发送响应头的便捷方法
response.setContentType("text/html");
response.setCharacterEncoding("UTF-8");
//发送响应体
PrintWriter out = response.getWriter();
out.println("<h1>响应对象发送状态码</h1>");
out.flush();
out.close();
```

将以上代码输入 Servlet 的 doGet 方法，页面显示如图 6-10 所示。

图 6-10　设置响应头的页面显示

从图 6-10 中可见，本来应该显示"响应对象发送状态码"，但是只显示了"响应"二字。这是因为设置了响应头 Content-Length 为 10，浏览器只显示 10 字节的响应体数据，即<h1>响应无法全部显示所有响应体。

要想看到所有响应头数据，需要使用浏览器的开发者工具。此示例代码发送的响应头查看界面如图 6-11 所示。

图 6-11　浏览器开发者工具的响应头的查看界面

从图 6-11 中可看到所有响应头，也包括自定义的响应头 username 和 userage。响应头是不在浏览器中直接显示的，浏览器直接显示的是响应体。

6.3.3　设置响应头便捷方法

编程时可以使用 6.3.2 小节介绍的设置响应头的通用方法来设定所有的响应头信息。Jakarta EE API 还定义了响应对象设置响应头的便捷方法，这些方法可以直接设定指定的响应头，使项目代码简洁易懂，同时加快代码的编程速度。

（1）public void setContentType(String type)：直接设置响应体类型 MIME 类型。示例代码如下：

```
response.setContentType("text/html");
```

其与通用设置响应头 response.setHeader("Content-Type","text/html")等价。

（2）public void setContentLength(int len)：设置响应体长度，以字节为单位。示例代码如下：

```
response.setContentLength(4505);
```

其与设置响应头的通用方法 response.setIntHeader("Content-Length",4505)等价。

（3）public void setCharacterEncoding(String charset)：设置响应字符编码集，包括响应状态、响应头和响应体的字符编码。设置字符编码为汉字字符编码 GBK 的实例代码如下：

```
response.setCharacterEncoding("GBK");
```

（4）public void setBufferSize(int size)：设置响应体的缓存字节数。Servlet 在发送响应时，一般按照发送状态码、响应头和响应体的顺序进行，设置大容量的响应体缓存，可提高服务器的响应速度，减轻服务器的处理负载。设置响应体缓存为 4KB 的示例代码如下：

```
response.setBufferSize(4096);
```

6.3.4　响应体发送功能和方法

响应体就是浏览器实际显示的具体内容，可以是 HTML 网页，也可以是其他文件格式。响应体的类型由响应头 Content-Type 决定。响应体主要分为两大类，即文本类型和二进制类型。文本类型响应体使用字符输出流 PrintWriter 的对象实现，二进制类型响应体由字节输出流 OutputStream 对象完成。

Jakarta EE Web 的响应对象分别提供了取得字符输出流和二进制输出流的方法，具体如下：

```
//取得字符输出流
public PrintWriter getWriter();
//取得字节输出流
public ServletOutputStream getOutputStream();
```

其中，ServletOutputStream 是 OutputStream 的子类。使用以上两个流对象，可实现发送文本和二进制响应体到客户端浏览器，下面分别简述发送不同类型的响应体编程。

1. 发送文本类型响应体编程

Web 服务器组件给客户端发送文本响应的步骤如下所述。

（1）设置响应类型 ContentType：Web 组件发送 HTTP 响应给客户端时，必须设置其响应类型，如 HTML、PDF、XML 等。设置响应类型为文本 HTML 页面的示例代码如下：

```
response.setContentType("text/html");
```

除了发送 HTML 文本响应，也可以设置为其他类型的文本 MIME 类型。

(2) 设置响应字符编码：如果响应类型是纯文本内容，还必须设置其字符编码集，客户端才能根据此编码解析出对应语言的文本，推荐设置为 UTF-8。设置字符编码集为 UTF-8 的实例代码如下：

```
response.setCharacterEncoding("UTF-8");
```

(3) 取得字符输出流对象：Jakarta EE Web 组件使用字符输出流 PrintWriter 类型的对象向客户端发送文本响应。响应对象提供了取得 PrintWriter 对象的方法，其示例代码如下：

```
PrintWriter out = response.getWriter();
```

(4) 向客户端发送文本响应数据：使用 PrintWriter 的 print 或 println 方法将文本数据发送到客户端。这两个方法的优势是可以接收任何类型的数据，而普通文本流 Writer 的 write 方法只能发送 String 类型的数据。发送文本数据的示例代码如下：

```
int age = 10;
Date now = new Date();
out.println("<html><body>");
out.println("<h1>员工信息</h1>");
out.println(age);
out.println(now);
out.println("</body></html>");
```

(5) 清空流中缓存的字符：文本输出流 PrintWriter 有缓存功能，可以提供发送数据的效率，在完成写入数据后，需要清空流中的缓存文本数据，将流中所有数据发送给客户端。清空缓存的实例代码如下：

```
out.flush();
```

(6) 关闭流：使用 PrintWriter 流对象发送响应数据完成后，需要关闭此对象，以释放其所占的内存资源。关闭文本输出流对象的示例代码如下：

```
out.close();
```

2. 二进制类型响应编程

Web 组件(如 Serlvet、JSP)要发送二进制类型的响应内容(如图片、音频、视频等)，需要使用字节输出流 OutputStream 对象，并需要设置二进制类型，其发送编程按如下步骤完成。

(1) 设置响应类型：使用响应对象设置响应头的方法设置二进制响应体的类型。可以使用便捷方法，也可以使用通用设置响应头方法。设置响应类型为 JPEG 图片的示例代码如下：

```
response.setContentType("image/jpeg");
```

(2) 取得字节输出流对象：服务 Web 组件需要使用字节输出流发送二进制响应内容给客户端。响应对象提供了方法 getOutputStream，返回 ServletOutputStream 类型的字节输出流对象。ServletOutputStream 继承了通用的字节输出流 OutputStream，除了基本的写入字节类型数据的 write 方法，还增加了 Java 普通类型(如 String、int、double、boolean、char、char[]等)的写入方法 print 和 println，极大地简化了发送不同类型数据的编程。取得字节输出流对象的示例代码如下：

```
ServletOutputStream out = response.getOutputStream();
```

（3）向流对象中发送字节数据：取得字节输出流对象后，使用该流对象的方法发送二进制数据给客户端。发送字节数据的示例代码如下：

```
out.write(200);
```

（4）清空流中缓存的字节：通过响应对象取得的 ServletOutputStream 流对象也有缓存功能，能提高发送效率。因此，要发送全部数据，必须清空流中的缓存数据，如下示例代码完成清空流中的缓存数据：

```
out.flush();
```

（5）关闭流：发送完响应数据后，一定要关闭输出流对象，以释放其所占内存资源，这也是 Java 编程的好习惯。关闭字节输出流对象的示例代码如下：

```
out.close();
```

通过以上编程步骤可以看到，发送二进制响应体编程不需要设置字符编码，其他步骤与发送文本响应体编程基本相同。

6.3.5　发送重定向功能和方法

响应对象可以向客户端发送重定向响应，告知客户端浏览器重新请求一个新的地址 URL。客户端收到重定向响应后，会自动请求服务器发送的地址，实现自动的页面跳转，这一点在 Servlet 作为控制器编程时经常使用。

响应对象的如下方法用于发送重定向响应：

```
public void sendRedirect(String URL)
```

Servlet 中实现重定向到 /employee/main.jsp 的代码如下：

```
response.sendRedirect("../employee/main.jsp");
```

响应对象重定向方法的参数 URL 可以是决定路径，也可以是相对路径。上述代码展示的是相对路径的重定向，下列示例代码展示了决定路径的重定向：

```
response.sendRedirect("http://www.baidu.com");
```

6.4　HTTP 文本类型响应案例

6.4.1　案例功能

本案例使用 MySQL 数据库，访问本地数据库 cityoa 的员工表 oa_employee，显示所有员工记录列表，并生成 Excel 格式的表格。员工表 oa_employee 如图 6-12 所示。

6.4.2　案例设计

本案例直接使用 Servlet 连接数据库，执行 SQL 查询，将查询结果通过响应对象发送到浏览器。此模式只是测试 Servlet 的编程，实际项目开发通常使用 MVC 模式，使用

EMPID	DEPTNO	EMPPassword	EMPNAME	EMPSEX	AGE	BirthDAY	JOINDATE	SALARY	PHOTO
1001	1	1001	王明	男	20	1989-10-01	2013-10-10	3000.00	(NULL)
1002	1	1002	刘明	男	21	1988-05-01	2012-10-10	4000.00	(NULL)
1003	3	1003	赵明	男	22	1987-10-01	2011-11-10	5000.00	(NULL)
1004	4	1004	赵志刚	男	22	2022-10-31	2022-10-31	9899.00	(Binary/Image)
2222	(NULL)	2222	刘明星	(NULL)	20	(NULL)	(NULL)	0.00	(Binary/Image)
* (NULL)	(NULL)	(NULL)	(NULL)	(NULL)	18	(NULL)	(NULL)	0.00	(NULL)

图 6-12　员工表 oa_employee

JavaBean 实现业务层，Servlet 作为控制器，JSP+JSTL 作为表示层显示数据。

设计一个 Servlet，在 init 中取得数据库连接，在销毁方法中关闭数据库连接，在 GET 请求处理方法中执行 SELECT 查询，将结果集写入 Eexcel 类型的文档中。访问此 Servlet，下载生成的 Excel 文档。

本案例设计参数如下：

包名：com.city.oa.controller。

类名：SendTextBodyController。

映射地址：/response/sendtextbody.do。

6.4.3　案例编程

在 STS 中使用 Servlet 向导创建此案例的 Servlet，选择 init、destroy、doGet 和 doPost 方法。其中，在 init 方法中取得配置的初始化参数，并取得数据库连接 Connection 的对象；在 doGet 方法中执行数据库查询语句，取得所有员工的列表，并使用 Java 代码生成 MS Excel 类型响应。

通过设置响应类型为 application/vnd.ms-excels，告知浏览器生成的是 Excel 电子表格文件。同时，设置响应头 Content-Disposition 的值为 attachment；filename＝EmployeeList.xls，通知浏览器直接下载此 Servlet 生成的响应内容，并以 EmployeeList.xls 作为文件名。此 Servlet 代码如程序 6-1 所示。

程序 6-1　EmployeeListExcel.java 生成员工列表的 Excel 的 Servlet 代码。

```
package com.city.oa.servlet;
import jakarta.servlet.ServletConfig;
import jakarta.servlet.ServletException;
import jakarta.servlet.annotation.WebInitParam;
import jakarta.servlet.annotation.WebServlet;
import jakarta.servlet.http.HttpServlet;
import jakarta.servlet.http.HttpServletRequest;
import jakarta.servlet.http.HttpServletResponse;
import java.io.IOException;
import java.io.PrintWriter;
import java.sql.Connection;
import java.sql.DriverManager;
import java.sql.PreparedStatement;
import java.sql.ResultSet;
/**
 * 文本响应体案例编程
 */
@WebServlet(
        urlPatterns = { "/response/sendtextbody.do" },
        initParams = {
```

```java
        @WebInitParam(name = "driver", value = "com.mysql.cj.jdbc.Driver"),
        @WebInitParam(name = "url", value = "jdbc:mysql://localhost:3319/cityoa"),
        @WebInitParam(name = "user", value = "root"),
        @WebInitParam(name = "password", value = "root1234")
})
public class SendTextBodyServlet extends HttpServlet {
    private static final long serialVersionUID = 1L;
    private Connection cn = null;
    /**
     * 初始化方法,取得配置的初始化参数
     */
    public void init(ServletConfig config) throws ServletException {
        String drvier = config.getInitParameter("driver");
        String url = config.getInitParameter("url");
        String user = config.getInitParameter("user");
        String password = config.getInitParameter("password");

        try {
            Class.forName(drvier);
            cn = DriverManager.getConnection(url,user,password);
        }
        catch(Exception e) {
            e.printStackTrace();
        }
    }
    /**
     * Servlet 销毁方法,关闭数据库连接
     */
    public void destroy() {
        try {
            cn.close();
        }catch(Exception e) {
            e.printStackTrace();
        }
    }
    // GET 请求处理
     protected void doGet(HttpServletRequest request, HttpServletResponse response) throws ServletException, IOException {
        response.setContentType("application/vnd.ms-excels");
        response.setCharacterEncoding("UTF-8");
        response.setHeader("Content-Disposition","attachment;filename = EmployeeList.xls");
        PrintWriter out = response.getWriter();
        out.println("<h1>员工列表显示</h1>");
        out.println("<table width = '100%' border = '1'>");
        out.println("<tr>");
        out.println("<th>账号</th><th>姓名</th><th>性别</th><th>年龄</th><th>工资</th>");
        out.println("</tr>");
        try {
            String sql = "select * from oa_employee";
            PreparedStatement ps = cn.prepareStatement(sql);
            ResultSet rs = ps.executeQuery();
            while(rs.next()) {
                out.println("<tr>");
                out.println("<td>" + rs.getString("EMPID") + "</td>");
```

```
                out.println("<td>" + rs.getString("EMPNAME") + "</td>");
                out.println("<td>" + rs.getString("EMPSEX") + "</td>");
                out.println("<td>" + rs.getString("AGE") + "</td>");
                out.println("<td>" + rs.getString("SALARY") + "</td>");
                out.println("</tr>");
            }
        }
        catch(Exception e) {
            out.println("异常:" + e.getLocalizedMessage());
            }
        out.println("</table>");
        out.flush();
        out.close();
    }
    // POST 请求处理
    protected void doPost (HttpServletRequest request, HttpServletResponse response) throws
    ServletException, IOException {
            doGet(request, response);
        }
    }
```

Servlet 直接使用注解类@WebService 进行配置，而没有使用 XML 配置方式。由于响应类型没有设置为常用的 HTML 页面，而是设置为 Excel 文件类型，因此设置响应头 Content-Type 为 application/vnd. ms-excels，而不是 text/html。

6.4.4 案例测试

将项目部署到 Tomcat10.1.17 并启动，即可访问 Servlet 进行测试。在浏览器地址栏中输入 Servlet 的 URL 映射地址，由于 Servlet 响应为 Excel 格式，因此会弹出 Excel 文件下载窗口，提示打开或保存到指定本地目录，文件名为 EmployeeList. xls。双击下载的 Excel 文件，即可启动本机安装的 Excel 应用程序(如 WPS、MS Excel)打开此文件，显示如图 6-13 所示的内容。

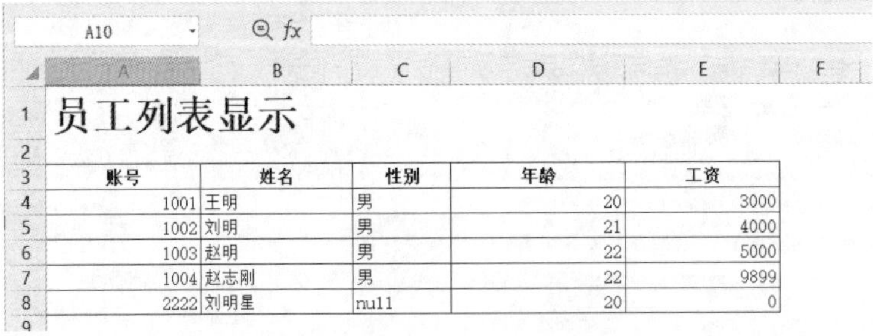

员工列表显示

账号	姓名	性别	年龄	工资
1001	王明	男	20	3000
1002	刘明	男	21	4000
1003	赵明	男	22	5000
1004	赵志刚	男	22	9899
2222	刘明星	null	20	0

图 6-13 Excel 响应输出文件

通过设置响应对象的响应类型可以生成更多的文件类型，如 WORD、PDF 等，在实际项目开发中经常使用此方式生成业务报表。

6.5 HTTP 二进制类型响应案例

Jakarta Web 组件不但能发送文本类型响应，也可以发送二进制类型响应，如生成图片、视频、声音等。本案例将使用响应对象向浏览器发送二进制数据，在实际应用中经常会从数据库中读取图片进行显示或选择其他类型文件进行下载。响应对象提供了相应的发送二进制响应的方法以供编程使用。

6.5.1 案例功能

6.4 节的员工表 oa_employee 中不但保存了每个员工的账号、密码、姓名、性别、年龄和工资，还保存了员工照片和照片文件类型信息。本案例在员工检索 JSP 页面中输入员工账号，提交后请求到显示员工照片的 Servlet。Servlet 取得输入的员工账号，检索员工表，取得该账号的员工，并显示该员工的照片。

6.5.2 案例设计

本案例使用两个 Java EE Web 组件，具体如下。

1. JSP 页面设计

文件目录：\employee。
文件名称：search.jsp。
页面内容：输入表单中只有一个账号文本框。

2. Servlet 设计

功能：取得 JSP 提交的账号数据，读取指定员工记录中的照片字段，并显示员工照片。
包：com.city.oa.controller。
类：EmployeePhotoShowing。
方法：init、destory、doGet、doPost。
使用注解类@WebServlet 配置，不使用 XML 配置方式。

6.5.3 案例编程

本案例需要一个输入检索员工账号的 JSP 文件，以及检索员工并显示员工照片的 Servlet。

1. 输入检索员工账号的 JSP 页面

此 JSP 页面显示输入员工账号的表单，提示输入员工的账号，单击"提交"将请求检索处理的 Servlet。该 JSP 页面代码如程序 6-2 所示。

程序 6-2 /employee/search.jsp 员工检索 JSP 页面。

```
<%@ page language = "java" pageEncoding = "UTF-8" %>
<!DOCTYPE HTML PUBLIC "-//W3C//DTD HTML 4.01 Transitional//EN">
<html>
  <head>
    <title>先科员工管理系统</title>
    <meta http-equiv = "pragma" content = "no-cache">
    <meta http-equiv = "cache-control" content = "no-cache">
    <meta http-equiv = "expires" content = "0">
  </head>
  <body>
    <h2>检索员工信息</h2>
    <hr>
```

```
        < form action = "showPhoto.do" method = "post">
            账号:< input type = "text" name = "empId" />< br/>
            < input type = "submit" value = "提交" />
        </form >
        < hr/>
    </body >
</html >
```

2. 检索员工并显示员工照片的 Servlet

此 Servlet 取得检索页面输入的用户账号,执行数据库查询语句,从员工表中检索指定账号的员工信息,并从照片字段中读出照片的二进制输出,以 image 类型向客户端浏览器输出,浏览器显示出指定员工的照片。此 Servlet 代码如程序 6-3 所示。

程序 6-3　EmployeePhotoShowServlet.java 取得指定员工照片并显示的 Servlet。

```java
package com.city.oa.servlet;
import jakarta.servlet.ServletConfig;
import jakarta.servlet.ServletException;
import jakarta.servlet.annotation.WebInitParam;
import jakarta.servlet.annotation.WebServlet;
import jakarta.servlet.http.HttpServlet;
import jakarta.servlet.http.HttpServletRequest;
import jakarta.servlet.http.HttpServletResponse;
import java.io.IOException;
import java.io.InputStream;
import java.io.OutputStream;
import java.sql.Connection;
import java.sql.DriverManager;
import java.sql.PreparedStatement;
import java.sql.ResultSet;
/**
 * 生成二进制响应的案例:取得数据库中的员工照片并发送给浏览器
 */
@WebServlet(
    urlPatterns = { "/employee/showphoto.do" },
    initParams = {
        @WebInitParam(name = "driver", value = "com.mysql.cj.jdbc.Driver"),
        @WebInitParam(name = "url", value = "jdbc:mysql://localhost:3319/cityoa"),
        @WebInitParam(name = "user", value = "root"),
        @WebInitParam(name = "password", value = "root1234")
    })
public class EmployeePhotoShowServlet extends HttpServlet {
    private static final long serialVersionUID = 1L;
        //定义类级别属性变量,供所有方法使用
    private Connection cn = null;
    /**
     * 初始化方法,取得配置的初始化参数
     */
    public void init(ServletConfig config) throws ServletException {
        String drvier = config.getInitParameter("driver");
        String url = config.getInitParameter("url");
        String user = config.getInitParameter("user");
        String password = config.getInitParameter("password");
```

```java
        try {
            Class.forName(drvier);                                    //载入 MySQL 驱动类
            cn = DriverManager.getConnection(url,user,password);      //取得数据库连接
        }
        catch(Exception e) {
            e.printStackTrace();
        }
    }
    /**
     * Servlet 销毁方法,关闭数据库连接
     */
    public void destroy() {
        try {
            cn.close();
        }catch(Exception e) {
            e.printStackTrace();
        }
    }
    /**
     * GET 请求处理方法
     */
    protected void doGet(HttpServletRequest request, HttpServletResponse response) throws ServletException, IOException {
        //取得检索JSP页面提交的员工 id
        String id = request.getParameter("id");
        if(id!= null&&id.trim().length()> 0) {
            //当输入的员工账号不为空或为空串时
            String sql = "select * from oa_employee where EMPID = ?";
            try {
                PreparedStatement ps = cn.prepareStatement(sql);
                ps.setString(1, id); //设置 SQL 参数
                ResultSet rs = ps.executeQuery();
                if(rs.next()) {
                    //取得照片的类型
                    String contentType = rs.getString("PHOTOCONTENTTYPE");
                    response.setContentType(contentType);
                    OutputStream out = response.getOutputStream();
                    InputStream in = rs.getBinaryStream("PHOTO");
                    byte[] datas = new byte[100];
                    int len = 0;
                    while((len = in.read(datas))!= -1) {
                        out.write(datas,0,len);
                    }
                    out.flush();
                    out.close();
                    in.close();
                }
                rs.close();
                ps.close();
            }
            catch(Exception e) {
                e.printStackTrace();
                //出现异常,跳转回输入页面
                response.sendRedirect("search.jsp");
```

```
                }
            }
            else {
                //如果没有输入员工的 id,则直接重定向跳转回输入页面
                response.sendRedirect("search.jsp");
            }
        }
        /**
         * @see HttpServlet#doPost(HttpServletRequest request, HttpServletResponse response)
         */
        protected void doPost(HttpServletRequest request, HttpServletResponse response) throws
ServletException, IOException {
            // TODO Auto-generated method stub
            doGet(request, response);
        }
    }
```

6.5.4 案例测试

将本案例的 Web 项目部署到 Tomcat 10 服务器上,启动 Tomcat,进行功能测试。

1. 访问输入员工账号的 JSP 页面

使用浏览器请求员工检索的 JSP 页面,显示输入员工账号的表单,如图 6-14 所示。

图 6-14 输入员工账号的表单

在员工检索 JSP 页面输入账号,单击"提交"按钮,即开始请求显示员工照片的 Servlet。

2. 取得提交账号并显示指定员工的照片的 Servlet

此 Servlet 取得表单输入的员工账号,读取此员工的照片并进行显示,如图 6-15 所示。

图 6-15 显示指定员工的照片页面

从图6-15可见,浏览器可以直接接收服务器发送的图片响应,并显示在浏览器内,不需要下载到指定目录后再打开。

需要注意的是,Servlet不能同时发送文本和二进制响应。如果要同时显示员工的文本信息和照片,需要再编写一个生成员工文本信息的Servlet,在此Servlet中使用<img>标记请求此图片的Servlet,如< img src="showphoto.do? id="+id+" />",即可在显示文本响应的同时请求图片的显示,具体编程留给读者自己完成。

简答题

1. 描述 HTTP 响应对象的生命周期。
2. 简述响应状态码的功能。
3. 简述响应头的主要功能。

实验题

1. 编写 Servlet,取得 SQL Server 服务器中 Northwind 数据的 Product 产品的所有记录,输出所有产品字段的 Excel 表格数据。
2. 编写 Servlet,取得 SQL Server 服务器中样本数据库 Northwind 员工表 Employee 中指定员工的照片并显示。

第7章

HTTP会话跟踪编程

本章要点

- 会话基本知识
- HTTP 特点
- 会话跟踪的主要方式
- Cookie 实现会话跟踪
- Session 对象实现会话跟踪
- URL 重写
- 会话跟踪案例

在开发 Web 应用时，需要在用户访问不同的 Web 网页时能保存用户的特定信息。例如，在访问淘宝网时，登录一次后，以后再访问淘宝不同的页面时都可以使用已经登录的账号，不用再重复输入，包括查看购物车、订单等。因此，Web 服务器必须有某种机制存储用户的账号信息。如果 Web 服务器无法保存用户的信息，则此 Web 应用就没有应用价值。

Web 服务器需要有保存客户信息的能力，要实现这种能力，就需要使用 Web 应用的会话跟踪技术。所有的动态 Web 应用都必须提供会话跟踪技术，无论是 Jakarta EE、MS. NET 还是 PHP，否则将无法被开发人员采用。

本章将讲述会话和会话跟踪的基本概念，以及 Jakarta EE Web 规范为实现会话跟踪而提供的各种技术和编程方法。

7.1 Web 会话基础

7.1.1 会话的概念

在计算机应用领域，任何以客户/服务器模式工作的应用都会涉及会话（Session）的概念。例如，使用客户工具连接数据库服务器，连接成功后会话开始，客户发送不同的 SQL 语句，服务器运行 SQL 语句，发送结果到客户端，一直持续到断开与数据库的连接，即一个会话的结束。一个会话期间内不需要重复登录，只需要登录一次即可。

在 WEB 应用中,把客户端浏览器请求 Web 服务器开始,然后对不同 Web 文档进行请求,服务器发送响应给客户端,到最后结束访问的一系列交互过程称为一个会话,即一个 Session。

一次会话可能是在当当网站浏览图书,购买图书,最后完成结算的全过程;也可以是登录 126 邮箱,完成浏览收件箱,编写邮件,发送邮件,整理通信簿的整个过程。一次会话可能包含对 Web 服务器上多个文档的一次请求,也可能包含对一个文档的多次请求。

7.1.2 会话跟踪的概念

Web 应用需要在用户客户端与服务器交互过程的一个会话内,让 Web 服务器保存客户的信息,如用户的账号信息或者客户的购物车信息,这种服务器能保存客户端信息的能力称为会话跟踪(Session Tracking)。会话跟踪是 Web 服务器使用某种技术将客户的信息保存在指定位置,如文件、数据库、内存等;另外,在一个会话期间内,当客户再次访问服务器时,服务器能够定位是本次会话中的同一个客户。

Web 应用使用 HTTP 进行客户端到服务器的请求和响应,为保证 Web 应用能服务大量客户,HTTP 不保存客户端的任何信息,因此 HTTP 称为无状态协议(Stateless Protocol),而且是间断的。在 HTTP 下,Web 服务器只简单地处理客户的请求,并发送响应给客户。Web 服务器不知道一系列请求是否来自一个客户还是来自不同的客户,或者请求是否是相关的还是无关的。HTTP 的这种无状态不持续特点,保证了 Web 服务器可以高效快速地处理大量客户请求。当服务器发送响应结束后,HTTP 连接就自动断开,Web 服务器和客户端不再保持连接,节省了服务器的内存消耗,提高了系统的响应性能。但 Web 应用必须支持会话跟踪,而 HTTP 不支持会话跟踪,因此,Jakarta EE Web 必须通过其他方式实现会话跟踪,而不依赖 HTTP。

7.1.3 Jakarta EE Web 会话跟踪方法

为解决 HTTP 无法实现会话跟踪功能的问题,Web 服务器提供了如下附加技术解决方案。

1. 重写 URL

将客户端的信息附加在请求 URL 地址的参数中,Web 服务器取得参数信息,完成客户端信息的保存。每次请求新的地址时,都必须将客户的信息附加在 URL 上,如传递用户账号数据,请求时的地址如下:/employee/add.do?id=1001,服务器端的 JSP 或 Servlet 可以通过请求对象取得此 id 的值,进而知道是哪个用户访问。

2. 隐藏表单字段

当访问的页面包含表单提交时,将客户端信息写在地址上非常不便。此时可以将要保存的客户信息,如用户登录账号使用隐藏表单字段发送到服务器端,完成 Web 服务器中客户状态信息的保存。以下示例代码展示了使用隐藏域传递客户 id 数据。

```
< form method = "post" action = "add.do">
    < input type = "hidden" name = "id" value = "1001" />
    ...
</form>
```

隐藏域不显示，用户是看不到的，但提交的数据是包含的，服务器可以取得隐藏域的数据，从而取得客户的账号信息。

3. Cookie

使用方法 1 和 2 实现会话跟踪时会使 Web 编程异常烦琐，需要在所有跳转地址上附加会话数据，或者在每个表单中都增加会话信息隐藏域。使用 Jakarta EE Web 提供的 Cookie 对象，可以非常方便地将客户信息保存在 Cookie 中，从而完成会话跟踪功能。

4. HttpSession 会话对象 API

为克服前面 3 种会话跟踪方式的缺陷，简化会话跟踪编程，Jakarta EE Web API 专门提供了 HttpSession 类型的会话对象来保存客户的信息，从而实现会话跟踪。这种方式是 Jakarta Web 应用开发中最常用的会话跟踪实现技术，因其简单且灵活，通常作为默认使用的技术，需要读者重点掌握并熟练运用。

下面将分别详细介绍每种会话跟踪技术的特点、实现方式和优缺点。

7.2 URL 重写

客户端在对服务器的指定 Web 页面（包括 Web 组件，如 JSP、Servlet 等）进行 HTTP 请求时，可以在 URL 地址后直接附加请求参数，把客户端的数据传输到 Web 服务器端，Web 服务器端通过 HttpServletRequest 请求对象取得这些 URL 地址后面附加的请求参数。这种 URL 地址后附加参数的方式称为 URL 重写，它是可以实现会话跟踪编程的技术之一。

7.2.1 URL 重写实现

URL 重写实现通过在请求 URL 地址后面附加参数完成。如下代码为 HTML 页面实现 URL 重写的示例：

```
< a href = "../product/main.do?id = 9001&category = 1">产品管理</a>
```

在此示例中，将客户 id 附加在地址栏中，以"?name＝value"的形式附加在 URL 后，多个参数使用 & 符号进行间隔。

Web 服务器端组件使用请求对象取得 URL 后附加的客户端参数数据。如下代码为取得上例中的参数：

```
String id = request.getParameter("id");
```

为保证 Web 应用中客户能在以后持续的请求/响应过程中实现会话跟踪，必须确保每次请求都在 URL 地址中加入 id＝9001 的参数。如下代码为 Servlet 重定向请求附加参数：

```
response.sendRedirect("../product/view.do?productid = 1201&id = " + id);
```

其中，id 为 Servlet 取得的上次请求中传递的 id 数据，本次重定向响应将 id 数据继续传递下去，进而实现会话跟踪。如果任何一次请求没有附加 URL 参数，服务器端就无法取得客户的 id 信息，也就失去了会话跟踪能力。

7.2.2　URL 重写的缺点

从 7.2.1 小节介绍的 URL 重写实现可以发现，URL 重写在实现会话跟踪中具有先天的缺陷。

（1）URL 地址过长。如果需要保存大量的会话信息，就需要在 URL 后附加大量的会话参数，导致 URL 过长。

（2）不同浏览器对 URL 传递参数有限制。不同的浏览器对 URL 长度有不同的限制，如 Firefox 对 URL 的长度限制为 65536 字节，Google Chrome 对 URL 的长度限制为 8182 字节，可见无法在 URL 重写模式实现大的数据传递。例如，想在 URL 重写跨页面传递一个购物车数据是不可能的。

（3）安全性缺陷。由于会话数据以 URL 参数明码传输，在浏览器地址就可以看到，因此会导致安全信息被其他人看到。另外，在浏览历史 URL 列表中也可以看到传递的参数信息。

（4）编程烦琐。使用 URL 重写实现会话跟踪，Web 开发人员需要在每次请求时都重写 URL。如果 Web 项目中页面非常多，每个超链接都使用 URL 重写方式实现会话跟踪，会导致编程任务加大，如果偶尔忘记，会导致会话跟踪能力缺失。

基于以上原因，在开发 Web 应用中很少使用 URL 重写方式实现会话跟踪。

7.3　隐藏域表单元素

与 URL 重写类似的实现会话跟踪的技术是隐藏域表单元素。其与 URL 重写实现方式不同的是，会话数据被存储在隐藏表单元素中。隐藏域文本元素不会显示页面中，用户无法更改其值，也就不会人为破坏会话数据。

7.3.1　隐藏域表单元素实现

使用此种方式实现会话跟踪的过程如下：将会话数据，如客户登录 ID 放置在隐藏文本域元素中，随表单的提交而发送到 Web 服务器，服务器 Web 组件使用请求对象方法取得提交的数据。如下示例代码展示了其具体实现方式：

```
< form action = "../product/main.do" method = "post">
    … //其他表单元素
  < input type = "hidden" name = "id" value = "${id}" />
  < input type = "submit" value = "提交" />
</form >
```

上述代码中使用隐藏域文本框保存传递的会话跟踪数据，服务器使用请求对象的取得参数的方法示例代码如下：

```
String id = request.getParameter("id");
```

上述代码获得隐藏域表单元素提交的客户登录 id 数据，进而取得客户的其他信息，完成会话跟踪任务。

7.3.2　隐藏域表单元素的缺点

隐藏域表单元素实现会话跟踪的缺点与 URL 重写基本相同，具体如下。

（1）安全性差：虽然使用隐藏域表单和 POST 表单提交模式防止了会话数据在浏览器地址栏显示，但用户可以在浏览器中使用页面查看源代码方式看到保存的会话信息，如用户登录账号和密码。

（2）编程复杂：如果需要保存的会话数据很多，就需要非常多的隐藏文本域元素，导致编程繁杂，数据量过大，影响 Web 应用的请求/响应性能。另外，如果所有包含表单的页面都有大量的隐藏域表单元素，则会导致编程任务繁杂。

（3）无法在超链接模式下工作：如果使用隐藏域表单元素实现会话跟踪，则要求整个 Web 应用的各个文档之间跳转必须使用表单提交模式，而无法使用超链接方式，违反 Web 应用访问的用户习惯。

由于以上原因，隐藏域表单元素在实际 Web 开发会话跟踪实现中的应用也不多。

7.4　Cookie

Cookie 在 Jakarta EE 发布之前就已经存在，它是由 Netscape 浏览器引入的，主要用于服务器存储指定的信息到客户端。另外，每次客户端请求服务器的任何文档时，都会自动发送客户端存储的所有 Cookie。在 Web 应用中，Cookie 通常用于让服务器记住客户端的一些信息，如登录账号、个人喜好、搜索过的关键词等。现在许多网站在存储 Cookie 信息到客户端时，会首先询问客户是否允许存储服务器发送的 Cookie 信息，如图 7-1 所示。

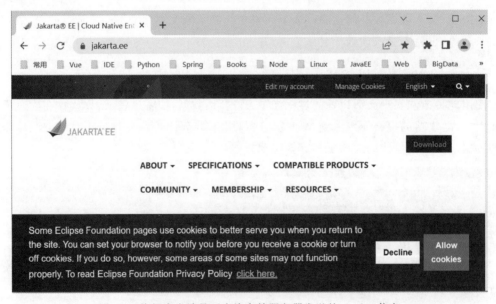

图 7-1　询问客户端是否允许存储服务器发送的 Cookie 信息

如果选择 Allow cookies，服务器就会向客户端发送 Cookie 数据；如果选择 Decline，则谢绝接收服务器发送的 Cookie 数据。

Cookie 的编程是所有 Web 程序员必须掌握的技能，使用 Cookie 可以较简单实现会话跟踪，当然也可以存储其他需要的信息。

7.4.1　Cookie 的概念

Cookie 是 Web 服务器保存在客户端的小型文本文件，存储格式为 name＝value 数据值对，可以在这些 name＝value 数据值对中保存会话数据，如登录账号、用户喜好等。

Cookie 对象由 Web 服务器创建，Web 服务器在发送 HTTP 响应时，将 Cookie 保存在 HTTP 响应头中并发送给客户端浏览器；客户端浏览器接收到 HTTP 响应头，解析出 Cookie，将其保存在客户的本地隐藏文件夹中。通常该文件夹是隐藏的，不允许访问。

Cookie 按不同 Web 服务器进行分别存储，客户端会有一个内部 ID 与特定的 Web 服务器对应，确保不会把一个 Web 服务器的 Cookie 发送给另外一个 Web 服务器。

客户端浏览器每次在向 Web 服务器发出 HTTP 请求时，自动将此服务器的 Cookie 保存在请求头中，与其他请求数据，如请求体一起发送到 Web 服务器。该过程不需要人工参与，为自动完成。

Web 服务器可以从请求对象中取出 Cookie，得到 Cookie 中保存的 name/value 数据对，从而实现会话跟踪和其他需要的功能。

Jakarta EE Web API 使用 Cookie 类来创建和管理 Cookie 对象。

7.4.2　Jakarta EE Web 规范 Cookie API

Jakarta EE Web 提供了 jakarta.servlet.http.Cookie 类来表达 Cookie 对象，并在响应对象的 HttpServletResponse 接口中定义了发送 Cookie 到浏览器，在请求对象的 HttpServletRequest 接口中定义了取得客户端发送请求数据中包含的 Cookie 对象的方法。

1. 创建 Cookie 对象

可使用 Cookie 类的构造方法 public Cookie(String name, String value)创建 Cookie 对象，代码如下：

```
String id = request.getParameter("id");
Cookie userCookie = new Cookie("id",id);
```

其中，id 从客户端发送的请求数据中取得，表示用户的登录账号；userCookie 是 Cookie 的对象。

创建 Cookie 时，其构造方法只能接收两个 String 类型参数，表明 Cookie 的名和值只能是字符串，不能为其他类型。如果要存储其他类型数据，如 Java 对象、List 容器等，必须将对象转换为字符串。通常使用 Jackson 框架将 Java 对象转换为 JSON 字符串，再存入 Cookie 中。从客户端取得 Cookie 对象的值后，再使用 Jackson 框架将 JSON 字符串转换为 Java 对象。因此，使用 Cookie 完成复杂的对象存储非常不适合，要存储 Java 对象，推荐使用 HttpSession API 的对象。

2. Cookie 的主要方法

Cookie API 的类除了构造方法创建其对象之外，还提供了如下方法实现对 Cookie 对象的操作。

（1）public String getName()：取得 Cookie 对象的名称。其示例代码如下：

```
String name = userCookie.getName();
```

（2）public String getValue()：取得 Cookie 对象中保存的值。其示例代码如下：

```
String userId = userCookie.getValue();
```

（3）public int getMaxAge()：取得 Cookie 在客户端保存的有效期，以秒为单位。其示例代码如下：

```
int times = cookie01.getMaxAge();
```

（4）public String getPath()：取得 Cookie 的有效路径，如果返回"/"，则说明 Cookie 对所有路径都有效。

其示例代码如下：

```
String path = cookie01.getPath();
```

（5）public int getVersion()：取得 Cookie 使用的协议版本。

（6）public String getDomain()：取得 Cookie 的有效域。

（7）public void setValue(String newValue)：设置 Cookie 对象新的值，用于取代旧的 Value 值。

其示例代码如下：

```
cookie.setValue("9002");
```

（8）public void setMaxAge(int expiry)：设置 Cookie 对象的生存周期长度有效值，为整数类型，以秒为单位。其具有如下特别值：

① 0：通知客户端浏览器立即删除此 Cookie 对象。

② －1：通知浏览器关闭时删除此 Cookie。此值为默认 MaxAge 值，如果创建 Cookie 对象后没有设置 maxAge，则自动为－1。

如下示例代码设置有效期为 3 天：

```
userCookie.setMaxAge(3 * 24 * 60 * 60);
```

（9）public void setDomain(String pattern)：设置 Cookie 的访问域名，默认为 null，表示只有创建 Cookie 的 Web 站点可以访问该 Cookie。Web 应用开发中一般不需要设定 Domain 的值。

（10）public void setPath(String uri)：设置 Cookie 对象的有效目录。如果没有设定该 Path 值，则该 Cookie 将只对访问当前的路径及其子目录有效。例如，在一个 Servlet（如/ch06/saveCookie.do）中创建 Cookie 对象并将其保存到客户端，那么另外一个相同路径请求地址的 Servlet（如/ch06/getCookie.do）可以取得此 Cookie；而其他目录的 Servlet（如/getCookieAtRoot.do）就无法取得此 Cookie，因为创建的 Cookie 没有设定 Path 值，则该 Cookie 只在/ch06 路径及其子目录下有效。

要让 Cookie 对所有路径有效，则可以设定该值为"/"，示例代码如下：

```
userCookie.setPath("/");
```

7.4.3 将 Cookie 保存到客户端

在 Jakarta EE Web 组件（如 Serlvet 或 JSP）中可以通过 HttpServletResponse 响应对象将 Cookie 保存到客户端。Cookie 保存在响应头中，在响应体之前发送到客户端，通常 Cookie 使用的编程过程如下。

1. 创建 Cookie 对象

使用 Cookie 类的构造方法创建 Cookie 对象。在登录处理 Servlet 的 doPost 方法中取得提交的用户账号，并保存到 Cookie 中，代码如下：

```java
//取得登录账号
String userid = request.getParameter("userid");
//保存到 Cookie 中
Cookie userCookie = new Cookie("userid", userid);
```

2. 设置 Cookie 的属性

调用 Cookie 对象的各种 setXxx() 方法设置 Cookie 对象的各种属性，无法改变 Cookie 的 name，因为 Cookie API 没有提供 setName() 方法。例如，如下示例代码设定账号的 Cookie 保存期为一周，不需要再输入账号：

```java
userCookie.setMaxAge(7 * 24 * 60 * 60);
```

3. 发送 Cookie 到客户端

通过响应对象的 HttpServletResponse 接口提供的方法 public void addCookie(Cookie cookie)，可以将 Cookie 通过响应对象发送到客户端。其示例代码如下：

```java
response.addCookie(userCookie);
```

一个完整的发送 Cookie 到客户端的 Servlet 代码如程序 7-1 所示。

程序 7-1 CookieSendServlet.java 发送 Cookie 到客户端的 Serlvet。

```java
package com.city.oa.servlet;
import jakarta.servlet.ServletException;
import jakarta.servlet.annotation.WebServlet;
import jakarta.servlet.http.Cookie;
import jakarta.servlet.http.HttpServlet;
import jakarta.servlet.http.HttpServletRequest;
import jakarta.servlet.http.HttpServletResponse;
import java.io.IOException;
import java.io.PrintWriter;
/**
 * 发送 Cookie 到客户端的 Servlet
 */
@WebServlet(urlPatterns = { "/cookie/send.do" })
public class CookieSendServlet extends HttpServlet {
    private static final long serialVersionUID = 1L;
    /**
     * GET 请求处理方法
     */
    protected void doGet(HttpServletRequest request, HttpServletResponse response) throws ServletException, IOException {
        //取得客户提交的账号 id
```

```java
            String userid = request.getParameter("userid");
            //创建保存用户账号的Cookie对象
            Cookie userCookie = new Cookie("userid",userid);
            //设置Cookie的生存周期为3天
            userCookie.setMaxAge(3*24*60*60);
            //将Cookie增加到响应头中,发送给浏览器
            response.addCookie(userCookie);
            //发送其他响应头
            response.setContentType("text/html");
            response.setCharacterEncoding("UTF-8");
            //发送HTML响应体
            PrintWriter out = response.getWriter();
            out.println("<h1>发送Cookie到客户端浏览器</h1>");
                out.println("<hr/>");
                out.println("Cookie已经发送给客户端浏览器");
                out.println("<hr/>");
            out.flush();
            out.close();
    }
    /**
     * POST处理方法
     */
    protected void doPost(HttpServletRequest request, HttpServletResponse response) throws ServletException, IOException {
        doGet(request, response);
    }
}
```

将此 Servlet 部署到 Tomcat 服务器,启动 Tomcat,请求此 Servlet,发送请求参数 userid=9001,将会把此参数的数据保存到 Cookie 中,并把 Cookie 发送给客户端浏览器存储,结果如图 7-2 所示。

图 7-2　发送 Cookie 的 Servlet 的响应显示页面

从图 7-2 所示的页面中看不到发送的 Cookie,需要使用浏览器的开发者工具查看。打开 Chrome 的开发者工具,追踪其请求头和响应头,可以看到响应头中有一个 Cookie 发送,如图 7-3 所示。

其中,Set-Cookie 中显示的就是发送的 Cookie 信息。如果发送多个 Cookie,响应头中会有多个 Set-Cookie 标记,如图 7-4 所示。

其中,Cookie 的名为 userName,其值为 LHD。其生存周期长度和到期日期没有设置,表示该 Cookie 对象在浏览器关闭后自动被删除。

7.4.4　Web 服务器读取客户端保存的 Cookie 对象

Jakarta EE Web 请求对象的接口 HttpServletRequest 定义了取得客户端 Cookie 的方法,如下:

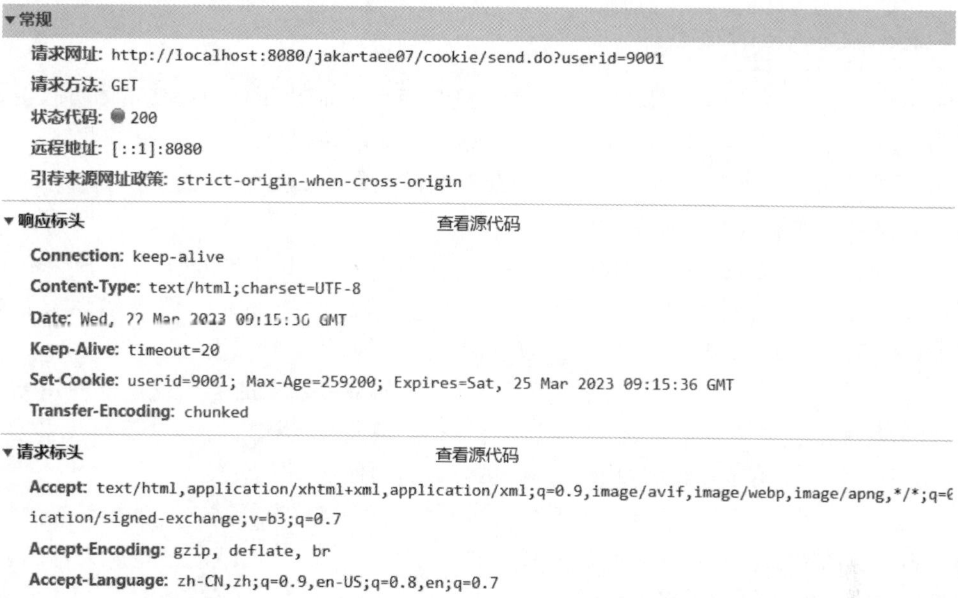

图 7-3 在开发者工具中 Servlet 发送的 Cookie 信息显示

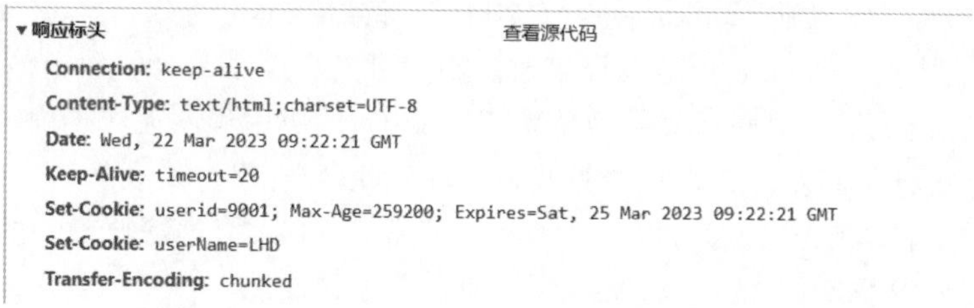

图 7-4 发送多个 Cookie 时的请求头的显示信息

```java
public Cookie[] getCookies();
```

该方法取得 Web 站点保存在客户端的所有 Cookie，返回包括 Cookie 对象的数组。请求对象没有提供取得指定 Cookie 的方法，只能在取得所有 Cookie 后，再编程取得指定的 Cookie 对象。如下示例代码为取得指定 name 为 userid 的 Cookie 保存的值 value：

```java
//取得客户端发送的所有 Cookie 对象
Cookie[] cookies = request.getCookies();
//遍历 Cookie 数组
for(int i = 0; i < cookies.length; i++){
  //判断 Cookie 的 name 是否为需要的 Cookie,只有 name 为 userid 的 Cookie 保存登录账号
  if(cookies[i].getName().equals("userid")){
    String userid = cookies[i].getValue();
  }
}
```

通过编程方式取得指定的 Cookie 对象非常麻烦，未来在 JSP 页面中可以使用 EL 表达式非常方便地取得指定 Cookie 的值，类似如下代码示例：

```
Cookie 的值是 ${cookie.userid.value}
```

7.4.5 Cookie 的缺点

Cookie 与 URL 重写和隐藏域表单元素相比,极大地简化了会话跟踪的编程,提高了 Web 应用开发效率。但是,Coookie 有其无法克服的缺陷,其只能存储字符串类型数据,在实际 Web 应用开发中难以完成许多复杂的会话跟踪问题,比较典型的就是购物车的存储。Cookie 自身固有的缺点如下所述。

(1) Cookie 存储方式单一。从创建 Cookie 的构造方法 Cookie(String name, String value) 可以看出,Cookie 只能保存 String 类型的 name/value 对,无法保存一般表达业务数据的 JavaBean 类型对象,如 Model 对象、容器对象 List 或 Set 等。

(2) 存储位置限制。Cookie 完全保存在客户端,如果有较多的会话信息都使用 Cookie 存储,如购物车等比较大的信息,由于存储在客户端,因此每次请求时浏览器都会自动发送所有 Cookie,导致网络传输数据过大,影响 Web 应用的性能。

(3) Cookie 大小受浏览器限制。大多数浏览器对 Cookie 的大小有 4096 字节的限制,尽管在当今新的浏览器和客户端设备版本中支持 8192 字节的 Cookie 已经成为标准,但这一数量依然难以保存较大的客户跟踪信息。

(4) Cookie 可用性限制。有的客户为防止网络木马,在浏览器中终止了 Cookie 的写入,这时 Web 服务器无法将 Cookie 保存在客户端,导致 Cookie 失效。

(5) 安全性缺陷。Cookie 可能会被篡改。用户可能会操纵其计算机上的 Cookie,这意味着会对安全性造成潜在风险或者导致依赖于 Cookie 的应用程序无法正确工作。另外,虽然 Cookie 只能被将它们发送到客户端的域访问,但是已经有黑客发现从用户计算机上的其他域访问 Cookie 的方法。虽然可以手动加密和解密 Cookie,但这需要额外的编码,并且因为加密和解密需要耗费一定的时间,从而影响应用程序的性能。

7.5 Jakarta EE 会话对象

Jakarta EE Web 规范为克服以上会话跟踪方法(URL 重写、隐藏域表单元素、Cookie) 的缺陷,提出了一个服务器端实现会话跟踪的机制,即 HttpSession 接口,实现该接口的对象称为 Session 对象。Session 对象保存在 Web 服务器上,每次会话过程创建一个,为不同用户保存各自的会话信息提供全面的支持。

按照 Jakarta EE Web 规范,每个客户端首次请求 Web 应用,都会自动开启一个会话过程,并自动创建一个会话对象。因此,一个访问量较大的 Web 应用,如淘宝、京东、12306 等,由于访问客户端众多,服务器端会创建非常多的会话对象,占用相当多的服务器物理内存。鉴于此,Web 开发人员要注意不要将过多的数据存放在会话对象内,如只在一个请求期间内需要传递的数据就不要保存在会话对象中,而应该保存在请求对象中。

7.5.1 会话对象的类型和取得

Jakarta EE 会话对象类型的接口为 jakarta.servlet.http.HttpSession。该接口定义了会话对象应该完成的功能方法,该接口的实现类由符合 Jakarta EE Web 规范的 Web 容器定义。开发人员不需要了解具体的实现类,只要掌握对象的接口方法就可以,这也是 Java

面向接口编程的优点之一。

Jakarta EE Web 在请求对象接口 HttpServletRequest 中定义了取得会话对象的如下方法。

（1）public HttpSession getSession()：无参数的取得会话对象方法，返回服务器中的会话对象。该方法分两种情况取得会话对象。

① 如果 Web 服务器内没有此客户的会话对象，则 Web 容器创建新的会话对象并返回。

② 如果服务器已经存在会话对象，则直接返回此对象的引用。

使用此方法取得会话对象的示例代码如下：

```
HttpSession session = request.getSession();
```

（2）public HttpSession getSession(boolean create)：传递 boolean 类型参数的取得会话对象方法。

① 参数为 true，与无参数的 getSession 方法相同，有会话对象直接返回引用，无会话对象则先创建后再返回引用。

② 参数为 false，存在会话对象则直接返回对象引用，如无会话对象则返回 null，Web 容器不会自动创建会话对象。

使用此方法取得会话对象的示例代码如下：

```
HttpSession session = request.getSession(false);
```

Web 组件 JSP 中会自动调用 getSession 方法取得会话对象，并通过内置对象 session 进行引用，不需要编程取得 Session 对象；而 Servlet 需要使用编程方式，显式定义会话对象变量进行引用。取得会话对象引用后，就可以调用会话对象接口提供的方法，完成会话信息的存储和读取，进而实现会话跟踪功能。

7.5.2 会话对象的功能和方法

会话对象实质上是一个类似于 Java Map 的容器对象，通过 key/value 数据对模式保存信息；另外，保存对象时，必须为对象设置标签 key 值，才能存入会话对象。会话接口 HttpSession 提供了如下方法进行会话跟踪的数据存取。

（1）public void setAttribute(String name, Object value)：将数据对象存入会话对象。其以 name/value 对模式进行存储，但值类型已经变成通用的 Object 类型。这极大地增加了会话对象的灵活性，可以将任何 Java 对象保存到会话对象中，与 Cookie 只能保存 String 值类型相比具有颠覆性的改进。使用容器类型（如 Collection、List、Set 或 Map 类型）可以非常容易地实现电子商务网站的购物车数据的存取，从而实现 Cookie 难以完成的功能。保存对象到会话对象的示例代码如下：

```
HttpSession session = request.getSession();
List shopcart = new ArrayList();
session.setAttribute("shopcart", shopcart);
```

（2）public Object getAttribute(String name)：取出保存在会话中指定名称属性的值对象。由于其返回通用类型 Object，因此需要根据保存时使用的类型进行强制转换，即

Unbox 拆箱功能。例如，取出上面保存的购物车对象的代码如下：

```
List shopcart = (List)session.getAttribute("shopcart");
```

（3）public void removeAttibute(String name)：当会话对象中保存的某个属性对象不需要时，可以使用此方法进行清除。当用户决定销毁购物车时，可以使用如下代码进行清除：

```
session.removeAttribute("shopcart");
```

（4）public Enumeration getAttributeNames()：取得会话对象中保存的所有属性名称列表。其返回一个枚举器类型对象，通过此枚举器可以遍历所有属性名称。取得所有会话对象中保存的属性的代码如下：

```
Enumeration enum = session.getAttributeNames();
while(enum.hasMoreElements ()){
    String name = (String)enum.nextElement();
    out.println(name);
}
```

（5）public void setMaxInactiveInterval(int interval)：设置会话对象的失效期限，即两次请求的时间间隔，以秒为单位。如客户端在超过该时间后没有进行 HTTP 请求，则该会话对象失效，被 Web 容器销毁，对象内保存的所有属性和值也被销毁。如果设置的秒数为 -1，则表示永不失效。如下代码设置会话对象有效期为 15min：

```
session.setMaxInactiveInteval(15 * 60);
```

对于会话对象的超时时间，要根据不同类型的应用特性进行设置。例如，对于安全性要求较高的网上银行、证券系统等，需要设置较短的超时时间；而在线购物应用等则需要设置较长的超时时间，避免用户频繁登录。

（6）public int getMaxInactiveInterval()：取得会话对象的有效间隔时间，返回整数，表示间隔的秒数。取得此值的示例代码如下：

```
int maxtimes = session.getMaxInactiveInterval();
//out 对象为已经取得的 PrintWriter 对象
out.println(maxtimes);
```

（7）public void invalidate()：立即迫使会话对象失效。将当前的会话对象销毁，同时清除会话对象内的所有属性。该方法一般使用在注销处理的 Servlet 中。会话对象注销代码如下：

```
session.invalidate();
```

（8）public boolean isNew()：测试取得的会话对象是否是刚刚创建的，返回 true 表示会话对象是新创建的，false 表示会话对象已经存在。在取得会话对象后，可以使用此方法进行测试，示例代码如下：

```
HttpSession session = request.getSession();
System.out.println(session.isNew());
```

（9）public long getCreationTime()：取得会话对象的创建时间，返回 long 类型整数，

表示以 1970 年 1 月 1 日 0 时开始到创建时间所间隔的毫秒数。其示例代码如下：

```
long times = session.getCreateTime();
```

（10）public String getId()：取得会话对象的 ID，该 ID 是由 Web 容器按照加密算法计算出的永不重复、具有唯一性的字符串代码。由于 HTTP 的无状态性，为了使 Web 容器识别不同客户而确定各自的会话对象，Web 容器需要将会话 ID 保存到客户端。当客户进行 HTTP 请求时，需要发送此 ID 给服务器，Web 服务器根据此 ID 定位服务器内部的会话对象，实现指定客户的会话跟踪。

当客户端允许写入 Cookie 时，Web 服务器会自动将会话对象的 ID 值写入 Cookie 中，将此 Cookie 发送给浏览器。每当浏览器再次请求时，自动发送包含 SessionID 的 Cookie 给服务器，服务器根据 Cookie 中的 SessionID 再定位到指定的 HttpSession 对象，实现会话跟踪。如果客户端不允许写入 Cookie，服务器会自动转换为 URL 重写方法，将 Session 的 ID 值附加到每次请求的 URL 地址上，此时不需要编程处理，由服务器自动完成。

Session 对象各种方法测试的案例代码如程序 7-2 所示。

程序 7-2 HttpSessionTesting.java 测试会话对象方法的 Servlet。

```java
package com.city.oa.servlet;
import jakarta.servlet.ServletException;
import jakarta.servlet.annotation.WebServlet;
import jakarta.servlet.http.Cookie;
import jakarta.servlet.http.HttpServlet;
import jakarta.servlet.http.HttpServletRequest;
import jakarta.servlet.http.HttpServletResponse;
import jakarta.servlet.http.HttpSession;
import java.io.IOException;
import java.io.PrintWriter;
/**
 * 会话对象编程测试 Servlet
 */
@WebServlet("/session/testing.do")
public class HttpSessionTesting extends HttpServlet {
    private static final long serialVersionUID = 1L;
    /**
     * GET 请求处理
     */
    protected void doGet(HttpServletRequest request, HttpServletResponse response) throws ServletException, IOException {

        //取得客户提交的账号 ID
        String userid = request.getParameter("userid");
        HttpSession session = request.getSession();
        session.setAttribute("userid", userid);
        //发送其他响应头
        response.setContentType("text/html");
        response.setCharacterEncoding("UTF-8");
        //发送 HTML 响应体
        PrintWriter out = response.getWriter();
        out.println("<h1>会话对象测试</h1>");
        out.println("<hr/>");
```

```
            out.println("会话对象存储的用户账号:" + (String)session.getAttribute("userid"));
    out.println("<hr/>");
            out.flush();
            out.close();
    }
    /**
     * POST 请求处理
     */
    protected void doPost(HttpServletRequest request, HttpServletResponse response) throws
ServletException, IOException {
            doGet(request, response);
    }
}
```

当启动服务器，打开浏览器，第一次请求该 Servlet 的地址时，会创建新的 Session 对象，并把 SessionID 通过 Cookie 发送给客户端，执行结果如图 7-5 所示。

图 7-5　案例 Servlet 的执行结果

从图 7-5 中可见，Servlet 显示出保存到会话对象的账号信息。打开浏览器的开发者工具，查看响应头和请求头信息，如图 7-6 所示。

▼ 常规
　　请求网址: http://localhost:8080/jakartaee07/session/testing.do?userid=9001
　　请求方法: GET
　　状态代码: ● 200
　　远程地址: [::1]:8080
　　引荐来源网址政策: strict-origin-when-cross-origin
▼ 响应标头　　　　　　　　　　　查看源代码
　　Connection: keep-alive
　　Content-Type: text/html;charset=UTF-8
　　Date: Wed, 22 Mar 2023 12:11:43 GMT
　　Keep-Alive: timeout=20
　　Set-Cookie: JSESSIONID=89802390C870F359924D686873266788; Path=/jakartaee07; HttpOnly
　　Transfer-Encoding: chunked
▼ 请求标头　　　　　　　　　　　查看源代码
　　Accept: text/html,application/xhtml+xml,application/xml;q=0.9,image/avif,image/webp,image/apng,*/*;q=0.8,application/signed-exchange;v=b3;q=0.7
　　Accept-Encoding: gzip, deflate, br
　　Accept-Language: zh-CN,zh;q=0.9,en-US;q=0.8,en;q=0.7

图 7-6　响应头和请求头的信息显示

首次请求该 Servlet 会创建 Session 对象，Session 对象的 ID 会使用 name 为 JSESSIONID 的 Set-Cookie 将其值 89802390C870F359924D686873266788 写入 Cookie 对象，并将此 Cookie 发送给浏览器。

再次请求该 Servlet，虽然显示的页面内容是一样的，但是因为 Session 对象不是新建的，而是使用原有的会话对象，因此不再创建新 Cookie 对象。再次请求此 Servlet 时的响应头和请求头信息显示如图 7-7 所示。

```
▼ 响应标头                          查看源代码
   Connection: keep-alive
   Content-Type: text/html;charset=UTF-8
   Date: Wed, 22 Mar 2023 12:21:26 GMT
   Keep-Alive: timeout=20
   Transfer-Encoding: chunked
▼ 请求标头                          查看源代码
   Accept: text/html,application/xhtml+xml,application/xml;q=0.9,image/avif,image/webp,image/apng,*/*;q=0.8,application/signed-exchange;v=b3;q=0.7
   Accept-Encoding: gzip, deflate, br
   Accept-Language: zh-CN,zh;q=0.9,en-US;q=0.8,en;q=0.7
   Cache-Control: max-age=0
   Connection: keep-alive
   Cookie: JSESSIONID=89802390C870F359924D686873266788
   Host: localhost:8080
   sec-ch-ua: "Google Chrome";v="111", "Not(A:Brand";v="8", "Chromium";v="111"
```

图 7-7　再次请求此 Servlet 时的响应头和请求头信息显示

从图 7-7 中可以看出，再次请求该 Servlet 时，因为使用了原有的会话对象，而不是创建新的会话对象，所以没有创建 Cookie，响应头中也没有 Cookie 发送。请求头中包含名为 JSESSIONID 的 Cookie，服务器通过接收此 Cookie，解析其包含的会话对象 ID 值，实现与服务器内存中的会话对象关联，取得此会话对象的实例，进而可以存取会话对象中包含的数据，实现会话跟踪功能。

由于 Session 会话对象的定位，Cookie 的发送和接收都由服务器自动完成，因此使用 HttpSession API 实现会话跟踪是最简单的，不需要复杂的编程就可以实现。所以，现代 Java Web 项目大都使用会话对象实现会话跟踪，其他方式很少使用。

7.5.3　会话对象的生命周期

会话对象的生命周期比请求对象和响应对象要长，其可以跨越多次不同的 Web 组件 JSP 和 Servlet 的请求和响应。因此，会话对象可以作为不同 JSP 和 Servlet 之间的数据共享区，保存不同页面需要访问的数据，如用户的登录账号和名称等信息。

每个会话对象都需经历如下 3 个生命周期。

1. 创建阶段

当 Web 用户进行 HTTP 请求，存在如下情形时，Web 容器将创建会话对象。

（1）首次访问 JSP 页面将自动创建会话对象。因为 JSP 内部包含执行 getSession 方法,取得或取得会话对象,并将会话对象引用赋值给 JSP 内置对象的 session。

(2) 首次请求 Servlet,且 Servlet 内执行 getSession 或 getSession(true)方法时,Web 容器会自动创建会话对象。

2. 活动阶段

客户端在一个会话有效期内的所有请求,都将自动定位到服务器端同一个会话对象。调用此会话对象的方法,完成客户共享信息的读取。此会话的定位是通过 Cookie 的 JSESSIONID 实现的。

3. 销毁阶段

在如下情形下,Web 容器将销毁当前的会话对象。

(1) 客户端关闭浏览器。客户端关闭浏览器后,保存在客户端的 SessionID 将被销毁,客户端将无法定位服务器端的会话对象,服务器再也无法定位到 SessionID。当间隔超时后,服务器将销毁会话对象。

(2) 服务器端执行会话对象的 invalidate 方法。当 Web 组件 JSP 或 Servlet 执行 Session 对象的 invalidate 方法时,会立即销毁 Web 容器内的会话对象。

(3) 客户请求间隔时间超时。即使客户没有关闭浏览器,但当 HTTP 请求间隔时间超时后,Web 服务器会自动销毁会话对象,保存的属性和数据随即消失。

7.5.4 会话 ID 的保存方式

当创建新的会话对象时,Web 容器会自动为会话对象赋值一个唯一的 ID,此 ID 需要发送给客户端浏览器。客户端再次进行 HTTP 请求时,把此 ID 发送给 Web 容器,用于定位服务器内存中保存的会话对象。

由于 HTTP 是无状态协议,因此 Web 服务器不保存任何客户端信息,需要客户端主动提供会话对象的 ID 给服务器。如果没有此 ID,则 Web 服务器无法定位客户端对应的会话对象。

默认情况下,会话的 ID 会自动发送到客户端的 Cookie 中进行保存。每次 HTTP 请求时,所有 Cookie 会自动保存在请求对象中,和请求数据一起发送到 Web 服务器。Web 服务器从 Cookie 中得到 Session 的 ID,进而定位服务器内的 HttpSession 会话对象,实现 Web 应用的会话跟踪功能。

1. Cookie 方式

HttpSession 会话对象创建后,其 SessionID 会自动选择 Cookie 作为存储位置,如果客户端浏览器没有禁止 Cookie 的读写,则 SESSIONID 写入 Cookie 是不需要编程的。此项任务由 Web 容器自动完成。程序 7-3 所示的 Servlet 将读取客户端的所有 Cookie,并显示每个 Cookie 的 name 和 value。

程序 7-3 GetCookie.java 取得会话对象的 ID 的 Servlet。

```
package javaee.ch06;
import java.io.IOException;
import java.io.PrintWriter;
import jakarta.servlet.*;
```

```java
import jakarta.servlet.http.*;
//取得并显示 Cookie 中的名称和值
@WebServlet("/session/getcookie.do")
public class GetCookie extends HttpServlet
{
    public void doGet (HttpServletRequest request, HttpServletResponse response) throws ServletException,IOException
    {
        Cookie[] cookies = request.getCookies();
        response.setContentType("text/html");
        PrintWriter out = response.getWriter();
        out.println("<!DOCTYPE HTML PUBLIC \" -//W3C//DTD HTML 4.01 Transitional//EN\">");
        out.println("<HTML>");
        out.println(" <HEAD><TITLE>A Servlet</TITLE></HEAD>");
        out.println(" <BODY>");
        for(int i = 0;i<cookies.length;i++)
        {
            out.print(cookies[i].getName() + " = " + cookies[i].getValue() + "domain:" + cookies[i].getDomain() + "Path:" + cookies[i].getPath() + "<br/>");
        }
        out.println(" </BODY>");
        out.println("</HTML>");
        out.flush();
        out.close();
    }
    public void doPost(HttpServletRequest request, HttpServletResponse response)
        throws ServletException, IOException {
        doGet(request,response);
    }
}
```

请求此 Servlet,将显示保存在 Cookie 的所有 name 和 value。但是,由于只有一个 Cookie 存储,因此本次运行时只显示一个会话对象的 SESSIONID,如图 7-8 所示。

图 7-8　取得 Cookie 保存的 SESSIONID

由图 7-8 可见,SESSIONID 是使用某种算法计算出的唯一的字符串。本次 ID 是 ED5B605F714D8655A35222B13538DAFD,它是随机生成的,基本没有规律可循。

2. URL 重写

因为安全原因,客户端浏览器的 Cookie 读写可能被禁止,这时服务器端的会话对象的 SessionID 无法使用默认方式保存到客户端的 Cookie 中,进而导致无法实现 Web 应用的会话跟踪。

当客户端禁止 Cookie 时,为保证 Web 应用的会话跟踪,就需要使用 URL 重写方式保存和传递 SessionID 值。根据不同的请求方式,需要编写不同的会话 URL 重写代码。

(1) 自动重定向:当使用响应对象的 sendRedirect 方法实现自动重定向时,为保证地址 URL 中包含会话 ID,需要使用特殊的方式重写 URL。Java EE Web 规范在响应对象中提供将 SESSIONID 保存到 URL 的方法,代码如下:

```
public String encodeRedirectURL(String url);
```

实现会话对象 ID URL 重写的示例代码如下:

```
String url = response.encodeRedirectURL("main.jsp");
response.sendRedirect(url);
```

使用 URL 重写传递会话对象 SessionID 的详细示例代码如程序 7-4 所示。

程序 7-4 TestSessionURL.java 测试使用 URL 重写传递 Session 的 ID。

```
package javaee.ch06;
import java.io.IOException;
import java.io.PrintWriter;
import jakarta.servlet.ServletException;
import jakarta.servlet.http.HttpServlet;
import jakarta.servlet.http.HttpServletRequest;
import jakarta.servlet.http.HttpServletResponse;
//自动重定向 URL 重写的应用程序
public class TestSessionURL extends HttpServlet
{
    public void doGet(HttpServletRequest request, HttpServletResponse response)
            throws ServletException, IOException
    {
        String url = response.encodeRedirectURL("main.jsp");        //实现会话重写
        response.sendRedirect(url);
    }
    public void doPost(HttpServletRequest request, HttpServletResponse response)
            throws ServletException, IOException
    {
        doGet(request,response);
    }
}
```

(2) 超链接重定向:使用超链接方式进行重定向时,也需要将导航目标地址进行 URL 重写,将 SESSIONID 封装到 URL 中,将其传递到目标 Web 页面。响应对象提供了用于超链接下 SessionID 的 URL 重写方法,代码如下:

```
public String encodeURL(String url);
```

使用此技术实现会话对象 SessionID URL 重写的示例如程序 7-5 所示。

程序 7-5 TestURL01.java 使用超链接的 URL 重写传递会话对象的 ID。

```
package javaee.ch06;
import java.io.IOException;
import java.io.PrintWriter;
```

```java
import jakarta.servlet.ServletException;
import jakarta.servlet.http.HttpServlet;
import jakarta.servlet.http.HttpServletRequest;
import jakarta.servlet.http.HttpServletResponse;
//测试超链接的URL重写技术
public class TestURL01 extends HttpServlet
{
    public void doGet(HttpServletRequest request, HttpServletResponse response)
            throws ServletException, IOException
    {
        //取得封装SESSIONID的URL地址
        String url = response.encodeURL("main.jsp");            //会话ID重写
        response.setContentType("text/html");
        response.setCharacterEncoding("GBK");
        PrintWriter out = response.getWriter();
        out.println("<!DOCTYPE HTML PUBLIC \" - //W3C//DTD HTML 4.01 Transitional//EN\">");
        out.println("<HTML>");
        out.println(" <HEAD><TITLE> A Servlet </TITLE></HEAD>");
        out.println(" <BODY>");
        out.print(" <h1>测试URL重写</h1> ");
        out.print("<hr/>");
        //超链接到新的URL地址
        out.print("<a href = '" + url + "'>商城主页</a>");
        out.print("<hr/>");
        out.println(" </BODY>");
        out.println("</HTML>");
        out.flush();
        out.close();
    }
    public void doPost(HttpServletRequest request, HttpServletResponse response)
            throws ServletException, IOException {
        doGet(request,response);
    }
}
```

7.6 会话对象验证码生成使用案例

在Web应用的登录页面中,为有效防止非法用户用特定程序暴力破解方式进行不断的登录尝试,很多网站普遍采用验证码进行登录验证的方式(如招商银行的网上个人银行、腾讯的QQ社区)。

7.6.1 业务描述

本案例使用Servlet生成4位随机数的验证码,并保存在会话对象中,同时生成带干扰素的验证码图片。用户请求登录页面时,使用此Servlet生成的验证码,提示用户输入并提交到登录处理Servlet。登录处理Servlet将用户输入的验证码与Session对象中保存的验证码进行比较,如果相同则验证通过。

7.6.2 案例设计与编程

本案例需要生成验证码的Servlet,以及登录JSP页面和登录处理的Servlet。

1. 验证码生成 Servlet

此 Servlet 负责生成 4 位随机数验证码，并生成 JPEG 格式的绘有验证码字符串的图片，同时将验证码字符串保存到会话对象的属性中，最终将图片编码并产生 HTTP 响应到客户端，用于生成验证码图片。Servlet 的代码如程序 7-6 所示。

程序 7-6 CheckCodeGet.java 生成验证码的 Servlet 类。

```java
package com.city.oa.servlet;
import jakarta.servlet.ServletConfig;
import jakarta.servlet.ServletException;
import jakarta.servlet.annotation.WebServlet;
import jakarta.servlet.http.HttpServlet;
import jakarta.servlet.http.HttpServletRequest;
import jakarta.servlet.http.HttpServletResponse;
import java.awt.Color;
import java.awt.Font;
import java.awt.Graphics;
import java.awt.image.BufferedImage;
import java.io.IOException;
import java.util.Random;
import javax.imageio.ImageIO;
/**
 * 登录验证码生成 Servlet
 */
@WebServlet("/checkcodeget.do")
public class CheckCodeGet extends HttpServlet {
    private static final long serialVersionUID = 1L;
    private final int TYPE_NUMBER = 0;
    private final int TYPE_LETTER = 1;
    private final int TYPE_MULTIPLE = 2;
    private int width;
    private int height;
    private int count;
    private int type;
    private String validate_code;
    private Random random;
    private Font font;
    private int line;

    /**
     * 初始化方法
     */
    public void init(ServletConfig config) throws ServletException {
        super.init(config);
        width = 150;
        height = 50;
        count = 4;
        type = TYPE_NUMBER;
        random = new Random();
        line = 200;
    }
    /**
     * @see Servlet#destroy()
```

```java
     */
    public void destroy() {
    }
    //取得随机颜色
    private Color getRandColor(int from, int to)
    {
        Random random = new Random();
        if(to > 255) from = 255;
        if(to > 255) to = 255;
        int rang = Math.abs(to - from);
        int r = from + random.nextInt(rang);
        int g = from + random.nextInt(rang);
        int b = from + random.nextInt(rang);
        return new Color(r,g,b);
    }
    //取得验证码字符串
    private String getValidateCode(int size, int type)
    {
        StringBuffer validate_code = new StringBuffer();
        for(int i = 0; i < size; i++)
        {
            validate_code.append(getOneChar(type));
        }
        return validate_code.toString();
    }
    //根据验证码类型取得实际验证字符串
    private String getOneChar(int type)
    {
        String result = null;
        switch(type)
        {
            case TYPE_NUMBER:
                result = String.valueOf(random.nextInt(10));
                break;
            case TYPE_LETTER:
                result = String.valueOf((char)(random.nextInt(26) + 65));
                break;
            case TYPE_MULTIPLE:
                if(random.nextBoolean())
                {
                    result = String.valueOf(random.nextInt(10));
                }
                else
                {
                    result = String.valueOf((char)(random.nextInt(26) + 65));
                }
                break;
            default:
                result = null;
                break;
        }
        if(result == null)
        {
            throw new NullPointerException("获取验证码出错");
```

```java
            }
            return result;
    }
    /**
     * GET 请求处理
     */
    protected void doGet(HttpServletRequest request, HttpServletResponse response) throws ServletException, IOException {
        response.setHeader("Pragma","No-cache");
        response.setHeader("Cache-Control","no-cache");
        response.setDateHeader("Expires", 0);
        response.setContentType("image/jpeg");
        String reqCount = request.getParameter("count");
        String reqWidth = request.getParameter("width");
        String reqHeight = request.getParameter("height");
        String reqType = request.getParameter("type");
        if(reqCount!= null && reqCount!= "")this.count = Integer.parseInt(reqCount);
        if(reqWidth!= null && reqWidth!= "")this.width = Integer.parseInt(reqWidth);
        if(reqHeight!= null && reqHeight!= "")this.height = Integer.parseInt(reqHeight);
        if(reqType!= null && reqType!= "")this.type = Integer.parseInt(reqType);
        font = new Font("Courier New",Font.BOLD,width/count);
        BufferedImage image = new BufferedImage(width, height, BufferedImage.TYPE_INT_RGB);
        Graphics g = image.getGraphics();
        g.setColor(getRandColor(200,250));
        g.fillRect(0, 0, width, height);
         g.setColor(getRandColor(160,200));
        for (int i = 0;i < line;i++)
        {
            int x = random.nextInt(width);
            int y = random.nextInt(height);
            int xl = random.nextInt(12);
            int yl = random.nextInt(12);
            g.drawLine(x,y,x + xl,y + yl);
        }
        g.setFont(font);
        validate_code = getValidateCode(count,type);
        request.getSession().setAttribute("validate_code",validate_code);
        for (int i = 0;i < count;i++)
        {
            g.setColor(new Color(20 + random.nextInt(110), 20 + random.nextInt(110), 20 + random.nextInt(110)));
            int x = (int)(width/count) * i;
            int y = (int)((height + font.getSize())/2) - 5;
            g.drawString(String.valueOf(validate_code.charAt(i)),x,y);
        }
        g.dispose();
        ImageIO.write(image, "JPEG", response.getOutputStream());
    }
    /**
     * POST 请求处理
     */
    protected void doPost(HttpServletRequest request, HttpServletResponse response) throws ServletException, IOException {
```

```
            doGet(request, response);
    }
}
```

如果直接请求该 Servlet，将生成二进制响应的 JPEG 图片类型，同时将生成的验证码字符串保存到会话 session 对象中。

2. 登录 JSP 页面

登录页面增加了验证码提示输入，并使用图片标记引入 Servlet 生成的验证码。登录 JSP 页面代码如程序 7-7 所示。

程序 7-7　login.jsp 用户登录 JSP 页面代码。

```
<%@ page language="java" contentType="text/html; charset=UTF-8" pageEncoding="UTF-8" %>
<!DOCTYPE html>
<html>
<head>
<meta charset="UTF-8">
<title>用户登录页面</title>
</head>
<body>
<h1>用户登录</h1>
<form action="login.do" method="post">
    账号:<input type="text" name="userid" /><br/>
    密码:<input type="password" name="password" /><br/>
    验证码:<input type="text" name="checkcode" /><img src="checkcodeget.do" width="90"/><br/>
    <input type="submit" value="提交" />
</form>
</body>
</html>
```

3. 登录处理 Servlet

登录处理 Servlet 承担控制器的职责，取得登录页面表单提交的登录账号、密码和验证码；判断账号、密码和验证码是否为空，如果为空则直接跳转到登录页面；将取得的验证码与会话对象中保存的验证码进行比较，如果不符则跳转到登录页面；使用账号和密码进行数据库员工表验证，如果验证失败，则跳转到登录页面，否则跳转到系统主页。登录处理 Servlet 的代码如程序 7-8 所示。

程序 7-8　LoginProcessServlet.java 用户登录处理 Servlet。

```
package com.city.oa.controller;
import jakarta.servlet.ServletConfig;
import jakarta.servlet.ServletException;
import jakarta.servlet.annotation.WebInitParam;
import jakarta.servlet.annotation.WebServlet;
import jakarta.servlet.http.HttpServlet;
import jakarta.servlet.http.HttpServletRequest;
import jakarta.servlet.http.HttpServletResponse;
import jakarta.servlet.http.HttpSession;
import java.io.IOException;
```

```java
import java.sql.Connection;
import java.sql.DriverManager;
import java.sql.PreparedStatement;
import java.sql.ResultSet;
/**
 * 用户登录处理 Servlet
 */
@WebServlet(
        urlPatterns = { "/login.do" },
        initParams = {
                @WebInitParam(name = "driver", value = "com.mysql.cj.jdbc.Driver"),
                @WebInitParam(name = "url", value = "jdbc:mysql://localhost:3319/cityoa"),
                @WebInitParam(name = "user", value = "root"),
                @WebInitParam(name = "password", value = "root1234")
        })
public class LoginProcessController extends HttpServlet {
    private static final long serialVersionUID = 1L;
    private Connection cn = null;
    /**
     * 初始化方法,取得配置的初始化参数
     */
    public void init(ServletConfig config) throws ServletException {
        String drvier = config.getInitParameter("driver");
        String url = config.getInitParameter("url");
        String user = config.getInitParameter("user");
        String password = config.getInitParameter("password");

        try {
            Class.forName(drvier);
            cn = DriverManager.getConnection(url,user,password);
        }
        catch(Exception e) {
            e.printStackTrace();
        }
    }
    /**
     * Servlet 销毁方法,关闭数据库连接
     */
    public void destroy() {
        try {
            cn.close();
        }catch(Exception e) {
            e.printStackTrace();
        }
    }
    /**
     * GET 请求处理
     */
    protected void doGet(HttpServletRequest request, HttpServletResponse response) throws ServletException, IOException {
        //取得登录表单提交的数据
        String userid = request.getParameter("userid");
        String password = request.getParameter("password");
        String checkCode = request.getParameter("checkcode");
```

```java
//如果账号为空,则返回登录页面
if(userid == null||userid.trim().length() == 0)
{
    response.sendRedirect("login.jsp");
}
//如果密码为空,则返回登录页面
else if(password == null||password.trim().length() == 0)
{
    response.sendRedirect("login.jsp");
}
//如果验证码为空,则返回登录页面
else if(checkCode == null||checkCode.trim().length() == 0)
{
    response.sendRedirect("login.jsp");
}
else {
    //取得会话对象
    HttpSession session = request.getSession();
    //取得会话对象中保存的验证码,由验证码生成 Servlet 存入
    String checkCodeInSession = (String)session.getAttribute("validate_code");
    System.out.println(checkCode);
    System.out.println(checkCodeInSession);
    //如果验证码不符,则直接跳转到登录页面
    if(!checkCode.equals(checkCodeInSession))
    {
        response.sendRedirect("login.jsp");
    }
    else
    {
        //连接数据库,进行账号和密码验证
        String sql = "select * from oa_employee where EMPID = ? and EMPPASSWORD = ?";
        boolean check = false;
        try
        {
            PreparedStatement ps = cn.prepareStatement(sql);
            ps.setString(1, userid);
            ps.setString(2, password);
            ResultSet rs = ps.executeQuery();
            if(rs.next())
            {
                check = true;
            }
            rs.close();
            ps.close();
        }
        catch(Exception e)
        {
            e.printStackTrace();
            check = false;
        }
        if(check)
        {
            //如果用户验证合法,将会话对象保存到会话对象
            session.setAttribute("userid", userid);
```

```
                    //跳转到系统主页
                    response.sendRedirect("main.jsp");
                }
                else
                {
                    response.sendRedirect("login.jsp");
                }
            }
        }
    }
    /**
     * POST 请求处理
     */
    protected void doPost(HttpServletRequest request, HttpServletResponse response) throws ServletException, IOException {
        doGet(request, response);
    }
}
```

4. 主页 JSP 页面

主页面只是一个示意页面，表明进入了系统主页，其代码如程序 7-9 所示。

程序 7-9　main.jsp 网上商城的简单主页。

```
<%@ page language="java" contentType="text/html; charset=UTF-8" pageEncoding="UTF-8"%>
<!DOCTYPE html>
<html>
<head>
<meta charset="UTF-8">
<title>网上商城主页</title>
</head>
<body>
<h1>网上商城</h1>
    <hr/>
        欢迎您访问网上商城.<br/>
        <a href="purchaseMain.jsp">购物</a>
    <hr/>
</body>
</html>
```

7.6.3　案例测试

将 Web 项目部署到 Tomcat 服务器上。使用浏览器访问登录页面，登录页面中嵌入了 Servlet 生成的随机验证码，并以图片形式显示，如图 7-9 所示。

在登录表单中输入正确的账号、密码和验证码，提交到登录处理 Servlet。登录处理 Servlet 按照前面的代码进行验证，如验证成功，则自动跳转到主页面，如图 7-10 所示；如果验证失败，则跳转回登录页面。

通过此案例可以看到，会话对象可以作为跨越多次请求的共享容器对象，保存多次请求之间的共享信息，如本案例的验证码。

实际 Web 开发中，会话对象经常用于存储用户登录 ID 等信息，表明用户已经登录。

图 7-9　带验证码的登录页面　　　　图 7-10　登录验证成功后的系统主页面

简答题

1. 简述会话对象的生命周期。
2. 简述会话跟踪的几种方式以及它们各自的优缺点。
3. 为什么开发项目时尽可能使用 URL 重写保存会话对象的 SESSIONID？

实验题

1. 编写登录 JSP 页面/login.jsp，显示图 7-11 所示的登录表单。

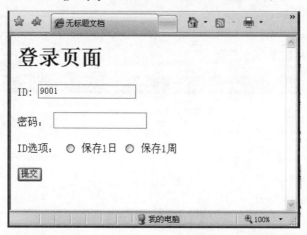

图 7-11　登录表单

2. 编写登录处理 Servlet。

包：com.city.oa.action。

类名：LoginAction。

映射地址：/login.action。

此 Servlet 功能如下。

（1）取得登录页面提交的 ID 和密码。

（2）验证 ID 和密码是否为空，如果任意一个为空，则返回登录页面/login.jsp。

（3）进行数据库查询，验证 ID 和密码是否存在，如果不存在则自动返回登录页面。

（4）如果验证成功，则将 ID 保存到 Session 对象中。取得 ID 选项（保存时间选择）保存到 Cookie 中。

（5）自动跳转到主页显示 Servlet /mainPage.do。

3．编写 OA 系统主页 Servlet。

包：com.city.oa.action。

类名：MainPageAction。

映射地址：/main.action。

该 Servlet 显示页面如图 7-12 所示，其功能如下。

（1）取得保存在 Session 对象中的登录账号。

（2）取得保存在 Cookie 中的 ID。

（3）显示账号和选项。

（4）显示到注销的超链接。

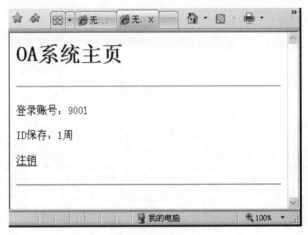

图 7-12　主页显示

4．编写注销处理 Servlet。

包：com.city.oa.action。

类名：LogoutAction。

映射地址：/logout.action。

该 Servlet 的功能为销毁会话对象，返回登录页面。

整个案例的处理如图 7-13 所示。

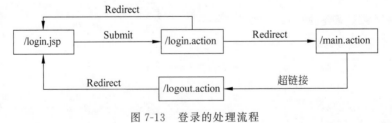

图 7-13　登录的处理流程

第8章

ServletContext和Web配置

本章要点

- ServletContext 对象基础
- ServletContext 的功能和方法
- Jakarta EE Web 应用配置基础
- Web 级初始参数获取
- Servlet 级初始参数获取
- Web 级异常的配置和应用
- 转发的原理和实现

Java 企业级 Web 应用需要部署在符合 Jakarta EE 规范的 Web 容器中运行,如何取得 Web 应用本身的信息在 Web 应用编程中具有非常重要的意义。本章首先介绍 Web 应用对象 ServletContext 的功能、方法和 Web 应用的详细配置。然后介绍 Web MVC 模式开发中经常使用的转发概念和编程,掌握转发功能的实现和转发与重定向的区别,以及各自的优点和缺点。

8.1 Web 应用环境对象

将 Web 应用部署到服务器上,启动 Web 服务器后,Web 容器将为每个 Web 应用创建一个表达 Web 应用环境的对象(ServletContext 对象),并将 Web 应用的基本信息存储在该对象中。所有 Web 组件(JSP、Servlet、Filter 和 Listener)都可以访问此 ServletContext 对象,进而取得 Web 应用的基本信息。此 ServletContext 对象还可以作为整个 Web 应用的共享容器对象,可以被所有请求共享,用于保存 Web 应用的共享信息。

8.1.1 Web 应用环境对象的类型和取得

Jakarta EE API 提供了表达 Web 应用环境对象类的接口 jakarta.servlet.ServletContext,该接口的实现类由服务器厂家实现,开发者不需要关心。通过取得该接口的对象即可调用其方法，而且 Web 容器厂家特意隐藏了具体的实现类。Jakarta EE 规范都采用面向接口的设计原则，没有依赖特定 Web 容器，实现对服务器的解耦合，使得采用此规范的 Web 应用可以部署到任何 Jakarta EE 的服务器，提高了 Web 应用的可移植性。

在 Servlet 中可以通过以下方式取得 ServletContext 的对象。

（1）通过请求对象获取：Servlet 在取得请求对象参数后，可以通过请求对象取得 ServletContext 对象，其示例代码如下：

```
ServletContext application = request.getServletContext();
```

（2）通过会话对象获取：通过会话对象也可以取得 ServletContext 对象，示例代码如下：

```
ServletContext application = session.getServletContext();
```

此方法需要先获得会话 HttpSession 的对象。

（3）通过 ServletConfig 对象取得：在 Servlet 的 init 方法中可以通过传入的 ServletConfig 对象取得 ServletContext 对象，示例代码如下：

```
ServletContext application = config.getServletContext();
```

在 JSP 中不需要手动编程取得 ServletContext 对象，JSP 内置了 application 对象，其类型就是 ServletContext，这也是推荐将 ServletContext 的对象变量取名为 application 的原因。这样无论在 Servlet 还是在 JSP 中，只要看到 application 对象变量，就知道这是 ServletContext 的对象。

在旧版本的 Servlet 中，还可以通过父类 HttpServlet 继承的方法取得 ServletContext 对象，但是新版本中此方法取得的该对象是 null，无法取得实际对象，因此不要使用如下方法取得 ServletContext 对象：

```
ServletContext ctx = this.getServletContext();
```

在其他 Web 组件如 Filter、Listener 中都提供了取得 ServletContext 的方法，这些方法将在 Filter 和 Listener 的相关章节中介绍。

取得 Web 应用环境对象后，可以使用 ServletContext 接口中提供的方法取得有关 Web 应用的基本信息，如 Web 容器的版本、名称、端口、Web 文件的绝对路径等。

8.1.2 服务器环境对象的生命周期

服务器环境对象 ServletContext 的生命周期比其他的 Web 应用对象如 Request、Response、Session 等都长久。ServletContext 的生命周期与 Web 应用相同，当 Web 应用启动后，其被 Web 容器创建；而当 Web 应用停止时，其被 Web 容器销毁。

1. 创建 ServletContext 对象

当 Web 应用启动后，ServletContext 对象被 Web 容器自动创建，其生命周期开始。在 Web 应用运行期间，此对象一直保留在 Web 服务器的内存中，所有 Web 组件都可以随时访问此对象，进行数据的读取和存储，以及其他信息的获取。

2. 销毁 ServletContext 对象

当 Web 应用停止时，Web 容器自动销毁 ServletContext 对象，其生命周期结束。该对象中保存的对象引用随之被销毁,没有被引用的对象将被 JVM 垃圾收集器回收。如果在 ServletContext 对象中保存的对象信息需要长久保存,需要编写 ServletContext 对象的监听器类对其进行监听。在 ServletContext 对象被销毁之前,将其保存的对象数据进行持久化处理,如保存到数据库或文件中。当 Web 服务重新启动后,将这些信息从数据库或文件中读出,并存入 ServletContext 对象中,得以在 Web 中继续使用。

8.1.3 服务器环境对象的功能和方法

ServletContext 作为 Web 应用中生命周期最长的对象,成为保存整个 Web 应用关键数据的最理想位置。许多成熟的框架技术如 Spring MVC、Struts2 等都将框架的配置参数和启动管理对象放置在 ServletContext 中,使得这些对象在 Web 应用启动后就可以被所有 Web 组件使用。

ServletContext 在 Web 应用中主要具有如下功能。

1. Web 级别的数据共享容器

ServletContext 对象为保存和读取 Web 应用范围内的共享数据提供了相应的方法。从这点看,其作为一个类似 Map 容器类型的对象,提供了数据的存取。其提供的具体方法如下。

(1) public void setAttribute(String name, Object object):实现将数据对象保存到 ServletContext 的方法,参数 name 是 String 类型,保存的目标为对象类型。JDK 从 5.0 版本开始支持自动装箱(Boxing)和自动拆箱(Unboxing)功能,即自动将简单类型数据转换为对象类型后保存到 ServletContext 对象中,以及取出保存的对象类型数据转换为简单类型。保存数据的实例代码如下:

```
ServletContext application = request.getServletContext();
application.setAttribute("userId","kt9002");
//自动完成将 int 类型转换为 Integer 对象类型
application.setAttribute("userAge",20);
```

上述代码中 ServletContext 对象实际存储的是 Integer(20),为整数对象,不是简单类型的 int。

(2) public Object getAttribute(String name):读取保存在 ServletContext 对象中指定名称的属性对象,如果指定的属性名称不存在,则返回 null。读取存储数据对象的示例代码如下:

```
String userId = (String)application.getAttribute("userId");
//自动拆箱操作,将 Integer 转换为 int
int age = (Integer)application.getAttribute("userAge");
```

(3) public void removeAttribute(String name):将指定名称的属性存储对象从 ServletContext 对象中删除。其示例代码如下:

```
application.removeAttribute("userId");
application.removeAttribute("age");
```

(4) public Enumeration getAttributeNames():取得所有的属性的名称列表,返回一个枚举器类型对象,通过此枚举对象可以遍历所有属性名称。其示例代码如下:

```
Enumeration nums = ctx.getAttributeNames();
for (Enumeration ee = nums.elements() ; nums.hasMoreElements() ;) {
    System.out.println(ee.nextElement());
}
```

ServletContext 与 session 对象不同，session 对象可以使用 invlidate 方法销毁整个对象，而 ServletContext 对象没有提供销毁对象的方法，只能通过停止 Web 应用进行销毁。

2. 读取 Web 级初始化参数

在开发企业级应用过程中，一般不要在代码中放置各种外部资源的连接参数，如数据库的驱动、连接 URL、JNDI 注册名等。在 Java 代码中书写这些参数后，若外部资源改变（如更改数据库类型和位置、将 SQL Server 改为 MySQL 等），则需要修改 Java 代码并重新编译。将这些配置参数放置在 Web 配置文件中，当参数需要修改时，可以直接编辑 Web 应用的配置文件（/WEB-INF/web.xml），重新部署后，便可启用这些新的参数，不需要修改 Java 源代码和重新编译，提高了系统的可维护性。具体 Web 级初始参数配置和取得参见 8.2 节。

3. 访问外部资源

ServletContext 对象提供了访问外部资源的方法。例如，要取得 Web 文档的绝对路径，可以配合 I/O 流读写 Web 文档，取得转发对象，实现服务器端 Web 组件的转发。其相关的方法介绍如下。

（1）public String getRealPath(String path)：取得指定 Web 目录或文档的绝对目录地址，参数 path 要求以"/"开头，表示 Web 的根目录。如下代码取得 Web 目录"/upload"的绝对目录地址，当使用文件上传功能组件时此方法非常有用：

```
//application 为已经取得的 ServletContext 对象
String realPath = application.getRealPath("/upload");
```

代码中如果显示取得 realPath 的值，应该如下所示：

```
E:\lesson\JakartaEE\ws2023\.metadata\.plugins\org.eclipse.wst.server.core\tmp0\wtpwebapps\jakartaee08\upload
```

上述代码表示的是 Web 应用运行时目录\upload 在操作系统的文件系统中的物理地址，其与开发阶段的目录位置是不同的。

（2）public InputStream getResourceAsStream(String path)：以二进制字节流的类型返回指定的 Web 资源（可以是 Web 应用中的任何文档，包括 JSP 文件、图片、声音或视频文件等），可以使用输入流的读取方法读取此资源文件。如何使用字节流对象读取文件内容可参阅 Java 相应文档。

（3）public RequestDispatcher getRequestDispatcher(String path)：取得指定 Web 文档的转发对象，目的是实现目标文档的服务器端转发。取得转发对象并实现转发的代码如下：

```
//取得转发对象
RequestDispatcher rd = application.getRequestDispatcher("/ch07/main.jsp");
//实现转发
rd.forward(request, response);
```

使用 ServletContext 取得转发对象，要求转发目标地址必须以"/"开头，表示 Web 的根目录，否则将抛出 java.lang.IllegalArgumentException。

ServletContext 取得转发对象的如下代码，其运行结果如图 8-1 所示。

```
RequestDispatcher rd = application.getRequestDispatcher("main.jsp");
rd.forward(request, response);
```

图 8-1　无"/"开头的转发地址异常运行结果

（4）public URL getResource(String path) throws MalformedURLException：返回指定 Web 资源的 URL 地址，path 要求以"/"开头。例如，取得 Web 页面"/ch07/main.jsp"的 URL 如下：

```
URL url = application.getResource("/ch07/main.jsp");
System.out.println(url.toString());
```

请求包括如下代码的 Servlet，此代码在控制台的运行结果如下：

```
file:/E:/lesson/JakartaEE/ws2023/.metadata/.plugins/org.eclipse.wst.server.core/tmp0/wtpwebapps/jakartaee08/ch07/main.jsp
```

代码中没有使用输出流输出到浏览器，而是在服务器的控制台显示。

（5）public String getMimeType(String file)：取得指定文件的 MIME 类型。例如，取得"/images/tu01.jpg"的 MIME 类型，代码如下：

```
String mime = application.getMimeType("/images/tu01.jpg");
System.out.println(mime);
```

运行后将显示"image/jpeg"，为 JPG 文件的 MIME 类型。

4．取得 Web 应用基础信息

取得 ServletContext 对象后，可以通过它取得 Web 应用基本信息，如 Web 容器的名称、版本等。

（1）public int getMajorVersion()：取得 Servlet 容器 API 的主版本号，如 Servlet 6.0 规范的容器将返回 6。其示例代码如下：

```
int mv = application.getMajorVersion();
System.out.println(mv);
```

运行结果将显示"6",表示 Servlet API 6.0 的主版本号。

(2) public int getMinorVersion():取得 Web 容器的次版本号,如 Servlet 6.0 规范的容器将返回 0。其示例代码如下:

```
int sv = application.getMinorVersion();
System.out.println(sv);
```

运行结果将显示"0"。

将(1)(2)两方法结合可取得 Web 容器遵循的 Servlet API 规范版本,项目编程时可以根据这两个值测定代码的兼容性。在运行某个新方法之前,可对版本进行测定,如果不符合指定的版本,可以选择执行其他的替代方法。

(3) public String getServerInfo():取得 Web 容器的名称和版本信息,即 Web 服务器的名称和版本。如下代码取得 Servlet 运行的服务器的名称和版本:

```
String serverName = application.getServerInfo();
System.out.println(serverName);
```

在作者的机器上,运行结果为"Apache Tomcat/10.1.17"。

5. Web 应用日志输出

项目开发人员为追踪代码的运行情况,尤其是出现异常时的错误信息,经常将此类信息写入日志文件,便于日后监控和维护。其一般的做法是配置 Web 服务器的日志文件到可以远程访问的 FTP 服务器上,开发人员可以定期从 FTP 下载日志文件进行分析,找出系统的异常和错误的时间及地点。

ServletContext 对象专门提供了 LOG 日志方法,将消息写入 LOG 文件。

(1) public void log(String msg):将指定的消息文本写入日志文件中。其一般用于比较关键的事件,如用户登录应用系统、执行关键的操作(如删除产品)等,推荐使用日志记录。例如,处理用户登录 Servlet 的代码如下:

```
//在 doGet 或 doPost 方法中取得登录 ID 和密码,
//验证通过后,将登录 ID,时间,IP 地址等信息写入 LOG 文件:
String id = request.getParameter("userId");
String password = request.getParameter("password");
IUser user = BusinessFactory.createUser(); //通过工厂类取得业务接口对象
If(user.validate(id,password)) {
    //验证合法
    String ip = request.getRemoteAddr();
    ServletContext ctx = this.getServletContext();
    String msg = "用户:" + id + " 于" + new Date() + "时间,在 " + ip + " 计算机上登录";
    application.log(msg);
    HttpSession session = request.getSession(); //取得会话对象
    session.setAttribute("userId", id);
    RequestDispatcher rd = request.getRequestDispatcher("main.jsp"); //取得转发
    rd.forward(request, response);
}
```

(2) public void log(Exception exception, String msg):已经过时的方法,尽量不要使用。

(3) public void log(String message, Throwable throwable):将异常类的跟踪堆栈

（stack trace for a given Throwable exception）及附加消息文本写入 LOG 日志文件中，一般用于异常处理。其示例代码如下：

```
try{
    //业务处理代码,可能抛出异常
} catch(Exception e) {
        application.log("更新库存余额时错误异常", e);
}
```

8.2　Jakarta EE Web 的配置

开发和部署 Jakarta EE Web 应用时，Web 配置具有非常重要的作用。Web 配置的内容包括 Web 组件、起始页面、异常处理、初始参数、外部资源、标签库等。虽然现在 Servlet 支持使用注解类@WebServlet 实现 Servlet 的配置，但是有些全局配置无法在 Servlet 级别实现，必须在 Web 级别的配置文件 web.xml 中完成。作为 Web 开发和设计人员，需要熟练掌握常用的 Web 配置项目、配置语法和意义。

8.2.1　配置文件和位置

Web 配置文件名为 web.xml，位于 Web 项目的目录/WEB-INF 下。此目录是被 Web 服务器保护的目录，客户端浏览器无法访问此目录下的任何文件。因此，其用于保存重要的 Web 应用文件，如各种配置文件，其他框架如 Spring MVC、Struts2、DWR 等的配置文件都保存在/WEB-INF 目录。

web.xml 配置文件的配置项目有如下类型。

（1）Web 级初始参数（context-param）。

（2）过滤器< filter >。

（3）过滤器映射（filter-mapping）。

（4）监听器< listener >。

（5）Servlet 声明< servlet >。

（6）Servlet 映射< servlet-mapping >。

（7）异常跳转页面< error-page >。

（8）MIME 类型映射< mime-mapping >。

（9）会话超时< session-config >。

（10）外部资源引用< resource-ref >。

下面详细讲述各个配置项目的语法、意义和相关的编程接口，其中 Servlet 声明和映射已在 4.6 节中讲解，而过滤器的配置将在第 9 章中讲解，监听器将在第 10 章中讲述。

8.2.2　Web 级初始参数配置

对于 Web 级初始参数配置，可以在项目开发完成并部署到 Server 后对某些参数进行修改，而不需要修改 Java 代码和重新编译。其一般用于可能需要修改的外部资源参数，如连接数据库参数、外部资源文件目录和名称等。许多开源框架如 Struts2、Spring MVC、

Tiles 等都将配置文件目录和名称配置在 Web 级初始参数中,供这些框架启动时进行读取,进而取得运行参数信息。

例如,Apache Tiles2 开源框架的 Web 级初始参数配置如下:

```xml
<!-- 设置 Tiles2 框架配置参数 -->
<context-param>
  <param-name>org.apache.BasicTilesContainer.DEFINITIONS_CONFIG</param-name>
  <param-value>/WEB-INF/tiles_lhd.xml</param-value>
</context-param>
```

1. Web 级初始参数配置语法

Web 级初始参数的配置使用 <context-param> 标记及其子标记 <description>、<param-name>、<param-value> 实现,其配置语法如下:

```xml
<context-param>
<description>参数说明</description>
<param-name>参数名</param-name>
<param-value>参数值</param-value>
</context-param>
```

其中,<description> 是可选的;<param-name> 和 <param-value> 是必须有的,缺一不可,否则将出现编译错误。web.xml 文件中可以配置多个 Web 级初始参数,参数名必须是唯一的。如下示例代码演示了 Web 级初始参数的配置:

```xml
<web-app xmlns:xsi="http://www.w3.org/2001/XMLSchema-instance" xmlns="https://jakarta.ee/xml/ns/jakartaee" xsi:schemaLocation="https://jakarta.ee/xml/ns/jakartaee https://jakarta.ee/xml/ns/jakartaee/web-app_6_0.xsd" id="WebApp_ID" version="6.0">
  <display-name>web01</display-name>
<context-param>
    <description>MySQL 数据库驱动</description>
    <param-name>driverName</param-name>
    <param-value>com.mysql.cj.jdbc.Driver</param-value>
</context-param>
<context-param>
    <description>MySQL 数据库 URL</description>
    <param-name>url</param-name>
    <param-value>jdbc:mysql://localhost:3319/cityoa</param-value>
</context-param>
<!-- 其他配置内容 -->
</web-app>
```

上述代码配置了两个 Web 级初始参数,避免了在 Web 组件代码中以硬编码形式存储这些参数。

2. Web 组件取得 Web 级初始参数

在所有 Web 组件(如 Servlet、JSP、Filter、Listener)中可以通过 ServletContext 对象取得在 web.xml 文件中配置的 Web 级初始参数,为此 ServletContext 提供了如下方法。

(1) public String getInitParameter(String name):取得指定名称的 Web 初始参数,返回 String 类型,只能取得字符串类型的参数。如果需要取得其他类型参数,则需要在取得 String 后进行类型转换。取得指定参数的代码如下:

```
ServletContext application = request.getServletContext();
String driverName = application.getInitParameter("driverName");
String url = application.getInitParameter("url");
```

在取得配置的数据库驱动类名和地址 URL 后,就可以使用这些参数连接数据库。如果要修改数据库信息,修改 web.xml 文件的参数即可,不需要修改 Java 代码,改进了项目的可维护性。

注意:参数名区分大小写。如果没有配置指定的参数,从方法则返回 null。

(2) public Enumeration getInitParameterNames():取得所有 Web 级初始参数名称列表,以枚举器类型返回。取得并显示所有配置参数的名称和值的示例代码如下:

```
ServletContext application = request.getServletContext();
for (Enumeration ee = application.getInitParameterNames(); ee.hasMoreElements();)
{
    String paramName = (String)ee.nextElement();
    System.out.println(paramName + " = " + application.getInitParameter(paramName));
}
```

运行包含此代码的 Servlet,将显示如下结果:

```
driverName = com.mysql.cj.jdbc.Driver
url = jdbc:mysql://localhost:3319/cityoa
```

8.2.3 Web 应用级异常处理配置

Jakarta EE Web 规范提供了以配置方式处理异常的功能,可使开发人员不用在项目源代码各处嵌入异常处理代码,节省了代码编程量,提高了项目开发速度。其他 Web 框架如 Spring AOP、Spring MVC、Struts2 等都提供了类似的方式来处理异常。

通过配置方式处理异常,当 Web 应用中的组件 JSP 或 Servlet 抛出异常时,Web 容器自动在配置文件中查找对应的异常类型,根据配置自动跳转到异常处理页面。

根据错误的类型,Jakarta EE 规范提供了两种错误配置方法。

1. 以错误状态码配置的处理方法

当 JSP 或 Servlet 的响应状态码与配置的状态码一致时,Web 容器自动跳转到配置的页面。其配置语法如下:

```
<error-page>
    <error-code>500</error-code>
    <location>/error/info500.jsp</location>
</error-page>
```

当 Web 组件响应状态码为 500 时,自动转发到/error/info500.jsp 页面。如在 Servlet 中编写如下能出现异常的代码:

```
out.print(10/0);              //将会抛出零除异常
```

请求此 Servlet,其运行时会抛出异常,服务器发送给客户端的响应状态码为 500,表示内部错误。Web 容器将使用配置的/error/info500.jsp 页面替代默认的 500 错误页面,页面显示如图 8-2 所示。

图 8-2 错误信息码配置异常处理结果

从图 8-2 中可以看到其地址依然是 Servlet 的请求地址,而不是错误 JSP 页面的地址,表明是转发方式。

2. 以异常类型配置的处理方式

通过配置异常类型实现自动的异常处理,当 Web 组件(如 JSP、Servlet、Filter 或 Listener)运行时出现指定的异常时,Web 容器自动以转发方式跳转到配置的 JSP 页面。其配置语法如下:

```
<error-page>
    <exception-type>java.lang.NullException</exception-type>
    <location>/error/error500.jsp</location>
</error-page>
```

上述配置代码保证当 Web 组件运行过程出现空指针异常时,Web 容器能检测到异常;另外,匹配配置的异常类型时,能自动转发到 location 元素指定的页面。

8.2.4 MIME 类型映射配置

对于市场上流行的各种浏览器,已经根据 W3C 组织制定的 MIME 标准进行了各种文件的 MIME 类型映射。通过接收的 Web 容器响应的 MIME 类型,浏览器可自动启动客户端中对应的应用软件进行处理。例如,若响应类型是 text/html,则浏览器自己就会处理,显示 HTML 网页;如果响应类型是 application/vnd.ms-excel,则浏览器会启动 Excel 处理该响应,显示 Excel 表格。

但有的文件类型没有出现在 MIME 中,这时就需要开发人员手动进行文件和 MIME 类型的映射。当 Web 服务器取得此类文件的扩展名时,使用 getContentType 就可以取得对应的 MIME 类型。

MIME 类型映射的语法如下:

```
<mime-mapping>
    <extension>jpg</extension>
    <mime-type>image/jpeg</mime-type>
</mime-mapping>
```

使用文件的扩展名进行 MIME 类型的映射,本例中将所有扩展名为 jpg 的文件映射为 MIME image/jpeg 类型的文件。如下示例代码取得文件 images/tu01.jpg 的 MIME 类型:

```
ServletContext ctx = request.getServletContext();
String mime = ctx.getMimeType("image/tu01.jpg");
```

如果输出 mime 变量值,将显示"image/jpeg"。

8.2.5 会话超时配置

HttpSession 对象的超时时间可以通过代码实现,具体如下:

```
HttpSession session = request.getSession();
session.setMaxInactiveInterval(15 * 60);           //设置会话超时为 15min
```

Jakarta EE Web 规范提供了在 Web 配置文件配置所有会话超时时间,其配置语法如下:

```
< session - config >
    < session - timeout > 900 </session - timeout >
</session - config >
```

配置代码中,配置会话超时是 900s,即 15min。实际应用中,推荐在 web.xml 文件中提供会话超时的处理,尽量不在代码中进行管理,将来客户需要修改时,可以直接编辑配置文件,而不是修改 Java 源代码并重新编译和部署,可提高系统的可维护性。该设置是全局的设置,即此 Web 应用的所有客户都默认使用此超时时间。针对特定客户的会话超时,还需通过会话对象的方法编程设置。

8.2.6 外部资源引用配置

在 Web 应用开发中,Web 组件 Servlet 或 JSP 经常需要访问各种外部资源和服务,如使用 Web 服务器配置的数据库连接池、JMS 消息服务等。为了使这些资源对 Web 组件可用,需要在 web.xml 文件中引入这些资源或服务。资源引用配置语法如下:

```
< resource - ref >
    < description > DB Connection </description >
    < res - ref - name > java:comp/env/cityoa </res - ref - name >
    < res - type > javax.sql.DataSource </res - type >
    < res - auth > Container </res - auth >
</resource - ref >
```

上面示例代码将 Tomcat 10 服务器上配置的数据库连接池的 JNDI 资源引入此 Web 应用中,在 Servlet 方法中可以使用 JNDI 服务取得此连接池对象。但现在新的 Tomcat 服务器已经不需要此项配置,配置的各种资源实现自动引入,不需要通过 web.xml 再配置一次。

在 Servlet 中取得上面配置的连接池的示例代码如下:

```
Context context = new InitialContext();              //初始化 JNDI 服务对象
//使用配置的引用名实现查找
DataSource ds = (DataSource)context.lookup("java:comp/env/cityoa");
Connection cn = ds.getConnection();                  //取得连接池中的一个数据库连接.
```

8.3 Servlet 级配置对象 ServletConfig

Jakarta EE Web 规范为取得 Servlet 的配置信息,特别提供了一个 Servlet 配置对象的接口 ServletConfig。实现该接口的配置对象在 Servlet 初始化阶段由 Web 容器实例化,将当前 Servlet 的配置数据写入此对象，并将该对象注入 Servlet 的 init 方法中，供 Servlet 读取配置的初始参数。

8.3.1 配置对象类型和取得

Servlet 配置对象类型是 jakarta.servlet.ServletConfig，其也是一个接口，规定了 Servlet 配置对象应该具有的方法，具体的实现类由服务器厂家实现。

ServletConfig 对象在 Servlet 的 init 方法中取得，由 Web 容器（如 Tomcat）以参数方式注入 Servlet：如下代码为取得 ServletConfig 对象：

```java
public class ServletConfigTest extends HttpServlet
{
private ServletConfig config = null;
public void init(ServletConfig config) throws ServletException
{
super.init(config);
this.config = config;
}
}
```

要取得 ServletConfig 对象，需要重写 init 方法，并传递 ServletConfig 参数，init 方法执行后即可得到该对象实例。如果想在 Servlet 的其他方法中使用此配置对象，可以将 config 对象声明为 Servlet 类的属性变量，在该 Servlet 的 doGet 或 doPost 中就可使用 config 对象。

Web 容器为每个 Servlet 实例创建一个 ServletConfig 对象，不同的 Servlet 之间无法共享使用此对象，这一点与 ServletContext 和 HttpSession 对象不同。

8.3.2 ServletConfig 功能和方法

ServletConfig 对象方法较少，其主要功能是取得 Servlet 配置参数。ServletConfig 对象的主要方法如下。

（1）public String getInitParameter(String name)：取得指定 Servlet 配置参数。与 Web 初始参数不同，Servlet 初始参数在 Servlet 声明中定义，既可以使用注解类配置，也可以使用 XML 方式配置。注解类方式的配置代码如下：

```java
@WebServlet(
    urlPatterns = { "/login.do" },
    initParams = {
        @WebInitParam(name = "driver", value = "com.mysql.cj.jdbc.Driver"),
        @WebInitParam(name = "url", value = "jdbc:mysql://localhost:3319/cityoa")
})
public class ServletConfigTest extends HttpServlet {
}
```

其等价的 XML 方式的配置代码如下：

```xml
< servlet >
    < servlet - name > ServletConfigTest </servlet - name >
    < servlet - class > javaee.ch08.ServletConfigTest </servlet - class >
```

```
        <init-param>
            <param-name>driver</param-name>
            <param-value>com.mysql.cj.jdbc.Driver</param-value>
        </init-param>
        <init-param>
            <param-name>url</param-name>
            <param-value>jdbc:mysql://localhost:3319/cityoa</param-value>
        </init-param>
</servlet>
```

每个<init-param>标记定义一个Servlet初始参数。

注意：该标签要放置在<servlet-name>和<servlet-class>之下，否则将出现编译错误。

在Servlet的init初始方法中，使用Web容器注入的ServletConfig取得配置的Servlet初始参数，其示例代码如下：

```
String driver = config.getInitParameter("driver");
String url = config.getInitParameter("url");
```

取得的初始参数都是String类型，如果需要其他类型的参数则必须进行类型转换编程。

（2）public Enumeration getInitParameterNames()：取得所有Servlet初始化参数，返回枚举器类型，参照取得Web级初始参数代码，可以显示所有的Servlet初始参数。

（3）public String getServletName()：取得Servlet配置的名称。其示例代码如下：

```
String name = config.getServletName();
```

（4）public ServletContext getServletContext()：ServletConfig对象提供了取得ServletContext对象的方法，与在Servlet内使用request.getServletContext()，返回ServletContext实例对象引用。其示例代码如下：

```
ServletContext application = config.getServletContext();
```

8.3.3 ServletConfig对象应用案例

本案例演示如何使用ServletConfig对象，包括ServletConfig对象的取得、读取Servlet配置信息及Servlet初始参数。

1. Servlet编程

取得Servlet级别配置的初始化参数的Servlet的代码如程序8-1所示。

程序8-1 ServletConfigTest.java ServletConfig配置对象的使用编程。

```
package jakartaee.ch08;
import java.io.IOException;
import java.io.PrintWriter;
import jakarta.servlet.ServletConfig;
import jakarta.servlet.ServletContext;
import jakarta.servlet.ServletException;
import jakarta.servlet.http.HttpServlet;
import jakarta.servlet.http.HttpServletRequest;
import jakarta.servlet.http.HttpServletResponse;
import jakarta.servlet.http.HttpSession;
```

```java
//ServletConfig 应用案例
public class ServletConfigTest extends HttpServlet
{
    private ServletConfig config = null;
    public void init(ServletConfig config) throws ServletException
    {
        super.init(config);
        this.config = config;
    }
    public void doGet(HttpServletRequest request, HttpServletResponse response)
            throws ServletException, IOException
    {
        String url = config.getInitParameter("url");        //取得 Servlet 初始参数
        response.setContentType("text/html");
        response.setCharacterEncoding("GBK");
        PrintWriter out = response.getWriter();
        out.println("<HTML>");
        out.println(" <HEAD><TITLE> A Servlet </TITLE></HEAD>");
        out.println(" <BODY>");
        out.print("URL = " + url);
        out.println(" </BODY>");
        out.println("</HTML>");
        out.flush();
        out.close();
    }
    public void doPost(HttpServletRequest request, HttpServletResponse response)
            throws ServletException, IOException {
        doGet(request,response);
    }
}
```

2. Servlet 配置

Servlet 配置既可以使用注解类方式完成,也可以使用 XML 方式完成。下面展示的是使用 XML 方式完成此 Servlet 的配置,其配置文件为/WEB-INF/web.xml,配置代码如程序 8-2 所示。

程序 8-2 web.xml Servlet 配置代码。

```xml
<?xml version = "1.0" encoding = "UTF - 8"?>
<web - app xmlns:xsi = "http://www.w3.org/2001/XMLSchema - instance" xmlns = "https://jakarta.ee/xml/ns/jakartaee" xmlns:web = "http://xmlns.jcp.org/xml/ns/javaee" xsi:schemaLocation = "https://jakarta.ee/xml/ns/jakartaee https://jakarta.ee/xml/ns/jakartaee/web - app_5_0.xsd http://xmlns.jcp.org/xml/ns/javaee http://java.sun.com/xml/ns/javaee/web - app_2_5.xsd" id = "WebApp_ID" version = "5.0">
<!-- Web 级初始参数配置 -->
<context - param>
  <description>数据库驱动</description>
  <param - name>driverName</param - name>
  <param - value>com.mysql.cj.jdbc.Driver</param - value>
</context - param>
<!-- Servlet 配置 -->
<servlet>
  <servlet - name>ServletConfigTest</servlet - name>
```

```xml
    <servlet-class>javaee.ch07.ServletConfigTest</servlet-class>
    <init-param>
      <param-name>url</param-name>
      <param-value>jdbc:mysql://localhost:3319/cityoa</param-value>
    </init-param>
</servlet>
<!-- Servlet 地址映射 -->
    <servlet-mapping>
      <servlet-name>ServletConfigTest</servlet-name>
      <url-pattern>/ch07/ServletConfigTest</url-pattern>
    </servlet-mapping>
    <!-- 错误状态码处理 -->
    <error-page>
      <error-code>500</error-code>
      <location>/error/info500.jsp</location>
    </error-page>
    <!-- 异常类型配置 -->
    <error-page>
      <exception-type>java.sql.SQLException</exception-type>
<location>/error/infosql.jsp</location>
    </error-page>
    <!-- 会话超时配置 -->
<session-config>
    <session-timeout>600</session-timeout>
</session-config>
<!-- MIME 映射配置 -->
<mime-mapping>
    <extension>jpg</extension>
    <mime-type>image/jpeg</mime-type>
</mime-mapping>
    <!-- 配置起始文件 -->
    <welcome-file-list>
      <welcome-file>index.jsp</welcome-file>
    </welcome-file-list>
</web-app>
```

Servlet 代码使用 ServletConfig 对象即可取得 Servlet 的初始参数,避免了硬编码形式的参数配置,提高了 Web 应用的可维护性。在进行 Web 应用开发时,首先要考虑将各种参数值配置到某个地方,即使保存到一个文本文件,也不要使用在代码中定义参数的方式来实现。将参数保存在 Web 配置文件中的优点是 Jakarta EE API 提供专门的方法来取得这些参数值,而从文本文件中读取还需要编写解析程序,增加了编程工作量和延缓项目交付时间的风险。

8.4 转发

一个 Web 应用通常由许多动态 Web 组件组成,如 JSP 和 Servlet。Web 应用在运行中需要不断地在各个页面之间进行跳转和传递数据。目前使用最多的页面跳转方式是重定向,在访问 Web 应用时基本使用此方法从一个页面导航到另一个页面。如下为典型的重定向跳转方式。

(1) 地址栏手工输入新的 URL 地址。
(2) 单击页面中的超链接。
(3) 提交 FORM 表单。
(4) 使用响应对象 response 的 sendRedirect 方法。

重定向跳转方法由客户端浏览器执行,不论是手工输入、单击超链接、提交表单还是通过响应对象的 sendRedirect 方法,都是通过浏览器来实现的。由此可见,重定向实现页面跳转增加了网络的访问流量,在网络带宽有限的环境中使用重定向会导致 Web 应用速度降低。

Jakarta EE Web 规范提供了另外一种在服务器端进行页面直接跳转的方法,即转发 (Forward)。

转发是指一个 Web 组件在服务器端直接请求并跳转到另外 Web 组件的方式。转发在 Web 容器内部完成,不需要通过客户端浏览器,由此客户端浏览器的地址还停留在初次请求的地址上,并不显示新的转发目标地址,也不知道服务器已经跳转到了新的 Web 组件。

Web 开发中应该尽可能使用转发实现 Web 组件间的导航,市场上流行的 Web 框架如 Spring MVC 大都使用转发来完成从控制器(Controller 层)到 JSP 页面(View 层)的跳转。

8.4.1 转发实现

Jakarta EE 提供了转发对象 API 接口 javax.servlet.RequestDispatcher,通过取得此接口的转发对象,可以实现服务器端 Web 页面的直接跳转。

1. 取得转发对象

Jakarta EE Web 规范提供了取得转发对象的两种方式。

(1) 通过请求对象 HttpServletRequest 取得转发对象,其示例代码如下:

```
RequestDispatcher rd = request.getRequestDispatcher("main.jsp");
```

(2) 使用 ServletContext 对象的方法取得转发对象,其实例代码如下:

```
ServletContext application = request.getServletContext();
RequestDispatcher rd = application.getRequestDispatcher("/main.jsp");
```

需要注意的是,通过 ServletContext 取得转发对象时,目标地址必须以"/"开头,否则抛出异常;而使用请求对象取得转发对象时,可以使用相对路径,而并非一定以"/"开头。

2. 执行转发

取得转发对象后,调用转发对象的方法 forward 完成转发。使用转发对象的 Servlet 示例代码如程序 8-3 所示。

程序 8-3 EmployeeToMainController.java 员工主界面控制器 Servlet。

```
package com.city.oa.controller;
import jakarta.servlet.RequestDispatcher;
import jakarta.servlet.ServletException;
import jakarta.servlet.annotation.WebServlet;
import jakarta.servlet.http.HttpServlet;
import jakarta.servlet.http.HttpServletRequest;
```

```java
import jakarta.servlet.http.HttpServletResponse;
import java.io.IOException;
/**
 * 员工管理主页前分发控制器 Servlet
 */
@WebServlet("/employee/tomain.do")
public class EmployeeToMainController extends HttpServlet {
    private static final long serialVersionUID = 1L;
    /**
     * GET 请求处理方法
     */
    protected void doGet(HttpServletRequest request, HttpServletResponse response) throws ServletException, IOException {
        //取得员工列表的方法
        //将员工列表数据保存到 Request 请求对象
        //取得转发对象
        RequestDispatcher rd = request.getRequestDispatcher("main.jsp");
        rd.forward(request, response);          //实现转发
    }
    /**
     * POST 请求处理方法
     */
    protected void doPost(HttpServletRequest request, HttpServletResponse response) throws ServletException, IOException {
        doGet(request, response);
    }
}
```

如果转发目标地址是纯文件名,则目标要与 Servlet 在相同的目录下;否则需要使用附加目录信息,转发到不同目录下目标地址的示例代码如下:

```java
RequestDispatcher rd = request.getRequestDispatcher("../department/main.jsp");
```

从请求对象得到的转发对象可以使用相对路径,如上述示例代码的目标地址 URL;而通过 ServletContext 对象取得转发对象时要求使用绝对路径,即要求以"/"开头,否则抛出 java.lang.IllegalArgumentException 异常,表示 URL 路径参数非法,同时显示错误信息 "Path main.jsp does not start with a "/" character"。如下示例代码的转发编程将抛出异常:

```java
ServletContext application = request.getServletContext();
RequestDispatcher rd = application.getRequestDispatcher("main.jsp");
rd.forward(request, response);
```

请求此 Servlet 将出现图 8-3 所示错误页面。

将转发的目标地址改为绝对路径,修改后的代码如下:

```java
ServletContext ctx = request.getServletContext();
RequestDispatcher rd = ctx.getRequestDispatcher("/employee/main.jsp");
rd.forward(request, response);
```

重新请求 Servlet,转发成功,如图 8-4 所示。

从图 8-4 可以看到转发的特点,浏览器已经响应了 main.jsp 的内容,但地址栏依然是

图 8-3　使用 ServletContext 对象的转发对象使用相对路径错误页面

图 8-4　转发成功显示页面

客户端请求的 Servlet 地址，而不是 main.jsp 的地址，客户端不知道服务器已经将请求跳转到另一个 Web 组件。

3．转发之间传递数据

与重定向不同，转发是在一次请求过程完成的。在此过程中，转发目标可以与原始请求对象共用请求对象，都可以访问请求对象中的参数和属性。请求对象的属性是传递数据到转发目标对象最常见的方法，比 URL 重写和表单提交要方便得多。

在进行转发之前，可将传递数据存入请求对象属性，然后进行转发。转发目标 Web 组件可以从请求对象的属性中取得存入的数据，完成数据的传递。如下为使用请求对象属性进行数据传递的示例。

1）Servlet 保存数据到请求对象

如下示例代码为使用请求属性存储传递给目标地址的 Web 组件（此处为 JSP 页面）数据：

```
@WebServlet("/employee/main.do")
public class EmployeeMainController extends HttpServlet {
    public void doGet (HttpServletRequest request, HttpServletResponse response) throws ServletException, IOException {
        //定义要转发的数据
        String userid = "TK9001";
        //将转发数据保存到请求对象的属性 userid 中
        request.setAttribute("userid",userid);
        //取得转发对象
        RequestDispatcher rd = request.getRequestDispatcher("main.jsp");
        //实现转发，跳转到目标对象 main.jsp
```

```
            rd.forward(request, response);
        }
}
```

上述代码将要传递的用户账号数据(userid)存入请求对象属性中。

2) 转发目标 JSP 取得 Servlet 保存的数据

在转发目标 JSP 中可以读取请求对象中的属性信息,完成数据传递。其示例代码如下:

```
JSP: /employee/main.jsp
<%
    String userId = (String)request.getAttribute("userId");
    if(userId!= null)
    {
    out.println("用户账号:" + userId);
    }
%>
```

使用请求对象属性传递数据要比会话对象(HttpSession)或服务器对象(ServletContext)有优势。请求对象生命周期较短,当最终的转发对象发送响应给浏览器后,请求对象生命周期立即结束,占用的内存被释放,有利于提高 Web 服务器的性能,减少服务器的内存消耗;而会话对象和 ServletContext 对象生命周期较长,如果使用它们来传递页面间的数据,会长时间占用内存;如果传递数据过多,如一个数据库表中大量的列表信息,容易造成服务器内存不足,最终导致服务器崩溃。

8.4.2 转发与重定向的区别

Web 应用中,页面之间的跳转有重定向和转发两种方式,作为开发人员,了解二者的区别对如何设计高效的 Web 应用有非常大的帮助。虽然二者都是实现 Web 组件之间的跳转,但它们之间有很大的不同。

(1) 发生的地点不同。重定向由客户端完成,而转发由服务器完成。

(2) 请求/响应次数不同。重定向是两次请求,创建两个请求对象和响应对象;而转发是一次请求,只创建一个请求对象和响应对象。重定向无法共享请求和响应对象,而转发可以共享。

(3) 目标位置不同。重定向可以跳转到 Web 应用之外的文档,而转发只能在一个 Web 内部文件之间进行。

图 8-5 和图 8-6 分别为重定向和转发的请求/响应流程,从中可以直观了解二者的区别。

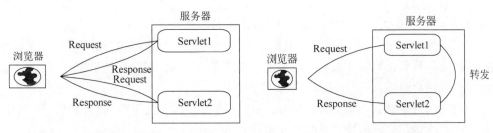

图 8-5 重定向的请求/响应流程　　　图 8-6 转发的请求/响应流程

8.4.3 转发编程注意事项

不同于重定向,转发的目标地址不显示,浏览器依然停留在初始请求的路径上,如果转发目标与原始请求页面不在同一个目录,则将产生许多问题,如图片的显示、CSS 定位、JavaScript 脚本文件定位等。因此,使用转发时应注意以下事项。

(1) 转发目标与源目标要在同一个目录。这样可以避免由于转发目标与源目标的目录不一致,而请求地址依然停留在源文件的目录,不是目标对象的目录,从而影响转发目标对象自己定义的图片、CSS 和 JavaScript 等资源文件的查找。

(2) 转发之前不能有响应发送到浏览器。在执行转发方法之前,不能发送任何响应内容。如果服务器已经开始使用响应对象发送 HTTP 响应内容给客户端浏览器,再执行转发,将导致抛出 javax.servlet.IllegalStateException 异常。

(3) 更改请求目录最好在重定向中完成。不要在转发中更改请求目录,而应该在重定向请求中进行目录的更改,以防止多次转发和重定向后页面定位其使用各种资源文件的混乱。

8.5 ServletContext 应用案例

在开发实际 Web 应用项目时,经常需要统计网站的在线用户人数和在线用户列表,尤其是在论坛类应用中,这是必备的功能之一。本案例使用 ServletContext 保存在线人数和在线用户列表,每次用户登录验证成功后,将用户登录 ID 保存到会话 sesssion 对象,同时将保存在 ServletContext 中的在线用户数量累加,并把登录用户账号增加到在线用户列表中。当用户注销时,将会话对象 session 销毁,并将 ServletContext 对象中保存的在线人数减少,同时用户登录 ID 从 ServletContext 中保存的在线用户列表中删除。

8.5.1 案例设计与编程

1. 案例设计

根据本案例的功能描述,设计如下 Web 组件,包括 JSP 和 Servlet,如图 8-7 所示。

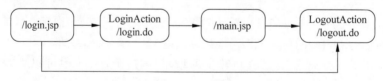

图 8-7　Web 组件

(1) 登录 JSP 页面:显示用户登录表单,提交到登录处理 Servlet。

(2) 登录处理 Servlet:取得登录表单输入的登录账号和密码,连接 MySQL 数据库的员工表,根据账号和密码验证员工是否合法。如果员工合法,则保存登录账号,累计在线人数,增加在线用户列表,转发到主页 JSP。

(3) 主页 JSP:显示登录的用户账号、系统在线人数和在线用户列表,最后显示注销超链接。单击"注销"超链接,请求到用户注销处理 Servlet。

(4) 注销处理 Servlet:取得并销毁会话 session 对象,减少在线人数和在线用户列表,重定向到登录页面。

2. 案例编程

1）登录页面 JSP 编程

登录页面 JSP 显示登录表单，提交后请求到登录处理 Servlet。登录页面 JSP 代码如程序 8-4 所示。

程序 8-4 login.jsp 用户登录页面。

```jsp
<%@ page language="java" contentType="text/html; charset=UTF-8"
    pageEncoding="UTF-8"%>
<!DOCTYPE html>
<html>
<head>
<meta charset="UTF-8">
<title>OA 系统</title>
</head>
<body>
<h1>用户登录</h1>
<form action="login.do" method="post">
    账号:<input type="text" name="userid" /><br/>
    密码:<input type="password" name="password" /><br/>
    <input type="submit" value="提交" />
</form>
</body>
</html>
```

2）登录处理 Servlet 编程

登录处理 Servlet 负责取得登录页面表单提交的登录信息，连接员工数据表，进行员工合法性的验证。如果员工合法，则将员工 ID 保存到会话对象的属性中，同时使用 ServletContext 对象保存在线用户人数和在线用户列表。用户登录处理 Servlet 代码如程序 8-5 所示。

程序 8-5 UserLoginController.java 用户登录处理 Servlet。

```java
package javaee.ch08;
import java.io.IOException;
import java.io.PrintWriter;
import java.sql.Connection;
import java.sql.DriverManager;
import java.sql.PreparedStatement;
import java.sql.ResultSet;
import java.util.ArrayList;
import java.util.List;
import jakarta.servlet.ServletConfig;
import jakarta.servlet.ServletContext;
import jakarta.servlet.ServletException;
import jakarta.servlet.http.HttpServlet;
import jakarta.servlet.http.HttpServletRequest;
import jakarta.servlet.http.HttpServletResponse;
import jakarta.servlet.http.HttpSession;
//登录处理 Sevlet
@WebServlet(
```

```java
            urlPatterns = { "/login.action" },
            initParams = {
                @WebInitParam(name = "driver", value = "com.mysql.cj.jdbc.Driver"),
                @WebInitParam(name = "url", value = "jdbc:mysql://localhost:3319/cityoa"),
                @WebInitParam(name = "user", value = "root"),
                @WebInitParam(name = "password", value = "root1234")
})
public class LoginAction extends HttpServlet
{
    String driverName = null;
    String url = null;
    public void init(ServletConfig config) throws ServletException
    {
        super.init(config);
        //取得 Servlet 配置的数据库初始参数
        driverName = config.getInitParameter("driverName");
        url = config.getInitParameter("url");
    }
    public void doGet(HttpServletRequest request, HttpServletResponse response)
        throws ServletException, IOException
    {
    //取得输入的账号和密码
    String userid = request.getParameter("userid");
    String password = request.getParameter("password");
    if(userid!= null&&password!= null&&userid.trim().length()> 0&&password.trim().length()> 0)
    {
        String sql = "select * from oa_employee where EMPID = ? and EMPPASSWORD = ?";
        Connection cn = null;
        boolean check = false;
        try {
            Class.forName(driverName);
            cn = DriverManager.getConnection(url);
            PreparedStatement ps = cn.prepareStatement(sql);
            ps.setString(1, userid);
            ps.setString(2, password);
            ResultSet rs = ps.executeQuery();
            if(rs.next()) {
                check = true;
            }
            rs.close();
            ps.close();
        } catch(Exception e) {
            response.sendRedirect("login.jsp");
        } finally {
        try{
            cn.close();}catch(Exception e){}
        }
        if(check) {
            //取得会话对象
            HttpSession session = request.getSession(true);
            session = request.getSession(true);
            //将登录用户账号保存到会话对象
            session.setAttribute("userid", userid);
            //取得 Web 服务器对象
```

```java
        ServletContext application = this.getServletContext();
        //取得在线人数
        Integer onlinenum = (Integer)application.getAttribute("onlinenum");
        if(onlinenum == null) {
            //如果首个用户登录,设置在线用户数为1
            application.setAttribute("onlinenum",new Integer(1));
        } else {
            //否则增加在线用户个数
            application.setAttribute("onlinenum",++onlinenum);
        }
        //取得用户在线列表
        List userList = (List)application.getAttribute("userList");
        if(userList == null) {
            //用户首次登录
            userList = new ArrayList();
            userList.add(userid);
            application.setAttribute("userList", userList);
        } else {
            //非首个用户登录,则增加到用户列表中
            userList.add(userid);
        }
        response.sendRedirect("main.jsp");
        }
         else {
            response.sendRedirect("login.jsp");
        }
    }
}
    public void doPost (HttpServletRequest request, HttpServletResponse response) throws ServletException, IOException {
        doGet(request,response);
    }
}
```

3)主页 JSP 编程

主页 JSP 显示在线登录用户人数和在线用户列表。主页 JSP 代码如程序 8-6 所示。

程序 8-6 main.jsp 系统的主页 JSP。

```jsp
<!DOCTYPE html>
<html>
<head>
<meta charset = "UTF-8">
<title>OA 系统</title>
</head>
<body>
    <h1>办公自动化系统管理系统</h1>
    <hr/>
    在线人数:<% = String.valueOf((Integer)application.getAttribute("onlinenum")) %><br/>
    用户列表:<br/>
    <%
        List list = (List)application.getAttribute("userList");
        for(Object o:list) {
            out.println((String)o);
```

```
                out.println("<br/>");
            }
        %>
        <hr/>
        <a href="logout.do">注销</a>
    </body>
</html>
```

4）注销处理 Servlet 编程

注销处理 Servlet 的功能是销毁会话对象，将 ServletContext 对象中保存的在线用户人数减 1，并删除在线用户列表中的注销用户 ID。此 Serlvet 代码如程序 8-7 所示。

程序 8-7　LogoutAction.java 用户注销处理 Servlet。

```java
package com.city.oa.controller
import java.io.IOException;
import java.io.PrintWriter;
import java.util.ArrayList;
import java.util.List;
import jakarta.servlet.ServletContext;
import jakarta.servlet.ServletException;
import jakarta.servlet.http.HttpServlet;
import jakarta.servlet.http.HttpServletRequest;
import jakarta.servlet.http.HttpServletResponse;
import jakarta.servlet.http.HttpSession;
//注销用户处理
@WebServlet("/logout.action")
public class UserLogoutController extends HttpServlet {
    public void doGet(HttpServletRequest request, HttpServletResponse response) throws ServletException, IOException
    {
        HttpSession session = request.getSession(false);
        if(session!= null) {
            String userid = (String)session.getAttribute("userid");
            //取得 Web 上下文对象
            ServletContext application = this.getServletContext();
            //取得在线人数
            Integer onlinenum = (Integer)application.getAttribute("onlinenum");
            if(onlinenum!= null) {
                //减少在线用户个数
                application.setAttribute("onlinenum",onlinenum--);
            }
            //取得用户在线列表
            List userList = (List)application.getAttribute("userList");
            if(userList!= null) {
                //用户列表中删除注销的用户账号
                userList.remove(userid);
            }
            //销毁会话对象
            session.invalidate();
        }
        //重定向到登录页面
        response.sendRedirect("login.jsp");
    }
```

```
public void doPost(HttpServletRequest request, HttpServletResponse response)
  throws ServletException, IOException {
  doGet(request,response);
  }
}
```

8.5.2 案例部署与测试

使用 STS 工具将本项目部署到 Tomcat 服务器上,启动 Tomcat 服务器,使用浏览器请求登录页面。登录页面的显示如图 8-8 所示。

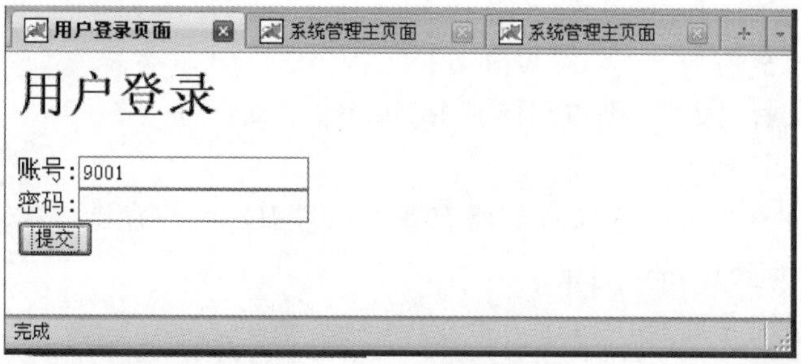

图 8-8 用户登录页面

在登录页面中输入正确的账号和密码,单击"提交"按钮,请求登录处理 Servlet。登录处理 Servlet 取得提交的账号和密码,验证合法后,自动重定向到案例主页 JSP 页面,如图 8-9 所示。

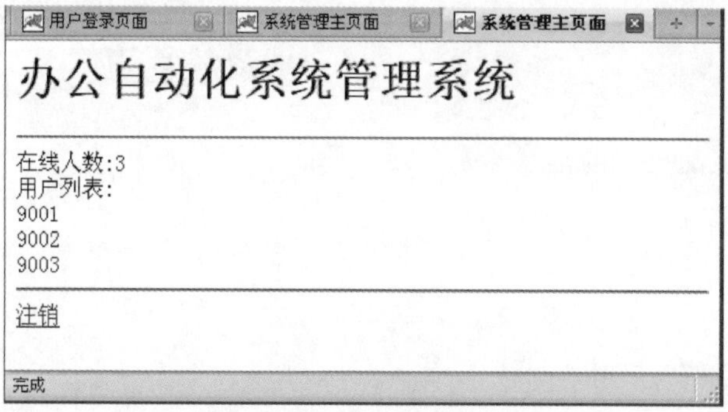

图 8-9 系统主页

在主页 main.jsp 中显示在线人数和在线用户列表。单击"注销"超链接后,进入注销处理 Servlet,注销处理结束后,自动重定向到登录页面,如图 8-8 所示。

通过此案例可以看到 ServletContext 对象的具体应用。作为 Web 应用级别的 ServletContext 容器,其可以保存跨用户的共享信息。

简答题

1. 使用 ServletContext 对象有哪些注意事项?
2. 简述重定向和转发的区别。
3. 简述重定向和转发的最佳使用情形。

实验题

1. 编写登录 JSP 页面/login.jsp,显示登录表单,如图 8-10 所示。
2. 编写登录处理 Servlet(此 Servlet 无显示,为控制器 Controller)。

包:com.ibm.erp.action。

类名:LoginAction。

映射地址:/login.action。

功能:

(1) 取得 ID 和密码。

(2) 如果 ID 或密码为空,则重定向到 login.jsp 页面。

(3) ID 写入 session。

(4) 使用 ServletContext 对象存储所有登录用户 ID 列表(存储方式自己设计)。

(5) 转发到主页 JSP/main.jsp。

3. 编写 OA 系统主页 JSP/main.jsp,如图 8-11 所示。

功能如下:

(1) 取得保存在 session 对象中的登录账号。

(2) 取得 ServletContext 中保存的在线用户 ID 列表并显示。

(3) 显示到注销的超链接。

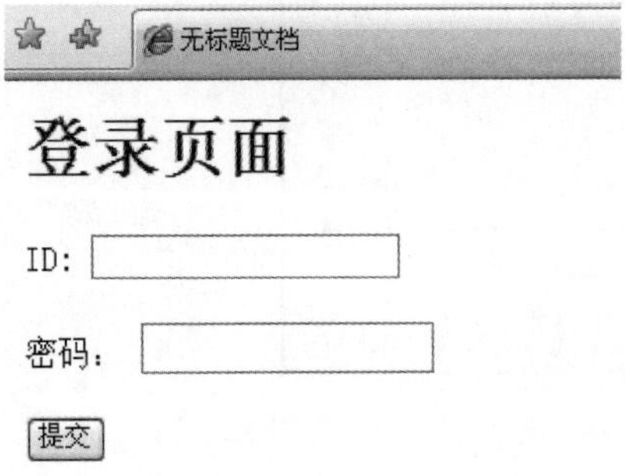

图 8-10　登录页面 　　　　图 8-11　主页/main.jsp 页面显示

(4) 单击"注销"超链接,跳转到注销处理 Servlet。

4. 编写注销处理 Servlet(此 Servlet 无显示,为控制器 Controller)。

包:com.ibm.erp.action。

类名:LogoutAction。

映射地址:/logout.action。

功能:

(1) 从 ServletContext 中取出登录 ID 列表,删除当前登录 ID,其余登录 ID 列表保存回

ServletContext 中。

(2) 销毁会话对象。

(3) 重定向到登录页面/login.jsp。

5. 编写监控登录用户列表的页面/admin.jsp。

其功能为显示所有在线用户列表，如图 8-12 所示。

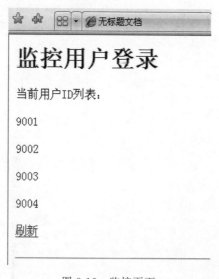

图 8-12　监控页面

第9章 Jakarta EE过滤器

本章要点

- 过滤器的概念
- 过滤器的主要功能
- 过滤器编程
- 过滤器配置
- 过滤器测试
- 过滤器应用案例

Web开发中经常遇到的任务是登录验证，如果用户没有登录，当请求需要登录才能访问的Web页面JSP或Servlet时，要求自动跳转到登录页面。任何一个企业级Web应用都会有许多的页面和控制器Servlet，如果在每个JSP页面和Servlet中都编写登录验证处理代码，会造成大量的代码冗余。

另外，对于开发中文Web遇到的汉字乱码问题，Web开发人员需要在每个接收输入参数的Web组件中编写汉字编码处理转换代码。和登录验证代码一样，如果在每个需要处理汉字乱码的JSP和Servlet都需要汉字转码代码，必然存在代码大量冗余问题。

如果将这些公共代码从每个Web组件中抽取出来，放在一个公共的类中，供所有需要这些公共功能代码的Web组件调用，就可以减少大量的冗余代码。

Java EE规范的设计者认识到这类问题的重要性，在Servlet 2.3规范中引入了新的Web组件技术，即过滤器（Filter），完美解决了上述难题。作为继任者，Jakarta EE继续提供对过滤器的支持。

9.1 过滤器概述

9.1.1 过滤器概念

过滤器就是对某种数据流动进行过滤处理的对象。在Jakarta EE Web应用中，这种数据流动就是HTTP请求数据流和HTTP响应数据流。

Jakarta EE 过滤器能够对 HTTP 请求头和请求体在到达 Web 服务器组件之前进行预处理；同时对 HTTP 响应头和响应体在发送到客户端浏览器之前进行附加处理操作，包括取得请求头的信息、根据取得的信息执行拦截操作，或修改请求/响应的头或体数据（如可以修改请求体数据的编码方式、增加请求头信息、在响应头中新增头信息，以及在响应体中附加额外信息等）等，这些操作都是在 Web 组件和浏览器毫不知情的情况下进行的。

过滤器的引入极大地减少了代码冗余，提高了系统的开发速度和效率，加快了项目的部署和交付，提高了软件开发团队的竞争力。

9.1.2 过滤器的基本功能

过滤器使用 AOP（Aspect Oriented Programming，面向方面程序设计）的编程思想，采用拦截和过滤技术，在 HTTP 请求和响应到达目标之前对请求和响应的数据进行预处理，以达到开发人员要求的任务和处理。以往这些预处理代码在没有过滤器时不得不分散在各个 Web 组件，如 JSP 和 Servlet 中，当这些代码需要修改时，开发人员面临大量的重复代码需要修改的困境。

过滤器可以对请求/响应头和请求体/响应体进行增加、修改、删除等操作，以满足 Web 应用开发中的各种需求。在实际 Web 应用项目的开发过程中，过滤器一般重点应用在如下领域。

（1）登录检查：检查用户是否已经登录，如果没有登录就访问有安全性要求的 Web 页面，则自动跳转到登录页面，要求用户进行登录。

（2）权限审核：进行用户权限检查，当权限级别不同的用户想访问高度机密的 Web 组件时，需要审核其权限是否达到此组件所要求的级别。如果用户不满足，则自动跳转到错误信息提示页面，告诉用户相关信息和接下来的操作步骤。

（3）数据验证：在请求数据到达 JSP 或 Servlet 之前，可以对请求数据进行合法性验证，如整数类型的数值是否符合业务逻辑（如员工年龄小于 18 大于 60）、Mail 地址是否合法等。将这些标准数据的验证集中放置在过滤器中，可以减少 Web 组件（如 JSP 或 Servlet）的编程工作量，避免代码冗余。

（4）日志登记：可以将某些类型的日志登记编写在过滤器中进行集中管理，如员工登录日志、注销日志等，便于今后的维护和管理。

（5）数据压缩/解压缩：过滤器可以用作请求数据的压缩或解压缩工具，对发送或接收的客户数据进行压缩和解压。

（6）数据的加密/解密：过滤器可以用作请求数据的加密或解密工具，对发送或接收的客户数据进行加密和解密。

9.2 Jakarta EE 过滤器 API

Java EE 规范从 Servlet 2.3 开始引入过滤器的 API 规范，目前 Jakarta EE 10 规范中的 Servlet 6.0 同样支持 Filter API。本书主要介绍基于 Jakarta EE 的过滤器，不再讲解 Java EE 过滤器 API。基于 Servlet API 的过滤器可以在 Web HTTP 请求到达 JSP 或 Servlet 之前对请求信息，或 Servlet/JSP 响应到达浏览器之前对响应信息进行修改操作，进而完成对请求和响应的过滤操作。

Jakarta EE Web Profile 的 Servlet API 规范提供了过滤器接口 Filter 及相关的接口 FilterConfig 和 FilterChain，并与其他 Servlet API，如请求对象、响应对象、会话对象、ServletContext 对象等一起协同实现过滤器的组件编程。

9.2.1 Filter 接口

所有过滤器都必须实现 jakarta.servlet.Filter 接口，该接口定义了过滤器必须实现的如下 3 个方法。

（1）public void init(FilterConfig filterConfig) throws ServletException：过滤器的初始化方法，在 Web 服务器创建过滤器对象后被调用，用于完成过滤器初始化操作，如取得过滤器配置的参数、连接外部资源等。

（2）public void doFilter(ServletRequest request, ServletResponse response, FilterChain chain) throws IOException, ServletException：过滤器的过滤方法，是过滤器的核心方法，在满足过滤器过滤目标 URL 地址的请求和响应时被调用。例如，过滤器的配置过滤地址是"/*"，则请求该 Web 应用中所有的地址时，此过滤器均开始过滤工作，即调用 doFilter 方法实现过滤和拦截功能。开发人员在此方法中编写过滤功能代码，如取得请求信息、执行拦截重定向或允许通过该过滤器到达目标地址，或修改请求头和请求体数据，以及修改响应头和响应体数据等。

（3）public void destroy()：过滤器的销毁方法，在过滤器被销毁之前被调用。此方法主要执行清理和关闭打开的资源操作，如关闭数据库连接、将指定信息保存到外部资源等。

9.2.2 FilterChain 接口

jakarta.servlet.FilterChain 用于表达多个过滤器构成的过滤器链，该接口提供了是否允许请求穿越链中的一个过滤器到达下一个过滤器的方法。在 Jakarta EE 规范中，如果多个过滤器配置的 URL 地址相同，则这些过滤器将构成该地址过滤和拦截的过滤器链，其结构如图 9-1 所示。

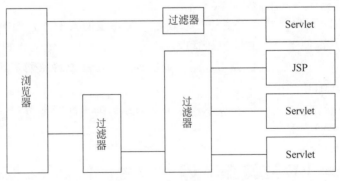

图 9-1　过滤器链的结构

过滤器使用 FilterChain 接口的 doFilter 方法调用过滤器链中的下一个过滤器，如果没有下级过滤器，doFilter 方法则请求拦截目标的 JSP 或 Servlet。如果在过滤器的过滤方法中不调用 FilterChain 的传递方法 doFilter，将截断对下级过滤器或地址对应目标的 JSP/Servlet 的请求或响应，使得 Web 容器没有机会运行目标 JSP 或 Servlet，达到阻断请求或响应的目的。

FilterChain 接口只定义了一个方法,具体如下:

```
public void doFilter(ServletRequest request, ServletResponse response) throws IOException, ServletException
```

此方法用于调用下级过滤器或最终的请求目标,如 JSP 或 Servlet。该方法传递请求对象和响应对象两个参数,将请求对象和响应对象传递到下级过滤器或 Web 组件,整个过滤器链可以共用同一个请求对象和响应对象。如果某个过滤器对请求或响应对象中的内容进行了修改,则下级过滤器或 Web 组件就会得到已经修改过的这些对象,借此完成过滤任务。例如,字符编码过滤器可以修改所有请求的字符编码,节省了在每个 JSP 或 Servlet 中进行字符编码转换的代码编程,提高了项目的开发效率。

在过滤器 Filter 的 doFilter 方法中会接收 FilterChain 对象参数,调用此对象的 doFilter 方法表示允许通过当前的过滤器。其示例代码如下:

```
public void doFilter(ServletRequest request, ServletResponse response, FilterChain chain ) throws IOException,ServletException{
    //设置请求的字符编码集为 UTF-8
    request.setCharacterEncoding("UTF-8");
    //允许通过此过滤器
    chain.doFilter(request,response);
}
```

9.2.3 FilterConfig 接口

javax.servlet.FilterConfig 接口定义了取得过滤器配置的初始参数的方法。除了可以取得过滤器的初始参数,过滤器还可以通过 FilterConfig 对象取得 ServletContext 服务器对象,进而取得 Web 应用的信息(如 Web 级的初始参数等)。该接口定义了如下方法。

(1) public String getInitParameter(String name):取得过滤器配置的初始参数。与 Servlet 配置初始参数一样,过滤器也可以配置初始参数。过滤器的配置支持注解类和 XML 两种方式。注解类方式配置下,可以直接在过滤器代码中设置初始化参数;XML 方式在 web.xml 文件中配置过滤器和初始化参数,这种方式可以在不修改过滤器源代码的情况下,通过修改 web.xml 文件完成过滤器初始参数的修改,提高了系统的可维护性。使用 FilterConfig 取得过滤器配置的初始化参数方法示例代码如下:

```
/**
 * 初始化方法
 */
public void init(FilterConfig config) throws ServletException {
    //取得 Filter 的初始化参数
    charset = config.getInitParameter("charset");
}
```

在 Filter 的初始化方法 init 中,通过传入的 FilterConfig 对象可以取得配置的初始参数名 charset 的值。

(2) public Enumeration getInitParameterNames():取得过滤器配置的所有初始参数,以枚举器类型返回。可以对此枚举器进行遍历,得到每个初始参数的名称。

(3) public String getFilterName()：取得配置的过滤器名称,如同取得 Serlvet 名称一样。每个过滤器都需要配置一个唯一的名称,实际编程中该方法使用较少。

(4) public ServletContext getServletContext()：取得过滤器运行的 Web 应用的 ServletContext 服务器对象,进而过滤器可以取得所有 Web 应用环境数据供过滤器使用。例如,网站访问次数计数器过滤器可以将访问次数存储在 ServletContext 对象中。此处提供了又一个取得 ServletContext 的方法,因为在 Web 应用开发中经常需要访问 ServletContext 对象,所以在所有 Web 组件的开发中,无论是 JSP、Servlet,还是 Filter 以及第 10 章介绍的 Listener,都会提供取得 ServletContext 对象的方法。

9.3 Jakarta EE 过滤器编程和配置

过滤器本身就是一个 Java 类,其完全按照编写 Java 类的方式来编写。如同编写 Servlet 一样,Filter 同样需要进行配置才能工作。

过滤器既支持使用注解类方式配置,也支持使用 XML 方式配置。注解类方式使用 @WebFilter 进行配置,XML 方式则在 Web 配置文件/WEB-INF/web.xml 中配置。

9.3.1 Jakarta EE 过滤器编程

Jakarta EE 过滤器的编程按如下步骤进行。

1. 定义过滤器类

编写过滤器需要定义过滤器类,并要求实现过滤器接口 jakarta.servlet.Filter。过滤器类的定义代码示例如下：

```
public class FilterClass implements Filter{
}
```

过滤器类实现 Filter 接口后,就需要重写该接口定义的所有方法。

2. 实现 Filter 接口的所有方法

在过滤器内要实现 Filter 接口定义的如下 3 个方法。

1) init 方法

在初始化方法 init 中可以取得 FilterConfig 对象,通过此对象可以取得过滤器配置的初始参数、打开到外部资源的连接等,完成过滤器的初始化任务。其示例代码如下：

```
public void init(FilterConfig config) throws ServletException {
    //初始化代码
}
```

init 方法传入 FilterConfig 类型对象,通过该对象可以取得过滤器配置的初始化参数,以及 Web 的 ServletContext 对象。

2) doFilter 方法

过滤方法 doFilter 是过滤器的核心方法,每当客户端请求地址 URL 符合过滤器配置的拦截地址时,过滤方法开始工作。

在请求阶段,doFilter 方法可以对请求头和请求数据进行处理,包括增加、修改和删除其部分内容。被修改的请求数据传递给下个过滤器，最终到达 JSP 或 Servlet，这样 Web 组件得到过滤器处理的请求对象，代替自身编写这些处理的代码。如果没有过滤器，每个 JSP 或 Servlet 可能都要在自己的请求处理方法 doGet 或 doPost 中编写这些由过滤器执行的代码，造成代码的大量冗余，降低了系统的可维护性。

反之，在 HTTP 响应阶段，doFilter 方法可对 JSP 或 Servlet 发送给浏览器的响应头和响应数据进行与请求数据类似的处理，被修改的响应数据也传给下个过滤器，最终到达客户端浏览器。浏览器显示的是被过滤器修改的响应数据，而此时 JSP 或 Servlet 并不知道自己发送给浏览器的响应已经被过滤器修改。

Filter 接口定义的 doFilter 方法传递了两个通用的 ServletRequest 请求对象和 ServletResponse 响应对象。如果要过滤并处理 HTTP 请求和响应，需要将它们进行强制类型转换，得到 HTTP 的请求对象和响应对象，即在 doFilter 方法中通常需要对传入的请求对象和响应对象进行强制类型转换，取得专门用于处理 HTTP 的请求对象和响应对象。其示例代码如下：

```
public void doFilter(ServletRequest req, ServletResponse res, FilterChain chain) throws IOException, ServletException {
    HttpServletRequest request = (HttpServletRequest)req;
    HttpServletResponse response = (HttpServletResponse)res;
    ... //请求和响应的处理代码
}
```

通过 doFilter 方法的参数类型可以知道 req 为 ServletRequest 对象，res 为 ServletResponse 对象。它们是通用的而不是专门处理 HTTP 请求和响应的对象，通常需要将它们转换为专门处理 HTTP 请求/响应的请求对象（HttpServletRequest）和响应对象（HttpServletResponse）。

3) destroy 方法

destroy 方法是过滤器的销毁方法，在过滤器被销毁前由服务器调用。在 destroy 方法中编写资源清理工作，如关闭数据库连接、关闭 I/O 流对象、清除 ServletContext 等共享对象中保存的无用属性等。该方法执行后过滤器的生命周期将终结。

3．简单的过滤器示例

在 Jakarta EE Web 应用开发中，汉字乱码处理是所有项目必须解决的问题。如果将汉字转码功能写在每个需要处理的 Servlet 中，会导致大量 Servlet 存在此冗余代码；如果使用过滤器，将转码处理代码写在过滤器中，则只需编写一次即可。程序 9-1 是一个使用请求对象修改请求体的字符编码集的过滤器。

程序 9-1 CharEncodingFilter.java 汉字乱码转码过滤器类。

```
package com.city.oa.filter;
import jakarta.servlet.Filter;
import jakarta.servlet.FilterChain;
import jakarta.servlet.FilterConfig;
import jakarta.servlet.ServletException;
import jakarta.servlet.ServletRequest;
import jakarta.servlet.ServletResponse;
import jakarta.servlet.annotation.WebFilter;
import jakarta.servlet.annotation.WebInitParam;
import jakarta.servlet.http.HttpFilter;
import java.io.IOException;
```

```java
/**
 * 将字符编码转换为UTF-8的过滤器
 */
@WebFilter(filterName = "CharsetFilter",
/*通配符(*)表示对所有的Web资源进行拦截*/
    urlPatterns = "/*",
    initParams = {
    /*这里可以放一些初始化的参数*/
        @WebInitParam(name = "charset", value = "utf-8")
})
public class UTF8EncodingFilter extends HttpFilter implements Filter {
    private String charset = null;

    /**
     * 初始化方法
     */
    public void init(FilterConfig config) throws ServletException {
        //取得Filter的初始化参数
        charset = config.getInitParameter("charset");
    }
    /**
     * 销毁方法
     */
    public void destroy() {
    }
    /**
     * 过滤方法,每次请求时调用
     */
    public void doFilter(ServletRequest request, ServletResponse response, FilterChain chain)
    throws IOException, ServletException {
        request.setCharacterEncoding(charset);
        chain.doFilter(request, response);
    }
}
```

在此过滤器的 init 方法中取得初始化参数,即要转码的目标字符串,如 UTF-8;在过滤方法 doFilter 中,通过请求对象的设置字符编码方法设置目标编码;调用过滤器链 FilterChain 对象的 doFilter 方法允许通过此过滤器,进入下个过滤器或目标地址。

此过滤器使用注解类@WebFilter进行配置,其过滤的请求地址 urlPatterns 的值是 "/*",即对该 Web 应用的所有请求地址都进行过滤和拦截。

9.3.2 Jakarta EE 过滤器配置

与 Servlet 的配置方式相同,Filter 的配置方式也支持两种方法,即注解类方式和 XML 方式。过滤器需要在配置注解类或 Web 应用的配置文件/WEB-INF/web.xml 中声明和过滤 URL 地址映射后才能开始过滤工作,如同 Servlet 的配置和映射,现在新项目开发推荐使用注解类配置方式。

1. 过滤器注解类配置方式

Jakarta EE 为配置 Filter 过滤器提供了注解类@WebFilter,该注解类使用在过滤器类的前面,对过滤器类进行配置。其配置语法如下:

```
@WebFilter(属性名 = 值,属性名 = 值, …)
public class 过滤器类 implements Filter {}
```

注解类@WebFilter 提供的主要属性如下。

(1) String[]urlPatterns：指定过滤器的过滤地址，是数组类型。其可以指定多个目标地址，如@WebFilter(uriPatterns={"/department/ * ","/behave/ * ","/employee/ * "})。

(2) String[]value：与 uriPatterns 相同，为默认属性。如果只有此属性，则可以省略属性名。其示例代码如下：

```
@WebFilter({"/department/ * ","/behave/ * ","/employee/ * "})
```

此时不需要使用 value 属性名，直接配置过滤地址，实际上是 value 属性的定义。其等价的定义代码如下：

```
@WebFilter(value = {"/department/ * ","/behave/ * ","/employee/ * "})
```

如果只有配置一个过滤地址，则可以省略{}，其示例代码如下：

```
@WebFilter("/department/ * ")
```

(3) WebInitParam[]initParams：配置过滤器的初始化参数，其类型是@WebInitParam 数组。此注解类与 Servlet 的初始化参数相同，其示例代码如下：

```
initParams = {
    * 这里可以放一些初始化的参数 * /
    @WebInitParam(name = "charset", value = "utf - 8")/
}
```

(4) String[]servletNames：直接指定要过滤的 Servlet 名。此方式没有使用过滤地址方便，无法一次配置多个地址，只能将过滤的 Servlet 一一列举，比较烦琐。其示例代码如下：

```
@WebFilter(servletNames = {"BehaveMainController","DepartmentMainController"})
```

实际配置时，使用 urlPatterns 确定过滤地址较多，配置 Servlet 名的比较少，因为项目中 Servlet 数量过于庞大，使用此方法需要很长的代码。

(5) String filterName：指定过滤器的名称，如果不指定，则默认的过滤器名称就是过滤器的类名，通常不需要指定此属性。

(6) String description：配置过滤器的说明，此配置属性可以省略。

其他属性很少使用，在此不再一一赘述，实际的注解类配置案例代码参见程序 9-1。

需要注意的是，使用注解类方式配置过滤器，当多个过滤器都配置了相同的过滤器地址时，Web 服务器会根据过滤器的类名的大小顺序执行过滤器，如 AFilter 一定先于 BFilter 的执行。如果要确定过滤器的执行顺序，则需要认真确定 Filter 的类名。

2. 过滤器 XML 配置方式

过滤器 XML 配置方式在 Web 应用的配置文件/WEB-INF/web.xml 中完成。其配置语法如下：

```
<?xml version = "1.0" encoding = "UTF - 8"?>
< web - appxmlns:xsi = "http://www.w3.org/2001/XMLSchema - instance" xmlns = "https://jakarta.ee/
```

```xml
xml/ns/jakartaee" xmlns:web = "http://xmlns.jcp.org/xml/ns/javaee" xsi:schemaLocation =
"https://jakarta.ee/xml/ns/jakartaee https://jakarta.ee/xml/ns/jakartaee/web-app_6_0.xsd
http://xmlns.jcp.org/xml/ns/javaee http://java.sun.com/xml/ns/javaee/web-app_2_6.xsd"
id="WebApp_ID" version="6.0">
<filter>
    <description>此过滤器完成对请求数据编写集进行修改</description>
    <display-name>字符集编码过滤器</display-name>
    <filter-name>EncodingFilter</filter-name>
    <filter-class>javaee.ch08.CharEncodingFilter</filter-class>
    <init-param>
        <description>数据库驱动器类名称</description>
        <param-name>driverName</param-name>
        <param-value>oracle.jdbc.driver.OracleDriver</param-value>
    </init-param>
    <init-param>
        <description>数据库URL地址</description>
        <param-name>dburl</param-name>
        <param-value>jdbc:oracle:thin:@210.30.108.30:1521:citysoft</param-value>
    </init-param>
</filter>
</web-app>
```

在过滤器配置语法中，如下标记分别完成对过滤器及其属性的配置。

（1）<filter>：此标记用于声明过滤器，此标记要在Web配置根标记<web-app>下面。其他Filter的子标记放在<filter>和</filter>中。

（2）<description>：用于对过滤器进行注释，说明过滤器的用途、特点和使用注意事项等文本信息。

（3）<display-name>：Filter在Web配置的图形工具软件中的显示名称，在使用某些IDE开发软件提供的图形化Web配置文件管理工具中进行过滤器的定位。

图9-2所示的STS集成开发工具提供的Web配置图形工具显示的Filter的信息。

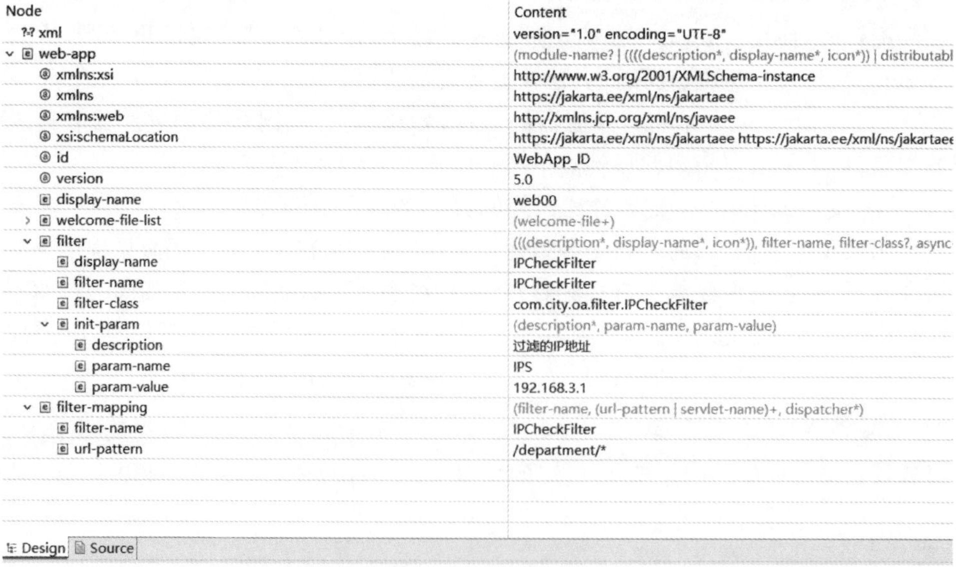

图9-2　STS集成开发工具提供的Web配置图形工具显示的Filter的信息

从图 9-2 左侧树状菜单中可以看到＜display-name＞标记显示的过滤器名称,以及其他标记定义的栏目显示。实际编程推荐大家使用文本编码方式进行配置管理,以强化配置语法的学习;到企业工作以后可使用图形化工具进行配置,以加快开发速度。

（4）＜filter-name＞：过滤器配置名称。其是 XML 配置的必需项目,每个过滤器都需要声明一个唯一的名称,一般使用过滤器的类名称作为此标记的值。

（5）＜filter-class＞：定义过滤器的全名,即包名和类名。Web 容器根据此定义值加载过滤器类,并调用过滤器的默认构造方法,创建过滤器实例对象。因此,要求过滤器必须有一个默认的无参数的构造方法,否则无法创建 Filter 对象。

（6）＜init-param＞：用于声明过滤器初始化参数。每个过滤器都可以声明自己的参数,使用 FilterConfig 对象的方法,即 public String FilterConfig.getInitParameter（String name）取得指定 name 的初始参数值。例如,取得上面过滤器声明中定义的 dburl 参数的代码如下：

```
String url = config.getInitParameter("dburl");
```

上述代码取得的参数值类型是 String 类型,开发者需要编程进行类型转换。

每个过滤器只能访问自己的初始参数,如果想使用共同的初始参数,则需要定义 Web 级的初始参数,参见 8.2.3 节的介绍。

每个过滤器都可以有 0 个或多个此标记,声明 0 个或多个初始参数,通过该标记的子标记＜param-name＞和＜param-value＞实现初始参数名称和值的声明。

（7）＜param-name＞：声明过滤器初始参数的名称,当取得参数值时需要提供参数名。

（8）＜param-value＞：声明参数的值,为字符串类型。

3. XML 方式的过滤器 URL 映射

过滤器需要对所过滤的 URL 进行映射,当浏览器访问的 Web 文档 URL 地址符合过滤器的映射地址时,此过滤器自动开始工作。如果有多个过滤器对某个 URL 地址都符合,则这些过滤器构成过滤器链,先声明的过滤器先运行,运行顺序与声明的次序一致,这一点与注解类配置方式不同。过滤器 URL 映射的语法如下：

```
< filter - mapping >
< filter - name > EncodingFilter </filter - name >
< servlet - name > SaveCookie </servlet - name >
< servlet - name > GetCookie </servlet - name >
< url - pattern >/employee/add.do </url - pattern >
< url - pattern >/admin/ * </url - pattern >
< dispatcher > FORWARD </dispatcher >
< dispatcher > INCLUDE </dispatcher >
< dispatcher > REQUEST </dispatcher >
< dispatcher > ERROR </dispatcher >
</filter - mapping >
```

过滤器 URL 映射使用如下标记进行过滤地址的映射。

（1）＜filter-mapping＞：用于过滤器 URL 地址的起始标记。此标记要在＜web-app＞之下,与＜filter＞标记平等层次,且在＜filter＞标记之后,即遵循先声明后映射的原则。它的子标记＜filter-name＞、＜url-pattern＞、＜servlet-name＞、＜dispatcher＞具体完成过滤器的

URL映射。

(2)＜filter-name＞：引用声明的过滤器名称。此标记的值应与过滤器声明中的＜filter-name＞值一致，否则导致Web应用部署错误。

(3)＜url-pattern＞：过滤器映射地址声明。URL地址的模式与Servlet基本相同。每个过滤器映射都可以定义多个＜url-pattern＞，实现对多个地址进行过滤。

(4)＜servlet-name＞：指示过滤器对指定的Servlet进行过滤，这里的servlet-name名称要与声明的Servlet名称一致，当浏览器请求此Servlet时，过滤器开始工作。同样，每个过滤器映射也可以有多个＜servlet-name＞子标签，表示可以对多个Servlet的请求进行过滤。此配置模式实际项目中很少使用，因为项目中的Servlet非常多，针对每个Servlet都进行配置会非常烦琐，因此使用url-pattern配置过滤器的过滤地址是最佳方式。

(5)＜dispatcher＞：从Servlet API 2.4开始，过滤器映射增加了根据请求的类型有选择地对映射地址进行过滤，提供标记＜dispatcher＞实现请求类型的选择。此标记的值选择如下：

① REQUEST：当请求直接来自客户时，过滤器工作。
② FORWARD：当请求来自Web组件转发到另一个组件时，过滤器工作。
③ INCLUDE：当请求来自include操作时，过滤器工作。
④ ERROR：当转发到错误页面时，过滤器工作。

默认情况下，当没有指定该标记时，过滤器对所有请求类型有效。实际项目中很少使用此配置项。Web开发者应根据实际业务需求决定使用何种请求类型进行过滤。

4. 过滤器URL映射规则

无论是注解类配置还是XML配置，过滤器映射URL地址时，都可以使用3种形式的地址映射方式。

(1)精确地址映射：此种方式将过滤准确的地址，目标是一个单一的Web文档。其示例映射代码：

```
<url-pattern>/employee/add.do</url-pattern>
```

上述代码只对/employee/add.do的请求进行过滤。

(2)目录匹配地址映射：此种方式将过滤某个目录及其子目录下的所有地址请求。其示例映射代码如下：

```
<url-pattern>/admin/*</url-pattern>
```

上述映射代码将对/admin/下和子目录下的所有请求实现过滤，对如下路径的请求都将实现过滤：

```
/admin/main.do
/admin/news/main.acttion
```

(3)扩展名匹配地址映射：此种方式将过滤符合特定扩展名的地址请求，目标可以是多个Web文档。其映射示例代码如下：

```
<url-pattern>*.action</url-pattern>
```

此模式将对所有含扩展名.action的请求实现过滤。如对如下地址的请求都实现过滤：

```
/admin/main.action
/employee/main.action
/info.action
```

需要注意的是,过滤器不支持目录匹配和扩展名匹配的混合模式。例如,以下过滤地址是非法的:

```
<url-pattern>/*.action</url-pattern>
<url-pattern>/department/*.do</url-pattern>
```

9.3.3 Jakarta EE 过滤器生命周期

过滤器对象由 Web 服务器创建和销毁,编写好的过滤器需要随项目部署到 Web 服务器上,如 Tomcat、GlassFish 等。每个过滤器对象都要经历其生命周期的如下 4 个阶段。

1. 创建阶段

当 Web 应用部署成功且 Web 服务器启动后,Web 容器会自动扫描有注解类 @WebFilter 的过滤器类,或者在 web.xml 配置文件中找到过滤器配置声明,根据声明的 <filter-class> 标记定义过滤器类,将类定义加载到服务器内存,调用此类的默认构造方法,创建过滤器对象。

2. 初始化阶段

Web 容器创建过滤器对象后,再创建 FilterConfig 对象,调用过滤器的 init 方法,传入 FilterConfig 对象,完成过滤器的初始化工作。init 方法只执行一次,以后每次执行过滤方法时 init 方法不再执行。与编写 Servlet 一样,将较耗时的连接外部资源的操作放入此方法中,以后过滤器每次执行过滤方法时只引用这些资源对象,将极大地提高系统的响应性能,改善用户的操作体验,用户会感觉系统反应灵敏,处理快捷,增加对系统的信心。

3. 过滤阶段

浏览器向 Web 服务器发出 HTTP 请求,当请求的 URL 地址符合过滤器地址映射时,首个声明的过滤器的过滤方法 doFilter 被 Web 容器调用,完成过滤处理工作。过滤处理完成后,执行 FilterChain 对象的 doFilter 方法,将请求传递给下一个过滤器,如果到达过滤器链末端,则传递到请求的 Web 文档,一般是 JSP 或 Servlet。每次请求符合过滤器配置的 URL 时,过滤方法都将执行一次。

4. 销毁阶段

在 Web 应用卸载或 Web 容器停止之前,destroy 方法会被 Web 容器调用,完成卸载操作,如关闭在 init 中打开的各种外部资源对象等,释放这些对象所占用的内存空间。执行 destory 方法后,Web 容器将销毁过滤器对象。过滤器对象被 JVM 垃圾收集器回收,释放过滤器对象所占内存。

掌握和了解过滤器的整个生命周期,就可以在实际项目开发时将不同的任务代码放置在最佳的地方执行,提高系统的性能并节省系统的有限资源。

9.4 过滤器主要过滤任务

过滤器的主要任务是对请求数据在未到达请求目标之前进行修改,对响应数据在未到达客户端浏览器时进行修改,当判断某种条件未满足时拦截并阻断请求。

9.4.1 处理 HTTP 请求

过滤器能在请求数据到达请求目标之前对请求头和请求体数据进行修改,这样请求对象得到的是经过过滤器修改后的请求头和请求对象属性,以达到过滤器数据类型转换的目的。过滤 HTTP 请求(HTTP Request)的任务主要如下。

1. 修改请求头

可以调用 ServletRequest 或 HttpServletRequest 的各种 set 请求头方法对请求头进行修改。修改请求数据的字符编码集示例代码如下:

```
//设置请求体数据的字符编码集为 UTF-8
request.setCharacterEncoding("UTF-8");
```

对汉字乱码问题,可以在过滤器中进行集中处理,避免在每个 Servlet 或 JSP 中进行请求体的字符编码转换编程。

2. 修改请求对象的属性

调用请求对象的 setAttribute 方法对请求对象的属性进行增加、修改和删除。其实例代码如下:

```
//设定请求对象的一个属性
request.setAttribute("infoType","image/jpeg");
//删除请求对象中的指定属性
request.removeAttribute("userId");
```

9.4.2 处理 HTTP 响应

过滤器可以在响应到达客户端浏览器之前对响应头和响应体进行转换、修改等操作,实现响应内容的定制,以满足业务需求。过滤器实现对响应处理的代码要在 FilterChain 的 doFilter 方法之后完成,而对请求处理的代码要在 doFilter 之前进行,即按如下流程进行:

```
public void doFilter(ServletRequest req, ServletResponse res, ilterChain chain) throws
IOException, ServletException {
    //修改请求头或请求体的代码,要放在 chain.doFilter 方法前面,即调用下个目标之前
    chain.doFilter(req, res);        // 传递到链中的下个过滤器
    //修改响应头或响应体的代码,要放在 chain.doFilter 方法后面,即过滤链传递之后
}
```

过滤器对响应处理的主要任务有如下两方面。

1. 修改响应头

过滤器使用过滤方法 doFilter 中传递的参数 ServletResponse 对象,调用响应对象的各种设置响应头的方法,实现对响应头的修改。如下为修改响应头的示例代码:

```
//修改响应体的响应类型为 PDF 文档
response.setContentType("application/pdf");
//修改响应体字符编码为 GBK
response.setCharacterEncoding("GBK");
```

2. 修改响应体内容

过滤器可以使用 Jakarta EE Web 规范提供的 HTTP 响应(HTTP Response)对象的特殊包装类 jakarta.servlet.http.HttpServletResponseWrapper 对响应体内容进行重新包装和处理,使浏览器接收到的是过滤器处理和修改过的响应数据。其实现示例代码在 9.6 节中介绍。

9.4.3 阻断 HTTP 请求

在开发 Web 应用时,经常需要对指定的 Web 组件(如 JSP、Servlet)的请求进行验证。如需要登录才能访问后台管理页面,如果没有登录,则会阻断用户对这些页面的访问,自动强制跳转到登录页面;如需要用户拥有一定权限才能访问指定的 Web 组件,如果用户权限不够,则显示信息提示其无法访问。如果在每个 JSP 和 Servlet 中都编写这些登录检查或权限检查的代码,势必造成代码的大量冗余,导致系统的可维护性差。将这些公共代码放置在过滤器中是最好的选择,这些重复代码集中存放,可使项目的编程和维护量大大减少。

在某种条件下要实现对请求的阻断,不让请求传递到链中的下个对象,只要在过滤器的过滤方法 doFilter 中不执行 FilterChain 的传递方法 doFilter,并执行响应对象的重定向方法 sendRedirect 即可。阻断请求的示例代码如下:

```
if(需要检查的条件成立){
    chain.doFilter(request, response);      //继续传递请求,调用下个过滤器或请求目标对象
}
else {
    //检查条件不成立,阻断请求,直接重定向到指定 URL
    response.sendRedirect("url");
}
```

9.5 用户登录验证过滤器案例

Web 应用中对安全 Web 组件的访问需要进行登录或权限的验证,只有已经登录的用户才能访问这些 JSP 或 Servlet。如果不使用过滤器而在每个 JSP 和 Servlet 中都编写用户是否登录的验证代码,势必造成代码的大量重复;而当验证规则和方法改变时,需要维护的 JSP 或 Servlet 过于庞大,导致项目难以维护。

在这些需要进行登录验证的 Web 组件之前设置登录验证过滤器是最佳的解决方案。

9.5.1 案例功能描述

在一个企业内部的信息管理系统中,所有的信息访问都要求在安全的情况下进行,必须是企业内部的员工才可以访问,即要求员工先登录系统。如果直接访问这些页面,系统将检查员工是否登录,如果没有登录,则直接跳转到登录页面/login.jsp。

为集中检查用户是否登录，避免验证代码分散在需要检查登录的 JSP 或 Servlet 中，设计此登录验证过滤器，对此 Web 的所有请求进行过滤和拦截（登录页面/login.jsp 和登录处理 Servlet 除外）。

在登录处理 Servlet 中，如果验证账号和密码合法，则将用户账号保存到会话对象 session 中，没有登录则会话对象中不会包含用户账号。

在过滤器中检查会话对象中是否含有登录账号，则可以检查用户是否登录。如果用户已经登录，则调用 FilterChain 的 doFilter 方法传递到过滤器链的下个目标，允许通过此过滤器；否则不执行 doFilter 方法，阻断此次请求，并重定向到登录页面，完成此过滤器要求的功能。

9.5.2 案例设计与编程

登录检查过滤器首先取得请求地址的 URL 地址（站点内的地址），对与登录相关的页面和处理 Servlet，以及错误信息显示页面直接通过，不进行登录过滤检查；对其他 Web 组件则进行登录检查，如果会话对象不存在或会话对象中没有账号的属性，则阻断请求，直接重定向到登录页面。完成案例功能的过滤器代码如程序 9-2 所示。

程序 9-2 LoginCheckFilter.java 登录检查过滤器。

```java
package com.city.oa.ch09;
import java.io.IOException;
import jakarta.servlet.Filter;
import jakarta.servlet.FilterChain;
import jakarta.servlet.FilterConfig;
import jakarta.servlet.ServletException;
import jakarta.servlet.ServletRequest;
import jjakarta.servlet.ServletResponse;
import jakarta.servlet.*;
import jakarta.servlet.http.*;
import jakarta.servlet.annotation.WebFilter;
//登录检查过滤器
@WebFilter(urlPatterns = {"/*"})
public class LoginCheckFilter implements Filter
{
    private FilterConfig config = null;
    private String webroot = null;
    public void init(FilterConfig config) throws ServletException
    {
        this.config = config;
        ServletContext ctx = config.getServletContext();
        webroot = ctx.getContextPath();
    }
    public void destroy()
    {
        System.out.println("登录检查过滤器销毁");
    }
    public void doFilter(ServletRequest req, ServletResponse res,
        FilterChain chain) throws IOException, ServletException
    {
        HttpServletRequest request = (HttpServletRequest)req;
```

```
            HttpServletResponse response = (HttpServletResponse)res;
            HttpSession session = request.getSession(false);
            String uri = request.getRequestURL();
            request.setCharacterEncoding("UTF-8");
            //判断请求地址是否是登录页面、登录处理 Servlet 及错误信息显示页面
            if(uri!= null&&(uri.equals(webroot + "/login.jsp")||uri.equals(webroot + "/login.
action")||uri.equals(webroot + "/error.jsp"))) {
                //登录页面、登录处理 Servlet、错误页面直接通过过滤器,不拦截
                chain.doFilter(req, res);
            } else{
                //检查 session 和 session 中的账号是否存在,选择阻断或通过
                if(session == null) {
                    response.sendRedirect(webroot + "/login.jsp");
                }else {
                    String userId = (String)session.getAttribute("id");
                    if(userId == null) {
                        response.sendRedirect(webroot + "/login.jsp");
                    } else {
                        chain.doFilter(req, res);
                    }
                }
            }
        }
    }
```

此登录检查过滤器使用注解类方式配置,因此不需要编写 web.xml 的代码。

在使用 IDE 工具编写 Filter 类时,通常使用工具的 Filter 向导完成编程,可以极大地提高编程效率。

STS 或 Eclipse 集成开发工具创建 Filter 的过程相同,在项目的 Java 包中右击,在弹出的快捷菜单中选择 New→Others→Web→Filter,会显示图 9-3 所示的 Filter 创建向导界面。

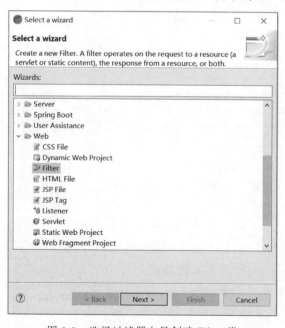

图 9-3　选择过滤器向导创建 Filter 类

选择 Filter，会显示图 9-4 所示的过滤器定义界面。

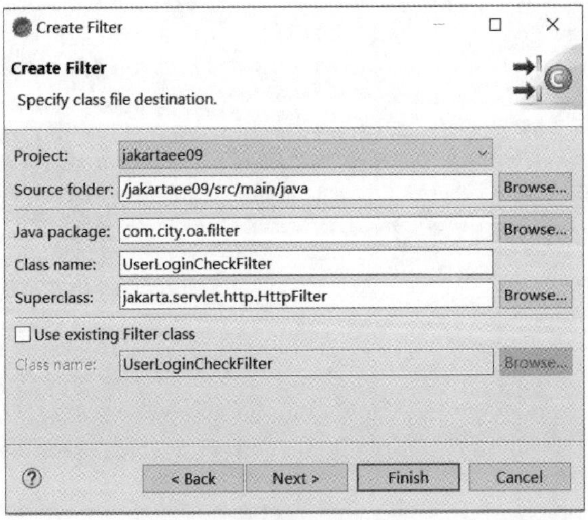

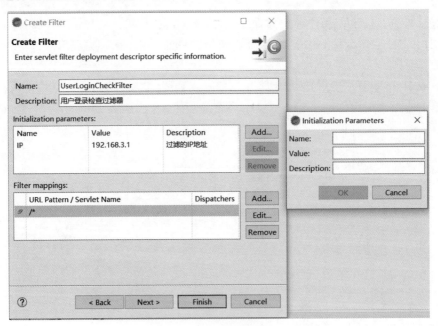

图 9-4　过滤器定义界面

在过滤器定义界面中确定过滤器所在的项目、Java 代码的目录、包、类名、继承的父类。这里需要指定包名(package)和类名(Class name)，其他参数取默认值即可。单击 Next 按钮，进入过滤器配置界面，如图 9-5 所示。

图 9-5　过滤器配置界面

在过滤器配置界面中输入过滤器的名称(Name)、说明(Description)、初始化参数(Initialization parameters)、过滤器的过滤地址(Filter mappings)。通过界面的 Add、Edit 和 Remove 按钮可以实现对应项目的增加、修改和删除。

增加初始化参数时，必须输入参数的 Name 和 Value，参数的说明(Description)选填。单击 Next 按钮，进入过滤器的实现接口和方法选择界面，如图 9-6 所示。

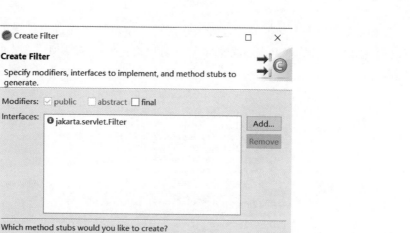

图 9-6　实现接口和方法选择界面

在过滤器的实现接口和方法选择界面默认实现 jakarta.servlet.Filter 接口,该不能改变,但可以增加其他附加接口。通常不需要选择生成过滤器的构造方法,即不选中 Constructors from superclass 复选框。单击 Finish 按钮,完成过滤器代码的生成和配置。注意,最新版的 Jakarta EE 的 Filter 自动生成的是 XML 配置代码,不是注解类配置代码,如果使用 Java EE 的 Filter,则默认使用注解类配置。开发者可以手动删除 XML 配置代码,自己编写注解类配置。Filter 向导生成的过滤器代码如图 9-7 所示。

```java
package com.city.oa.filter;
import jakarta.servlet.Filter;
/**
 * Servlet Filter implementation class UserLoginCheckFilter
 */
public class UserLoginCheckFilter extends HttpFilter implements Filter {
    /**
     * @see Filter#destroy()
     */
    public void destroy() {
        // TODO Auto-generated method stub
    }
    /**
     * @see Filter#doFilter(ServletRequest, ServletResponse, FilterChain)
     */
    public void doFilter(ServletRequest request, ServletResponse response, FilterChain chain) {
        // place your code here
        // pass the request along the filter chain
        chain.doFilter(request, response);
    }
    /**
     * @see Filter#init(FilterConfig)
     */
    public void init(FilterConfig fConfig) throws ServletException {
        // TODO Auto-generated method stub
    }
}
```

图 9-7　Filter 向导生成的过滤器代码

开发者需要在向导生成的过滤器代码骨架中填写实现过滤任务的代码(将程序9-2的代码复制即可),同时STS过滤器向导自动生成过滤器的XML方式的配置代码,如图9-8所示。

图9-8　Filter向导生成的过滤器的配置代码

9.5.3　案例过滤器测试

在没有登录的情况下直接请求员工管理主页面/employee/main.jsp,将直接重定向到登录页面/login.jsp。

在登录页面输入正确的账号和密码,登录成功后,再请求员工管理主页,则可以进入此页面。

编写过滤器阻断请求的关键是不执行chain.doFilter(req,res),应根据业务需求决定何时进行请求阻断。

9.6　修改响应头和响应体的过滤器案例

在本案例中编写一个过滤器实现对JSP页面的过滤,将一个公共的Foot信息,如版权、单位信息插入每个JSP中,避免了每个页面嵌入Foot代码。如果要修改此Foot的信息,只要修改过滤器即可,不需要修改每个JSP页面。虽然可以使用include动作、include指令或其他第三方框架如Tiles、SiteMesh来完成此功能,但过滤器以其简单高效的特性依然具有一定的竞争优势。

9.6.1　案例功能描述

在一个公司的Jakarta Web应用中,每个JSP页面和HTML静态页面都需要显示公司的版权、公司名称和联系方式等公共的底部信息。将显示在每个页面的底部信息,如版权、公司名称和联系方式的代码抽取到过滤器中,过滤器再对这些JSP页面进行过滤,修改其HTML代码,将底部信息增加到每个页面,可以减少大量的代码冗余。

9.6.2 案例设计与编程

为避免在每个 JSP 和静态网页中都编写这些公共信息的代码,设计一个能修改响应的过滤器,对所有 JSP 和 HTML 网页的请求进行过滤。在 JSP 和 HTML 网页到达客户端浏览器之前,对响应体数据进行修改,插入 Footer 公共信息。

1. 设计响应体数据包装类

要让过滤器能修改过滤的响应体内容,必须先定义一个响应输出流封装器类。该类继承 HttpServletResponseWrapper 父类,并重写 getWriter 和 toString 方法。此类的功能是取得 JSP 页面的响应内容,实现插入公共底部信息的功能。此封装器代码如程序 9-3 所示。

程序 9-3 FoolterResponseWrapper.java 响应内容的包装类。

```
package com.city.oa.filter;
import java.io.*;
import jakarta.servlet.*;
import jakarta.servlet.http.*;
import jakarta.servlet.http.HttpServletResponseWrapper;
//HTTP 响应体封装类
public class FooltResponseWrapper extends HttpServletResponseWrapper
{
    private CharArrayWriter buffer = null;
    public FooltResponseWrapper(HttpServletResponse response)
    {
        super(response);
        buffer = new CharArrayWriter();
    }
    //取得字符数组输出流的字符输出流
    public PrintWriter getWriter()
    {
        return new PrintWriter(buffer);
    }
    //重写 toString 方法,取得字符数组输出流
    public String toString() {
        return buffer.toString();
    }
}
```

2. 页面底部公共内容增加过滤器

底部信息附加过滤器的功能是拦截所有 JSP 页面的请求和响应,修改响应内容,叠加过滤器中配置的 Footer 参数的底部信息。完成此功能的过滤器代码如程序 9-4 所示。

程序 9-4 FooterContentAppendingFilter.java 增加 JSP 页面底部 Foot 信息过滤器。

```
package com.city.oa.filter;
import jakarta.servlet.Filter;
import jakarta.servlet.FilterChain;
import jakarta.servlet.FilterConfig;
import jakarta.servlet.ServletException;
import jakarta.servlet.ServletRequest;
import jakarta.servlet.ServletResponse;
import jakarta.servlet.annotation.WebFilter;
```

```java
import jakarta.servlet.annotation.WebInitParam;
import jakarta.servlet.http.HttpFilter;
import jakarta.servlet.http.HttpServletResponse;
import java.io.CharArrayWriter;
import java.io.IOException;
import java.io.PrintWriter;
import com.city.oa.wrapper.FoolterResponseWrapper;
/**
 * JSP 页面底部内容增加过滤器
 */
@WebFilter(urlPatterns = "*.jsp",
    initParams = { @WebInitParam(name = "footer", value = "<h5>@COPY RIGHT 2023 新技术科技有限公司版权所有</h5>")}
)
public class FooterContentAppendingFilter extends HttpFilter implements Filter {
    private String footer = null;
    /**
     * 过滤器初始化方法
     */
    public void init(FilterConfig config) throws ServletException {
        //取得增加的底部 Foot 字符串
        footer = config.getInitParameter("footer");
    }
    /**
     * 过滤器销毁方法
     */
    public void destroy() {
    }

    /**
     * 过滤器过滤方法
     */
    public void doFilter(ServletRequest request, ServletResponse response, FilterChain chain)
throws IOException, ServletException {
        //创建包装类对象
        FoolterResponseWrapper wrapper = new FoolterResponseWrapper((HttpServletResponse) response);
        //调用目标的请求
        chain.doFilter(request, wrapper);
        //响应数据修改处理,要放在 doFilter 方法之后
        CharArrayWriter outbuffer = new CharArrayWriter();
        String outstring = wrapper.toString();
        //取得</doby>标记的位置,在该标记之前插入 Footer 文本
        int position = outstring.indexOf("</body>") - 1;
        outbuffer.write(outstring.substring(0, position));
        //插入初始参数中的 Footer 文本
        outbuffer.write("<hr/>" + footer + "<hr/><body><html>");
        response.setContentType("UTF-8");
        PrintWriter out = response.getWriter();
        out.write(outbuffer.toString());
        out.flush();
        out.close();
    }
}
```

过滤器使用注解类@WebFilter进行配置,过滤所有JSP页面的请求和响应,并配置初始化参数footer,为所有页面增加底部信息字符串。在过滤器的初始化方法init中取得此底部数据,在过滤方法doFilter中将其附加到响应体中。

需要注意的是,要修改拦截目标的响应内容,需要在调用过滤器链的doFilter之后再进行响应内容的修改。

9.6.3 案例过滤器测试

访问网站中的JSP页面,过滤器开始工作,拦截发送给浏览器的HTTP响应,插入Footer文本信息。访问JSP页面/department/main.jsp,显示页面如图9-9所示。

图 9-9　过滤器修改响应体数据显示页面

图9-9中的版本信息不是JSP页面的代码,而是过滤器附加上去的,以后请求所有的JSP页面时,都会自动附加此Foot底部信息。部门主页JSP页面代码如程序9-5所示。

程序 9-5　/department/main.jsp部门主页页面代码。

```jsp
<%@ page language="java" contentType="text/html; charset=UTF-8"
    pageEncoding="UTF-8"%>
<!DOCTYPE html>
<html>
<head>
<meta charset="UTF-8">
<title>OA系统</title>
</head>
<body>
<h1>部门管理主页</h1>
<hr/>
|<a href="toadd.do">增加部门</a>
|<a href="tomodify.do">修改部门</a>|
<a href="todelete.do">删除部门</a>|
<hr/>
</body>
</html>
```

如果没有过滤器,则单独请求该页面,如图9-10所示。

通过此案例可以了解过滤器如何修改响应数据,以及对多种请求类型的过滤的映射。实际中过滤器可以提供其他各种各样的任务,读者可以在互联网上参考过滤器的各种示例和代码,丰富过滤器编程和应用的经验。

图 9-10 没有过滤器时的部门主页

简答题

1. 简述过滤器软件设计模式与 OOP 编程模式的不同。
2. 简述过滤器的主要应用领域。

实验题

1. 编写一个过滤器,用于监测用户是否登录,如果没有登录,则重定向到登录页面。
2. 编写一个过滤器,过滤后台管理目录/admin 下的所有请求,当用户名不是 admin 时,自动重定向到错误页面,提示没有管理员权限。

第10章

Jakarta EE监听器

本章要点

- 监听器概念
- 监听器的主要功能
- 监听器的类型
- 监听器编程
- 监听器配置
- 监听器应用案例

基于Java语言的面向对象编程（Object Oriented Programming，OOP）的关键是创建对象、调用对象方法、改变对象属性和销毁对象。Java类的实例对象从创建到销毁的过程称为对象的生命周期，掌握每个Java对象的生命周期对项目的开发至关重要。

在Java SE应用开发中，绝大多数对象的创建、调用和销毁都由开发人员编程实现，这种情况下对象的生命周期完全由程序员掌控。

而Jakarta EE Web应用开发中情况大不相同，Jakarta EE中绝大多数组件对象的生命周期由服务器进行管理，开发者负责编写符合Jakarta EE规范的组件，如JSP、Servlet、Filter、Listener等，将它们部署到符合Jakarta EE规范的服务器上，由服务器负责这些对象的创建、调用和销毁。客户端无法直接调用这些部署在服务器上的组件对象的方法，只能通过Jakarta EE规范中定义的相关协议来请求服务器，服务器接收到请求后再决定哪个对象被创建、调用和销毁。Jakarta EE组件对象的创建、调用和销毁完全由服务器决定。

在Jakarta EE Web应用开发中，经常需要监控主要Web对象（如请求对象、会话对象、服务器对象）的创建和销毁，或监控这些对象的属性改变，去执行相应的业务功能，这就需要使用某种机制来完成。为此，Java EE规范在Servlet 2.3版本中引入了监听器（Listener）规范，并提供相应的接口和类来实现上述机制，Jakarta EE继续提供监听器实现与Java EE的功能兼容。

10.1　监听器概述

要开发监听器,必须了解监听器的概念和类型、主要功能和适合的应用场合,从而选择最合适的监听器来实现业务需求。

10.1.1　监听器概念

监听器就是能监测其他对象活动的对象,当监测的对象发生变化时,会自动运行监听器方法,完成特定的功能和任务。日常生活中有许多监听器的应用案例,如煤气报警器,当检测到空气中有煤气时,煤气报警器就会发出报警声,自动关闭煤气阀门。

Jakarta EE Web 规范中的监听器就是使用 Java 语言编写的 Java 类对象,其能监测 Web 应用中的如下 3 个关键对象及其属性的变化。

(1) ServletContext 服务器对象:应用服务器对象,监听其创建和销毁,以及其保存的属性数据的变化,包括增加、替换和删除。

(2) HttpSession 会话对象:监听会话对象的创建和销毁,以及其属性数据的变化,包括增加、替换和删除。

(3) ServletRequest 请求对象:监听请求对象的创建和销毁,以及其属性数据的变化,包括增加、替换和删除。

当以上对象的生命周期或属性发生变化时,监听这些对象变化的监听器中的监听方法就会自动运行,从而完成监听任务。

Jakarta EE Web 监听器能监听的 Web 组件对象是有限制的,只能监听上述 3 种 Web 应用对象,其他 Web 对象如响应对象 Response、过滤器 Filter 对象、Cookie 对象和 Servlet 对象等则无法被监听。

10.1.2　监听器基本功能

由于 Jakarta EE Web 监听器能自动监测 Web 中最主要的 ServletContext 服务器对象、HttpSession 会话对象和 ServletRequest 请求对象的生命周期和属性变化,因此实际项目中经常使用监听器完成如下任务。

(1) 网站访问人数或次数计数器:访问人数计数是所有综合门户网站的生命,是网站广告标价的基础。国内知名门户网站如搜狐、新浪等广告之所以价格高,就在于其每日拥有巨大的访问量。

(2) 网站登录用户人数和在线用户监测:可以使用监听器完成 Web 应用已经登录人数和在线用户列表的登记处理。这是许多网上论坛、网上购物网站、Mail 在线系统、即时通信系统等必须具有的功能。

(3) 系统日志生成:监听器可以对 Web 应用的关键事件进行记录,如 Web 服务器的启动和停止、用户的登录和注销等,便于日后进行系统的管理、追踪和维护。

(4) 会话超时后的清理工作:例如,在网上商城购物网站中,会在会话对象中保存购物车信息,当用户没有注销而是直接关闭浏览器时,可以使用监听器监测会话对象,在会话对象销毁之前清除会话对象中包含的关联数据,如数据库表中的购物记录等。

10.2 监听器类型

根据对 Jakarta EE Web 应用中不同对象和属性变化的监听，监听器有不同的类型，每种监听器都使用专门的 API 接口和类来实现。Jakarta EE Web 规范提供了如下类型的监听器和对应的监听器事件类。

（1）ServletContext 对象监听器。
（2）ServletContext 对象属性监听器。
（3）HttpSession 对象监听器。
（4）HttpSession 对象属性监听器。
（5）HttpServletRequest 对象监听器。
（6）HttpServletRequest 属性监听器。

对于每种监听器对象，当其监测的事件发生时，如创建请求对象、增加会话对象的属性等，Web 服务器都会自动创建一个事件对象，将发生事件的信息保存到此对象中，并将此对象传递给监听器方法。监听器通过此事件对象取得发生事件的信息，如增加的属性的 name 和 value。每种监听器都有对应的事件对象类型，Jakarta EE Web 规范支持的所有监听器和事件对象类型如表 10-1 所示。

表 10-1 Jakarta EE Web 规范支持的所有监听器和事件对象类型

监听器接口（Listener Interface）	引入版本	监听器事件类（Event Object）
ServletContextListener	2.3	ServletContextEvent
ServletContextAttributeListener	2.3	ServletContextAttributeEvent
HttpSessionListener	2.3	HttpSessionEvent
HttpSessionAttributeListener	2.3	HttpSessionAttributeEvent
HttpSessionActivationListener	2.3	HttpSessionActivationEvent
HttpSessionBindingListener	2.3	HttpSessionBindingEvent
HttpSessionIdListener	2.3	HttpSessionIdEvent
ServletRequestListener	2.4	ServletRequestEvent
ServletRequestAttributeListener	2.4	ServletRequestAttributeEvent

下面各节分别介绍每种监听器的编程、配置和应用。由于 Jakarta EE Web 的监听器能监听的对象本身都是容器对象，因此监听的类型主要分为对这些对象创建和销毁的监听，以及对其属性变化的监听，如增加、替换和删除的事件监听。

10.3 ServletContext 对象监听器

10.3.1 ServletContext 对象监听器概述

ServletContext 对象在 Web 应用中生存周期最长，当 Web 应用启动后，此对象被 Web 容器自动创建，并一直驻留在 Web 服务器的内存中，只有当 Web 服务器停止或 Web 应用删除，此对象才被销毁。

通过 ServletContext 对象可以得到 Web 应用的配置信息，如 Web 级初始化参数和 Web 容器自身的信息，如 Web 服务器名称、支持的 Servlet 的版本。

ServletContext 对象本身最重要的作用是作为整个 Web 应用的共享容器使用，保存整个 Web 应用范围内的共享数据。许多 Web 应用框架如 Struts2、WebWork、Spring MVC 等都将框架基本结构信息存储到 ServletContext 对象，并在 Web 启动后自动把框架数据从配置文件读出并存入此对象中。

ServletContext 对象监听器能监听该对象生命周期中的创建和销毁两个关键的状态，并分别提供了对应的监听方法来实现对该对象创建和销毁的监听和处理。

Jakarta EE Web 提供了如下接口和类进行 ServletContext 对象监听器的编程。

（1）监听器接口 jakarta.servlet.ServletContextListener：其定义了 ServletContext 对象生命周期监听器必须具有的方法。

（2）事件类 jakarta.servlet.ServletContextEvent：其定义了取得监听对象的方法。在监听器方法内，通过此事件对象可以取得其监听的 ServletContext 对象。

10.3.2　ServletContext 对象监听器编程

要编写 ServletContext 对象监听器，应按照如下步骤进行。

（1）定义监听器类并实现 jakarta.servlet.ServletContextListener 接口。

（2）实现接口中定义的如下两个方法。

① public void contextInitialized(ServletContextEvent event)：ServletContext 对象创建的监听方法。当 Web 服务器创建 ServletContext 对象后，该方法自动执行，通常用于监控服务器的启动。

② public void contextDestroyed(ServletContextEvent event)：ServletContext 对象销毁的监听方法。在 Web 服务器销毁 ServletContext 对象前，此方法自动执行，可用于监控服务器的停止。当此方法执行完成后，服务器才能停止，因此不用在此方法中执行超长时间的任务。

这两个方法都传递 ServletContextEvent 类型对象，此对象中封装了 ServletContext 对象，可以通过它取得 ServletContext 对象，进而访问 Web 应用服务器中的信息。一个简单的 ServletContext 对象监听器示例如程序 10-1 所示。

程序 10-1　ServerStartAndStopListener.java 监听服务器启动和停止的监听器。

```
package com.city.oa.listener;
import jakarta.servlet.ServletContext;
import jakarta.servlet.ServletContextEvent;
import jakarta.servlet.ServletContextListener;
import jakarta.servlet.annotation.WebListener;
/**
 * 服务器启动和停止监听器
 */
@WebListener("监听服务器启动和停止,实现用户在线人数的初始化和保存")
public class ServerStartAndStopListener implements ServletContextListener {
    //在线用户个数
    private int userOnlineNumber = 0;
    //累计网站访问次数
```

```java
        private int webVisitNumber = 0;
        //监听 ServletContext 对象创建方法
        public void contextInitialized(ServletContextEvent event)
        {
            //对象创建处理代码
            ServletContext application = event.getServletContext();
            application.setAttribute("useOnlineNumber", userOnlineNumber);
            //取得从前累计访问次数
            //这些没有展示 UserOnline 的类及其方法代码
            //读者可以自己实现其功能
            //webVisitNumber = UserOnline.getVisitNumber();
            application.setAttribute("webVisitNumber", webVisitNumber);
        }
        //监听 ServletContext 对象销毁方法
        public void contextDestroyed(ServletContextEvent event)
        {
            //对象销毁处理代码
            ServletContext application = event.getServletContext();
            //取得 ServletContext 对象中存储的网站访问次数
            webVisitNumber = (Integer)application.getAttribute("webVisitNumber");
            //调用业务方法将人数存入 DB
            //这些没有展示 UserOnline 的类及其方法代码
            //读者可以自己实现其功能
            //UserOnline.saveVisitNumber(userOnlineNumber);
        }
    }
```

本示例用于完成网站访问计数器的计数数据的前期准备和后期维护工作。

在 Web 服务器启动后，示例中的监听器监测到 ServletContext 对象创建，自动执行 contextInitialized 方法，取得以前保存的网站访问次数。使用 ServletContextEvent 对象取得 ServletContext 对象，将历史访问次数存入 ServletContext 对象中，将来监测到用户访问网站时，自动进行计数器累加。

在 Web 服务器关闭之前，此监听器监测到 ServletContext 对象将要被销毁，Web 容器自动执行此监听器的 contextDestroyed 方法，完成从 ServletContext 对象中取得累计访问次数并写入数据库表或外部文件中。

示例代码中，UserOnline 为网络访问计数器和在线用户计数的业务实现类，分别定义取得历史网站访问次数和保存访问次数的方法，读者可以根据需要自己编写此类代码，其功能非常简单，就是将网站的单击次数保存到数据库或文本文件中。

10.3.3　ServletContext 对象监听器配置

与 Servlet、过滤器一样，监听器也需要配置才能被 Jakarta EE 服务器识别并运行。监听器同样支持注解类配置和 XML 配置两种配置方式。

1．监听器注解类配置方式

监听器注解类配置方式使用注解@WebListener，直接加在监听器类前即可。其示例代码如下：

```java
@WebListener
public class ServerStartAndStopListener implements ServletContextListener {
```

```
        //方法体代码
    }
```

该注解类只有一个字符串类型的属性 String value 用于配置监听器的说明。其示例代码如下：

```
@WebListener(value = "服务器启动和停止监听器")
public class ServerStartAndStopListener implements ServletContextListener {
    //方法体代码
}
```

由于 value 是注解类的默认属性名，因此可以省略 value，直接配置说明字符即可。其示例代码如下：

```
@WebListener("服务器启动和停止监听器")
public class ServerStartAndStopListener implements ServletContextListener {
    //方法体代码
}
```

2. 监听器 XML 配置方式

监听器的 XML 配置方式配置代码写在/WEB-INF/web.xml 中，其通知 Web 容器此监听器的存在，才能实现监听器的自动运行。监听器的 XML 方式配置示例代码如下：

```
<!-- ServletContext 对象创建和销毁监听器 -->
<listener>
    <listener-class>com.city.oa.listener.ServerStartAndStopListener</listener-class>
</listener>
```

配置监听器较 Servlet 和过滤器要简单，既不需要映射地址，也不需要初始化参数，只需指定监听器的包和类名即可。

如果监听器需要初始化参数，可以定义 Web 级初始参数，通过监听器的事件类对象取得 ServletContext 对象，进而取得配置在 web.xml 中的 Web 初始参数，监听器自身无法配置初始化参数。

10.3.4 ServletContext 对象监听器应用

ServletContext 对象监听器主要完成 Web 应用的初始化工作，将整个 Web 应用需要共享的数据预先保存到 ServletContext 对象中，Web 应用的其他组件，如 JSP 和 Servlet 都可以访问 ServletContext 对象保存的这些共享数据。

Web 框架一般使用 ServletContext 对象监听器读取该框架的初始配置文件（Web 启用后），并保存配置信息到 ServletContext 对象中，便于 Web 应用中其他对象的访问和使用。

著名的 Spring MVC 框架使用 ServletContext 监听器自动完成 Spring IoC 容器的初始化配置。当采用 XML 方式配置 Spring MVC 时，需要在 web.xml 配置启动 Spring IoC 容器的监听器，其示例代码如下所示：

```
<context-param>
    <param-name>contextConfigLocation</param-name>
    <param-value>classpath:applicationContext.xml</param-value>
```

```
            </context-param>
            <listener>
                <listener-class>org.springframework.web.context.ContextLoaderListener</listener-class>
            </listener>
```

上述配置代码中，ContextLoaderListener 是 Spring MVC 框架提供的监听服务器启动和停止的监听器，同时负责在服务器启动后读取 Web 级别参数 contextConfigLocation 的值。根据此配置文件创建 Spring IoC 容器，供 Spring 项目使用。由于 Spring 提供的此监听器类没有使用注解类进行配置，因此需要开发者手动在 web.xml 中配置。

一般情况下开发者自己编写监听器都使用注解类方式配置，而使用第三方框架提供的监听器则一般使用 XML 方式配置。

10.4 ServletContext 对象属性监听器

10.4.1 ServletContext 对象属性监听器概述

ServletContext 对象作为 Web 级共享容器，可以使用如下方法对 ServletContext 对象属性中保存的共享数据执行增加、替换和删除操作。

（1）public void setAttribute(Stirng name,Object value)：将数据对象 value 以 name 作为属性名存入 ServletContext 对象。

（2）public Object getAttribute(String name)：从 ServletContext 中取得指定 name 属性的数据。

（3）public void removeAttribute(String name)：从 ServletContext 删除 name 属性名的数据。

为监控 ServletContext 对象属性的变化，Jakarta EE Web 提供了 ServletContext 对象属性变化监听器接口和事件类，用于编写 ServletContext 对象属性监听器。

Jakarta EE Web 提供的用于监听 ServletContext 对象属性变化的监听器接口为 jakarta.servlet.ServletContextAttributeListener，此接口定义了针对 ServletContext 对象属性的增加、删除和替换操作的监听方法，具体如下。

（1）public void attributeAdded(ServletContextAttributeEvent event)。

（2）public void attributeRemoved(ServletContextAttributeEvent event)。

（3）public void attributeReplaced(ServletContextAttributeEvent event)。

Jakarta EE Web 为 ServletContext 对象属性监听器提供了事件类 jakarta.servlet.ServletContextAttributeEvent，可用于取得 ServletContext 对象发生改变的属性的名和值。该事件类是 ServletContext 对象监听器事件 ServletContextEvent 的子类，从父类继承下面方法 public ServletContext getServletContext()，使用此方法可以取得 ServletContext 对象实例。

另外，该属性事件类自身也提供了如下方法，用于取得监听的属性信息。

（1）public String getName()：取得变化的属性名称。

（2）public Object getValue()：取得变化的属性值。

10.4.2 ServletContext 对象属性监听器编程

1. 编程步骤

按照如下步骤编写 ServletContext 对象属性监听器。

(1) 编写监听器 Java 类,实现属性监听器接口 ServletContextAttributeListener。

(2) 实现 ServletContext 属性监听器接口定义的 3 个方法,对 ServletContext 属性的变化进行监听。

(3) 配置监听器,可以使用注解类或 XML 方式配置。

2. ServletContext 对象属性监听器案例

本案例的监听器只是简单地取得发生变化的 ServletContext 对象属性的名称和属性,没有其他的业务处理,因此,可以将其看作一个 ServletContext 对象属性监听器的框架代码,读者可以根据实际业务需求加入自己的业务处理代码。其示例代码如程序 10-2 所示。

程序 10-2 ApplicationAttributeListener.java 应用服务器对象属性变化监听器。

```java
package com.city.oa.listener;
import jakarta.servlet.ServletContextAttributeEvent;
import jakarta.servlet.ServletContextAttributeListener;
import jakarta.servlet.annotation.WebListener;
/**
 * 服务器对象的属性变量监听器 *
 */
@WebListener
public class ApplicationAttributeListener implements ServletContextAttributeListener {
    private String name = null;
    private Object value = null;
    /**
     * 监听属性增加方法
     */
    public void attributeAdded(ServletContextAttributeEvent event) {
        name = event.getName();
        value = event.getValue();
        System.out.println("新属性增加:" + name + " = " + value);
    }
    /**
     * 监听属性替换方法
     */
    public void attributeReplaced(ServletContextAttributeEvent event) {
        name = event.getName();
        value = event.getValue();
        System.out.println("属性替换:" + name + " = " + value);
    }
    /**
     * 监听属性删除方法
     */
    public void attributeRemoved(ServletContextAttributeEvent event) {
        name = event.getName();
        value = event.getValue();
        System.out.println("属性被删除:" + name + " = " + value);
    }
}
```

上述代码中取得的 value 值定义为 Object 类型，实际项目中要根据具体的业务需求定义为指定的数据类型。可以在 Servlet 或 JSP 中取得 ServletContext 对象，通过该对象的 setAttribute 方法实现属性增加或替换功能。ServletContext 没有提供专门的属性值替换方法，增加和替换功能都是使用 setAttribute 方法，如果没有指定 name 的属性，则该方法是新增；如果已经存在指定的属性，则执行替换功能，将旧的属性值替换为新的属性值。Web 组件调用 ServletContext 对象的 removeAttribute 方法实现属性删除时，该监听器的监听属性删除方法自动执行。读者自己可以编写 Servlet 或 JSP，实现对 ServletContext 对象属性的增加、替换和删除操作，对此监听器进行测试。

10.4.3 ServletContext 对象属性监听器配置

ServletContext 对象属性监听器的配置与其他监听器的配置完全相同，从配置代码看不出不同类型监听器之间的区别，只能从实现的接口分辨监听器类型。

可以使用注解类方式配置 ServletContext 对象属性监听器，在监听器类前增加 @WebListener 即可。

使用 XML 配置方式，在/WEB-INF/web.xml 文件中增加如下 ServletContext 对象属性监听器案例的配置代码：

```xml
<!-- ServletContext 对象属性变化监听器 -->
<listener>
    <listener-class>com.city.oa.listener.ApplicationAttributeListener</listener-class>
</listener>
```

10.4.4 ServletContext 对象属性监听器应用

ServletContext 对象属性监听器在实际中一般用于日志，记录 ServletContext 对象属性的变化，帮助应用开发人员了解 ServletContext 对象的使用情况。但其与 ServletContext 对象监听器相比，用途不是特别广泛。

10.5 HttpSession 会话对象监听器

10.5.1 HttpSession 会话对象监听器概述

HttpSession 会话对象监听器能对 HttpSession 对象生命周期的各个阶段（创建和销毁）进行监测，当 Web 容器监测到会话对象生命周期发生变化时，会自动调用会话监听器对象的方法，实现相应的处理功能。

Jakarta EE Web 规范为实现会话对象监听器的编程提供了接口 jakarta.servlet.http.HttpSessionListener。该接口定义了监测会话对象的创建和销毁方法，具体如下。

（1）public void sessionCreated(HttpSessionEvent event)：监测会话对象创建的监听方法，当新的会话对象被创建时，此方法自动调用。如下情况会创建会话对象并执行 sessionCreated 方法。

① 首次访问 Web 中的 JSP 页面，且设置允许使用 session 对象。

② 首次访问 Servlet 组件，并且在 Servlet 请求处理方法中执行 request.getSession 或 request.getSession(true) 方法，取得会话对象。

(2) public void sessionDestroyed(HttpSessionEvent event)：监测会话对象销毁的监听方法，当一个现有的会话对象销毁时，此方法自动调用。如下情况会导致会话对象销毁。

① Web 组件代码中执行 session.invalidate() 方法，销毁一个会话对象。
② 访问超时：用户关闭浏览器或长时间不进行访问。
③ 当 Web 应用停止时。

在以上会话对象生命周期变化的监测方法中，都传递一个会话监听事件类对象，此对象可以取得发生生命周期变化事件的会话对象。Jakarta EE Web 规范定义了会话监听事件类 jakarta.servlet.http.HttpSessionEvent，该事件类提供了取得当前会话对象的方法。

(3) public HttpSession getSession()：在会话对象监听器方法内部，使用此方法可以取得监听的会话对象，进而取得会话对象中保存的属性数据。

10.5.2　HttpSession 会话对象监听器编程

编写 HttpSession 会话对象监听器，主要目的是执行与用户访问超时有关的操作，如用户长时间不进行操作等；在网上电子商城应用中，当用户访问超时后，监控清空用户的登录信息、购物车记录等常见功能。

按如下步骤编写会话对象监听器。

(1) 创建监听器 Java 类，并实现会话监听器接口 HttpSessionListener。
(2) 实现此接口中定义的所有方法，即 sessionCreated 和 sessionDestroyed。

在这两个方法中分别编写会话对象创建的监测代码和会话对象销毁的处理代码，在监测方法中可以使用会话事件对象 HttpSessionEvent 取得会话对象本身。

案例中的会话对象监听器监控会话对象的销毁事件，当监测到 session 对象销毁之前，自动执行购物车清空任务。其示例代码如程序 10-3 所示。

程序 10-3　SessionCreateAndDestroyListener.java 监听会话对象创建和销毁的监听器。

```java
package com.city.oa.listener;
import jakarta.servlet.annotation.WebListener;
import jakarta.servlet.http.HttpSession;
import jakarta.servlet.http.HttpSessionEvent;
import jakarta.servlet.http.HttpSessionListener;
/**
 * 会话对象创建和销毁生命周期监听器
 */
@WebListener
public class SessionCreateAndDestroyListener implements HttpSessionListener {
    /**
     * 监听会话对象创建的方法
     */
    public void sessionCreated(HttpSessionEvent event) {
        HttpSession session = event.getSession();
        //此次编写创建空购物车的方法.
        System.out.println("会话对象创建!");
    }
```

```
    /**
     * 监听会话对象销毁的方法
     */
    public void sessionDestroyed(HttpSessionEvent event) {
        HttpSession session = event.getSession();
        String userId = (String)session.getAttribute("userId");
        //清除此用户的购物车。此处没有编写 ShoppingCart 的类,读者根据需要自己编写
        //ShopingCart.clear(userId);
    }
}
```

10.5.3　HttpSession 会话对象监听器配置

HttpSession 会话对象监听器也可以使用注解类或 XML 方式进行配置。其中,注解类方式配置都是使用@WebListener 注解类,放置在监听器类前即可。采用 XML 配置方式时在 Web 应用的配置文件/WEB-INF/web.xml 中进行监听器的配置,其示例代码如下:

```
< listener >
    < listener-class >com.city.oa.listener.SessionCreateAndDestroyListener</listener-class>
</listener>
```

从监听器配置上同样看不出会话对象的监听器类型,因为所有的监听器的配置都相同,只能通过监听器类实现的接口来区别不同的监听器。

10.5.4　HttpSession 会话对象监听器应用

实际项目中使用会话对象监听器的场景不是很多,由于用户首次访问任何 JSP 都会自动创建会话对象,此时可能还没有执行登录处理,因此不能使用此监听器实现用户的登录和注销监测任务。

可以使用会话对象监听器监控用户注销或操作超时,完成登录用户信息的删除和清理等任务。实际项目中此监听器使用得也比较少。

10.6　HttpSession 会话对象属性监听器

10.6.1　HttpSession 会话对象属性监听器概述

与 ServletContext 对象属性监听器类似,Jakarta EE Web 也提供了对 HttpSession 会话对象属性变化进行监测的监听器,即会话对象属性监听器。

Jakarta EE Web 规范为实现对会话对象属性变化的监听提供了接口 jakarta.servlet.http.HttpSessionAttributeListener。实现该接口的监听器类可以监听会话对象属性的增加、替换和删除。在项目中一般将登录用户的信息保存到会话对象,因此该类型的监听器可以用于监听用户的登录和注销,继而实现与登录和注销相关的业务处理。注意,不要使用会话对象的生命周期监听器实现用户登录和注销的监听,因为即使用户没有登录和注销,会话对象也会被创建和销毁。

Jakarta EE Web 规范为会话对象属性变化监听器提供了配套的事件类,其类型是 jakarta.servlet.http.HttpSessionBindingEvent。当 Web 服务器监测到会话对象的属性发

生变化时,会自动创建该事件类对象,将会话对象中发生变化的属性信息封装到该事件对象中,传给监听器的方法,进而取得会话对象及发生变化的属性名和值。需要注意的是,该事件类不是按传统的命名方式进行命名的,其类名不是 HttpSessionAttributeEvent,而是 HttpSessionBindingEvent,表示数据与会话对象属性的绑定。

HttpSessionAttributeListener 监听器接口定义了对监测会话对象属性的增加、替换和删除的监控方法,具体如下。

(1) public void attributeAdded(HttpSessionBindingEvent event):监测会话对象属性增加的方法,当新的属性增加到会话对象时,此方法自动调用。

(2) public void attributeRemoved(HttpSessionBindingEvent event):监测会话对象属性删除的方法,当一个现有的属性从会话对象删除时,此方法自动调用。

(3) publicvoid attributeReplaced(HttpSessionBindingEvent event):监测会话对象属性被替换的方法,当 session 对象中的一个已有属性被重新写入而替换的时候,此方法自动运行。

在所有会话对象属性监测方法中都传递一个会话属性监听事件类对象,此对象可以取得发生属性变化事件的会话对象。Jakarta EE Web 规范中定义了会话属性变化的监听事件类 HttpSessionBindingEvent,该方法定义了如下方法。

(1) public HttpSession getSession():在会话对象监听器方法内部,使用此方法可以取得会话对象。

(2) public String getName():取得发生变化的会话对象属性名称。

(3) public Object getValue():取得发生变化的会话对象属性值。

在编写会话对象属性监听器类的监听方法时,需要根据传递的事件类对象取得发生变化的会话对象,以及发生变化的属性名和属性值。

10.6.2　HttpSession 会话对象属性监听器编程

HttpSession 会话对象属性变化监听器编程步骤如下。

(1) 编写监听器类实现 HttpSessionAttributeListener 接口。

(2) 分别实现此接口定义的监听属性增加、删除和替换 3 个方法。

会话属性监听器的案例编程框架结构如程序 10-4 所示,在对应的监听方法内可以编写监听用户登录和注销的处理代码,这里暂时为空,具体代码实现参见后面的实际案例。

程序 10-4　UserLoginAndLogoutListener.java 用户登录和注销监听器。

```java
package com.city.oa.listener;
import jakarta.servlet.annotation.WebListener;
import jakarta.servlet.http.HttpSessionAttributeListener;
import jakarta.servlet.http.HttpSessionBindingEvent;
/**
 * 通过监听会话对象的属性变化,实现用户登录和注销的监听
 */
@WebListener("用户登录和注销监听过滤器")
public class UserLoginAndLogoutListener implements HttpSessionAttributeListener {
    /**
     * 监听会话对象属性增加的方法,可用于监听用户登录
```

```java
         */
        public void attributeAdded(HttpSessionBindingEvent se) {
            //会话对象属性增加的监听方法代码
        }
        /**
         * 监听会话对象属性替换的方法
         */
        public void attributeReplaced(HttpSessionBindingEvent se) {
            //会话对象属性被替换的监听方法代码
        }
        /**
         * 监听会话对象属性删除的方法,用于监听用户注销
         */
        public void attributeRemoved(HttpSessionBindingEvent se) {
            //会话对象属性被删除的监听方法代码
        }
}
```

10.6.3　HttpSession会话对象属性监听器配置

HttpSession会话对象属性监听器同样支持注解类方式配置和XML方式配置。其中，注解类配置使用相同的注解类@WebListener。其使用参见程序10-4。如果使用XML方式配置，会话对象属性监听器的配置与其他监听器一样，其示例代码如下：

```xml
<?xml version = "1.0" encoding = "UTF-8"?>
<web-app xmlns:xsi = "http://www.w3.org/2001/XMLSchema-instance" xmlns = "https://jakarta.ee/xml/ns/jakartaee" xmlns:web = "http://xmlns.jcp.org/xml/ns/javaee" xsi:schemaLocation = "https://jakarta.ee/xml/ns/jakartaee https://jakarta.ee/xml/ns/jakartaee/web-app_5_0.xsd http://xmlns.jcp.org/xml/ns/javaee http://java.sun.com/xml/ns/javaee/web-app_2_5.xsd" id = "WebApp_ID" version = "5.0">
  <display-name>web00</display-name>
  <welcome-file-list>
    <welcome-file>index.html</welcome-file>
    <welcome-file>index.jsp</welcome-file>
    <welcome-file>index.htm</welcome-file>
    <welcome-file>default.html</welcome-file>
    <welcome-file>default.jsp</welcome-file>
    <welcome-file>default.htm</welcome-file>
  </welcome-file-list>
  <listener>
      <listener-class>com.city.oa.listener.UserLoginAndLogoutListener</listener-class>
  </listener>
</web-app>
```

10.6.4　HttpSession会话对象属性监听器案例

HttpSession会话对象属性监听器主要用于用户登录和注销方面的业务处理,如记录Web在线用户个数和用户列表等。

如下案例为统计在线用户列表的监听器应用。当用户登录后,如果用户合法,则将用户ID写入会话对象,会话对象属性监听器属性增加方法运行,增加当前用户到用户列表容器,用户列表容器使用Java容器List类型对象,并将其存入ServletContext对象。当用户注销

后,用户 ID 从会话对象中删除,属性删除监听方法运行,实现用户 ID 从用户列表容器中删除,从而实现在线用户的统计和跟踪。实现在线用户统计的监听器的实例如程序 10-5 所示。

程序 10-5 SessionAttributeListener.java 会话对象属性变化监听器。

```java
package com.city.oa.listener;
import java.util.List;
import jakarta.servlet.ServletContext;
import jakarta.servlet.annotation.WebListener;
import jakarta.servlet.http.HttpSession;
import jakarta.servlet.http.HttpSessionAttributeListener;
import jakarta.servlet.http.HttpSessionBindingEvent;
/**
 * 通过监听会话对象的属性变化,实现用户登录和注销的监听
 * 统计在线用户个数和用户 ID 列表的监听器
 */
@WebListener("用户登录和注销监听过滤器")
public class UserLoginAndLogoutListener implements HttpSessionAttributeListener {
    /**
     * 监听会话对象属性增加的方法,可用于监听用户登录
     * 用户登录时,将 ServletContext 中保存的在线人数加 1
     * 同时增加用户在线列表中的用户 ID
     */
    public void attributeAdded(HttpSessionBindingEvent event) {
        //取得增加的会话属性值,为用户 ID 值
        String name = event.getName();
        String userid = (String)event.getValue();
        HttpSession session = event.getSession();
        ServletContext application = session.getServletContext();
        //监测是否是由于用户登录导致的增加事件
        if(name.equals("userid") && userid!= null){
            //实现在线用户人数加 1
            int usernum = (Integer)application.getAttribute("usernum") + 1;
            application.setAttribute("usernum", usernum);
            //增加在线用户列表
            List<String> list = (List<String>)application.getAttribute("userlist");
            list.add(userid);
        }
    }
    /**
     * 监听会话对象属性替换的方法,该案例没有使用到此方法
     */
    public void attributeReplaced(HttpSessionBindingEvent event) {
    }
    /**
     * 监听会话对象属性删除的方法,用于监听用户注销
     * 用户注销时,将 ServletContext 中保存的在线人数减 1
     * 同时删除用户在线列表中的用户 ID
     */
    public void attributeRemoved(HttpSessionBindingEvent event) {
        String name = event.getName();
        String userid = (String)event.getValue();
        HttpSession session = event.getSession();
```

```
            ServletContext application = session.getServletContext();
            //监测是否删除了userid属性,因为只有该userid属性表示用户注销
            if(name.equals("userid") && userid!= null){
                int usernum = (Integer)application.getAttribute("usernum") - 1;
                application.setAttribute("usernum", usernum);
                List<String> list = (List<String>)application.getAttribute("userlist");
                list.remove(userid);
            }
        }
    }
```

此监听器案例使用注解类方式配置,不需要在 web.xml 文件中增加配置代码。该监听器部署到服务器后,即可实现对在线用户个数的统计和在线用户列表的管理。

读者可以自己编写登录 JSP 页面和登录处理 Servlet,当将登录用户的账号以 userid 为属性名增加到会话对象时,自动启动该监听器的 attributeAdded 方法,实现在线人数的增加和用户账号列表的增加;当用户注销登录,将 userid 属性从会话对象中删除时,服务器自动调用 attributeRemoved 方法,完成在线人数的减少和在线列表的删除操作。

如果不使用监听器,则需要在登录处理 Servlet 和注销处理 Servlet 中编写实现上述功能的代码,这不符合 Java 编程的类的职责最小化原则,即让每个类只专注自己的功能,不要将多个不同的功能写在一个类中。

10.7　HttpServletRequest 请求对象监听器

Jakarta EE Web 在最新的规范中定义了对请求对象的生命周期变化的监听器接口,用于对请求对象的生命周期,即创建和销毁进行监控。但由于每次对 Web 的 HTTP 请求都会导致请求对象的创建和销毁,如果编写对请求对象的监听器,则此监听器运行过于频繁,从而影响整个 Web 应用的性能。因此,在实际应用中应尽可能避免编写请求对象的监听器。

10.7.1　HttpServletRequest 请求对象监听器概述

HttpServletRequest 请求对象监听器能对请求对象的创建和销毁进行监测,当 Web 容器监测到请求对象创建和销毁时,则自动调用请求对象监听器的相应监听方法,实现有关的业务处理功能。当 Web 应用接收到客户的每次请求时,都会创建请求对象;当处理结束,发送响应给浏览器后,请求对象自动销毁。

Jakarta EE Web 为实现对请求对象生命周期进行监控的监听器提供了接口 jakarta.servlet.ServletRequestListener,该接口定义了如下监测请求对象的创建和销毁方法。

(1) void requestInitialized(ServletRequestEvent event):监测请求对象创建的方法,当新的请求对象被创建时,此方法自动调用。

(2) void requestDestroyed(ServletRequestEvent event):监测请求对象销毁的方法,当请求对象被销毁时,此方法自动调用。

在请求对象监听器的每个监测方法中都传递一个请求对象监听事件类对象,此对象可以取得发生事件的请求对象,进而取得请求对象中保存的所有信息;同时,该监听事件对象

也提供了取得 ServletContext 对象的方法,能取得服务器对象的所有信息。请求对象监听事件类的类型为 jakarta.servlet.ServletRequestEvent。实际上取得了请求对象,也能根据请求对象取得 ServletContext 对象。在该类中定义了如下方法。

(1) public ServletRequest getServletRequest():取得创建或即将要销毁的请求对象,继而取得请求对象中包含的所有信息。

(2) public ServletContext getServletContext():取得 ServletContext Web 服务器对象,进而取得 Web 应用的环境信息、共享数据、Web 级初始参数等。

10.7.2　HttpServletRequest 请求对象监听器编程

按如下步骤编写 HttpServletRequest 请求对象监听器。
(1) 编写监听器类,实现请求对象监听器接口 ServletRequestListener。
(2) 实现此接口定义的监听请求对象创建和销毁方法。

HttpServletRequest 请求对象监听器的框架代码如程序 10-6 所示。

程序 10-6　RequestObjectListener.java 请求对象生命周期监听器的代码框架结构。

```java
package com.city.oa.listener;
import jakarta.servlet.ServletRequestEvent;
import jakarta.servlet.ServletRequestListener;
import jakarta.servlet.annotation.WebListener;
//请求对象监听器
@WebListener
public class RequestObjectListener implements ServletRequestListener {
    //监听请求对象创建方法
    public void requestInitialized(ServletRequestEvent event){
        //编写请求对象创建的处理代码
    }
    //监听请求对象销毁方法
    public void requestDestroyed(ServletRequestEvent event) {
        //编写请求对象销毁的处理代码
    }
}
```

10.7.3　HttpServletRequest 请求对象监听器配置

与其他监听器配置一样,可以使用注解类方式和 XML 配置方式完成 HttpServletRequest 请求对象监听器的配置。其中,注解类方式使用@WebListener,将其放在监听器类前面即可,参见程序 10-6。使用 XML 方式配置时,在/WEB-INF/web.xml 中配置 HttpServletRequest 请求对象监听器,其示例代码如下:

```xml
<!--请求对象属性监听器 -->
<listener>
    <listener-class>com.city.oa.listener.RequestObjectListener</listener-class>
</listener>
```

10.7.4　HttpServletRequest 请求对象监听器案例

HttpServletRequest 请求对象监听器可以监控客户端发起的每次 HTTP 请求,可以统计出网站的所有网页点击次数。例如,使用请求对象监听器实现网站所有请求次数的计数器,其示例代码如程序 10-7 所示。

程序 10-7 ClientRequestListener.java 用户请求次数计数器。

```java
package com.city.oa.listener;
import jakarta.servlet.ServletContext;
import jakarta.servlet.ServletRequestEvent;
import jakarta.servlet.ServletRequestListener;
import jakarta.servlet.annotation.WebListener;
/**
 * 请求对象生命周期监听器
 * 每次客户端请求该 Web 应用的任何地址时,都会创建请求对象
 * 适合统计站点的点击次数
 */
@WebListener(value = "客户点击次数监听器")
public class ClientRequestListener implements ServletRequestListener {
    /**
     * 监听请求对象创建的方法
     * 监听客户对 Web 站点的每次请求
     */
    public void requestInitialized(ServletRequestEvent event) {
        //请求的处理代码
        ServletContext application = event.getServletContext();
        Integer userAccessNum = (Integer)application.getAttribute("userAccessNum");
        if(userAccessNum!= null) {
            userAccessNum++;
            application.setAttribute("userAccessNum", "userAccessNum");
        }
    }
    /**
     * 监听请求对象销毁的方法
     * 每次请求结束后的处理代码,此案例中本方法没有处理功能
     */
    public void requestDestroyed(ServletRequestEvent event) {
    }
}
```

网站的所有点击次数保存在 ServletContext 中,这样所有客户端的信息都可以共享读写。

10.8 HttpServletRequest 请求对象属性监听器

HttpServletRequest 请求对象属性监听器能对请求对象的属性变化进行监听,如属性的增加、删除和替换。当任何一种情况发生时,都可以编写对应的处理代码对此事件进行处理。实际应用中很少使用请求对象属性监听器,因为其会影响 Web 应用的性能。

10.8.1 HttpServletRequest 请求对象属性监听器概述

Jakarta EE Web 规范提供了用于监听请求对象属性变化的监听器的接口 jakarta.servlet.ServletRequestAttributeListener,以及表达请求对象属性变化的事件类 jakarta.

servlet.ServletRequestAttributeEvent，用于取得发生变化的属性名和属性值。

所有 HttpServletRequest 请求对象属性监听器都要实现该接口，并实现其所定义的如下 3 个方法。

（1）void attributeAdded(ServletRequestAttributeEvent event)：监听属性增加的方法。

（2）void attributeRemoved(ServletRequestAttributeEvent event)：监听属性删除的方法。

（3）void attributeReplaced(ServletRequestAttributeEvent event)：监听属性替换的方法。

请求对象属性变化监听事件类 ServletRequestAttributeEvent 是事件类 jakarta.servlet.ServletRequestEvent 的子类，该事件类继承父类的方法如下。

（1）public ServletRequest getServletRequest()：取得发生变化的请求对象方法。

（2）public ServletContext getServletContext()：取得 Web 服务器对象方法。

除了继承父类的取得 Web 应用环境上下文对象和请求对象之外，该事件类还提供了取得发生变化的属性名和属性值的方法如下。

（1）public String getName()：取得变化的属性的名称。

（2）public Object getValue()：取得变化的属性的值。

10.8.2　HttpServletRequest 请求对象属性监听器编程

按如下步骤编写 HttpServletRequest 请求对象属性监听器。

（1）定义监听器类，并实现 ServletRequestAttributeListener 接口。

（2）在监听器类中编写实现此接口定义的 3 个监听方法。

HttpServletRequest 请求对象属性监听器的框架代码如程序 10-8 所示。

程序 10-8　RequestObjectAttributeListener.java 请求对象属性变量监听器案例代码。

```java
package com.city.oa.listener;
import jakarta.servlet.ServletRequestAttributeEvent;
import jakarta.servlet.ServletRequestAttributeListener;
import jakarta.servlet.annotation.WebListener;
//请求对象属性变化监听器
@WebListener
public class RequestObjectAttributeListener implements
        ServletRequestAttributeListener {
    //属性增加监听方法
    public void attributeAdded(ServletRequestAttributeEvent event) {
        //属性增加事件处理方法
    }
    //属性删除监听方法
    public void attributeRemoved(ServletRequestAttributeEvent event){
        //属性删除事件处理方法
    }
    //属性替换监听方法
    public void attributeReplaced(ServletRequestAttributeEvent event){
        //属性替换事件处理方法
    }
}
```

实际项目中不推荐使用请求对象属性监听器，由于请求对象和其属性变化过于频繁，此类监听器会导致项目性能严重下降，因此本书没有给出此监听器的实际案例。

10.9 管理在线用户和单击次数的监听器案例

Web 应用经常需要统计用户在线人数和用户列表,如各种论坛网站。当用户登录验证成功后,累计增加在线用户人数和用户登录 ID 列表;当用户注销后,减少在线用户人数,从用户 ID 列表中删除此注销 ID,这是非常适合使用监听器完成的任务。同时,很多商业网站需要统计用户的单击次数,使用请求对象监听器可以将请求次数的管理集中到一个监听器中,如果没有监听器,则需要每个 Servlet 和 JSP 都编写请求次数管理的代码。

10.9.1 案例设计与编程

根据本案例要求,需要编写 3 个监听器,具体如下。

(1) Web 应用启动和停止监听器,该监听器使用 ServletContext 对象监听器,通过监测 ServletContext 对象的创建和销毁,监控 Web 应用的启动和停止。当 Web 启动后,将初始的单击次数和在线用户人数以及在线用户列表容器写入 ServletContext 容器对象,以便将来用户登录后对在线人数进行累加,将用户登录 ID 加入在线用户列表的容器对象。

(2) 会话对象属性监听器,通过监测会话对象属性的增加和删除,监听用户登录和注销。另外,需要编写用户登录 JSP 页面、登录处理 Servlet 和系统管理主页面 JSP。

(3) 请求对象监听器,用于监听用户的请求,每次请求时,增加 ServletContext 对象中存储的单击次数。

1. Web 应用启动和停止监听器

该监听器只编写监听 Web 启动和停止的监听方法,当 Web 启动后初始化在线用户人数和在线用户列表容器,Web 停止前保存监控的数据。监听器代码如程序 10-9 所示。

程序 10-9 ServerStartAndStopListener.java 监听服务器启动和停止的监听器。

```
package com.city.oa.listener;
import java.util.ArrayList;
import jakarta.servlet.ServletContext;
import jakarta.servlet.ServletContextEvent;
import jakarta.servlet.ServletContextListener;
import jakarta.servlet.annotation.WebListener;
/**
 * 服务器启动和停止的监听器
 */
@WebListener("监听服务器启动和停止,实现用户在线人数的初始化和保存")
public class ServerStartAndStopListener implements ServletContextListener {
    //在线用户个数
    private int userOnlineNumber = 0;
    //累计网站访问次数
    private int webVisitNumber = 0;
    //监听 ServletContext 对象创建方法
    public void contextInitialized(ServletContextEvent event)
    {
        //对象创建处理代码
        ServletContext application = event.getServletContext();
```

```java
            application.setAttribute("useOnlineNumber", userOnlineNumber);
            //服务器启动后,创建保存在线用户列表的 List 容器对象
            application.setAttribute("userList", new ArrayList<String>());
            //取得从前累计访问次数
            //这里没有展示 UserOnline 的类及其方法代码
            //读者可以自己实现其功能
            //webVisitNumber = UserOnline.getVisitNumber();
            application.setAttribute("webVisitNumber", webVisitNumber);
        }
        //监听 ServletContext 对象销毁方法
        public void contextDestroyed(ServletContextEvent event)
        {
            //对象销毁处理代码
            ServletContext application = event.getServletContext();
            //可以执行将在线人数保存到 DB 中
            webVisitNumber = (Integer)application.getAttribute("webVisitNumber");
            //调用业务方法将人数存入 DB
            //这里没有展示 UserOnline 的类及其方法代码
            //读者可以自己实现其功能
            //UserOnline.saveVisitNumber(userOnlineNumber);
        }
}
```

2. 会话对象属性增加和删除监听器

此监听器一方面监测会话对象属性的增加,即当有用户登录时,自动增加在线用户人数及在线用户列表;另一方面监听会话对象属性的删除,即当有用户销毁时,自动减少在线用户人数及用户在线列表。此监听器如程序 10-10 所示。

程序 10-10 UserLoginAndLogoutListener.java 会话属性监听器完成登录和注销的监听。

```java
package com.city.oa.listener;
import java.util.List;
import jakarta.servlet.ServletContext;
import jakarta.servlet.annotation.WebListener;
import jakarta.servlet.http.HttpSession;
import jakarta.servlet.http.HttpSessionAttributeListener;
import jakarta.servlet.http.HttpSessionBindingEvent;
/**
 * 通过监听会话对象的属性变化实现用户登录和注销的监听
 * 统计在线用户个数和用户 ID 列表的监听器
 */
@WebListener("用户登录和注销监听过滤器")
public class UserLoginAndLogoutListener implements HttpSessionAttributeListener {
    /**
     * 监听会话对象属性增加的方法,可用于监听用户的登录
     * 用户登录时,将 ServletContext 中保存的在线人数加 1
     * 同时增加用户在线列表中的用户 ID
     */
    public void attributeAdded(HttpSessionBindingEvent event) {
        //取得增加的会话属性值,为用户 ID
        String name = event.getName();
```

```java
            String userid = (String)event.getValue();
            HttpSession session = event.getSession();
            ServletContext application = session.getServletContext();
            //监测是否是由于用户登录导致的增加事件
            if(name.equals("userid") && userid!= null){
                //实现在线用户人数加 1
                int usernum = (Integer)application.getAttribute("useOnlineNumber") + 1;
                application.setAttribute("useOnlineNumber", usernum);
                //增加在线用户列表
                List<String> list = (List<String>)application.getAttribute("userList");
                list.add(userid);
            }
        }
        /**
         * 监听会话对象属性替换的方法,该案例没有使用到此方法
         */
        public void attributeReplaced(HttpSessionBindingEvent event) {
        }
        /**
         * 监听会话对象属性删除的方法,用于监听用户注销
         * 用户注销时,将 ServletContext 中保存的在线人数减 1
         * 同时删除用户在线列表中的用户 ID
         */
        public void attributeRemoved(HttpSessionBindingEvent event) {
            String name = event.getName();
            String userid = (String)event.getValue();
            HttpSession session = event.getSession();
            ServletContext application = session.getServletContext();
            //监测是否是删除了 userid 属性,因为只有该 userid 属性表示用户注销
            if(name.equals("userid") && userid!= null){
                int usernum = (Integer)application.getAttribute("useOnlineNumber") - 1;
                application.setAttribute("useOnlineNumber", usernum);
                List<String> list = (List<String>)application.getAttribute("userList");
                list.remove(userid);
            }
        }
    }
```

该监听器管理 ServletContext 中存储的在线用户人数和在线用户列表。

3. 用户请求单击监听器

为统计 Web 应用的客户单击次数,本案例使用请求对象生命周期监听器监测客户的每次请求。无论客户使用哪种方式请求 Web 应用,每次请求都会创建请求对象,当新的请求对象创建时,该监听器的 requestInitialized 自动被服务器调用一次,其代码如程序 10-11 所示。

程序 10-11 ClientRequestListener.java 客户请求监听器。

```java
package com.city.oa.listener;
import jakarta.servlet.ServletContext;
import jakarta.servlet.ServletRequestEvent;
import jakarta.servlet.ServletRequestListener;
import jakarta.servlet.annotation.WebListener;
```

```java
/**
 * 请求对象生命周期监听器
 * 每次客户端请求该 Web 应用的任何地址时,都会创建请求对象
 * 适合统计站点的单击次数
 */
@WebListener(value = "客户单击次数监听器")
public class ClientRequestListener implements ServletRequestListener {
    /**
     * 监听请求对象创建的方法
     * 监听客户对 Web 站点的每次请求
     */
    public void requestInitialized(ServletRequestEvent event) {
        //请求的处理代码
        ServletContext application = event.getServletContext();
        Integer userAccessNum = (Integer)application.getAttribute("webVisitNumber");
        if(userAccessNum!= null) {
            userAccessNum++;
            application.setAttribute("webVisitNumber", userAccessNum);
        }
    }
    /**
     * 监听请求对象销毁的方法
     * 每次请求结束后的处理代码,此案例中本方法没有处理功能
     */
    public void requestDestroyed(ServletRequestEvent event) {
    }
}
```

在请求对象的监听方法中,取得 ServletContext 中存储的单击次数 webVisitNumber,增加该次数,实现网站单击次数的统计管理。

4. 用户登录页面 JSP

为检验以上监听器的工作,本案例设计了登录 JSP 页面、登录处理 Servlet 和注销处理 Servlet,配合监听器完成用户在线人数、在线用户列表的管理。用户登录页面提示输入账号和密码,单击"提交"按钮后提交请求到登录处理 Servlet。登录页面 JSP 如程序 10-11 所示。

程序 10-12 login.jsp 登录 JSP 页面。

```jsp
<%@ page language = "java" import = "java.util.*" pageEncoding = "GBK" %>
<!DOCTYPE HTML PUBLIC "-//W3C//DTD HTML 4.01 Transitional//EN">
<html>
  <head>
    <title>用户登录页面</title>
  </head>
  <body>
    <h1>用户登录</h1>
    <form action = "login.do" method = "post">
        账号:<input type = "text" name = "userid" /><br/>
        密码:<input type = "password" name = "password" /><br/>
        <input type = "submit" value = "提交" />
    </form>
  </body>
</html>
```

5．用户登录处理 Servlet

用户登录处理 Servlet 首先取得登录页面提交的账号和密码数据，为简化案例编程，这里没有连接数据库进行验证，只要是账号和密码不为空即可。如果账号和密码都不为空，则将用户账号存入会话对象，这将触发会话属性变化监听器，执行在线用户人数的增加和用户列表的增加。用户登录处理 Servlet 如程序 10-13 所示。

程序 10-13 UserLoginServlet.java 登录处理 Servlet。

```java
package com.city.oa.servlet;
import jakarta.servlet.ServletException;
import jakarta.servlet.annotation.WebServlet;
import jakarta.servlet.http.HttpServlet;
import jakarta.servlet.http.HttpServletRequest;
import jakarta.servlet.http.HttpServletResponse;
import jakarta.servlet.http.HttpSession;
import java.io.IOException;
/**
 * 用户登录处理 Servlet
 */
@WebServlet("/login.do")
public class UserLoginServlet extends HttpServlet {
    private static final long serialVersionUID = 1L;
    /**
     * GET 请求处理方法
     */
    protected void doGet(HttpServletRequest request, HttpServletResponse response) throws ServletException,
IOException {
        String userid = request.getParameter("userid");
        String password = request.getParameter("password");
        //判断账号和密码既不为空,也不是空串
        if(userid == null||password == null||userid.trim().length() == 0||password.trim().length() == 0) {
            //如果为空或空串,则重定向到登录页面
            response.sendRedirect("login.jsp");
        }
        else {
            //如果不为空或空串,则将账号写入 Session 对象,实现会话跟踪
            HttpSession session = request.getSession();
            //存入 Session 对象,触发会话属性监听器,实现在线人数和在线列表的管理
            session.setAttribute("userid", userid);
            //重定向到系统主页
            response.sendRedirect("main.jsp");
        }
    }
    /**
     * POST 请求处理方法
     */
    protected void doPost(HttpServletRequest request, HttpServletResponse response) throws ServletException,
IOException {
        doGet(request, response);
    }
}
```

6. 系统管理主页面 JSP

系统管理主页面显示在线用户人数和在线用户账号列表,并显示注销超链接。系统管理主页面 JSP 如程序 10-14 所示。

程序 10-14　main.jsp 系统管理主页面 JSP。

```jsp
<%@ page language="java" contentType="text/html; charset=UTF-8"
    pageEncoding="UTF-8" import="java.util.*" %>
<!DOCTYPE html>
<html>
<head>
<meta charset="UTF-8">
<title>OA 系统</title>
</head>
<body>
<h1>系统主页</h1>
<hr/>
当前登录用户:<%=session.getAttribute("userid") %><br/>
当前在线用户个数:<%=application.getAttribute("useOnlineNumber") %><br/>
网站的单击次数:<%=application.getAttribute("webVisitNumber") %><br/>
<h4>在线用户列表</h4>
<%
    List<String> userList = (List)application.getAttribute("userList");
    for(String userid:userList){
%>
    <%=userid %><br/>
<%
    }
%>
<hr/>
<a href="logout.do">注销当前用户</a>
<hr/>
</body>
</html>
```

系统管理主页面 JSP 取得保存在内置对象 application(即 ServletContext 对象)中的在线用户个数、在线用户列表和网站的单击次数。

7. 用户注销处理 Servlet

用户注销处理 Servlet 取得会话对象,并销毁会话对象,然后重定向到登录 JSP 页面。用户注销处理 Servlet 代码如程序 10-15 所示。

程序 10-15　LogoutAction.jsp 用户注销处理 Servlet。

```java
package com.city.oa.servlet;
import jakarta.servlet.ServletException;
import jakarta.servlet.annotation.WebServlet;
import jakarta.servlet.http.HttpServlet;
import jakarta.servlet.http.HttpServletRequest;
import jakarta.servlet.http.HttpServletResponse;
import jakarta.servlet.http.HttpSession;
import java.io.IOException;
/**
 * 用户注销处理 Servlet
```

```java
    */
@WebServlet("/logout.do")
public class UserLogoutServlet extends HttpServlet {
    private static final long serialVersionUID = 1L;
    /**
     * GET 请求处理
     */
    protected void doGet(HttpServletRequest request, HttpServletResponse response) throws ServletException,
        IOException {
        HttpSession session = request.getSession();
        //销毁会话对象,包括保存的会话信息,如账号 ID 等
        session.invalidate();
        response.sendRedirect("login.jsp");
    }
    /**
     * POST 请求处理
     */
    protected void doPost(HttpServletRequest request, HttpServletResponse response) throws ServletException,
        IOException {
        doGet(request, response);
    }
}
```

当会话对象销毁时,其存储的账号也随之删除,进而触发会话对象属性监听器。该监听器监听属性删除事件,删除在线列表中登录的账号,并减少在线人数。

10.9.2 案例部署和测试

将 Web 项目部署到 Tomcat 服务器上,请求用户登录 JSP 页面,如图 10-1 所示。

图 10-1 用户登录 JSP 页面

输入账号和密码,提交到登录处理 Servlet。该 Servlet 取得用户的账号和密码后对其进行验证;如果验证成功则保存账号信息到 Session 中,重定向跳转到系统主页,如图 10-2 所示;如果验证失败则重定向到用户登录 JSP 页面。

在系统管理主页面中显示在线用户人数和用户列表,并显示"注销当前用户"超链接。单击"注销当前用户"超链接,进入注销处理 Servlet,将会话对象销毁,触发会话对象属性监听器,将在线人数减 1,重新跳转到登录页面。

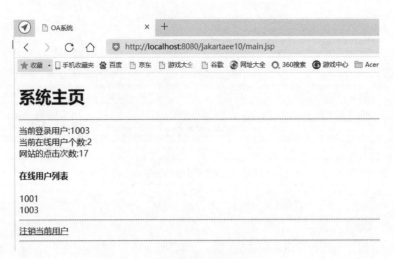

图 10-2　系统管理主页 JSP

每次测试登录时,一定要使用不同的浏览器请求登录页面,使用同一个浏览器不能模拟不同的用户登录,因为同一个浏览器对应相同的服务器端 session 对象。

每次刷新 main.jsp,系统管理主页显示的单击次数会自动增加,这是由于触发了请求对象监听器,该监听器方法执行单击次数增加。

简答题

1. 简述监听器的主要功能。
2. Java EE 规范中定义了哪些监听器类型？各自的用途是什么？

实验题

1. 编写监听器,实现网站所有网页的访问次数累计。编程时可根据需要编写多个监听器、联合完成要求的功能。
2. 编写监听器,实现 Web 服务器启动和停止的日志记录,并将日志记录保存到数据库表中。日志记录要求包括如下数据：时间、启动/停止。

第11章

JSP基础

本章要点

- JSP 概念
- JSP 的特点
- JSP 执行过程
- JSP 的组成
- JSP 指令
- JSP 动作
- JSP 内置对象
- JSP 与 JavaBean
- JSP 应用案例

前面的章节中一直都使用 Servlet 生成 HTML 响应，将 HTML 脚本嵌入 Servlet 的 Java 代码中。但是，如果页面复杂，这种方式的效率会非常低。

Sun 公司汲取了微软 ASP 的优点，在 Servlet 基础之上发布了 JSP 技术，并使用 Java 语言作为 JSP 的动态语言脚本，克服了 ASP 中 VBScript 解释型脚本语言的缺点，一举超越 ASP，成为动态 Web 开发的首选技术。

11.1 JSP 概述

11.1.1 JSP 概念

JSP 是由 Sun Microsystems 公司倡导和许多公司参与共同创建的一种使软件开发者可以响应客户端请求，而动态生成 HTML、XML 或其他格式文档的 Web 网页的技术标准。简言之，JSP 是一种动态网页开发技术。

JSP 以 Java 语言作为脚本语言，与 PHP、ASP、ASP.NET 等语言类似，是运行在服务端的语言。它使用 JSP 标签在 HTML 网页中插入 Java 代码。JSP 标签通常以<%开头，以%>结束。JSP 通过网页表单获取用户输入数据、访问数据库及其他数据源，并动态地创建网页。

JSP 是 Web 组件,运行在 Web 容器内。JSP 不像 Servlet,它不需要映射地址,直接放在 Web 目录下即可,Web 容器会自动定位 JSP,编译和创建 JSP 的对象。JSP 以 jsp 作为扩展名,保存在 Web 目录下,整个目录路径加上 JSP 文件名就是 JSP 的请求地址。注意,JSP 文件名区分大小写,如访问 http://localhost:8080/web01/info/main.jsp 和 http://localhost:8080/web01/info/Main.jsp 是不同的。实际项目开发时,尽量不要使用大写的 JSP 文件名。

11.1.2 JSP 与 Servlet 的比较

1. JSP 和 Servlet 的相同点

JSP 和 Servlet 都是符合 Jakarta EE 规范的 Web 组件,都运行在 Web 容器内,都可以接收 HTTP 请求,并产生 HTTP 响应,共用相同的会话对象和 ServletContext 环境对象。

运行时 JSP 与 Servlet 类似,最终转换为 Java 类,运行类似的 doGet 或 doPost 方法。

2. JSP 和 Servlet 的不同点

JSP 和 Servlet 编程方式不同,Servlet 是纯 Java 类,而 JSP 是 HTML 格式的文本标记文件。JSP 本身嵌入 HTML 文本,而 Servlet 需要在 Java 的流输出语句中写入 HTML 标记。

运行时,Servlet 类直接运行,而 JSP 文本文件需要经过解析、编译生成.class 类文件后才得以运行。

11.1.3 JSP 工作流程

JSP 工作流程如图 11-1 所示。

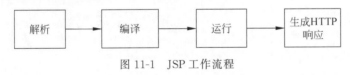

图 11-1 JSP 工作流程

1. 解析阶段

当 Web 应用的 JSP 文件第一次接收到 HTTP 请求时,Web 容器解析 JSP 文件,分析 JSP 文件各个元素,将 JSP 文件转变为 Java 文件。

2. 编译阶段

Web 容器将解析的 Java 文件进行编译生成 Class 类文件,与 Servlet 编译后生成的类文件相近,也提供与 Servlet 类似的 GET 和 POST 请求处理方法,生成的类文件随时被调入 JVM 中运行。

3. 运行阶段

Web 容器将编译生成的类文件调入 Web JVM 运行,执行 HTTP 请求和响应方法,完成 HTTP 请求/响应处理。

如果 JSP 第二次被请求,则在 JSP 源文件没有被修改的情况下,将不执行第一和第二阶段,直接进入运行阶段,这也是 JSP 页面首次请求运行时较慢的原因。

11.1.4 JSP 组成

一个 JSP 页面由 HTML 标记代码和 JSP 元素组成,其中 HTML 标记代码生成网页的静态内容,JSP 元素用于生成网页的动态内容。

JSP 元素包含如下内容。

(1) JSP 指令:不直接产生任何可见输出,只是告诉引擎如何处理其余 JSP 页面。

(2) JSP 动作:利用 XML 语法格式的标记控制 Servlet 引擎的行为。利用 JSP 动作可以动态地插入文件、重用 JavaBean 组件、把用户重定向到另外的页面、为 Java 插件生成 HTML 代码。

(3) JSP 脚本:在页面中嵌入 Java 代码,实现 Java 代码的运行、表达式的计算和输出。

(4) JSP 内置对象:JSP 页面内自动获得的 Java 对象,与 Servlet 的请求、响应、会话、ServletContext 对象对应,实现对这些对象的访问和使用。

11.2 JSP 指令

JSP 指令用于在"转换阶段"提供整个 JSP 页面的相关信息,影响由 JSP 页面生成的 Servlet 的整体结构。JSP 指令不会产生任何输出到响应的输出流中。

11.2.1 指令语法和类型

JSP 指令的语法如下:

```
<%@ 指令名 属性名 = "值" 属性名 = "值" %>
```

JSP 的指令分为以下几种。

(1) page:用于定义 JSP 页面级的 JSP 其他元素特性。

(2) include:用于嵌入另一个文本文件的内容到本页面。

(3) taglib:标记库指令,用于引入第三方 JSP 扩展标记类库。

下面分别讲述每种指令的语法、属性和应用。

11.2.2 page 指令

1. page 指令语法

page 指令的语法如下:

```
<%@ page 属性名 = "值" 属性名 = "值" %>
```

page 指令用于整个 JSP 页面,功能是指示 JSP 页面的总体特性,如 JSP 页面的脚本语言、编码字符、MIME 类型、引入的 Java 包和类库等。

page 指令一般放在 JSP 页面的第一行位置。如下为典型的 JSP page 指令:

```
<%@ page language = "java" import = "java.util.*" pageEncoding = "GBK" %>
<%@ page import = "java.io.*,java.sql.*" %>
```

2. page 指令的属性

page 指令通过属性和对应的值来确定其功能。page 指令的属性具体如下。

（1）language 属性：语言属性，用于指定 JSP 脚本中的语言类型，目前只支持 Java，未来可能支持其他类型的脚本语言。

（2）import 属性：用于在 JSP 页面中引入 Java 类，与 Java 语言中的 import 语句作用相同。import 属性是 page 指令中唯一可以重复多次的属性，其内容可以直接写类全名，也可以写到包名即可。其示例如下：

```
<%@ page import = "java.io.*,java.sql.*" %>
<%@ page import = "java.util.Date,javax.sql.Context" %>
```

多个包或类引入可以使用一个 import 属性，它们之间使用","间隔。

JSP 页面会自动引入 java.lang、javax.servlet.http.jsp。

（3）contentType 属性：用于控制 JSP 页面的 HTTP 响应 MIME 类型。例如，生成 HTML 页面的 contentType 属性值为 text/html，代码如下：

```
<%@ page contentType = "text/html" %>
```

也可以在设置响应类型的同时指定响应文本的字符集编码，如：

```
<%@ page contentType = "text/html;charset = GBK" %>
```

此指令在设置响应为 HTML 的同时，设置字符编码为汉字 GBK。

（4）pageEncoding 属性：用于设定 JSP 文本响应类型的字符集编码，取值默认为 ISO-8859-1，其他常用取值为 GBK、UTF-8、GB2312 等。其示例代码如下：

```
<%@ page pageEncoding = "GBK" %>
```

（5）errorPage 属性：此属性用于设定当 JSP 页面发生异常时自动转发的页面地址，取值为 URL 地址。其示例代码如下：

```
<%@ page errorPage = "error.jsp" %>
```

errorPage 属性指示当 JSP 页面发生异常时自动跳转到 error.jsp 错误信息显示页面。在错误页面可以使用 exception 内置异常类取得异常信息。

（6）isErrorPage 属性：isErrorPage 属性取值为 true/false 二者之一，用于指定此 JSP 页面是否为错误页面。只有指定了 isErrorPage = "true"，才能使用内置异常对象 exception。其示例代码如下：

```
<%@ page isErrorPage = "true" %>
```

isErrorPage 属性默认为 false，即非错误信息页面。

（7）session 属性：此属性指示 JSP 页面是否生成 session 对象，取值为 trur/false，默认取值为 true。当 session 属性为 false 时，此页面不生成 session 对象，也无法使用 session 对象。其示例代码如下：

```
<%@ page session = "false" %>
```

session 属性通知该 JSP 页面不产生 session 对象，并禁止使用 session 内置对象。

（8）buffer 属性：buffer 属性用于设置响应缓存，可以为固定大小（sizekb）或没有缓存（none）。如果省略该属性，则默认的缓存大小为 8KB。其示例代码如下：

```
<%@ page buffer = "12KB" %>              //设置缓存为 12KB
<%@ page buffer = "none" %>              //设置 JSP 响应无缓存
```

（9）autoflush 属性：autoflush 属性用于设置当响应缓存区满后是否自动清空缓存区，值为 true 为自动清空，false 为手动清空。如果响应缓存满后不自动清空，则在写入时将产生异常。此属性值通常默认为 true。

11.2.3 include 指令

在开发 Web 时，经常需要将某个代码作为公共部分，使多个页面都可以使用。如果在每个页面中都复制此内容，将导致大量的冗余代码，特别是公共代码需要修改时，将导致要修改的页面过多。因此，需要将公共代码抽取出来，存放在单独的文件，并使用某种机制嵌入其他页面中，这时就需要使用 include 指令。

1. include 指令的语法

include 指令的功能是将指定的文本文件内容嵌入此指令所在的位置。include 指令的语法如下：

```
<%@ include file = "url" %>
```

include 指令读入指定页面的内容，并把这些内容和原来的页面融合到一起。

JSP 页面是把 include 指令元素所指定的页面的文本加入引入它的 JSP 页面中，合成一个文件后被 Web 容器将它转换成 Servlet。include 指令是在 JSP 的解析阶段实现嵌入，将两个文件的源代码合成在一起。

URL 可以使用相对路径，也可以使用绝对路径。只要是文本文件的内容都可以嵌入，不一定是 JSP 文件。如下为 JSP 页面中嵌入 top.jsp 文件的示例：

```
<%@ include file = "../include/top.jsp" %>
```

特别要注意的是，使用 include 指令时不能在嵌入页面中传入参数，如下为错误的嵌入：

```
<%@ include file = "../include/top.jsp?userid = 9001" %>
```

也不能传递动态参数，如：

```
<%@ include file = "../include/top.jsp?userid = <% = userid %>" %>
```

会产生编译错误。

2. include 指令的应用

include 指令经常应用于复合页面的生成。在 Web 开发中，每个公司的 Web 应用都采用统一的布局。本案例是一家公司的员工管理信息系统，采用图 11-2 所示的典型三段式页面布局。

图 11-2 中，顶部显示公司的 LOGO、应用的名称、主导航；左部显示功能选择；底部显示公司版权信息、主要联系方式；右部显示便捷导航；中间为主要内容区。以中间的页面为主页面，嵌入顶部、左部、右部、底部页面，形成复合页面，每个子页面都可以单独修改。

（1）员工管理主页面/employee/main.jsp 使用 include 指令嵌入其他子 JSP 页面。由于其与公共页面不在同一个目录，因此此处使用相对路径。此 JSP 代码如程序 11-1 所示。

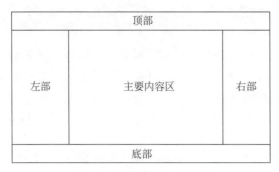

图 11-2 典型三段式页面布局

程序 11-1 list.jsp 显示员工列表的 JSP 页面。

```jsp
<%@ page language="java" contentType="text/html; charset=UTF-8"
    pageEncoding="UTF-8"%>
<%@ taglib uri="http://java.sun.com/jsp/jstl/core" prefix="c" %>
<!DOCTYPE html>
<html>
<head>
<meta charset="UTF-8">
<title>OA 管理系统</title>
</head>
<body>
<!-- 嵌入顶部 JSP 页面 -->
<%@ include file="../include/top.jsp" %>
<table width="100%" height="200" border="0">
  <tr>
    <td width="19%" valign="top" bgcolor="#99FFFF">
        <!-- 嵌入左部 JSP 页面 -->
        <%@ include file="../include/left.jsp" %>
    </td>
    <td width="81%" valign="top"><table width="100%" border="0">
      <tr>
        <td><span class="style4">首页 -&gt;员工管理</span></td>
        <td>更多</td>
      </tr>
    </table>
    <table width="100%" border="0">
      <tr bgcolor="#99FFFF">
        <td width="20%"><div align="center">员工账号</div></td>
        <td width="20%"><div align="center">员工姓名</div></td>
        <td width="20%"><div align="center">性别</div></td>
        <td width="20%"><div align="center">年龄</div></td>
        <td width="20%">操作</td>
      </tr>
      <c:forEach var="emp" items="${empList}">
      <tr>
        <td><span class="style2"><a href="toview.do?empId=${emp.empId}">${emp.empId}</a></span>
        </td>
        <td><span class="style2">${emp.empName}</span></td>
        <td><span class="style2">${emp.empSex}</span></td>
```

```
            <td><span class = "style2">${emp.age}</span></td>
            <td><span class = "style2"><a href = "tomodify.do?empId = ${emp.empId}">修改</a>
                <a href = "todelete.do?empId = ${emp.empId}">删除</a></span></td>
          </tr>
        </c:forEach>
      </table>
      <span class = "style2"><a href = "toadd.do">增加员工</a></span>
    </td>
  </tr>
</table>
<!-- 嵌入底部 JSP 页面 -->
<%@ include file = "../include/bottom.jsp" %>
</body>
</body>
</html>
```

(2) 顶部页面/include/top.jsp 的代码如下：

```
<%@ page language = "java" contentType = "text/html; charset = UTF-8" pageEncoding = "UTF-8" %>
<table width = "100%" height = "82" border = "0">
  <tr>
    <td width = "15%"><img src = "../images/logo.jpg" width = "100" height = "101"/></td>
    <td width = "85%" bgcolor = "#99CC99"><div align = "center"><h1>计算机工程学院办公自动化系统</h1></div></td>
  </tr>
</table>
<table width = "100%" border = "0">
  <tr bgcolor = "#99CCFF">
    <td><div align = "center" class = "style2">主菜单</div></td>
    <td><div align = "center" class = "style2">在线帮助</div></td>
    <td><div align = "center" class = "style2">修改密码</div></td>
    <td><div align = "center" class = "style2">显示个人信息</div></td>
    <td><div align = "center" class = "style2"><a href = "../login.do">退出</a></div></td>
  </tr>
</table>
```

(3) 左部页面/include/left.jsp 的代码如下：

```
<%@ page language = "java" contentType = "text/html; charset = UTF-8" pageEncoding = "UTF-8" %>
<table width = "100%" border = "0">
<tr>
<td bgcolor = "#99CC00"><span class = "style2">功能列表</span></td>
</tr>
<tr>
  <td><span class = "style2"><a href = "../department/tolist.do">部门管理</a></span></td>
</tr>
<tr>
<td><span class = "style2"><a href = "../employee/tolist.do">员工管理</a></span></td>
</tr>
<tr>
<td><span class = "style2"><a href = "../news/main.do">新闻管理</a></span></td>
</tr>
<tr>
<td><span class = "style2"><a href = "../notes/main.do">通知管理</a></span></td>
</tr>
```

```
<tr>
<td><span class = "style2"></span></td>
</tr>
</table>
```

(4) 底部页面/include/bottom.jsp 的代码如下：

```
<%@ page language = "java" contentType = "text/html; charset = UTF-8" pageEncoding = "UTF-8" %>
<table width = "100%" border = "0" bgcolor = "#CCCCFF">
  <tr>
    <td><div align = "center" class = "style2">@ COPYRIGHT 计算机工程学院版权所有 2023</div></td>
  </tr>
</table>
```

最终组成的复合 JSP 页面如图 11-3 所示。

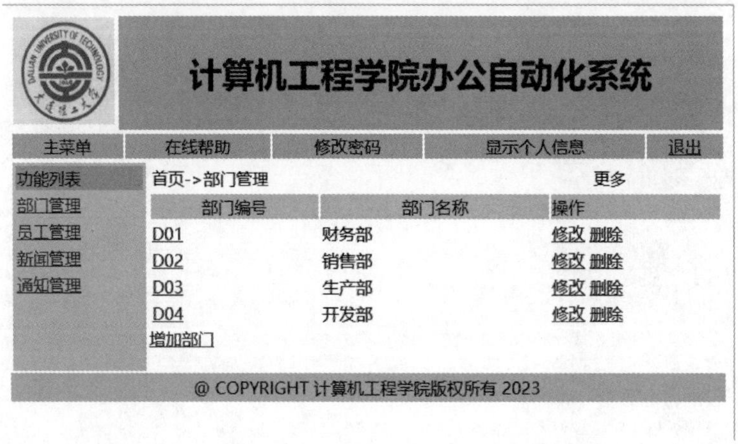

图 11-3 使用 include 指令组成的复合 JSP 页面

在 Web 开发中这种模式经常使用，请读者多加练习，直到熟练掌握。

11.2.4 taglib 指令

JSP 本身提供的标记非常少，而在开发 JSP 页面时经常完成的任务如判断是否显示某些内容、循环遍历容器中的对象实现列表信息显示等，都需要编写 Java 脚本，造成 JSP 页面臃肿庞大，因此许多开发者会开发执行一定功能的自定义标记来简化 Java 脚本的编写。为此，JSP 提供了扩展标记机制 taglib 指令。

taglib 指令允许页面使用用户自定义标签。用户首先要开发自己的标签库（taglib），为标签库编写配置文件（以 tld 为扩展名的文件）；然后在 JSP 页面中使用该自定义标签。由于使用了标签，因此增加了代码的重用程度。例如，可以把一些需要迭代显示的功能代码做成一个标签，在每次需要迭代显示时就使用该标签。使用标签也可使页面易于维护。

1. taglib 指令的语法

taglib 指令的语法如下：

```
<%@ taglib uri = "标记库 URL 地址" prefix = "标记前缀名" %>
```

每个定义标记都要有标记库的 URL 地址，比较著名的各种标记库都提供了 URL 地址供引用。

prefix 指定标记的前缀名称，引入标记库后，可以使用如下形式使用已经定义的标记：

```
<前缀名称:标记名称 属性="值" … />
```

2. taglib 指令的使用

如下示例为使用著名的 JSTL 标记的库的 taglib 指令。

```
<!--引入 JSTL 核心 CORE 标记 -->
<%@ taglib uri="http://java.sun.com/jsp/jstl/core" prefix="c" %>
<!--引入 JSTLXML 处理标记 -->
<%@ taglib uri="http://java.sun.com/jsp/jstl/xml" prefix="x" %>
<!--引入 JSTL 国际化数据格式标记 -->
<%@ taglib uri="http://java.sun.com/jsp/jstl/fmt" prefix="fmt" %>
<!--引入 JSTL 数据库 SQL 标记 -->
<%@ taglib uri="http://java.sun.com/jsp/jstl/sql" prefix="sql" %>
<!--引入 JSTL 常用函数标记 -->
<%@ taglib uri="http://java.sun.com/jsp/jstl/functions" prefix="fn" %>
```

11.3 JSP 动作

在 JSP 规范中为增强 JSP 与 Servlet、JavaBean 的协调，增加了 JSP 动作，使用特定的符合 XML 格式的标记完成特定的任务，从而避免了编写 Java 脚本代码。利用 JSP 动作可以完成动态地插入文件、重用 JavaBean 组件、把用户重定向到另外的页面、为 Java 插件生成 HTML 代码、通过标记库定义自定义标记等常见任务。

11.3.1 JSP 动作语法和类型

1. JSP 动作的语法

JSP 动作使用标准的 XML 格式语法，具体有如下两种格式。

（1）无嵌套封闭格式：

```
<jsp:动作名称 属性名="值" 属性名="值" 属性名="值" />
```

（2）有嵌套封闭格式：

```
<jsp:动作名称 属性名="值" 属性名="值" 属性名="值">
    嵌入的其他动作
</jsp:动作名称>
```

2. JSP 动作的类型

JSP 规范中定义了如下动作标记。

（1）<jsp:include>：嵌入其他页面输出内容动作。
（2）<jsp:forward>：转发动作。
（3）<jsp:plugin>：引入插件动作。
（4）<jsp:param>：提供参数动作。

(5) <jsp:useBean>：使用JavaBean动作。
(6) <jsp:setProperty>：设置JavaBean属性动作。
(7) <jsp:getProperty>：取得JavaBean属性动作。

下面将逐一介绍每个动作的语法和应用。

11.3.2　include动作

include动作用于嵌入其他页面的输出内容到此动作所在的位置。与include指令一样，include动作经常用于复合页面的生成。

1. include动作的语法

(1) 无嵌入元素的include动作的语法如下：

```
<jsp:include page="URL" flush="true"/>
```

(2) 有嵌入param动作的语法如下：

```
<jsp:include page="URL" flush="true">
    <jsp:pram name="参数名" value="参数值"/>
    …
</jsp:include>
```

其中，page属性指定嵌入页面的URL地址。flush属性指定是否在嵌入页面之前清空响应缓存区，true为清空，false为不清空。flush属性默认为true，且推荐使用true。

有嵌入param动作的语法可以为嵌入的页面传递参数，这些参数可以是静态的，也可以是动态的。

2. include动作的应用

与include指令类似，include动作常用于复合页面的生成，如介绍include指令时的示例可以使用include动作完成。重新编写员工主管理页面/employee/main.jsp的代码如程序11-2所示。

程序11-2　main.jsp OA系统主页JSP代码。

```
<%@ page language="java" contentType="text/html; charset=UTF-8"
    pageEncoding="UTF-8"%>
<%@ taglib uri="http://java.sun.com/jsp/jstl/core" prefix="c"%>
<!DOCTYPE html>
<html>
<head>
<meta charset="UTF-8">
<title>OA管理系统</title>
</head>
<body>
<!-- 嵌入顶部JSP页面 -->
<jsp:include page="../include/top.jsp"></jsp:include>
<table width="100%" height="200" border="0">
  <tr>
    <td width="19%" valign="top" bgcolor="#99FFFF">
        <!-- 嵌入左部JSP页面 -->
        <jsp:include page="../include/left.jsp"></jsp:include>
    </td>
```

```
          <td width="81%" valign="top"><table width="100%" border="0">
            <tr>
              <td><span class="style4">首页-&gt;员工管理</span></td>
              <td>更多</td>
            </tr>
          </table>
          <table width="100%" border="0">
            <tr bgcolor="#99FFFF">
              <td width="20%"><div align="center">员工账号</div></td>
              <td width="20%"><div align="center">员工姓名</div></td>
              <td width="20%"><div align="center">性别</div></td>
              <td width="20%"><div align="center">年龄</div></td>
              <td width="20%">操作</td>
            </tr>
            <c:forEach var="emp" items="${empList}">
              <tr>
                <td><span class="style2"><a href="toview.do?empId=${emp.empId}">${emp.empId}</a></span></td>
                <td><span class="style2">${emp.empName}</span></td>
                <td><span class="style2">${emp.empSex}</span></td>
                <td><span class="style2">${emp.age}</span></td>
                <td><span class="style2"><a href="tomodify.do?empId=${emp.empId}">修改</a>
<a href="todelete.do?empId=${emp.empId}">删除</a></span></td>
              </tr>
            </c:forEach>
          </table>
          <span class="style2"><a href="toadd.do">增加员工</a></span>
        </td>
      </tr>
    </table>
    <!-- 嵌入底部 JSP 页面 -->
    <jsp:include page="../include/bottom.jsp"></jsp:include>
  </body>
  </body>
</html>
```

由此可见，include 指令和动作的使用非常相似，作用也基本一致。

3. include 指令和 include 动作的区别

include 动作和 include 指令之间的根本区别在于它们被调用的时间不同。include 动作在请求的响应输出时被嵌入，而 include 指令在页面解析期间被嵌入。include 指令和 include 动作实现复合页面的工作流程如图 11-4 所示。

两者之间的差异决定着它们在使用上的区别。使用 include 指令的页面要比使用 jsp:include 动作的页面难于维护。前面已经说过，使用 JSP 指令时，如果包含的 JSP 页面发生变化，那么用到该页面的所有页面都需要手动更新。在 JSP 服务器的相关规范中并没有要求能够检测包含的文件什么时候发生改变，但实际上大多数服务器已实现了这种机制。这就会导致十分严重的维护问题，即需要记住所有包含某一个页面的其他页面，或者重新编译所有页面，以使更改生效。在这点上，include 动作体现出了极大的优势，它在每次请求时重新把资源包含进来。因此，在实现文件包含上，应该尽可能地使用 include 动作。

include 动作与 include 指令相比在维护方面有着明显优势，而 include 指令之所以得以

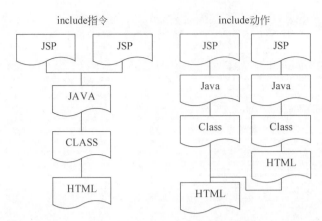

图 11-4 include 指令和 include 动作实现复合页面的工作流程

存在,自然在其他方面有特殊的优势。该优势就是 include 指令的功能更强大,执行速度也稍快。include 指令允许所包含的文件中含有影响主页面的 JSP 代码,如响应类型的设置和属性方法的定义。

11.3.3 useBean 动作

引用并调用 JavaBean 的方法和属性是 JSP 开发时必须面对的任务。当然,可以使用常规做法,即在 Java 脚本代码中使用 new 创建 JavaBean 对象,然后取得它的引用,进而调用其方法。

JSP 为简化调用 JavaBean,提供了 useBean 动作标记,使得不必使用 Java 脚本代码,仅使用标记方式就可以取得 JavaBean 的对象引用。

1. useBean 动作的语法

JSP useBean 的语法如下:

```
< jsp:useBean id = "变量名" class = "包名.类名" scope = "范围" />
```

其中,id 属性指定 JavaBean 对象的变量名。class 属性指定 JavaBean 的类型,即包名.类名。scope 指定将 JavaBean 保存的范围对象,有 page、request、session、application 4 种。如果没有指定 scope 属性,则默认为 page 范围。

在使用 useBean 动作之前,要创建 JavaBean 类 User。注意,类的包要求与 useBean 动作中的包相同。该类代码如程序 11-3 所示。

程序 11-3 EmployeeModel.java 员工 Model 类代码。

```
package com.city.oa.model;
import java.io.Serializable;
public class EmployeeModel implements Serializable {
    private String empId = null;
    private int deptNo = 0;
    private String empPassword = null;
    private String empName = null;
    private String empSex = null;
    private int age = 0;
```

```java
    public String getEmpId() {
        return empId;
    }
    public void setEmpId(String empId) {
        this.empId = empId;
    }
    public int getDeptNo() {
        return deptNo;
    }
    public void setDeptNo(int deptNo) {
        this.deptNo = deptNo;
    }
    public String getEmpPassword() {
        return empPassword;
    }
    public void setEmpPassword(String empPassword) {
        this.empPassword = empPassword;
    }
    public String getEmpName() {
        return empName;
    }
    public void setEmpName(String empName) {
        this.empName = empName;
    }
    public String getEmpSex() {
        return empSex;
    }
    public void setEmpSex(String empSex) {
        this.empSex = empSex;
    }
    public int getAge() {
        return age;
    }
    public void setAge(int age) {
        this.age = age;
    }
}
```

如下代码将创建或取得指定 JavaBean 的对象，并保存在 request 对象中：

```
<jsp:useBean id="employee" class="com.city.oa.model.EmployeeModel" scope="request" />
```

使用 useBean 取得 JavaBean 对象的引用后，在此 JSP 页面中就可以随时使用此定义的 JavaBean 对象名。

2. useBean 动作的优点

通过使用 JSP 中的 Java 脚本代码，可以创建并取得 JavaBean 对象的引用，参见如下代码：

```
<% EmployeeModel employee = new EmployeeModel(); %>
```

使用 useBean 动作也能取得 JavaBean 的对象引用，如：

```
<jsp:useBean id="employee" class="com.city.oa.model.EmployeeModel" scope="request" />
```

二者之间的区别如下：使用 Java 脚本创建 JavaBean 时，只能在本页面中使用，且每次都是创建新的 JavaBean 对象，对象本身不会保存到任何范围对象中；而使用 useBean 动作时，每次都是先到指定的范围内查找是否有 id 属性指定的名称的对象，如果找到则直接使用该对象，否则创建新的对象，并保存到 scope 对象中。因此，useBean 动作代码< jsp:useBean id="employee" class="com.city.oa.model.EmployeeModel" scope="request" />相当于如下 Java 脚本：

```
<%
    EmployeeModel employee = (EmployeeModel)request.getAttribute("employee");
    if(employee == null)
    {
        employee = new EmployeeModel();
        request.setAttribute("employee", employee);
    }
%>
```

由此可见，useBean 动作是先查找，后创建，并且是在没有找到以后才创建新的 Bean 对象。可以使用 useBean 引用 Servlet 转发过来的 JavaBean 对象，只要这些对象保存在 scope 对象中，如 request、session 或 application 中，实现 Servlet 到 JSP 的数据和对象传递。这是使用脚本直接创建 JavaBean 对象所不具备的功能。

引用 JavaBean 对象后，可以使用 setProperty 和 getProperty 动作进行属性的设置和取得。

11.3.4 setProperty 动作

用于设定 useBean 动作取得的 Bean 对象的属性，相当于执行 Bean 对象的 setXxx 方法。

setProperty 动作的语法如下：

```
<jsp:setProperty name="beanid" name="属性名" value="值" />
```

如下代码为使用 setProperty 动作标记设置 JavaBean 属性案例：

```
<jsp:useBean id="employee" class="com.city.oa.model.EmployeeModel" scope="request" />
    <jsp:setProperty name="employee" name="name" value="吴明" />
```

其功能是设置 user 对象的属性 name 值为吴明。

11.3.5 getProperty 动作

与 setProperty 动作对应，getProperty 动作为取得 Bean 对象指定的属性值，并显示在此动作标记所在页面的位置。

getProperty 动作的语法如下：

```
<jsp:getProperty name="beanid" property="属性名" />
```

其中，name 指定 bean 对象的名称，与 useBean 动作的 id 对象对应；property 指定属性名，与 JavaBean 的 getXxx 方法对应。

其应用示例如下：

```
< jsp:useBean id = "employee" class = "com.city.oa.model.EmployeeModel" scope = "request" />
< jsp:setProperty name = " employee" name = "name" value = "吴明" />
用户名：< jsp:getProperty name = " employee" property = "name" /><br/>
```

首先使用 useBean 创建 Bean 引用，然后使用 setProperty 动作设置 Bean 的属性 name，最后使用 getProperty 取得 Bean 的属性 name 的值并显示。

11.3.6 forwared 动作

forward 动作实现服务器端将请求转到另外的 Web 组件，如 HTML 页面、JSP 或 Servlet。forward 动作的语法如下。

（1）无嵌入参数的转发动作：

```
< jsp:forward page = "URL" />
```

此语法用于不向转发目标传递参数。

（2）有嵌入参数的转发动作：

```
< jsp:forward page = "URL" >
    < jsp:param name = "参数名" value = "值" />
    ...
</jsp:forward >
```

此语法用于传递参数到目标转发地址。

jsp:forward 标记只有一个属性 page。page 属性指明一个相对 URL，表示要转发的目标地址。forward 动作的示例如下。

（1）不传递参数转发：

```
< jsp:forward page = "list.jsp" />
```

此动作将转发到同目录下的 list.jsp 页面。

（2）传递参数转发：

```
< jsp:forward page = "list.jsp" >
    < jsp:param name = "id" value = "1001" />
    < jsp:param name = "password" value = "1002" />
</jsp:forward >
```

此转发动作也将转发到同目录下的 list.jsp 文件，但传递两个参数，分别是 id 和 password。在 list.jsp 页面中可以通过 request 取得传递的参数值。

11.3.7 param 动作

param 动作是唯一不能单独使用的标记，需要嵌套在其他动作标记中，为其他动作提供参数。param 动作可以嵌入 include、forward 动作中，为目标地址传递参数。

param 动作的语法如下：

```
< jsp:param name = "参数名" value = "值" />
```

每个 param 动作定义一个参数，当需要多个参数时，可以使用多个 param 动作。

使用 param 动作的示例代码如下：

```
<jsp:forward page="list.jsp">
    <jsp:param name="id" value="9001"/>
    <jsp:param name="password" value="9002"/>
</jsp:forward>
```

上述代码使用 param 动作为 forward 动作提供参数。

11.4 JSP 脚本

JSP 脚本标记用于在 JSP 页面中嵌入 Java 代码，实现页面业务所需的功能和数据输出。但在现代软件项目开发中，尤其是使用 MVC 模式的架构中，JSP 页面基本不推荐使用 Java 脚本代码，取而代之是各种标记，如 JSTL、EL 表达式等。但学习 JSP 时仍需要了解 JSP 的各种脚本。

11.4.1 JSP 脚本类型

JSP 中可以放置的 Java 脚本有 4 种，分别如下。
（1）代码脚本：用于嵌入 Java 代码。
（2）表达式脚本：用于输出 Java 表达式的值。
（3）声明脚本：用于声明 JSP 类变量和方法。
（4）注释脚本：对 JSP 页面进行注释，但不会发送到浏览器客户端。

11.4.2 代码脚本

代码脚本用于 JSP 页面中执行 Java 代码，代码脚本中编写 Java 代码与类方法中书写代码一样。嵌入代码脚本的语法如下：

```
<% Java 代码;    %>
```

此脚本代码可以放置在 JSP 页面任何位置，可以同时嵌入多个脚本代码段，但它们都会编译到一个方法，同属于一个局部代码段。因此，在一个脚本内定义的变量，可以在另一个脚本中使用。在代码脚本中定义的变量都是方法内局部变量，类似于在 Servlet 的 doGet 方法中定义的变量，未进行初始化就使用是非法的。

程序 11-4 的 JSP 代码展示了 Java 脚本代码的使用，JSP 页面中的 Java 代码直接连接数据库，显示表中的记录列表。

程序 11-4 main01.jsp 员工主页 JSP 代码。

```
<%@ page language="java" contentType="text/html; charset=UTF-8"
    pageEncoding="UTF-8" %>
<%@ page import="java.sql.*" %>
<!DOCTYPE html>
<html>
<head>
<meta charset="UTF-8">
<title>OA 管理系统</title>
```

```jsp
</head>
<body>
    <table width="100%" border="0">
        <tr bgcolor="#99FFFF">
            <td width="20%"><div align="center">员工账号</div></td>
            <td width="20%"><div align="center">员工姓名</div></td>
            <td width="20%"><div align="center">性别</div></td>
            <td width="20%"><div align="center">年龄</div></td>
            <td width="20%">操作</td>
        </tr>
        <%
            try{
                Class.forName("com.mysql.jdbc.Driver");
                Connection cn = DriverManager.getConnection("jdbc:mysql://localhost:3306/cityoa?useUnicode=true&characterEncoding=UTF-8&serverTimezone=Asia/Shanghai","root","root");
                String sql = "SELECT * FROM oa_employee";
                PreparedStatement ps = cn.prepareStatement(sql);
                ResultSet rs = ps.executeQuery();
                while(rs.next())
                {
                    String empId = rs.getString("EMPID");
        %>
        <tr>
            <td><span class="style2"><a href="toview.do?empId=<%=empId%>"><%=empId%></a></span></td>
            <td><span class="style2"><%=rs.getString("EMPNAME")%></span></td>
            <td><span class="style2"><%=rs.getString("EMPSEX")%></span></td>
            <td><span class="style2"><%=rs.getString("AGE")%></span></td>
            <td><span class="style2"><a href="tomodify.do?empId=<%=empId%>">修改</a><a href="todelete.do?empId=<%=empId%>">删除</a></span></td>
        </tr>
        <%
                }
                rs.close();
                ps.close();
                cn.close();
            } catch (Exception e) {
                System.out.println("员工List错误:" + e.getMessage());
            }
        %>
    </table>
    </td>
  </tr>
</table>
</body>
</body>
</html>
```

配置好数据源，连接到此数据库，请求此 JSP，显示所有的员工列表，其 JSP 页面显示结果如图 11-5 所示。

由上例可以看到，JSP 页面嵌入过多 Java 代码脚本。导致 JSP 页面臃肿复杂，不如使用 JSTL 标记简洁轻巧。

员工账号	员工姓名	性别	年龄	操作
1001	王明	男	20	修改 删除
1002	刘明	男	21	修改 删除
1003	赵明	男	22	修改 删除
1004	李四	女	24	修改 删除

图 11-5 代码脚本案例页面显示结果

11.4.3 表达式脚本

当要在 JSP 页面上输出 Java 脚本中变量的值时，就需要使用表达式脚本。表达式脚本将计算包含的表达式的值，然后输出在表达式脚本所在的位置。

表达式脚本语法如下：

```
<% = 表达式 %>
```

要特别注意的是，表达式后不能有分号，"="与"<%"之间不能有空格。

在程序 10-4 的代码脚本中使用了表达式脚本，用于输出 Java 对象的值。例如：

```
<% = rs.getString("EMPNAME") %>
```

将输出结果集当前记录的 EMPNAME 字段值。

11.4.4 声明脚本

JSP 声明脚本用于声明 JSP 页面的类变量和方法。由于 JSP 在运行时会转换为 Servlet 类，因此声明的脚本部分称为类中定义的一部分。

JSP 声明脚本的语法如下：

```
<%! 声明脚本 %>
```

声明脚本中只能定义变量和方法，不能单独写 Java 代码。

如下声明脚本是正确的：

```
<%!
    int num = 0;
    public void addNum()
    {
        num++;
    }
%>
```

如下声明脚本是错误的：

```
<%!
    int num = 0;
    num++;       //声明脚本中不能直接执行非声明代码
    public void addNum()
    {
        num++;
    }
%>
```

程序 11-5 中的 JSP 页面代码中声明脚本和代码脚本结合,分别声明了 JSP 类变量和局部变量,通过每次请求该 JSP 页面进行变量值累计,根据页面显示结果可以看到声明脚本中变量和代码脚本中变量的区别。

程序 11-5　main02.jsp 声明脚本使用 JSP 页面。

```jsp
<%@ page language="java" contentType="text/html; charset=UTF-8"
    pageEncoding="UTF-8" %>
<!DOCTYPE html>
<html>
<head>
<meta charset="UTF-8">
<title>声明脚本和代码脚本区别</title>
</head>
<%-- 声明类变量和类方法 --%>
<%!
    int num00 = 0;
    public void addNum00()
    {
        num00++;
    }
%>
<%-- 声明局部变量 --%>
<%
    int num01 = 0;
    addNum00();
    num01++;
%>
<body>
    <h1>验证技术器</h1>
    <hr />
    NUM00 = <%= num00 %><br /> NUM01 = <%= num01 %><br />
    <hr />
</body>
</body>
</html>
```

对此 JSP 页面进行多次访问,页面输出如图 11-6 所示。

验证技术器

NUM00=8
NUM01=1

图 11-6　声明脚本和代码脚本的页面输出

从显示结果可以看到,声明的类属性变量只执行初始化一次,可以进行累加;而脚本代码中声明的变量每次都赋值为初值,无法进行累加,其值总是 1。

11.4.5　注释脚本

易于理解和清晰的注释非常重要,开发 JSP 页面也是如此。

在 JSP 中可以使用 HTML 格式的注释,即:

```
<!-- 注释 -->
```

但是,使用 HTML 注释并不安全,不能放置关键信息,因为 HTML 注释是随着 JSP 生成的 HTML 响应下载到客户端浏览器的,所以客户可以看到。

而 JSP 的注释脚本是服务器端技术,在服务器端处理,不会发送到客户端,因此比较安全。

JSP 注释脚本的语法如下:

```
<%--
  注释内容
--%>
```

其示例如下:

```
<%-- 声明局部变量 --%>
```

11.5 JSP 内置对象

JSP 作为 Web 组件,为与 Web 容器和其他 Web 组件进行通信和协作,提供了内置的与 HTTP 请求和响应相关的对象,方便与其他 Web 组件协作和信息共享。JSP 页面中这些对象不需要定义,在 JSP 代码脚本和表达式脚本中可以直接使用。

JSP 提供了 9 个内置对象,它们分别与 Servlet API 中的类和接口对应。

(1) request:请求对象。

(2) response:响应对象。

(3) session:会话对象。

(4) application:应用服务器对象。

(5) page:JSP 本身页面对象。

(6) pageContext:页面环境对象,作为页面级容器。

(7) out:输出对象。

(8) exception:异常对象。

(9) config:配置对象,用于读取 web.xml 的配置信息。

11.5.1 请求对象 request

JSP 内置对象 request,即请求对象,与 Servlet 中传递的请求对象为同一个,其类型是 jakarta.servlet.http.HttpServletRequest。

请求对象 request 的功能方法与第 5 章的请求对象完全相同,在 JSP 脚本中可以直接使用,不需事先声明和定义。当 Servlet 转发到 JSP 时,JSP 中的 request 对象可以与 Servlet 公用请求对象。

请求对象 request 的常见方法如下。

(1) object getAttribute(String name):返回指定属性的属性值。

(2) Enumeration getAttributeNames():返回所有可用属性名的枚举。

(3) String getCharacterEncoding()：返回字符编码方式。

(4) int getContentLength()：返回请求体的长度(以字节数)。

(5) String getContentType()：得到请求体的 MIME 类型。

(6) ServletInputStream getInputStream()：得到请求体中一行的二进制流。

(7) String getParameter(String name)：返回 name 指定参数的参数值。

(8) Enumeration getParameterNames()：返回可用参数名的枚举。

(9) String[] getParameterValues(String name)：返回包含参数 name 的所有值的数组。

(10) String getProtocol()：返回请求用的协议类型及版本号。

(11) String getScheme()：返回请求用的计划名，如 http、https 及 ftp 等。

(12) String getServerName()：返回接收请求的服务器主机名。

(13) int getServerPort()：返回服务器接收此请求所用的端口号。

(14) BufferedReader getReader()：返回已解码的请求体。

(15) String getRemoteAddr()：返回发送此请求的客户端 IP 地址。

(16) String getRemoteHost()：返回发送此请求的客户端主机名。

(17) void setAttribute(String key, Object obj)：设置属性的属性值。

(18) String getRealPath(String path)：返回一虚拟路径的真实路径。

程序 11-6 的 request.jsp 页面为使用 request 的示例。试比较内置对象 request 和 Servlet 中的请求对象参数的使用。

程序 11-6 request.jsp 请求对象应用案例 JSP。

```jsp
<%@ page language="java" contentType="text/html; charset=UTF-8"
    pageEncoding="UTF-8" %>
<!DOCTYPE html>
<html>
<head>
<meta charset="UTF-8">
<title>request 对象应用案例</title>
</head>
<body bgcolor="#FFFFF0">
<form action="" method="post">
    <input type="text" name="username">
    <input type="submit" value="提交">
</form>
请求方式：<%=request.getMethod()%><br>
请求的资源：<%=request.getRequestURI()%><br>
请求用的协议：<%=request.getProtocol()%><br>
请求的文件名：<%=request.getServletPath()%><br>
请求的服务器的 IP：<%=request.getServerName()%><br>
请求服务器的端口：<%=request.getServerPort()%><br>
客户端 IP 地址：<%=request.getRemoteAddr()%><br>
客户端主机名：<%=request.getRemoteHost()%><br>
表单提交来的值：<%=request.getParameter("username")%><br>
</body>
</html>
```

部署包含此 JSP 页面的 Web 应用，请求 JSP，在文本框中输入任意信息，单击"提交"按钮后重新显示此 JSP 页面,如图 11-7 所示。此案例展示在 JSP 内部使用 request 对象取得客户端信息的方法。

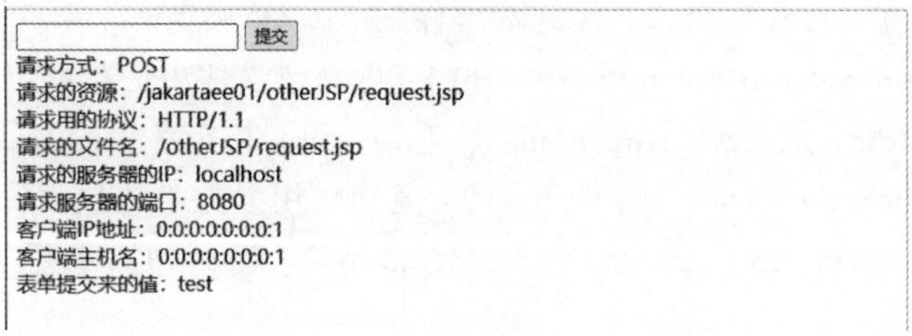

```
                                  提交
请求方式: POST
请求的资源: /jakartaee01/otherJSP/request.jsp
请求用的协议: HTTP/1.1
请求的文件名: /otherJSP/request.jsp
请求的服务器的IP: localhost
请求服务器的端口: 8080
客户端IP地址: 0:0:0:0:0:0:0:1
客户端主机名: 0:0:0:0:0:0:0:1
表单提交来的值: test
```

图 11-7 请求对象案例 JSP 页面显示结果

11.5.2 响应对象 response

内置响应对象 response 用于向客户端发送响应。JSP 页面本身使用文本方式实现 HTTP 响应,因此在 JSP 内部,response 对象没有像 Servlet 中响应对象使用得那么频繁。在 JSP 中要实现响应,直接将响应内容写在 JSP 页面即可,不需要使用响应对象取得 PrintWriter 对象,再进行响应输出编程。

响应对象 response 对应 Servlet 的 jakarta.servlet.http.HttpServletResponse,JSP 页面内 response 对象的使用不是很多。

响应对象 response 的主要方法如下。

(1) String getCharacterEncoding():返回响应用的是何种字符编码。

(2) ServletOutputStream getOutputStream():返回响应的一个二进制输出流。

(3) PrintWriter getWriter():返回可以向客户端输出字符的一个对象。

(4) void setContentLength(int len):设置响应头长度。

(5) void setContentType(String type):设置响应的 MIME 类型。

(6) sendRedirect(java.lang.String location):重定向客户端的请求。

11.5.3 会话对象 session

JSP 的 session 内置对象与其他 Web 组件如 JSP 和 Servlet 共用一个会话对象,对应 Servlet 中的 jakarta.servlet.http.HttpSession。

JSP 页面内可以使用 page 指令<%@ page session="true|false" %>指示此 JSP 页面是否可以使用 session 内置对象,如果为 false,则屏蔽 session 对象。

在 Servlet 中必须通过编程才能得到 session 对象,如下:

```
HttpSession session = request.getSession();
```

在 JSP 内部则可以直接使用 session 对象。因此,JSP 在运行时,内部代码自动执行与 Servlet 相似的语句,取得 session 对象,并使用内置对象 session 进行引用。

会话对象 session 的主要方法如下。

(1) long getCreationTime():返回 session 创建时间。

(2) public String getId():返回 session 创建时 JSP 引擎为其设置的唯一 ID。

(3) long getLastAccessedTime():返回此 session 里客户端最近一次请求时间。

（4）int getMaxInactiveInterval()：返回两次请求间隔多长时间此 session 被取消(ms)。

（5）String[] getValueNames()：返回包含此 session 所有可用属性的数组。

（6）void invalidate()：取消 session，使 session 不可用。

（7）boolean isNew()：查看 session 是否为新。当客户端第一次请求时，服务器为客户端创建 session，但这时服务器还没有响应客户端，也就是还没有把 sessionId 响应给客户端，这时 session 的状态为新。

（8）void removeValue(String name)：删除 session 中指定的属性。

（9）void setMaxInactiveInterval()：设置两次请求间隔多长时间此 session 被取消(ms)。

程序 11-7 为 session 对象使用案例的 JSP 页面。

程序 11-7 session.jsp 内置对象 session 使用实例 JSP 页面。

```jsp
<%@ page language="java" contentType="text/html; charset=UTF-8"
    pageEncoding="UTF-8"%>
<%@ page import="java.util.*" %>
<!DOCTYPE html>
<html>
<head>
<meta charset="UTF-8">
<title>session 对象应用案例</title>
</head>
<body><br>
    session 的创建时间：<%= session.getCreationTime() %>  
<%= new Date(session.getCreationTime()) %><br><br>
    session 的 Id 号：<%= session.getId() %><br><br>
    客户端最近一次请求时间：<%= session.getLastAccessedTime() %> 
<%= new java.sql.Time(session.getLastAccessedTime()) %><br><br>
    两次请求间隔多长时间此 SESSION 被取消(ms)：<%= session.getMaxInactiveInterval() %>
<br><br>
    是否是新创建的一个 SESSION：<%= session.isNew()?"是":"否" %><br><br>
<%
    session.setAttribute("usename","吴名");
    session.setAttribute("tel","0411-89897898");
%>
<%
    Enumeration e = session.getAttributeNames();
    while(e.hasMoreElements())
    {
        String name = (String)e.nextElement();
%>
<%= name %>=<%= session.getAttribute(name) %><br/>
<% } %>
</body>
</html>
```

请求该页面，响应输出结果如图 11-8 所示。

11.5.4 应用服务器对象 application

application 即应用服务器对象，对应 Servlet 中的 jakarta.servlet.ServletContext 对象实例。当 Web 应用启动后，该对象自动创建；Web 应用停止时，该对象被清除。

```
session的创建时间:1680662892488  Wed Apr 05 10:48:12 CST 2023
session的Id号:D9B1FCA4288204FC2391990F6677D100
客户端最近一次请求时间:1680662892488 10:48:12
两次请求间隔多长时间此SESSION被取消(ms):1800
是否是新创建的一个SESSION:是
tel=0411-89897898
usename=吴名
```

图 11-8　session 对象案例 JSP 响应输出结果

application 对象的主要功能是作为 Web 级的容器，保存整个 Web 应用各 Web 组件之间需要共享的数据。

Application 对象还可取得 Web 应用的基本信息，如 Web 容器的产品信息、支持的 Servlet 的版本、外部资源文件、Web 元素的绝对物理目录等。新的 Jakarta EE 规范在 application 对象中增加了日志输出功能。

application 对象的主要方法如下。

(1) Object getAttribute(String name)：返回给定属性名的属性值。

(2) Enumeration getAttributeNames()：返回所有可用属性名的枚举。

(3) void setAttribute(String name,Object obj)：设定属性的属性值。

(4) void removeAttribute(String name)：删除某属性及其属性值。

(5) String getServerInfo()：返回 JSP(servlet)引擎名及版本号。

(6) String getRealPath(String path)：返回一虚拟路径的真实路径。

(7) ServletContext getContext(String uripath)：返回指定 Web Application 的 application 对象。

(8) int getMajorVersion()：返回服务器支持的 Servlet API 的最大版本号。

(9) int getMinorVersion()：返回服务器支持的 Servlet API 的最小版本号。

(10) String getMimeType(String file)：返回指定文件的 MIME 类型。

(11) URL getResource(String path)：返回指定资源(文件及目录)的 URL 路径。

(12) InputStream getResourceAsStream(String path)：返回指定资源的输入流。

(13) RequestDispatcher getRequestDispatcher(String uripath)：返回指定资源的 RequestDispatcher 对象。

(14) Servlet getServlet(String name)：返回指定属性名的 Servlet。

(15) Enumeration getServlets()：返回所有 Servlet 的枚举。

(16) Enumeration getServletNames()：返回所有 Servlet 名的枚举。

(17) void log(String msg)：把指定消息写入 Servlet 的日志文件。

(18) void log(Exception exception,String msg)：把指定异常的栈轨迹及错误消息写入 Servlet 的日志文件。

(19) void log(String msg,Throwable throwable)：把栈轨迹及给出的 Throwable 异常的说明信息写入 Servlet 的日志文件。

程序 11-8 为演示 application 对象使用的 JSP 页面。

程序 11-8 application.jsp 内置对象 application 使用示例 JSP 页面。

```jsp
<%@ page language="java" contentType="text/html; charset=UTF-8"
    pageEncoding="UTF-8" %>
<%@ page import="java.util.*" %>
<!DOCTYPE html>
<html>
<head>
<meta charset="UTF-8">
<title>application 对象应用案例</title>
</head>
<body><br>
JSP(SERVLET)容器及版本号:<%= application.getServerInfo() %><br><br>
返回/application.jsp 虚拟路径的真实路径:<br>
<%= application.getRealPath("/otherJSP/application.jsp") %><br><br>
Web 容器支持的 Servlet API 的大版本号:<%= application.getMajorVersion() %><br><br>
Web 容器支持的 Servlet API 的小版本号:<%= application.getMinorVersion() %><br><br>
指定资源(文件及目录)的 URL 路径:<br>
<%= application.getResource("/otherJSP/application.jsp") %><br><br>
<br><br>
<%
    application.setAttribute("username","吴明");
    out.println(application.getAttribute("username"));
    application.removeAttribute("username");
    out.println(application.getAttribute("username"));
%>
</body>
</html>
```

此 JSP 页面中使用了 application 对象的容器功能,保存用户名称到 application,并取出显示,最后执行属性删除。同时,可以看到通过 application 对象可以得到 Web 容器的基本信息,包括服务器名称、文件的物理目录地址和 Servlet 版本等信息。此 JSP 页面的响应输出结果如图 11-9 所示。

```
JSP(SERVLET)容器及版本号:Apache Tomcat/10.1.6

返回/application.jsp虚拟路径的真实路径:
D:\test\.metadata\.plugins\org.eclipse.wst.server.core\tmp0\wtpwebapps\jakartaee01\otherJSP\application.jsp

Web容器支持的Servlet API的大版本号:6

Web容器支持的Servlet API的小版本号:0

指定资源(文件及目录)的URL路径:
file:/D:/test/.metadata/.plugins/org.eclipse.wst.server.core/tmp0/wtpwebapps/jakartaee01/otherJSP/application.jsp

吴明 null
```

图 11-9　application 对象应用案例 JSP 页面响应输出结果

11.5.5　页面对象 page

page 对象指向当前 JSP 页面本身,类似于类中的 this 指针,是 java.lang.Object 类的实例,在 JSP 编程中应用较少。

page 对象的主要方法如下。

（1）class getClass：返回此 Object 的类。

（2）int hashCode()：返回此 Object 的 Hash 码。

（3）boolean equals(Object obj)：判断此 Object 是否与指定的 Object 对象相等。

（4）void copy(Object obj)：把此 Object 复制到指定的 Object 对象中。

（5）Object clone()：克隆此 Object 对象。

（6）String toString()：把此 Object 对象转换成 String 类的对象。

（7）void notify()：唤醒一个等待的线程。

（8）void notifyAll()：唤醒所有等待的线程。

（9）void wait(int timeout)：使一个线程处于等待状态直到 timeout 结束或被唤醒。

（10）void wait()：使一个线程处于等待状态直到被唤醒。

（11）void enterMonitor()：对 Object 加锁。

（12）void exitMonitor()：对 Object 开锁。

11.5.6 页面环境对象 pageContext

pageContext 对象提供了对 JSP 页面内所有对象及名字空间的访问，它可以访问本页所在的 session，也可以获取本页面所在的 application 的某一属性值，相当于 JSP 页面的所有 SCOPE 对象的集成，它本身类名也叫 pageContext。

pageContext 对象的主要方法如下。

（1）JspWriter getOut()：返回当前客户端响应被使用的 JspWriter 流（out）。

（2）HttpSession getSession()：返回当前页中的 HttpSession 对象（session）。

（3）Object getPage()：返回当前页的 Object 对象（page）。

（4）ServletRequest getRequest()：返回当前页的 ServletRequest 对象（request）。

（5）ServletResponse getResponse()：返回当前页的 ServletResponse 对象（response）。

（6）Exception getException()：返回当前页的 Exception 对象（exception）。

（7）ServletConfig getServletConfig()：返回当前页的 ServletConfig 对象（config）。

（8）ServletContext getServletContext()：返回当前页的 ServletContext 对象（application）。

（9）void setAttribute(String name, Object attribute)：设置属性及属性值。

（10）void setAttribute(String name, Object obj, int scope)：在指定范围内设置属性及属性值。

（11）public Object getAttribute(String name)：取属性的值。

（12）Object getAttribute(String name, int scope)：在指定范围内取属性的值。

（13）public Object findAttribute(String name)：寻找一属性，返回其属性值或 NULL。

（14）void removeAttribute(String name)：删除某属性。

（15）void removeAttribute(String name, int scope)：在指定范围内删除某属性。

（16）int getAttributeScope(String name)：返回某属性的作用范围。

（17）Enumeration getAttributeNamesInScope(int scope)：返回指定范围内可用的属性名枚举。

(18) void release()：释放 pageContext 对象占用的资源。

(19) void forward(String relativeUrlPath)：使当前页面重导到另一页面。

(20) void include(String relativeUrlPath)：在当前位置包含另一文件。

11.5.7 输出对象 out

out 内置对象即 JSP 页面向浏览器发出响应流 PrintWriter 的实例对象，通过 out 的 print 或 println 方法向浏览器发送文本响应。由于 JSP 页面可以直接放入响应文本，使用 out 反而烦琐，因此 JSP 页面中基本不使用 out 对象进行文本响应。

11.5.8 异常对象 exception

异常对象 exception 是 java.lang.Exception 类实例，封装 JSP 页面出现的异常信息。此内置对象只有在 JSP 的 page 指令中设定属性 isErrorPage 为 true 时才能使用，设置指令如下：

```
<%@ page isErrorPage="true" %>
```

标示此属性为 true 的页面为错误信息显示页面，可以使用内置的异常对象 exception。

程序 11-9 为运行时有异常的 JSP 页面，通过 page 指令设定当异常发生时，自动转发到程序 11-10 所示的错误显示页面 error.jsp，显示错误信息。

程序 11-9　exception.jsp 内置对象 exception 使用示例 JSP 页面。

```
<%@ page language="java" contentType="text/html; charset=UTF-8"
    pageEncoding="UTF-8" %>
<%@ page errorPage="error.jsp" %>
<!DOCTYPE html>
<html>
<head>
<meta charset="UTF-8">
<title>测试 exception 内置对象的案例</title>
</head>
<body><br>
    <%
        int m = 0;
        int n = 0;
        int s = m/n;          //此语句会产出异常
    %>
</body>
</html>
```

程序 11-10　error.jsp 错误信息显示 JSP 页面。

```
<%@ page language="java" contentType="text/html; charset=UTF-8"
    pageEncoding="UTF-8" %>
<%@ page isErrorPage="true" %>
<!DOCTYPE html>
<html>
<head>
<meta charset="UTF-8">
<title>异常显示页面</title>
```

```
</head>
<body>
  <h1>异常信息显示</h1>
  错误原因:<% = exception.getMessage() %>
</body>
</html>
```

程序 11-10 中,通过设定 isErrorPage="true" 为错误处理页面,调用 exception 对象的 getMessage 方法取得错误消息。

请求包含错误的页面 exception.jsp,会自动转发到错误页面,响应输出结果如图 11-10 所示。

异常信息显示

错误原因:/ by zero

图 11-10 异常对象应用 JSP 页面响应输出结果

通过设定 errorPage="error.jsp"方式实现页面跳转,使用的是转发方式,而不是重定向模式,这一点要牢记。

11.5.9 配置对象 config

config 对象提供了 JSP 页面中对配置信息 jakarta.servlet.ServletConfig 对象的访问。config 对象封装了初始化参数及一些使用方法,作用范围是当前页面,被包含到其他页面时无效。JSP 中的 config 对象作用很小,这是因为 JSP 本身没有配置信息,无法得到 JSP 配置的初始参数,而在 Servlet 编程中则可以得到 Servlet 配置的初始参数。

config 对象的主要方法如下。

(1) ServletContext getServletContext():返回服务器相关信息的 ServletContext 对象。

(2) String getInitParameter(String name):返回初始化参数的值。

(3) Enumeration getInitParameterNames():返回 Servlet 初始化所需所有参数的枚举。

要得到 JSP 的配置信息,需要为 JSP 进行 Servlet 配置。配置 JSP 的 Servlet 代码如下:

```
<servlet>
    <servlet-name>testConfig</servlet-name>
    <jsp-file>/otherJSP/config.jsp</jsp-file>
    <init-param>
      <param-name>driverName</param-name>
      <param-value>com.mysql.jdbc.Driver</param-value>
    </init-param>
</servlet>
<servlet-mapping>
    <servlet-name>testConfig</servlet-name>
    <url-pattern>/otherJSP/config.jsp</url-pattern>
</servlet-mapping>
```

取得配置的初始参数的 JSP 页面/otherJSP/config.jsp 的代码如程序 11-11 所示。

程序 11-11 config.jsp 取得配置参数的 JSP 页面。

```jsp
<%@ page language="java" contentType="text/html; charset=UTF-8"
    pageEncoding="UTF-8" %>
<!DOCTYPE html>
<html>
<head>
<meta charset="UTF-8">
<title>config 对象应用案例</title>
</head>
<body>
参数:<%= config.getInitParameter("driverName") %>
</body>
</html>
```

访问此 JSP 页面，响应输出结果如图 11-11 所示。

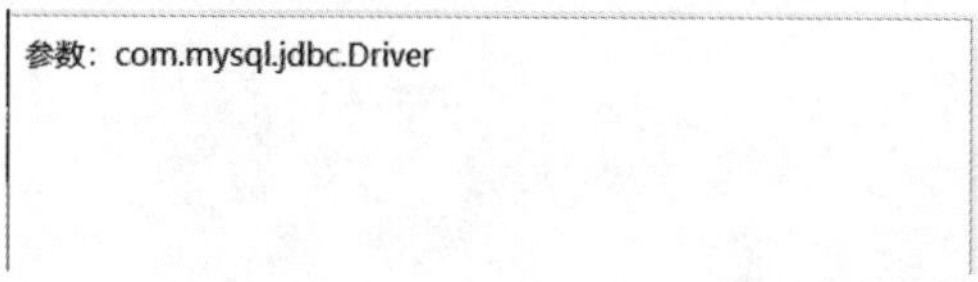

参数：com.mysql.jdbc.Driver

图 11-11 config 对象应用 JSP 页面响应输出结果

11.6 JSP 应用案例

此案例中将结合 JavaBean 和 JSP，由 JavaBean 负责取得数据库员工列表，在 JSP 页面中使用 useBean 动作定义 JavaBean 对象，调用 Bean 对象的方法，取得所有员工列表，使用 JSP 代码脚本和表达式脚本进行员工列表显示。

11.6.1 案例设计与编程

1. 封装员工表的 JavaBean

为了保存数据库表 oa_employee 中的每个员工信息，设计一个 JavaBean 类，封装员工表的每个字段。员工表 oa_employee 字段如表 11-1 所示。本案例使用 MySQL 数据库，如果使用其他类型的数据库，请参阅对应的数据类型。

表 11-1 员工表 oa_employee 字段

字 段 名	类 型	约 束	说 明
EMPID	Varchar(50)	主键	员工账号
EMPPassword	Varchar(20)		密码
EMPNAME	Varchar(50)		姓名
EMPSEX	Varchar(2)		性别
AGE	INT		年龄

封装此表记录的 JavaBean 类如程序 11-12 所示。

程序 11-12　EmployeeModel.java 员工 Model 类。

```java
package com.city.oa.model;
import java.io.Serializable;
public class EmployeeModel implements Serializable {
    private String empId = null;
    private String empPassword = null;
    private String empName = null;
    private String empSex = null;
    private int age = 0;
    public String getEmpId() {
        return empId;
    }
    public void setEmpId(String empId) {
        this.empId = empId;
    }
    public String getEmpPassword() {
        return empPassword;
    }
    public void setEmpPassword(String empPassword) {
        this.empPassword = empPassword;
    }
    public String getEmpName() {
        return empName;
    }
    public void setEmpName(String empName) {
        this.empName = empName;
    }
    public String getEmpSex() {
        return empSex;
    }
    public void setEmpSex(String empSex) {
        this.empSex = empSex;
    }
    public int getAge() {
        return age;
    }
    public void setAge(int age) {
        this.age = age;
    }
}
```

从此程序可见，需要给每个字段定义一个私有属性，同时每个属性拥有一对 get/set 方法，符合典型的 JavaBean 规范。

2. 连接数据库，取得员工列表的 JavaBean

为连接数据库并取出员工的所有记录，开发一个完成此功能的 JavaBean。在实际项目中，该 JavaBean 可以称为业务类或数据存取类。该 JavaBean 连接数据库，执行 Select 查询，并将每个记录的字段值从结果集中读出并写入 JavaBean 封装类中，将代表每个员工的 JavaBean 保存到 List 容器中，返回所有员工的列表对象。此 JavaBean 代码如程序 11-13 所示。

程序 11-13　EmployeeBusiness.java。

```java
package com.city.oa.dao.impl;
import java.util.*;
import java.sql.*;
//员工功能JavaBean
public class EmployeeBusiness
{
//取得所有员工列表
public List getList() throws Exception
{
List empList = new ArrayList();
String sql = " SELECT * FROM oa_employee";
Connection cn = null;
try
{
Class.forName("com.mysql.jdbc.Driver");
cn = DriverManager.getConnection ("jdbc:mysql://localhost:3306/cityoa?useUnicode = true&
characterEncoding = UTF - 8&serverTimezone = Asia/Shanghai", "root", "root");
PreparedStatement ps = cn.prepareStatement(sql);
ResultSet rs = ps.executeQuery();
while(rs.next())
{
EmployeeModel em = new EmployeeModel();
em.setEmpId(rs.getString("EMPID"));
em.setDeptNo(rs.getInt("DEPTNO"));
em.setEmpPassword(rs.getString("EMPPassword"));
em.setEmpName(rs.getString("EMPNAME"));
em.setEmpSex(rs.getString("EMPSEX"));
em.setAge(rs.getInt("AGE"));
empList.add(em);
}
rs.close();
ps.close();
}
catch(Exception e)
{
throw new Exception("取得员工列表错误:" + e.getMessage());
}
finally
{
cn.close();
}
return empList;
}
}
```

3. 调用JavaBean业务方法，显示员工列表的JSP页面

显示员工列表的JSP页面代码如程序11-14所示。该JSP页面使用useBean动作取得业务对象的引用，在Java代码脚本中调用业务对象的方法，取得员工的列表List对象，对其进行遍历，显示所有员工的记录列表。

程序 11-14 /employee/employeeList.jsp 员工列表显示 JSP 页面。

```jsp
<%@ page language="java" contentType="text/html; charset=UTF-8"
    pageEncoding="UTF-8"%>
<%@ page import="java.util.*,com.city.oa.model.*" %>
<!DOCTYPE html>
<html>
<head>
<meta charset="UTF-8">
<title>员工管理主菜单</title>
<link rel="stylesheet" type="text/css" href="../css/site.css">
</head>
<body>
<jsp:useBean id="emp" class="com.city.oa.dao.impl.EmployeeBusiness" scope="application" />
<%
    List empList = emp.getList();
%>
<jsp:include page="../common/top.jsp"></jsp:include>
<table width="100%" height="200" border="0">
  <tr>
    <td width="19%" valign="top" bgcolor="#99FFFF">
      <jsp:include page="../common/left.jsp"></jsp:include>
      </td>
    <td width="81%" valign="top"><table width="100%" border="0">
      <tr>
        <td><span class="style4">首页-&gt;员工管理</span></td>
        <td></td>
      </tr>
    </table>
    <table width="100%" border="0">
      <tr bgcolor="#99FFFF">
        <td width="20%"><div align="center">员工账号</div></td>
        <td width="20%"><div align="center">员工姓名</div></td>
        <td width="20%"><div align="center">性别</div></td>
        <td width="20%"><div align="center">年龄</div></td>
        <td width="20%">操作</td>
      </tr>
<%
        for(Object o:empList)
        {
            EmployeeModel em=(EmployeeModel)o;
%>
      <tr>
        <td><span class="style2"><a href="toview.do?empId=<%= em.getEmpId() %>">
<%= em.getEmpId() %></a></span></td>
        <td><span class="style2"><%= em.getEmpName() %></span></td>
<td><span class="style2"><%= em.getEmpSex() %></span></td>
        <td><span class="style2"><%= em.getAge() %></span></td>
        <td><span class="style2"><a href="tomodify.do?empId=<%= em.getEmpId() %>">
修改</a>
<a href="todelete.do?empId=<%= em.getEmpId() %>">删除</a></span></td>
      </tr>
      <%
        }
```

```
            %>
        </table>
        <span class = "style2"><a href = "toadd.do">增加员工</a></span>
        </td>
    </tr>
</table>
<jsp:include page = "../common/bottom.jsp"></jsp:include>
</body>
</html>
```

11.6.2 案例部署和测试

将包含以上 JavaBean 和 JSP 页面的 Web 部署到 Tomcat 上，启动 Tomcat，访问 /employee/employeeList.jsp，得到所有的员工列表，同时采用 include 动作嵌入顶部、左部和底部的公共页面。请求此 JSP 页面响应输出结果如图 11-12 所示。

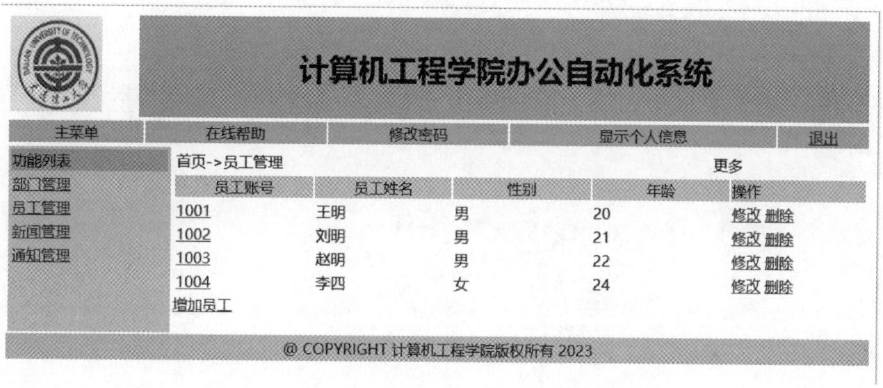

图 11-12　JSP 综合案例 JSP 页面响应输出结果

由于采用 include 动作嵌入公共页面，因此主 JSP 页面代码明显减少，有利于 JSP 页面的维护。目前 JSP 页面的主要缺点是 Java 脚本代码过多，导致页面杂乱，未来应该使用自定义标记（如 JSTL）替代 Java 代码和表达式脚本，使 JSP 页面中只含有标记，没有 Java 代码，实现 JSP 页面代码的规范化和简单化。

简答题

1. 比较 JSP 和 Servlet 的相同点和不同点。
2. 简述 JSP 的执行过程。
3. 简述 JSP 的组成部分。

实验题

1. 编写 3 个公共 JSP 页面：/include/top.jsp、/include/left.jsp、/include/bottom.jsp。
2. 编写产品管理主页面，如图 11-13 所示。
（1）文件名和位置：/product/main.jsp。

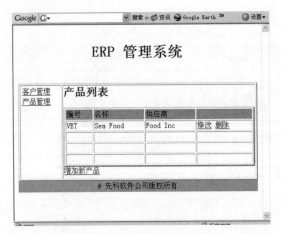

图 11-13　产品管理主页面

（2）嵌入以上 3 个公共页面。

（3）显示所有的产品列表。

（4）在 main.jsp 页面中连接 SQL Server 数据库，使用 Java 代码脚本显示产品表的所有产品记录。

第12章 EL与JSTL

本章要点

- EL 基本语法和应用
- JSTL 基础和引入
- JSTL 标记内容
- JSTL 核心标记
- JSTL 格式标记
- JSTL 数据库标记
- JSTL I18N 标记

按照 MVC 模式开发 Java Web 的核心思想是将内容表达和控制代码进行分离，即 JSP 页面只负责内容的显示，执行 View 的职责。

而在 JSP 页面中嵌入 Java 代码脚本则违反了内容表示和控制分离的原则，在 JSP 中大量使用 Java 表达式和代码脚本，扰乱了页面的布局设计，降低了页面设计师的工作效率。由于 JSP 页面充斥大量 Java 代码脚本，而这些代码的编辑是软件工程师的职责，彻底打乱了软件开发团队分工协作的高效模式，极大地降低了项目的开发进度。

如何将 JSP 中的 Java 代码移除一直是现代 Web 应用开发不懈努力的目标，由此出现了各种不同的解决方案，如 EL（Expression Language，表达式语言）、JSTL（Java Server Pages Standards Tag Library，JSP 标准标签库）、Struts、JSF 等。本章讲述 EL 和 JSTL 两种替代 Java 代码和表达式脚本的技术和应用，可有效简化 JSP 页面的编写。

12.1 EL 基础

在使用 JSP 开发动态页面时，经常需要在 JSP 页面中取得内置对象（如 pageContext、request、session、application）中保存的属性数据。为取得这些对象中的属性值，在 EL 出现之前，需要使用 JSP 代码脚本或表达式脚本。其一方面编写代码工作繁重；另一方面 JSP 页面中到处充斥 Java 脚本，影响页面设计，不利于页面设计师和 Java 软件工程师的协同工作。为简化JSP页面动态内容的输出,Jakarta EE引入了EL。

12.1.1 EL基本概念

引入EL的目的是使用简洁的语法替代JSP的表达式脚本<%=表达式 %>,在JSP页面中输出动态内容。

EL的基本语法格式是"${表达式}",功能是计算花括号内的表达式的值,将其转换为String类型并进行显示。

EL可以放在JSP页面的任何地方,如下为几种使用EL的示例。

(1) EL放在页面文本中,显示username属性的值:

```
<p>您好:${username}</p>
```

(2) EL在表单元素中,为其提供初始值:

```
<input type="text" name="age" value="${age}" />
```

(3) EL使用在超链接中,为请求URL提供请求参数:

```
<a href="product/view.do?productid=${productid}">查看产品明细</a>
```

12.1.2 EL基本语法

EL中的表达式可为如下内容。

1. 常量:${常量}

例如,你的年龄是${20}(整数常量),你的名字是${"刘明"}(字符串常量)。其实,使用EL输出常量是没有意义的,因为JSP页面可以直接输出常量。例如,你的年龄是20,你的名字是刘明,可见输出常量时没有必要使用EL。

2. 变量:${变量名}

这是EL最常用的形式,用于输出Web应用中范围(scope)对象pageContext、request、session或application中属性为变量名的值。另外,EL会自动从pageContext、request、session、application对象按顺序查找,如果在某个对象中找到,则中止查找过程,取出变量名指定的属性值;如果没有则显示空串,并不显示null值,这是编程中需要特别注意的地方。

如下EL:姓名:${username}

因为没有指定范围,所以将从上述4个对象中进行顺序查找,直到找到为止。如果不使用EL,而使用Java脚本代码,则需要编写如下示例代码:

```
姓名:
    <%
        if(pageContext.getAttribute("username")!=null){
            out.println(pageContext.getAttribute("username"));
        }
        else if(request.getAttribute("username")!=null){
            out.println(request.getAttribute("username"));
        }
        else if(session.getAttribute("username")!=null){
```

```
            out.println(session.getAttribute("username"));
        }
        else if(application.getAttribute("username")!= null) {
            out.println(application.getAttribute("username"));
        }
        else{
            out.println("");
        }
    %>
```

由此可见,使用 EL 简化了编写 JSP 动态网页的代码,极大地节省了开发人员的编程时间。

3. 运算符:＄{变量 运算符 常量} 或 ＄{变量 运算符 变量}

合计工资:＄{sal+comm} 将取得 sal 属性和 comm 属性进行相加。
合计奖金:＄{bus+500} 算术运算符。
年龄合法:＄{age>=18 and age<=60} 比较和逻辑运算符。

4. "."运算符:＄{变量名.属性名}

其可取得变量名指定的 JavaBean 的属性名的值。当变量名指定的 scope 对象的属性是一个 JavaBean 对象时,可以使用"."运算符取得此 JavaBean 对象的属性的值,其示例代码如下所示:

```java
package com.city.oa.model;
import java.io.Serializable;
public class UserModel implements Serializable {
    private String id = null;
    private String name = null;
    private int age = 0;
    private double salary = 0;
    public String getId() {
        return id;
    }
    public void setId(String id) {
        this.id = id;
    }
    public String getName() {
        return name;
    }
    public void setName(String name) {
        this.name = name;
    }
    public int getAge() {
        return age;
    }
    public void setAge(int age) {
        this.age = age;
    }
    public double getSalary() {
        return salary;
    }
```

```
        public void setSalary(double salary) {
            this.salary = salary;
        }
    }
```

此用户的 JavaBean 类有 4 个属性，分别是 id、name、age、salary。

程序 12-1 为在 Serlvet 组件的请求方法内创建一个 UserModel 的对象，赋予所有属性的值，并转发到显示 JSP。

程序 12-1 TestEL.java 测试 EL 表达式的类。

```
package com.city.oa.controller;
import java.io.IOException;
import java.io.PrintWriter;
import jakarta.servlet.RequestDispatcher;
import jakarta.servlet.ServletException;
import jakarta.servlet.http.HttpServlet;
import jakarta.servlet.http.HttpServletRequest;
import jakarta.servlet.http.HttpServletResponse;
public class TestEL extends HttpServlet {
    public void doGet(HttpServletRequest request, HttpServletResponse response)
            throws ServletException, IOException{
        UserModel user = new UserModel();
        user.setId("");
        user.setName("WuMing");
        user.setAge(20);
        user.setSalary(2000.30);
        request.setAttribute("user", user);
        RequestDispatcher rd = request.getRequestDispatcher("el.jsp");
        rd.forward(request, response);
    }
    public void doPost(HttpServletRequest request, HttpServletResponse response)
            throws ServletException, IOException {
        doGet(request,response);
    }
}
```

将 UserModel 对象保存到 request 对象中，属性名为 user。因为使用转发方式，所以在 JSP 页面 el.jsp 中使用"."操作符取得 request 对象中保存的 UserValue 对象的属性值。如下代码显示 Servlet 保存到请求对象 request 中的用户信息：

```
ID：${user.id}<br/>
姓名：${user.name}<br/>
年龄：${user.age}<br/>
```

5．"[ ]"运算符：${变量名[属性名]}

"[ ]"与"."作用相同，可以互换。

例如，上例中显示 UserValue 对象的属性，可以修改为如下形式：

```
ID：${user[id]}<br/>
姓名：${user[name]}<br/>
年龄：${user[age]}<br/>
```

12.1.3　EL 运算符

EL 支持各种类型的 Java 运算符，可实现对各种数据的运算和判断。EL 中可以使用算术运算符、比较运算符、逻辑运算符、空运算符（empty）和三元条件运算符。

1．算术运算符

在 EL 中可以使用 Java 语言的算术运算符，如表 12-1 所示。

表 12-1　EL 支持的算术运算符

运算符	意义	示例
＋	加	${10+20}　${age+20}
－	减	${20-10}　${age-20}
*	乘	${20*10}　${age*10}
/或 div	除	${20/10}　${20 div 10}
%或 mod	求余	${20 % 20}　${20 mod 10}
－	求反运算	${-20}　${-age}

2．比较运算符

EL 可以进行比较运算，返回 boolean 结果（true/false）。EL 支持的比较运算符如表 12-2 所示。

表 12-2　EL 支持的比较运算符

运算符	意义	示例
>或 gt	大于	${age>20}　${age gt 20}
<或 lt	小于	${age<20}　${age lt 20}
>=或 ge	大于或等于	${age>=20}　${age ge 10}
<=或 le	小于或等于	${age<=20}　${age le 20}
==或 eq	等于	${age==20}　${age eq 20}
!=或 ne	不等于	${age!=20}　${age ne 20}

3．逻辑运算符

当 EL 中逻辑运算较复杂时，需要使用逻辑运算符。EL 支持的逻辑运算符如表 12-3 所示。

表 12-3　EL 支持的逻辑运算符

运算符	意义	示例
&&或 and	与运算	${age>20 && age<60}　${age gt 20 and age lt 60}
||或 or	或运算	${age<20|| age<60}　${age lt 20 or age gt 60}
!或 not	非运算	${!(age>=20)}　${!(agege 10)}

4．空运算符

EL 使用空运算符完成对表达式是否为空的判断，如表 12-4 所示。

表 12-4　EL 支持的空运算符

运算符	意义	示例
empty	空运算符	${empty age}　${empty userlist}

空运算符可用于对如下对象的空判断。
(1) 任意类型对象为 null，返回 true。
(2) String 类型对象为空字符串时，返回 true。
(3) 数组类型对象无元素时，即 0 维数组时，返回 true。
(4) 容器类型对象无包含元素时，返回 true。

由此可见，空运算与比较运算"＝＝null"还是有区别的，如 ${userlist＝＝null} 只能判断 userlist 对象是否为 null，而 ${empty userlist} 却有多种情况进行空的判断。

5．三元条件运算符

与 Java 语言规范一样，EL 中也可以使用三元条件运算符，如表 12-5 所示。

表 12-5 三元条件运算符

运算符	意义	示例
条件?值1:值2	条件为 true，返回值1，否则返回值2	${age＞30?"年龄大":"年龄小"}

三元条件运算符可以实现 Java 语言中的二分支比较运算，如表 12-5 中的 EL 表达式 "${age＞30?"年龄大":"年龄小"}"等价于如下 JSP 代码：

```
<%
    int age = 0;
    if(pageContext.getAttribute("age")!= null){
        age = (Integer)pageContext.getAttribute("age");
    }
    else if(request.getAttribute("age")!= null) {
        age = (Integer)request.getAttribute("age");
    }
    else if(session.getAttribute("age")!= null) {
        age = (Integer)session.getAttribute("age");
    }
    else if(application.getAttribute("age")!= null) {
        age = (Integer)application.getAttribute("age");
    }
    else {
        age = 0;;
    }
    if(age＞2){
        out.println("年龄大");
    }
    else{
        out.println("年龄小");
    }
%>
```

对比 JSP 脚本代码和 EL 的三元条件运算符，可以发现 EL 的简洁和功能的强大。因此，使用 EL 可以节省开发时间，加快项目的开发进度。

12.1.4 EL 内置对象访问

在使用 EL 时，如果没有指定属性变量名的范围，如 ${age}，则 EL 会自动从 4 个范围对象(pageContext、request、session、application)中从低到高顺序查找属性名为 age 的值，如果没有找到则输出空串。

实际编程时，有时需要直接指定某个范围 scope 对象中的属性，而不是其他 scope 对象中的属性。

EL 提供了内置对象指示符来引用 JSP 的内置对象，如表 12-6 所示。

表 12-6 EL 内置对象指示符

运算符	意义	应用示例
pageScope	pageContext 对象	${pageScope.username} ${pageScope["username"]}
requestScope	request 对象	${requestScope.username} ${requestScope["username"]}
sessionScope	session 对象	${sessionScope.username} ${sessionScope["username"]}
applicationScope	application 对象	${applicationScope.username} ${applicationScope["username"]}
param	Request 中的参数	${param.username} ${param["username"]}
cookie	Cookie 中的属性	${cookie.username} ${cookie["username"]}
header	Header 中的属性	${header.username} ${header["User-Agent"]}

EL 访问 JSP 内置对象的属性时，可以使用"."运算符，也可以使用"[]"运算符。但当属性名称包含空格或特殊字符时，不能使用"."运算符，只能使用"[]"运算符。例如，${header["User-Agent"]}，因为其属性名称中包含"-"，所以无法使用"."运算符。

由于 EL 只能进行简单的运算和判断，无法完成比较复杂的逻辑判断和循环功能，因此为避免继续使用 Java 代码脚本完成这些功能，Sun 推出了 JSTL 标记库，以实现这些复杂逻辑功能和运算，从而替代 JSP 中嵌入的 Java 代码脚本，实现页面和代码分离。

12.2 JSTL 基础

JSTL 技术标准由 JCP(Java Community Process)组织的 JSR052 专家组发布，Apache 组织将其列入 Jakarta 项目，Sun 公司将 JSTL 的程序包加入互联网服务开发工具包内[Web Services Developer Pack(WSDP)]，作为 JSP 技术应用的一个标准。

JSTL 标签是基于 JSP 页面的，这些标签可以插入 JSP 代码中。本质上 JSTL 也是提前定义好的一组标签，这些标签封装了不同的功能，在页面上调用标签就相当于调用封装起来的功能。JSTL 的目标是简化 JSP 页面的设计。对于页面设计人员来说，使用脚本语言操作动态数据比较困难，而采用标签和表达式语言则相对容易，JSTL 的使用为页面设计人员和程序开发人员的分工协作提供了便利。

JSTL 标识库的作用是减少 JSP 文件的 Java 代码，使 Java 代码与 HTML 代码分离，所以 JSTL 标识库符合 MVC 设计理念。MVC 设计理念的优势是将动作控制、数据处理和结果显示三者分离。

12.2.1 JSTL 的功能

JSTL 的功能是规范并统一 JSP 动态网页开发中基本任务的标记实现,如进行动态数据的显示判断、数据库记录字段的循环显示等。在没有 JSTL 之前,这些任务需要使用 JSP 中的嵌入 Java 脚本代码完成或单独开发自定义标记库,浪费了开发人员的大量时间;另外,由于这些自定义标记不统一,每个公司甚至每个开发人员各自为政,采取不同的标记库和标记符,不利于这些 JSP 页面的开发和维护,同时不利于 Web 项目的移植,违背了 Java 平台"一次编写,到处运行"的原则。

在此背景下,Sun 推出了 JSTL 标记库,为 JSP 开发中常用的任务实现了统一的标准标记库,极大地简化了 JSP 动态内容的程序开发,提高了 JSP 的开发效率,为网页设计师和软件工程师协同工作提供了方便条件,同时提高了 Jakarta EE Web 项目的兼容性和可移植性。

12.2.2 JSTL 标记类型

JSTL 按照完成任务的不同,分为如下标记库。

(1) 核心标记库:完成 JSP 基本的数据输出、数据存储、流程控制、逻辑判断、循环遍历等功能。其 URI 地址为 http://java.sun.com/jsp/jstl/core。

(2) 数据库操作标记库:通过标记实现对数据库的操作,包括增(insert)、删(delete)、改(update)、查(select),而不需要进行 Java 代码的编程。其 URI 地址为 http://java.sun.com/jsp/jstl/sql。

(3) 国际化标记库:完成不同国家标准的数据、日期等格式化的自动转换,便于开发国际化(Internationalization-I18N)企业级应用。其 URI 地址为 http://java.sun.com/jsp/jstl/fmt。

(4) XML 处理标记库:以标记方式进行 XML 数据的操作,此标记节省的 Java 代码编程量较多。其 URI 地址为 http://java.sun.com/jsp/jstl/xml。

(5) 函数标记库:将 Java 语言中主要对象的方法、如 String 类型的方法、Collection 对象的方法封装在标记库中,形成 JSTL 函数标记库。其 URI 地址为 http://java.sun.com/jsp/jstl/functions。

以上每个 JSTL 标记库都提供了访问它们的 URI 地址,在 JSP 引入 JSTL 时,需要指定每种 JSTL 标记的 URI 地址,才能在 JSP 页面中使用这些 JSTL 标记库。

12.2.3 JSTL 引入

在开发 Jakarta EE 9.0 规范的企业级项目时,使用 JSTL 的步骤如下。

1. 在 Maven 中引入依赖包

JSTL 标记库需要引入两个依赖包,具体如下:

```
<!-- https://mvnrepository.com/artifact/jakarta.servlet.jsp.jstl/jakarta.servlet.jsp.jstl-api -->
<dependency>
    <groupId>jakarta.servlet.jsp.jstl</groupId>
    <artifactId>jakarta.servlet.jsp.jstl-api</artifactId>
```

```
    <version>3.0.0</version>
</dependency>
<!-- https://mvnrepository.com/artifact/org.glassfish.web/jakarta.servlet.jsp.jstl -->
<dependency>
    <groupId>org.glassfish.web</groupId>
    <artifactId>jakarta.servlet.jsp.jstl</artifactId>
    <version>3.0.1</version>
</dependency>
```

2. 在 JSP 页面引入 JSTL 标记

JSP 页面中通过 taglib 指令引入 JSTL 标记。如下为 JSP 页面中引入所有 JSTL 标记库的 taglib 指令：

```
<%@ taglib uri="http://java.sun.com/jsp/jstl/core" prefix="c" %>
<%@ taglib uri="http://java.sun.com/jsp/jstl/fmt" prefix="fmt" %>
<%@ taglib uri="http://java.sun.com/jsp/jstl/sql" prefix="sql" %>
<%@ taglib uri="http://java.sun.com/jsp/jstl/xml" prefix="x" %>
<%@ taglib uri="http://java.sun.com/jsp/jstl/functions" prefix="fn" %>
```

在使用 taglib 指令后，即可使用 JSTL 的以上类型标记。如果实际应用中只需要某个标记库，则只需引入对应的 JSTL 标记即可，不需要引入全部的 JSTL 标记。

12.3　JSTL 核心标记

Sun 将 JSP 编程中最常用的操作任务集中在 JSTL 核心标记库中实现。JSTL 核心标记是最基础的标记，也是使用最多的标记，每个 Web 开发人员都应熟练掌握。

JSTL 核心标记按功能可分为如下几种。

（1）通用标记：实现 JSP 内置对象中属性值的显示、保存、删除等操作以及 JSP 页面异常处理，主要有<c:out/>、<c:set/>、<c:remove/>和<c:catch/>等。

（2）逻辑判断标记：对 JSP 页面中的内容显示进行判断和控制输出，可以实现单分支和多分支的控制，包括 Java switch 类型的逻辑控制。

（3）循环遍历标记：实现保存在容器内的对象的遍历和输出，是项目开发中应用最多的标记，因为所有 Web 项目都需要将数据库表中的记录取出并进行列表显示。循环遍历标记使用非常简化的方式来实现这项功能。

（4）URL 地址标记：实现 URL 的重定向、URL 格式化和 URL 重写等常见功能。

12.3.1　核心基础标记

JSTL 核心标记库中的基础标记主要完成保存在 scope 范围对象（pageContext、request、session、application）中属性的管理，包括属性的显示、保存、删除等。

1. <c:out/>数据输出标记

<c:out/>用于输出 scope 对象的属性和表达式值，语法如下：

```
<c:out value="${表达式}" [escapeXml="true|false"] [default="默认值"] />
```

（1）value 属性：value 属性不能省略，该标记计算 value 属性中 ${表达式} 的值并进行输出。

例如，<c:out value="${age+10}" />，将取得scope对象的age属性值并与常量10相加。

（2）escapeXml属性：escapeXml="true|false"属性决定是否将输出字符串中包含的XML标记进行转换，这些标记包括<、>、&、'、"。如果其属性为true，则对这些字符进行转换；为false则直接原样输出，不进行任何转换，默认为true。

代码<c:out value="<h1>你好</h1>" />的显示结果如图12-1所示。

通过查看源代码，"<h1>您好</h1>"被自动转换为"<h1>您好</h1>"，可见escapeXml默认的属性为true。将此属性改为false，<c:out value="<h1>你好</h1>" escapeXml="false" />，则显示结果如图12-2所示。

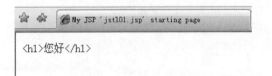 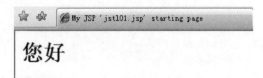

图12-1 <c:out>标记escapeXml为true的显示结果　　图12-2 当escapeXml为false时的显示结果

此时输出值不进行转换，为"<h1>您好</h1>"，将显示标题H1格式的"您好"。

（3）default属性：使用此属性为<c:out/>标记提供默认值，如果表达式为null，则输出此默认值。例如，<c:out value="age" default="没有年龄存在！"/>，当没有在任何scope对象中保存age属性时，将直接显示default指定的值，如图12-3所示。

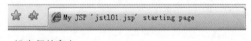

图12-3 有default默认值时的显示结果

2. <c:set/>属性存储标记

<c:set/>属性存储标记将指定的值以指定的属性保存到scope对象中，语法如下：

```
<c:set var="属性名" value="值" [scope="page|request|session|application"] />
```

其中，var指定属性名，value指定值，scope指定保存的对象。

如果省略scope，则将值保存在默认的pageContext对象中。例如：

```
<c:out var="age" value="20" />
```

其执行结果是将20保存到pageContext对象中age属性中，与<% pageContext.setAttribute("age",20) %>等价。

```
<c:out var="age" value="20" scope="session" />
```

则保存到session对象中，与<% session.setAttribute("age",20) %>等价。

3. <c:remove/>属性删除标记

<c:remove/>属性删除标记将删除保存在scope对象的指定属性，语法如下：

```
<c:remove var="属性名" scope="page|request|session|application" />
```

其中，var 指定属性名，scope 指定属性保存的对象。

例如，<c:remove var="age" />，自动从 page 对象开始查找一直到 application，将首先找到的属性 age 删除。

再如，<c:remove var="age" scope="session" />，将 session 对象中属性名为 age 的属性删除。

4．<c:catch>异常处理标记

<c:catch>异常处理标记的功能是捕获嵌套在标记中的 JSP 页面中出现的异常，并将捕获的异常对象保存在 pageContext 对象中，然后使用<c:out />标记显示错误信息。其语法如下：

```
<c:catch [var="属性名"]>
出现异常的处理代码
</c:catch>
```

如果省略 var 属性，则不保存捕获的异常对象；否则将捕获的异常对象以 var 属性确定的名称保存在 pageContext 对象的属性中。

如下 JSP 页面演示<c:catch>的使用：

```
<%@ page language="java" contentType="text/html; charset=UTF-8"
    pageEncoding="UTF-8" %>
<%@ taglib uri="http://java.sun.com/jsp/jstl/core" prefix="c" %>
<%@ taglib uri="http://java.sun.com/jsp/jstl/fmt" prefix="fmt" %>
<%@ taglib uri="http://java.sun.com/jsp/jstl/sql" prefix="sql" %>
<%@ taglib uri="http://java.sun.com/jsp/jstl/xml" prefix="x" %>
<%@ taglib uri="http://java.sun.com/jsp/jstl/functions" prefix="fn" %>
<!DOCTYPE html>
<html>
  <head>
    <title>JSTL 应用</title>
  </head>
  <body>
    <c:catch var="error">
      <c:out value="${10/0}" />
    </c:catch>
    <c:out value="${error.message}" />
  </body>
</html>
```

访问此 JSP 页面，由于被 0 除，因此将产生异常，异常对象被保存到 pageContext 对象中，并使用<c:out/>输出错误信息，输出结果如图 12-4 所示。

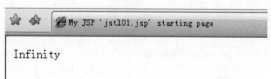

图 12-4　使用<c:catch/>标记的 JSP 页面输出结果

12.3.2 逻辑判断标记

JSP 页面中经常需要根据动态的数据内容选择性输出某些内容,如在高校教务系统中,当用户没有登录时会显示登录表单,如图 12-5 所示。

图 12-5 用户未登录时显示登录表单

在登录表单中输入用户名、密码后,单击"登录"按钮,如果验证通过,在相同页面则显示登录用户姓名等信息,如图 12-6 所示。

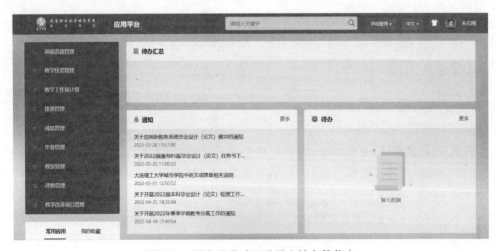

图 12-6 用户登录后显示用户姓名等信息

以上案例中,这种根据不同情况显示不同内容的控制逻辑就是由 JSTL 逻辑判断标记完成的。JSLT 中提供了两种实现逻辑判断的标记。

1. ＜c:if＞标记

＜c:if＞标记提供了单分支的 if 条件判断结构,用于控制指定内容的显示。

＜c:if＞标记的语法分为如下两种。

1) 语法格式一

＜c:if＞标记的语法格式一如下:

```
< c: if test = " ${逻辑表达式}" var = " 变量名" [scope = "{page | request | session | application}"] />
```

该语法格式没有控制的显示部分,只是将 test 的测试结果保存到 var 指定的 scope 变量中,供其他 JSTL 标记使用。该语法格式中,var 部分不能省略,但 scope 属性可以省略,省略 scope 则默认将测试结果保存在 page 范围对象中;逻辑表达式为合法的 EL 逻辑表达式。

使用＜c:if＞标记的示例代码如下:

```
< c:if test = " ${user.age > 60}" var = "result" scope = "request" />
```

该＜c:if＞标记判断 user 对象的年龄属性 age 是否大于 60,将判断结果 boolean 类型的值保存在 request 对象属性名为 result 的属性中。＜c:if＞标记如果使用 Java 脚本来实现,则类似于如下代码:

```
<%
    if(user.getAge()> 60){
        request.setAttribute("result",true);
    } else {
        request.setAttribute("result",false);
    }
%>
```

通过比较＜c:if＞标记和 Java 代码脚本,可以发现使用＜c:if＞标记最简洁,有利于页面美化。

2) 语法格式二

＜c:if＞标记的语法格式二如下:

```
< c: if test = " ${逻辑表达式}" [var = " varName"] [scope = "{page | request | session | application}"]>
显示内容
</c:if >
```

该语法格式的＜c:if＞标记用于控制标记包含的内容是否显示。当逻辑表达式为 true 时,则显示包含的内容;否则不显示。当指定 var 属性时,将逻辑表达式结果存入 var 为属性名 scope 指定的对象中。

使用此语法格式的＜c:if＞标记的示例代码如下。该示例代码判断会话对象中是否有 userid 属性,表示用户是否登录。如果没有登录,则显示登录表单;否则显示登录用户信息和"注销"超链接。

```
<!-- 用户没有登录 -->
<c:if test = "${sessionScope.userid == null}">
< form action = "login.do" method = "post">
    账号:< input type = "text" name = "userid" /><br/>
```

```
    密码:< input type = "password" name = "password" /><br/>
    < input type = "submit" value = "提交"/>
</form>
</c:if>
<!-- 用户已经登录 -->
< c:if test = " $ {sessionScope.userid!= null}">
  登录用户: $ {sessionScope.userid}<br/>
  < a href = "logout.do">注销</a>
</c:if>
```

使用< c:if >核心标记控制指定内容是否显示非常方便。

2. < c:choose >< c:when >< c:otherwise >组合标记

使用< c:if >标记只能实现单独条件的判断,无法实现像 Java 语言多分支判断的效果,而多分支判断是实际应用开发中经常需要使用的。为此 JSTL 提供了多分支条件判断的组合标记,即< c:choose >< c:when >< c:otherwise >。其基本语法结构如下:

```
< c:choose >
< c:when test = " $ {条件表达式 1}">
...
</c:when >
< c:when test = " $ {条件表达式 2}">
...
</c:when >
< c:when test = " $ {条件表达式 3}">
...
</c:when >
< c:otherwise >
...
</c:otherwise >
</c:choose >
```

其中,< c:choose >构成多分支判断的最外层标记,每个条件分支使用< c:when >表达,相当于一个< c:if >标记。当所有的< c:when >中的 test 条件都为 false 时,如果< c:otherwise >存在,则显示其包含的内容。

如下示例代码展示多分支判断的使用:

```
< c:choose >
< c:when test = " $ {user.age < 18}">
    少年< br/>
</c:when >
< c:when test = " $ {user.age > = 18 && user.age < 40}">
    青年< br/>
</c:when >
< c:when test = " $ {user.age > = 40 && user.age < 60}">
    壮年< br/>
</c:when >
< c:otherwise >
    老年< br/>
</c:otherwise >
</c:choose >
```

上述示例代码中 user 为 JavaBean 对象,有属性 age,表示注册用户的年龄。此 user 对象可以保存在 page、request、session、application 这 4 个对象的任何一个中。

12.3.3 循环遍历标记

Web 应用中信息的列表显示方式是最常用的，任何应用都需要提供信息的列表显示，如新闻列表、公告列表、在线商城商品列表等。通常这些列表信息以容器形式存储，每个具体的信息都以 JavaBean 形式表达，即许多 JavaBean 业务对象保存在容器内，构成信息的列表。显示时只需要遍历容器中包含的每个 JavaBean，再显示每个 JavaBean 的属性，即可实现列表显示方式。

在没有 JSTL 也不使用其他框架的情况下，一般不得不使用 Java 脚本提供编程方式，实现信息的列表显示。

1. 循环遍历标记＜c:forEach＞

JSTL 针对此应用，特别提供了循环遍历标记＜c:forEach＞，极大地简化了遍历容器中每个对象从而实现信息列表的显示。

＜c:forEach＞标记的语法如下：

```
< c:forEach [var = "varName"] items = " $ {collection}" [varStatus = "varStatusName"]
    [begin = "begin"] [end = "end"] [step = "step"]>
    显示的内容
</c:forEach>
```

＜c:forEach＞标记的属性名称、数据类型和说明如表 12-7 所示。

表 12-7 ＜c:forEach＞标记的属性名称、数据类型和说明

属性名称	数据类型	说　　明
var	String	容器中取出每个对象保存到 scope 对象中的属性名称。属性值为取得的对象本身
items	支持的所有容器类型	指定需要遍历的容器。该容器一般保存在某个 scope 范围的对象中，如 request、session、application 等
varStatus	String	遍历的状态信息保存到 scope 中的属性名称。提出包括遍历的个数和遍历的序号
begin	int	指定遍历的起始序号，从 0 开始
end	int	指定遍历的中止序号，最大为容器尺寸减 1
step	int	指定间隔的对象个数

如果指定了 begin，则其值必须不小于 0；如果指定了 step 属性，则其值必须不小于 1；如果 end 值小于 begin 值，则不能进行遍历，无法实现循环功能。如果 begin 指定数值不小于容器中对象的个数，也不会进行遍历。如果 items 属性指定的容器为 null，则不执行遍历，也不会抛出异常。

＜c:forEach＞标记支持如下类型的容器。

(1) 实现 java.util.Collection 接口的实现类，包括 List 和 Set 接口的实现类对象。

(2) 实现 java.util.Iterator 接口的实现类对象。

(3) 实现 java.util.Enumeration 接口的实现类对象。

(4) 实现 java.util.Map 接口的实现类对象。

(5) 数组。

如下案例是使用<c:forEach>标记显示员工列表的 JSP 页面。在访问此 JSP 之前,需要取得员工列表,读取员工数据表,写入员工 JavaBean,并将员工 JavaBean 加入 List 容器中,将容器保存到 rquest 对象,转发到此 main.jsp。本案例中,empList 为保存在 request 对象的 List 容器,保存每个员工的 JavaBean 对象,最好由 Servlet 取得并转发到此 JSP 页面。

程序 12-2　/employee/list.jsp 员工列表显示 JSP 页面。

```jsp
<%@ page language="java" contentType="text/html; charset=UTF-8"
    pageEncoding="UTF-8"%>
<%@ taglib uri="http://java.sun.com/jsp/jstl/core" prefix="c" %>
<%@ taglib uri="http://java.sun.com/jsp/jstl/fmt" prefix="fmt" %>
<%@ taglib uri="http://java.sun.com/jsp/jstl/sql" prefix="sql" %>
<%@ taglib uri="http://java.sun.com/jsp/jstl/xml" prefix="x" %>
<%@ taglib uri="http://java.sun.com/jsp/jstl/functions" prefix="fn" %>
<!DOCTYPE html>
<html>
<head>
<meta charset="UTF-8">
<title>OA 管理系统</title>
</head>
<body>
<jsp:include page="../include/top.jsp"></jsp:include>
<table width="100%" height="200" border="0">
  <tr>
<td width="19%" valign="top" bgcolor="#99FFFF">
      <jsp:include page="../include/left.jsp"></jsp:include>
    </td>
    <td width="81%" valign="top"><table width="100%" border="0">
      <tr>
        <td><span class="style4">首页-&gt;员工管理</span></td>
        <td>更多</td>
      </tr>
    </table>
    <table width="100%" border="0">
      <tr bgcolor="#99FFFF">
        <td width="20%"><div align="center">员工账号</div></td>
        <td width="20%"><div align="center">员工姓名</div></td>
        <td width="20%"><div align="center">性别</div></td>
        <td width="20%"><div align="center">年龄</div></td>
        <td width="20%">操作</td>
      </tr>
      <c:forEach var="emp" items="${empList}">
        <tr>
          <td><span class="style2"><a href="toview.do?empId=${emp.empId}">${emp.empId}</a></span></td>
          <td><span class="style2">${emp.empName}</span></td>
          <td><span class="style2">${emp.empSex}</span></td>
          <td><span class="style2">${emp.age}</span></td>
          <td><span class="style2"><a href="tomodify.do?empId=${emp.empId}">修改</a>
<a href="todelete.do?empId=${emp.empId}">删除</a></span></td>
        </tr>
      </c:forEach>
```

```
          </table>
        <span class="style2"><a href="toadd.do">增加员工</a></span>
        </td>
      </tr>
</table>
<jsp:include page="../include/bottom.jsp"></jsp:include>
</body>
</body>
</html>
```

2. 循环遍历标记<c:forTokens>

JSTL 提供了遍历指定字符串中以指定间隔符分开的所有字符串功能，标记为<c:forTokens>。<c:forTokens>标记的语法如下：

```
<c:forTokens items="要遍历的字符串" delims="间隔符" [var="varName"]
    [varStatus="varStatusName"]
    [begin="begin"] [end="end"] [step="step"]>
显示内容
</c:forTokens>
```

</c:forTokens>标记的属性与<c:forEach>标记大致相同，区别主要如下。

(1) items 指定字符串，而不是容器。

(2) delims 指定字符串间隔符。通过此间隔符可将字符串分成多个子字符串。

如下案例演示使用<c:forTokens>标记遍历 String，如程序 12-3 所示。

程序 12-3　jstl.jsp forToken 标签案例页面。

```
<%@ page language="java" contentType="text/html; charset=UTF-8"
    pageEncoding="UTF-8" %>
<%@ taglib uri="http://java.sun.com/jsp/jstl/core" prefix="c" %>
<%@ taglib uri="http://java.sun.com/jsp/jstl/fmt" prefix="fmt" %>
<%@ taglib uri="http://java.sun.com/jsp/jstl/sql" prefix="sql" %>
<%@ taglib uri="http://java.sun.com/jsp/jstl/xml" prefix="x" %>
<%@ taglib uri="http://java.sun.com/jsp/jstl/functions" prefix="fn" %>
<!DOCTYPE html>
<html>
<head>
<meta charset="UTF-8">
<title>JSTL 应用</title>
</head>
<body><br>
    <c:set var="infos" value="10,30,40,50,60" />
    <c:forTokens items="${infos}" delims="," var="info" varStatus="status">
        <c:out value="${status.index}" />-<c:out value="${status.count}" />-<c:out value="${info}" /><br/>
    </c:forTokens>
</body>
</html>
```

请求该 JSP 页面，显示结果如图 12-7 所示。

<c:forTokens>标记没有<c:forEach>使用那样普遍，读者应该重点掌握<c:forEach>标记，通过对容器的遍历实现信息列表方式显示。

```
0- 1- 10
1- 2- 30
2- 3- 40
3- 4- 50
4- 5- 60
```

<c:forTokens>标记案例显示结果

12.3.4 URL 地址标记

JSTL 还提供了与 URL 地址相关的一些标记，包括＜c:import＞、＜c:url＞、＜c:param＞、＜c:redirect＞等。该部分内容不是本书重点，不再详细讲解，有需要的读者自行查阅资料。

12.4 JSTL 格式输出和 I18N 标记

Web 应用一般部署在 Internet 上供全世界的用户访问，但不同的国家使用不同的语言、不同的时区，因此需要不同的字符编码集。另外，不同国家的显示日期和数字的格式也有所不同。如何在设计 Web 时考虑到不同国家、不同语言的用户的使用习惯，使 Web 页面的显示能自动适应客户，这是目前所有 Web 开发人员都要面临的问题。该问题目前统称为国际化问题，即 Internationalization，简化为 I18N(国际化的单词以 I 开头，中间有 18 个字母，以 N 结尾)。

JSTL 提供了日期、数字的格式标记来进行日期和数字的格式化处理，以适应世界上不同的用户。同时，JSTL 也提供 I18N 支持的标记，能够使页面的显示字符随不同的语言和国家进行自动改变。因此，不需要编写不同语言的 JSP 页面，只要一个页面就可以满足 I18N 要求，简化了 Web 的开发。

要在 JSP 页面中使用格式化和 I18N 标记，需要引入标记库，即

```
<%@ taglib uri="http://java.sun.com/jsp/jstl/fmt" prefix="fmt" %>
```

12.4.1 数值输出格式标记

JSTL 针对数值的格式输出提供了专门的标记＜fmt:formatNumber＞，该标记提供了如下两种语法格式。

1. 无嵌套体语法格式

＜fmt:formatNumber＞无嵌套体语法格式如下：

```
<fmt:formatNumber value = "numericValue"
[type = "{number|currency|percent}"]
[pattern = "customPattern"]
[currencyCode = "currencyCode"]
[currencySymbol = "currencySymbol"]
[groupingUsed = "{true|false}"]
[maxIntegerDigits = "maxIntegerDigits"]
[minIntegerDigits = "minIntegerDigits"]
[maxFractionDigits = "maxFractionDigits"]
```

```
[minFractionDigits = "minFractionDigits"]
[var = "varName"]
[scope = "{page|request|session|application}"]/>
```

该语法直接封闭标记,没有嵌套内容。

2. 有嵌套体语法格式

<fmt:formatNumber>标记有嵌套体语法格式如下:

```
<fmt:formatNumber [type = "{number|currency|percent}"]
[pattern = "customPattern"]
[currencyCode = "currencyCode"]
[currencySymbol = "currencySymbol"]
[groupingUsed = "{true|false}"]
[maxIntegerDigits = "maxIntegerDigits"]
[minIntegerDigits = "minIntegerDigits"]
[maxFractionDigits = "maxFractionDigits"]
[minFractionDigits = "minFractionDigits"]
[var = "varName"]
[scope = "{page|request|session|application}"]>
```

嵌套需要格式化的数字

```
</fmt:formatNumber>
```

该标记的功能是按照指定的格式输出数值。

<fmt:formatNumber>标记的属性名称、数据类型和说明如表 12-8 所示。

表 12-8 <fmt:formatNumber>标记的属性名称、数据类型和说明

属 性 名 称	数 据 类 型	说　　明
value	String、Number	指定要进行格式化的数值
type	String	数值类型,取 number、currency、percentage 之一
pattern	String	数值的显示格式模式
currencyCode	String	货币编码,只有 type 是 currency 时有用
currencySymbol	String	货币符号,只有 type 是 currency 时有用
groupingUsed	boolean	指定是否使用分组符号
maxIntegerDigits	int	指定最大的整数位数
minIntegerDigits	int	指定最小的整数位数
maxFractionDigits	int	指定最大的小数位数
minFractionDigits	int	指定最小的小数位数
var	String	指定保存到 scope 对象的属性名
scope	String	指定格式化后的字符串的保存对象

<fmt:formatNumber>标记也可以将格式化后的数字字符串保存到 scope 对象中。如果指定了 scope 属性,则必须指定 var 属性,因为这时要保存转换后的字符串。

value 属性指定要进行格式化的数值,当没有 value 属性时,则查找嵌套的数值,如果 value 属性的值为 null 或空字符串,则无显示。

pattern 是关键属性,指定数值格式化字符串。如果 pattern 为 null 或空字符串,则该属性被忽略。pattern 中使用的主要格式如下。

(1) ♯:表达一位数字。如果♯在尾部,则 0 不显示。

(2) 0:表达一位数字。如果 0 在尾部,值为 0 则显示 0。
(3) .:小数位。
(4) ,:千分位。
(5) $:美元符号。

如下为常见的数值格式示例:

```
<fmt:formatNumber value="12" type="currency" pattern="$.00"/> -- $12.00
<fmt:formatNumber value="12" type="currency" pattern="$.0#"/> -- $12.0
<fmt:formatNumber value="1234567890" type="currency"/> --
$1,234,567,890.00(货币的符号和当前 Web 服务器的 local 设定有关)
<fmt:formatNumber value="123456.7891" pattern="#,#00.0#"/> -- 123,456.79
<fmt:formatNumber value="123456.7" pattern="#,#00.0#"/> -- 123,456.7
<fmt:formatNumber value="123456.7" pattern="#,#00.00#"/> -- 123,456.70
<fmt:formatNumber value="12" type="percent"/> -- 1,200% type 可以是 currency、number
和 percent
```

12.4.2 日期输出格式标记

JSTL 另一个重要的标记是日期输出格式标记<fmt:formatDate>,用于进行日期的格式化输出。其语法格式如下:

```
<fmt:formatDate value="date"
[type="{time|date|both}"]
[dateStyle="{default|short|medium|long|full}"]
[timeStyle="{default|short|medium|long|full}"]
[pattern="customPattern"]
[timeZone="timeZone"]
[var="varName"]
[scope="{page|request|session|application}"]/>
```

<fmt:formatDate>标记的功能是将日期按指定的格式进行显示。

<fmt:formatDate>标记的属性名称、数据类型和说明如表 12-9 所示。

表 12-9 <fmt:formatDate>标记的属性名称、数据类型和说明

属性名称	数据类型	说明
value	java.util.Date	指定要进行格式化的日期数据
type	String	指定日期的类型,为 time 或 date
dateStyle	String	日期的内置显示格式
timeStyle	String	时间的内置显示格式
pattern	String	指定日期或时间的显示格式
timeZone	boolean	指定时间的时区
var	String	指定保存到 scope 对象的属性名
scope	String	指定格式化后的字符串保存对象

(1) 如果指定了 scope 属性,则必须指定 var 属性,表明要将格式化后的日期字符串保存到指定的 scope 对象中,var 指定属性名。

如下示例代码将使用默认的日期格式转换当前日期,并以属性名称为 currentDate 保存到请求对象中:

```
<jsp:useBean id="now" class="java.util.Date"/>
<fmt:formatDate value="${now}" var="currentDate" value="${now}"/>
```

（2）dateStyle 指定日期的内置显示格式，取值为 default、short、medium long 和 full。以 2007 年 7 月 23 日这个日期为例，使用不同的 dateStyle 属性值，其日期显示如下。

short：07-07-23。

medium：2007-07-23。

long：2007 年 07 月 23 日。

full：2007 年 07 月 23 日 星期一。

使用不同 dateStyle 的示例 JSP 页面如程序 12-4 所示。

程序 12-4 fmt01.jsp 日期格式案例页面。

```
<%@ page language="java" contentType="text/html; charset=UTF-8"
    pageEncoding="UTF-8"%>
<%@ taglib uri="http://java.sun.com/jsp/jstl/core" prefix="c" %>
<%@ taglib uri="http://java.sun.com/jsp/jstl/fmt" prefix="fmt" %>
<!DOCTYPE html>
<html>
<head>
<meta charset="UTF-8">
<title>JSTL 日期格式案例</title>
</head>
<body>
    <h1>JSTL 日期格式标记</h1>
    <hr>
    <jsp:useBean id="now" class="java.util.Date"></jsp:useBean>
    <fmt:setLocale value="zh_CN"/>
    full 格式日期：<fmt:formatDate value="${now}" type="both" dateStyle="full" timeStyle="full"/><br>
    long 格式日期：<fmt:formatDate value="${now}" type="both" dateStyle="long" timeStyle="long"/><br>
    medium 格式日期<fmt:formatDate value="${now}" type="both" dateStyle="medium" timeStyle="medium"/><br>
    default 格式日期：<fmt:formatDate value="${now}" type="both" dateStyle="default" timeStyle="default"/><br>
    short 格式日期：<fmt:formatDate value="${now}" type="both" dateStyle="short" timeStyle="short"/><br>
    <hr>
</body>
</html>
```

请求此 JSP 页面的显示结果如图 12-8 所示。

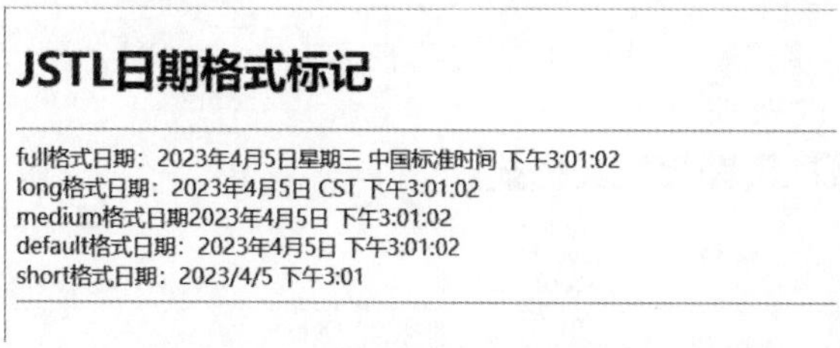

JSTL日期格式标记

full格式日期：2023年4月5日星期三 中国标准时间 下午3:01:02
long格式日期：2023年4月5日 CST 下午3:01:02
medium格式日期2023年4月5日 下午3:01:02
default格式日期：2023年4月5日 下午3:01:02
short格式日期：2023/4/5 下午3:01

图 12-8 JSTL 日期标记的 JSP 案例页面显示结果

（3）timeStyle 属性用于指定时间的内置显示格式，与 dateStyle 一样，其取值也为 default、short、medium long 和 full。

（4）pattern 属性用于指定自定义格式的日期和时间。使用 pattern 属性后会忽略 dateStyle 和 timeStyle 属性确定的值。

日期的格式字符串如下。

yyyy：年份。

MM：月份。

E：星期。

dd：日期。

Z：时区。

z：数字时区。

/：间隔符。

—：间隔符。

时间的格式字符串如下。

HH：小时。

mm：分钟。

ss：秒。

使用自定义格式的日期格式的案例如程序 12-5 所示。

程序 12-5 ftm02.jsp 日期格式标记案例页面代码。

```
<%@ page language="java" contentType="text/html; charset=UTF-8"
    pageEncoding="UTF-8"%>
<%@ taglib uri="http://java.sun.com/jsp/jstl/core" prefix="c" %>
<%@ taglib uri="http://java.sun.com/jsp/jstl/fmt" prefix="fmt" %>
<!DOCTYPE html>
<html>
<head>
<meta charset="UTF-8">
<title>JSTL 日期格式案例</title>
</head>
<body>
    <h1>JSTL 日期自定义格式</h1>
    <hr>
    <jsp:useBean id="now" class="java.util.Date"></jsp:useBean>
    <fmt:setLocale value="zh_CN"/>
    <fmt:formatDate value="${now}" type="both" pattern="E, MM d, yyyy HH:mm:ss Z"/><br/>
    <fmt:formatDate value="${now}" type="both" pattern="yyyy-MM-dd, h:m:s a z Z" /><br/>
    <hr>
</body>
</html>
```

请求此 JSP 页面，页面显示结果如图 12-9 所示。

JSTL日期自定义格式

周三, 04 5, 2023 15:03:04 +0800
2023-04-05, 3:3:4 下午 CST +0800

图 12-9　JSTL 日期自定义格式页面显示结果

12.4.3 国际化 I18N 标记

目前商业 Web 应用普遍采用两种方式来实现 I18N。

(1) 为不同的语言编写不同的网页,使用控制 Servlet,取得客户端的语言和国家,以此转发到不同语言编码集的 JSP 页面。这种方式需要编写大量的页面,代码重复,影响开发进度,不利于后期维护。

(2) 使用一个 JSP 页面,该页面中的各种提示信息使用能适应 I18N 的标记来输出,这种标记能根据语言和国家自动定位各自字符集的消息文件,取出消息文本,显示在 JSP 页面中,实现 I18N 处理。这种方式只有一个 JSP 页面,利于后期维护,代码冗余少,开发进度快。

1. I18N 基础

I18N 涉及 3 个重要的元素:本地化(Locale)、资源绑定(Resource Bundle)和基础名称(Base Name)。

(1) 本地化。本地化表达一个专门的语言和区域。每个本地化使用两个关键要素来表达,具体如下。

① 语言编码(Language Code)。语言编码使用两位小写字母表达,由国际标准 ISO-639 确定。常见的语言编码有 zh(Chinese,中文)和 en(English,英文)。

② 国家编码(Country Code)。国家编码以两位大写字母表达,由国际标准 ISO-3166 确定。常见的国家编码有 CN(China,中国)和 US(USA,美国)。

(2) 资源绑定。不同语言的消息文本保存在不同的资源文件中,当取得客户端的语言和国家码后,就可以自动定位到该语言的资源文件,将消息文本取出,显示在 JSP 页面中。这种自动定位资源文件的技术称为资源绑定。

JSTL 使用基础名称并结合语言编码和国家编码进行资源绑定。资源文件支持以下 3 种命名格式,推荐使用第 3 种:基础名称.properties、基础名称_语言码.properties、基础名称_语言码_国家码.properties(推荐)。例如,存储中文的资源文件可以命名为 messages_zh_CN.properties,而存储英文的资源文件可以命名为 messages_en_US.properties,其中 messages 为基础名。

(3) 基础名。基础名用于确定资源文件的文件名称之一,与语言和国家码一起确定该语言字符编码的资源文件。

2. I18N 资源文件

I18N 资源文件保存不同语言和国家字符集的消息文本,这些消息文本会被 JSTL 标记读出并写入 JSP 页面中,用于页面的标题文字。由于这些文字不是以硬编码格式写在 JSP 页面中,而是从资源文件读出,因此可以自动随不同的语言和国家进行改变,使得 Web 应用具有支持 I18N 的特性。

资源文件的名称为"基础名_语言码_国家码.properties"。其中,基础名可自由命名,由开发人员确定;语言码和国家码则来源于 ISO。

资源文件的存储位置要在项目的 classpath 目录中,在 Web 应用中就是/WEB-INF/

classes 目录下。如果使用 IDE 工具开发 Web 项目,则应该把资源文件创建在 src/main/java 或 src/main/resources 目录下,如图 12-10 所示。

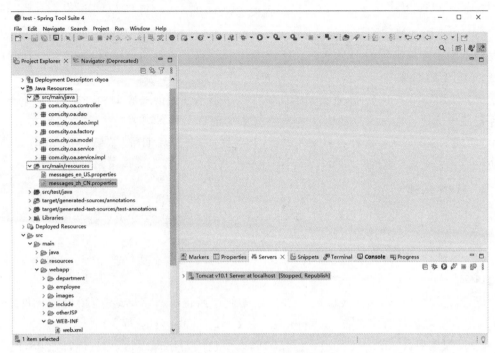

图 12-10　资源文件创建位置

当项目部署时,该目录下的资源文件会自动部署到 Web 应用的/WEB-INF/classes 目录下,JSTL 标记会自动在此目录下查找对应的资源文件。

资源文件中保存需要显示的消息文本,每个消息文本以如下格式存储:

```
key = 消息文本
```

其中,key 为要显示文本编号,用于 JSTL 标记查找;消息文本是要显示的内容。

如下为消息文件的内容示例:

```
消息文件:messages_en_US.properties
com.city.oa.user.id = USER ID
com.city.oa.user.password = USER PASSWORD
```

对于汉字的消息文件,在编译器(STS、Eclipse 等)中输入会自动转换。

转换后 messages_zh_CN.properties 的内容如下:

```
com.city.oa.user.id = \u5458\u5de5\u5e10\u53f7
com.city.oa.user.name = \u5458\u5de5\u59d3\u540d
```

创建不同语言和国家的资源文件以后,就可以使用 JSTL 的 I18N 标记取得资源文件中的消息文本,实现 I18N 的自动支持。

3. ＜fmt:setLocale＞标记

JSTL 提供了设置 locale 的标记＜fmt:setLocale＞,用于设定本地化,即语言编码和国家编码。＜fmt:setLocale＞标记的语法格式如下:

```
< fmt:setLocale value = "locale"
[variant = "variant"]
[scope = "{page|request|session|application}"]/>
```

<fmt:setLocale>标记的属性名称、数据类型和说明如表 12-10 所示。

表 12-10 <fmt:setLocale>标记的属性名称、数据类型和说明

属 性 名 称	数 据 类 型	说　　明
value	String	指定本地化的语言编码和国家编码
variant	String	浏览器类型
scope	String	本地化数据的保存对象

如果不使用<fmt:setLocale>标记,则使用浏览器请求时发送本地化信息,这时称为基于浏览器的 I18N 处理。每个浏览器都可以设置发送 HTTP 请求时的本地化信息,如图 12-11 所示的设置本地化信息,包括语言和国家。

图 12-11　浏览器的本地化设置

如果 JSP 页面中使用了<fmt:setLocale>标记,将忽略浏览器中设定的本地化信息,而使用此标记设定的语言编码和国家编码。其他 I18N 标记会根据此标记设定的本地化信息进行资源文件的定位和消息文本的输出。因此,要求<fmt:setLocale>标记一定要在页面的顶部,其他 I18N 标记之前。

(1) value 属性用于指定本地化的语言编码和国家编码,格式为"语言编码_国家编码",如 zh_CN、en_US。

(2) variant 属性用于设置浏览器的类型,如 WIN 代表 Windows、Mac 代表 Macintonish。一般情况下不需要设置此属性,原则上开发的 Web 应用要求与浏览器无关。

(3) scope 属性用于设置保存国家(或地区)的有效范围,默认为 page,即只在本页面内有效。如果属性 value 的值为 null 或 empty,将使用 Web 容器默认的语言与国家(或地区)

代码设置。

如下代码将设定本地化为美国英语,且在整个 Session 期间有效:

```
<fmt:setLocale value="en_US" scope="session"/>
```

4. <fmt:bundle>标记

创建了资源文件之后,在 JSP 页面中可以使用<fmt:bundle>标记进行资源文件的定位。<fmt:bundle>标记的语法如下:

```
<fmt:bundle basename="basename" [prefix="prefix"]>
body content
</fmt:bundle>
```

<fmt:bundle>标记的属性名称、数据类型和说明如表 12-11 所示。

表 12-11 <fmt:bundle>标记的属性名称、数据类型和说明

属 性 名 称	数 据 类 型	说 明
basename	String	指定资源文件的基础名称
prefix	String	指定消息 key 的前缀

该标记通过给定的基础名,再结合本地化的语言编码和国家编码,确定资源文件的名称。

(1) basename 属性确定基础名。如下代码将设定资源文件基础名为 messages:

```
<fmt:bundle basename="messages">
<fmt:message key="com.city.oa.user.id"/>
<fmt:message key="com.city.oa.user.name"/>
</fmt:bundle>
```

在<fmt:bundle>标记中嵌入的其他 I18N 标记将使用指定的资源文件中的消息文本。

(2) prefix 属性确定其他 JSTL 消息文本 key 的前缀,用于简化消息文本 key 的书写。在上例代码中,所有消息 key 均以 com.city.oa 开头,因此可以指定 prefix 属性;其他标记,如<fmt:message>中的 key 可以以 prefix 为基础进行命名。示例代码如下:

```
<fmt:bundle basename="messages" prefix="com.city.oa">
<fmt:message key="user.id"/>
<fmt:message key="user.name"/>
</fmt:bundle>
```

使用了 prefix 属性后,其他标记的 key 就可以省略 prefix 部分,简化了代码书写,提高了项目的开发效率。

5. <fmt:setBundle>标记

<fmt:setBundle>标记创建一个资源绑定定义,并保存在 scope 对象中。<fmt:setBundle>标记的语法格式如下:

```
<fmt:setBundle basename="basename" [var="varName"]
[scope="{page|request|session|application}"]/>
```

<fmt:setBundle>标记的属性名称,数据类型和说明如表 12-12 所示。

表 12-12 ＜fmt:setBundle＞标记的属性名称、数据类型和说明

属 性 名 称	数 据 类 型	说　　明
basename	String	指定资源文件的基础名称
var	String	指定资源文件定义的保存属性名称
scope	String	指定资源文件定义的保存 scope 对象

如下示例代码展示创建一个资源绑定,并存储在 session 对象中:

```
<fmt:setBundle basename = "info" var = "infoBundle" scope = "session" />
```

JSTL 的 I18N 其他标记可以使用此资源绑定。

6. ＜fmt:message＞标记

＜fmt:message＞标记用于读取指定资源文件的消息文本并输出到 JSP 页面。＜fmt:message＞标记的语法格式如下:

```
<fmt:message key = "messageKey" [bundle = "resourceBundle"] [var = "varName"]
    [scope = "{page|request|session|application}"]/>
```

＜fmt:message＞标记的属性名称、数据类型和说明如表 12-13 所示。

表 12-13 ＜fmt:message＞标记的属性名称、数据类型和说明

属 性 名 称	数 据 类 型	说　　明
key	String	消息文本的 key
bundle	java.util.Locale	指定资源文件
var	String	定义取出的消息文本的存储对象属性名
scope	String	定义取出的消息文本的存储对象

＜fmt:message＞标记将从指定的资源文件中取出指定的消息文本并显示。

(1) key:指定消息文本的 key。

(2) bundle:指定资源文件,要使用 EL 表达式"${}"定位＜fmt:setBundle＞标记定义的资源文件。如果省略,则自动使用＜fmt:bundle＞定义的资源文件。

例如,使用＜fmt:setBundle＞标记定义的资源绑定:

```
<fmt:setBundle basename = "info" var = "infoBundle" scope = "session" />
<fmt:message key = "com.city.oa.user.name" bundle = "${infoBundle}" />
```

(3) var:表示将从资源文件取出的消息文本保存到 scope 对象的属性中,属性名由 var 指定。

(4) scope:表示消息文本保存的对象。

如下代码演示将取出的消息文本保存到 session 对象的属性名为 username 的属性中:

```
<fmt:setBundle basename = "info" var = "infoBundle" scope = "session" />
<fmt:message key = "com.city.oa.user.name" bundle = "${infoBundle}" var = "username" scope = "session" />
${sessionScope.username}
```

12.5　JSTL 数据库标记

为简化操作数据库的编程,JSTL 提供了 SQL 标记库,以标签方式执行对数据库的操作。但是,在 JSP 页面中直接执行对数据库的 SQL 操作是违背 MVC 模式的,实际开发项

目中应尽可能避免使用 JSTL 的 SQL 标记。本节只简单介绍 SQL 标记的使用，读者了解即可。

为在 JSP 页面中使用 JSTL 的 SQL 标记库，需要使用 taglib 指令引入 SQL 标记。引入 SQL 标记的语句如下：

```
<%@ taglib uri = "http://java.sun.com/jsp/jstl/sql" prefix = "sql" %>
```

JSTL 分别提供了如下 SQL 标记。

（1）<sql:setDataSource>：设置数据源标记。

（2）<sql:query>：执行 select 查询标记。

（3）<sql:update>：执行 insert、update、delete 语句标记。

12.5.1 <sql:setDataSource>标记

使用 JSTL 的 SQL 标记执行 SQL 语句时，首先要设置连接数据库的数据源。<sql:setDataSource>标记用于设定与数据库的连接，其语法如下：

```
<sql:setDataSource {dataSource = "dataSource" |
    url = "jdbcUrl"
    [driver = "driverClassName"]
    [user = "userName"]
    [password = "password"]}
    [var = "varName"]
    [scope = "{page|request|session|application}"]/>
```

从上述语法可以看到取得数据库的连接方式有两种。

（1）通过配置数据源的 JNDI 取得与数据库的连接，这需要使用 dataSource 属性进行配置。

（2）通过配置驱动、URL、账号和密码等参数取得数据库连接，这需要设置属性 driver、url、user 和 password 的值。

取得的数据库数据源以 var 指定的名称为属性保存在 scope 对象中。

<sql:setDataSource>标记的属性名称、数据类型和说明如表 12-14 所示。

表 12-14 <sql:setDataSource>标记的属性名称、数据类型和说明

属 性 名 称	数 据 类 型	说　　　明
dataSource	String	指定配置数据连接池的 JNDI 名称
driver	String	数据库 JDBC 驱动类
url	String	数据库的 URL 地址
user	String	数据库用户名称
password	String	数据库用户密码
var	String	数据源保存属性名
scope	String	数据源保存 scope 对象

如下示例代码为使用 JNDI 方式配置数据源，保存在 session 对象中，属性名为 myData。

```
<sql:setDataSource dataSource = "java:comp/env/cityoa"
    var = "myData" [scope = "session" />
```

如下示例代码为使用直接配置方式取得数据源，使用 JDBC-ODBC 桥方式驱动，配置的 ODBC 数据源为 cityoa，SQL Server 的账号为 sa，密码为 sa，数据源保存在 session 对象中，属性名为 infoData。

```
< sql:setDataSource url = "jdbc:odbc:cityoa" driver = "sun.jdbc.odbc.JdbcOdbcDriver"
    user = "sa" password = "sa" var = "infoData" scope = "session" />
```

配置的数据源可用于其他 SQL 标记执行 SQL 语句完成对数据库的 insert、update、delete 和 select 操作。

12.5.2 < sql:query >标记

< sql:query >标记使用配置的 DataSource 执行 select 查询操作，其语法如下。

(1) select 语句无参数的语法如下：

```
< sql:query sql = "sqlQuery"
var = "varName" [scope = "{page|request|session|application}"]
[dataSource = "dataSource"]
[maxRows = "maxRows"]
[startRow = "startRow"]/>
```

此语法中的 select 语句无"?"参数。

(2) select 语句有参数语法如下：

```
< sql:query sql = "sqlQuery"
var = "varName" [scope = "{page|request|session|application}"]
[dataSource = "dataSource"]
[maxRows = "maxRows"]
[startRow = "startRow"]>
< sql:param > actions
</sql:query >
```

此语法用于执行带"?"参数的 select 语句。

< sql:query >标记的属性名称、数据类型和说明如表 12-15 所示。

表 12-15 < sql:query >标记的属性名称、数据类型和说明

属性名称	数据类型	说　　明
sql	String	要执行的 select 语句
dataSource	String	配置的数据源的 var 名称
maxRows	int	查询结果集中包含的最大个数
startRow	int	查询结果集中开始的记录数，第一个记录为 0
var	String	查询结果集保存的属性名
scope	String	查询结果集保存在 scope 对象中

如下示例代码为查询员工的所有记录，将结果集保存在 request 中，属性名为 emplist。

```
< sql:query sql = "select * from EMP" dataSource = "${infoData}"
var = "emplist" scope = "request" maxRows = "10" startRow = "2" />
```

如下示例代码为执行带参数的 select 语句，需要使用< sql:param >为 SQL 语句中的

"?"参数赋值。

```
<sql:query sql = "select * from EMP where deptno = ?" dataSource = "${infoData}"
    var = "emplist" scope = "request" maxRows = "10" startRow = "2" >
        <sql:param value = "${deptNo}" />
</sql:query>
```

其中,deptNo 为保存在 scope 中的属性,可以由控制 Servlet 保存到 scope 对象中,再转发到包含上述代码的 JSP 页面。

使用<sql:query>标记生成的查询结果集可以使用<c:forEach>标记进行遍历,得到所有的记录并显示。其示例代码如下:

```
<c:forEach var = "row" items = "${infoData.rows}">
    <tr>
    <td><c:out value = "${row.ame}"/></td>
    <td><c:out value = "${row.age}"/></td>
    </tr>
</c:forEach>
```

程序 12-6 为可以访问的执行 select 语句的 JSP 页面代码。

程序 12-6 sql.jsp SQL 标记案例页面代码。

```
<%@ page language = "java" contentType = "text/html; charset = UTF-8"
    pageEncoding = "UTF-8" %>
<%@ taglib uri = "http://java.sun.com/jsp/jstl/core" prefix = "c" %>
<%@ taglib uri = "http://java.sun.com/jsp/jstl/sql" prefix = "sql" %>
<!DOCTYPE html>
<html>
<head>
<meta charset = "UTF-8">
<title>使用 JSTL SQL 标记</title>
</head>
<body>
<!-- 设定数据源 -->
    <sql:setDataSource driver = "com.mysql.jdbc.Driver"
    url = "jdbc:mysql://localhost:3306/cityoa?useUnicode = true&characterEncoding = UTF - 8&serverTimezone = Asia/Shanghai"
    user = "root" password = "root" var = "infoData" scope = "request" />
<!-- 取得查询结果集 -->
    <sql:query sql = "SELECT * FROM oa_employee" dataSource = "${infoData}"
    var = "emplist" scope = "request">
    </sql:query>
    <h1>员工列表</h1>
    <hr/>
    <table width = "100%" border = "0">
        <tr bgcolor = "#99FFFF">
            <td width = "20%"><div align = "center">员工账号</div></td>
            <td width = "20%"><div align = "center">员工姓名</div></td>
            <td width = "20%"><div align = "center">性别</div></td>
            <td width = "20%"><div align = "center">年龄</div></td>
            <td width = "20%">操作</td>
        </tr>
```

```
            <c:forEach var = "row" items = "${emplist.rows}">
              <tr>
                <td><a href = "toview.do?empId = ${row.EMPID}">${row.EMPID}</a></td>
                <td>${row.EMPNAME}</td>
                <td>${row.EMPSEX}</td>
                <td>${row.AGE}</td>
                <td><a href = "tomodify.do?empId = ${row.empId}">修改</a>
                  <a href = "todelete.do?empId = ${row.empId}">删除</a></td>
              </tr>
            </c:forEach>
</table>
<hr/>
  </body>
</html>
```

将包含此 JSP 页面的 Web 项目部署到 Tomcat, 请求此 JSP 页面, 输出结果如图 12-12 所示。

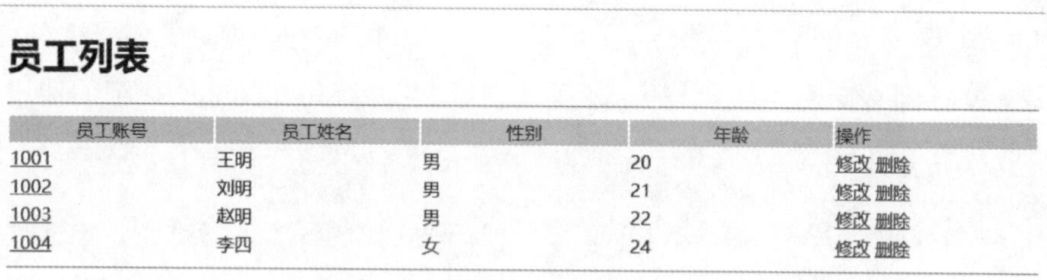

图 12-12 <sql:query>标记输出结果

12.5.3 <sql:update>标记

<sql:update>标记用于执行 insert、update、delete 等 DML SQL 语句, 完成对数据表的增加、修改和删除操作。<sql:update>的语法格式如下。

（1）SQL 语句无参数的语法格式如下：

```
<sql:update sql = "sqlUpdate"
[dataSource = "dataSource"]
[var = "varName"] [scope = "{page|request|session|application}"]/>
```

（2）SQL 语句中有"?"参数的语法格式如下：

```
<sql:update sql = "sqlUpdate"
[dataSource = "dataSource"]
[var = "varName"] [scope = "{page|request|session|application}"]>
<sql:param> actions
</sql:update>
```

<sql:update>标记的属性名称、数据类型和说明如表 12-16 所示。

表 12-16 <sql:update>标记的属性名称、数据类型和说明

属 性 名 称	数 据 类 型	说　　　明
sql	String	要执行的 select 语句

续表

属性名称	数据类型	说明
dataSource	String	配置的数据源的 var 名称
var	String	SQL 语句执行结果保存的属性名
scope	String	SQL 语句执行结果保存在 scope 对象中

如下代码为增加员工的<sql:update>标记使用示例,执行结果保存在请求对象中,属性名为 result。

```
<!-- 先定义数据库连接数据源 -->
<sql:setDataSource driver = "com.mysql.jdbc.Driver"
url = "jdbc:mysql://localhost:3306/cityoa?useUnicode = true&characterEncoding = UTF-8&serverTimezone
 = Asia/Shanghai" user = "root" password = "root" var = "infoData" scope = "request" />
<!-- 使用定义的数据源执行 insert SQL 语句 -->
<sql:update sql = "insert into EMP (EMPID,PASSWORD,NAME,AGE) values
('9001','9001','吴维新',20)" dataSource = "${infoData}" var = "result" scope = "request" />
增加员工个数: ${result}<br/>
```

此案例没有传递参数。如下代码演示使用参数"?"的<sql:update>标记的使用:

```
<!-- 先定义数据库连接数据源 -->
<sql:setDataSource driver = "com.mysql.jdbc.Driver"
url = "jdbc:mysql://localhost:3306/cityoa?useUnicode = true&characterEncoding = UTF-8&serverTimezone
 = Asia/Shanghai" user = "root" password = "root" var = "infoData" scope = "request" />
<!-- 使用定义的数据源执行 insert SQL 语句 -->
<sql:update sql = "insert into EMP (EMPID,PASSWORD,NAME,AGE) values (?,?,?,?)"
dataSource = "${infoData}" var = "result" scope = "request" >
<sql:param value = "9002" />
<sql:param value = "9002" />
<sql:param value = "刘名新" />
<sql:param value = "25" />
</sql:update>
增加员工个数: ${result}<br/>
```

此案例使用了内嵌的<sql:param>标记为 SQL 中的参数"?"进行赋值,参数的先后顺序与"?"的相同。

12.6 JSTL 应用案例

本节介绍一个实际项目中使用 JSTL 的案例,并使用 MVC 模式实现各个组件功能的分解。

12.6.1 案例功能简述

本案例的核心功能是使用 JSTL 标记显示 OA 数据库中的员工表记录。编写 JavaBean,实现对员工记录的封装;设计业务 JavaBean,读取所有员工记录并保存到 JavaBean 对象中,以容器方式返回所有员工的记录;编写 Servlet,接收客户端的请求;调用业务 JavaBean,取得员工列表,并保存到 request 对象中,转发到员工列表显示 JSP 页面;员工显示 JSP 页面使用 JSTL 标记完成员工列表的显示。

12.6.2 组件设计与编程

为实现此案例的功能,本节采用 JSP+Servlet+JavaBean 的组合方式进行设。其中,JSP 负责显示;Servlet 负责接收客户请求,调用 JavaBean 功能;JavaBean 负责连接数据库,取得员工列表。

1. 封装员工记录的 JavaBean 类

此 JavaBean 类用于封装员工表 EMP 中每个记录的字段,每个字段对应此类的一个属性,并且每个属性都有一对 get/set 方法。此 JavaBean 类的代码如程序 12-7 所示。

程序 12-7 EmployeeModel.java 员工 Model 类。

```java
package com.city.oa.model;
import java.io.Serializable;
public class EmployeeModel implements Serializable {
    private String empId = null;
    private String empPassword = null;
    private String empName = null;
    private String empSex = null;
    private int age = 0;
    public String getEmpId() {
        return empId;
    }
    public void setEmpId(String empId) {
        this.empId = empId;
    }
    public String getEmpPassword() {
        return empPassword;
    }
    public void setEmpPassword(String empPassword) {
        this.empPassword = empPassword;
    }
    public String getEmpName() {
        return empName;
    }
    public void setEmpName(String empName) {
        this.empName = empName;
    }
    public String getEmpSex() {
        return empSex;
    }
    public void setEmpSex(String empSex) {
        this.empSex = empSex;
    }
    public int getAge() {
        return age;
    }
    public void setAge(int age) {
        this.age = age;
    }
}
```

2. 员工业务类 JavaBean

此 JavaBean 类负责连接数据库,执行 select 查询,将所有员工的记录分别写入员工封装 JavaBean 对象中,并存入 List 容器。此 JavaBean 类代码如程序 12-8 所示。

程序 12-8 EmployeeBusiness.java 员工业务类。

```java
package com.city.oa.dao.impl;
import java.util.*;
import java.sql.*;
//员工功能 JavaBean
public class EmployeeBusiness
{
//取得所有员工列表
public List getList() throws Exception
{
List empList = new ArrayList();
String sql = " SELECT * FROM oa_employee";
Connection cn = null;
try
{
Class.forName("com.mysql.jdbc.Driver");
cn = DriverManager.getConnection
("jdbc:mysql://localhost:3306/cityoa?useUnicode = true&characterEncoding
 = UTF - 8&serverTimezone = Asia/Shanghai", "root", "root");
PreparedStatement ps = cn.prepareStatement(sql);
ResultSet rs = ps.executeQuery();
while(rs.next())
{
EmployeeModel em = new EmployeeModel();
em.setEmpId(rs.getString("EMPID"));
em.setDeptNo(rs.getInt("DEPTNO"));
em.setEmpPassword(rs.getString("EMPPassword"));
em.setEmpName(rs.getString("EMPNAME"));
em.setEmpSex(rs.getString("EMPSEX"));
em.setAge(rs.getInt("AGE"));
empList.add(em);
}
rs.close();
ps.close();
}
catch(Exception e)
{
throw new Exception("取得员工列表错误:" + e.getMessage());
}
finally
{
cn.close();
}
return empList;
}
}
```

3. 员工列表显示请求 Servlet

此 Servlet 担当控制器的角色,接收客户端的 HTTP 请求,调用员工业务 Bean 的方法。取得包含所有员工列表容器对象后,将其保存到 request 对象,转发到员工显示 JSP 页面。此 Servlet 的代码如程序 12-9 所示。

程序 12-9　EmployeeToListAllController.java 员工列表前分发控制器类。

```java
package com.city.oa.controller;
import jakarta.servlet.RequestDispatcher;
import jakarta.servlet.ServletException;
import jakarta.servlet.annotation.WebServlet;
import jakarta.servlet.http.HttpServlet;
import jakarta.servlet.http.HttpServletRequest;
import jakarta.servlet.http.HttpServletResponse;
import java.io.IOException;
import java.util.List;

@WebServlet("/employee/tolist.do")
public class EmployeeToListAllController extends HttpServlet {
public void doGet(HttpServletRequest request, HttpServletResponse response)
    throws ServletException, IOException {
try {
    //创建员工业务类对象
EmployeeBusiness emp = new EmployeeBusiness();
//调用它的业务方法
List empList = emp.getList();
//员工列表容器对象保存到请求对象中,便于使用 JSTL 标记进行遍历
request.setAttribute("empList",empList);
//实现到员工显示页面的转发。必须使用转发,因为员工列表保存在 request 中
RequestDispatcher rd = request.getRequestDispatcher("list.jsp");
rd.forward(request, response);
} catch(Exception e) {
String mess = e.getMessage();
response.sendRedirect("../error.jsp?mess = " + mess);
}
}
public void doPost(HttpServletRequest request, HttpServletResponse response)
    throws ServletException, IOException {
doGet(request,response);
}
}
```

4. 员工列表显示 JSP 页面

此 JSP 页面接收 Servlet 保存到 request 中的容器对象,并使用<c:forEach>标记进行遍历,实现所有员工列表的显示。该 JSP 页面代码如程序 12-10 所示。

程序 12-10　list.jsp 员工列表显示 JSP 页面。

```jsp
<%@ page language = "java" import = "java.util. * " pageEncoding = "GBK" %>
<%@ taglib uri = "http://java.sun.com/jsp/jstl/core" prefix = "c" %>
<!DOCTYPE HTML PUBLIC " - //W3C//DTD HTML 4.01 Transitional//EN">
< html >
< head >
```

```html
<meta http-equiv="Content-Type" content="text/html; charset=gb2312">
<title>员工管理主菜单</title>
<link rel="stylesheet" type="text/css" href="../css/site.css">
</head>
<body>
<table width="100%" height="200" border="0">
  <tr>
    <td width="19%" valign="top" bgcolor="#99FFFF">
      <jsp:include page="../common/left.jsp"></jsp:include>
    </td>
    <td width="81%" valign="top"><table width="100%" border="0">
      <tr>
        <td><span class="style4">员工列表</span></td>
        <td></td>
      </tr>
    </table>
    <table width="100%" border="0">
      <tr bgcolor="#99FFFF">
        <td width="20%"><div align="center">员工账号</div></td>
        <td width="20%"><div align="center">员工姓名</div></td>
        <td width="20%"><div align="center">性别</div></td>
        <td width="20%"><div align="center">年龄</div></td>
        <td width="20%">操作</td>
      </tr>
      <c:forEach var="emp" items="${empList}">
      <tr>
        <td><span class="style2"><a href="toview.do?empId=${emp.empId}">${emp.empId}</a></span></td>
        <td><span class="style2">${emp.empName}</span></td>
        <td><span class="style2">${emp.empSex}</span></td>
        <td><span class="style2">${emp.age}</span></td>
        <td><span class="style2"><a href="tomodify.do?empId=${emp.empId}">修改</a> <a href="todelete.do?empId=${emp.empId}">删除</a></span></td>
      </tr>
      </c:forEach>
    </table>
    </td>
  </tr>
</table>
<jsp:include page="../common/bottom.jsp"></jsp:include>
</body>
</html>
```

12.6.3 案例部署和测试

将包含此案例代码的 Web 项目部署到 Tomcat 中,请求员工显示 Servlet。在调用业务 JavaBean 方法取得员工列表后,会自动转发到员工列表显示 JSP 页面。此 JSP 页面输出结果如图 12-13 所示。

通过本案例可以了解初步的 MVC 模式应用,以及 JSTL 如何简化 JSP 页面的编写。

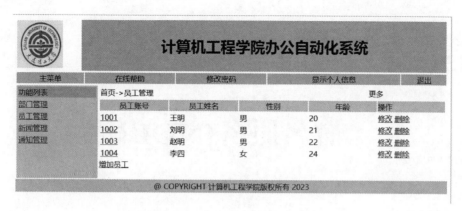

图 12-13　案例 JSP 页面输出结果

简答题

1. 简要说明 JSTL 的优点。
2. 写出 JSP 页面中引入 JSTL 核心标记、SQL、I18N 的指令语句。

实验题

参考 12.6 节的案例，按 MVC 模式并结合 JSTL 编程实现 SQL Server 数据库 NorthWind 样本数据库中产品表的所有产品显示。

注意：只显示产品的编号、名称、单价和库存数量 4 个字段。

第13章 命名服务JNDI编程

本章要点

- 命名服务概念
- 目录服务概念
- JNDI 概念
- JNDI API 组成
- 命名服务 JNDI 应用编程

开发 Java SE 应用时,所有 Java 类对象都运行在一个 JVM 中,基本上是一个对象直接使用 new 创建其他对象,然后调用其方法。

而开发基于 Jakarta EE 规范的企业级应用系统时,很多应用类的对象并不与调用者运行在相同的 JVM 中,无法按照常规的 new 构造方法来得到它的对象实例,因为这些对象可能被创建在企业级应用其他地方。要调用这些对象,必须通过某种机制得到这些对象,即查找和定位运行在企业服务平台上的各种分布式对象,然后调用它们的方法,实现与这些对象的消息传递。

Jakarta EE 命名和目录服务系统就提供了管理和查找这些分布式对象的机制,同时 Jakarta EE 规范提供了一个统一的接口 JNDI 来访问各种命名和目录服务系统。

13.1 命名目录服务基本知识

在使用 Jakarta EE JNDI 编写访问命名和目录系统之前,首先需要了解命名服务系统的核心概念和基本功能。

13.1.1 命名服务的基本概念

按照 Java 编程思想,一切皆为对象。现实世界也是如此,世界上的万物都以对象存在,为科学地管理对象,人类研究出各种各样的对象管理系统,如为管理居民而建立的户籍系统、为管理汽车建立的机动车注册管理系统等。

人们为管理对象,会对对象进行命名。例如,当婴儿出生后,父母立即为孩子起名,以后这个名字会跟随这个孩子的一生。这个名字会随着孩子的成长,注册到各种各样的系统中,如学籍管理、医疗保险、银行账户、股票市场等,都会使用这个名字来定位这个人。以上这些系统就是命名服务系统。

1. 命名

将一个名字与一个对象进行关联,称为命名(Naming)。例如,在操作系统的文件系统中为每个文件对象分配一个文件名,在域名系统中为每个 IP 地址分配一个域名,在户籍管理系统中为每个居民分配一个唯一的身份证号码。

2. 上下文

经过命名的对象,需要某种存储机制来保存对象-名字的映射关系,其保存的地点称为命名服务上下文(Context),也称环境。每个命名服务系统都需要有 Context 来存储名字-对象映射对集合。

3. 命名服务

命名对象需要保存到 Context 中,同时 Context 需要某种机制进行管理,这种管理命名对象的机制称为命名服务(Naming Service)系统。任何一个命名服务系统都必须提供命名对象的注册、查找、注销服务。例如,操作系统的文件管理系统可提供文件的保存、检索、移动和删除操作。

4. 绑定

将对象进行命名并注册到命名服务系统称为绑定(Binding),如文件系统中文件名对文件的绑定、户籍系统中身份证号码与居民的绑定。

5. 解绑

将对象从命名服务系统中注销并解除与名字的关联称为解绑(Undinging),如 OS 文件系统中将文件删除、户籍系统中将某居民注销。

13.1.2 命名服务的基本功能

命名服务的基本功能如下。

1. 注册命名对象

将对象与一个唯一的名字进行关联,并保存到命名服务系统中。命名服务系统需要提供相关的方法来实现此功能。

2. 查找命名对象

命名服务系统提供各种查找已经注册的命名对象的方法,从而返回已经注册的对象实例,进而可以调用此对象的方法。

查找命名对象是命名服务系统的核心功能,可以通过查找而不是创建就得到对象实例,毕竟查找对象比创建要快得多。如果某个对象创建需要时间较长,而且又需要经常使用,则可将此对象注册到命名系统,需要时进行查找,将会极大地提高系统的运行速度,改善系统的整体性能,这是需要命名服务系统的真正原因。

在 Jakarta EE 应用开发中,一般将数据库连接池对象放到命名服务系统,可以极快地取得数据库连接对象,因为连接对象的取得是一个相当缓慢的过程;EJB对象也注册到命名服务系统中,可以进行远程访问。

3. 注销命名对象

将名字和对象解除关联,并从命名服务系统中删除。当应用中某个注册的对象不再需要时,为节省服务器内存,可使用命名服务系统提供的服务将命名对象注销。

4. 定位命名服务

命名服务系统本身要提供方法供其他对象找到命名服务系统。例如,公安部门公布的户籍查询的网址,每个人可访问户籍网站进行个人命名信息的查询;OS文件系统提供的资源管理系统可以访问文件命名管理系统,进行文件管理。

当命名服务系统中需要管理的命名对象过多时,不利于对对象的管理和查找,此时就需要某种机制根据命名对象的某些特征进行分类管理,这种分类管理机制就是目录服务。例如,在文件系统中不能把过多的文件存放在一个目录中,而是根据每个文件的特征,如用途、类型等分别创建不同的目录来存放不同类型的文件,方便文件的管理和查找。这些除名字之外的其他特征就构成了目录服务的基础。

13.1.3 目录服务的基本概念

要理解目录服务系统,需要了解目录的基本概念、目录对象和命名对象的区别、目录服务系统和命名服务系统的相同点和不同点等。

1. 目录对象

当对象命名时,不但需要名字,还需要其他属性时,将对象的名字和其他属性合称为目录对象(Directory Object)。目录对象除包含对象的名称之外,还包含对象的其他属性。

例如,在文件系统中,每个文件不但有文件名,还有文件的大小、创建日期、只读属性、隐藏属性等,这些信息是命名服务系统无法实现的,必须提供目录对象表达,即每个文件就是一个目录对象。实际上文件系统是一个目录服务系统,在资源管理器中不但能看到每个文件的名字,还可以看到文件的其他属性。

命名服务系统只能看到文件名字,无法得到文件的其他特征属性,可以认为目录服务系统是命名服务系统的扩展,命名服务是目录服务的子集。

2. 属性

目录对象不但有名称,还有额外的属性(Attribute)来进一步标示对象的其他特征。例如,户籍管理中,居民不但有名字,还有性别、年龄、住址、电话等。

每个属性都要属性标识名和值,如"年龄"是属性标识,"男"是属性值。

3. 目录

将保存目录对象的上下文称为目录(Directory)。目录保存目录对象的集合,由目录服务进行管理和维护。

4. 目录服务

维护和管理目录的机制称为目录服务(Directory Service)。目录服务不但管理目录对象,而且管理目录对象的属性。

13.1.4 目录服务的基本功能

目录服务提供了对目录和目录对象的全面管理,其具体的功能如下。

1. 创建目录对象

将对象创建为目录对象,注册到目录服务,并设置目录的相关属性,以后可以通过目录服务提供的接口对目录对象进行查找和过滤。

2. 管理目录对象属性

可以对目录服务中注册的目录对象的属性进行增加、修改和删除。

3. 删除目录对象

当某个对象不再需要时,目录服务可以删除(注销)目录对象。

4. 查找目录对象

目录服务提供了与命名服务相同的按目录名称进行查找的功能;同时提供了命名服务没有的可按其他属性进行目录对象查找和定位的功能,称为检索过滤。例如,NDS 目录服务可以查找所有财务部门的共享打印机,这是命名服务无法提供的。

5. 定位目录服务系统

目录服务提供自身定位功能,客户通过定位功能连接到目录服务,使用目录服务完成目录对象及其属性的管理。如提供目录服务企业管理器程序等,也可以提供编程得到目录服务的接口对象引用,进而通过编程实现目录对象的管理,本章的核心 JNDI API 就提供了 Java 编程接口来连接并使用目录服务。

13.1.5 常见的目录服务

无论在现实社会还是在计算机领域,目录服务随处可见,应用普遍。以下介绍计算机领域著名的目录服务系统。

1. 文件系统

任何计算机操作系统都提供文件目录服务功能,完成对所有文件的管理,提供了对文件进行多种方式的检索,可以创建、移动、修改、删除、查询文件和目录。

2. DNS

DNS 目录服务可将互联网上的联网 PC 的域名地址和 IP 进行关联映射管理,并提供同步服务,在新的域名增加到一个 DNS 中后,将会自动在其他 DNS 服务中进行复制。

3. Novell NDS

NDS 是 Novell 公司提供的著名网络管理目录服务系统,它将 Novell 网络上的每个对象,包括服务器、客户机、打印机、用户、群组等,都作为一个目录对象以目录树的方式进行管理,每个目录对象都创建在目录树上。在网络上任何地点都可以使用用户目录对象进行登录,可以使用网络上的任何打印机访问任何服务器,只要管理员进行了授权。NDS 目录服务极大地简化了网络的管理和维护,方便了网络用户访问网络上的共享资源。

4. Microsoft Domain Active Directory

Microsoft 公司提供了活动目录服务,用于 Windows PC 和服务器的联网和管理。它使用基于目录服务的目录树管理网络上的所有 Server、PC、各种设备、用户、群组和权限。基于此目录服务,用户可以实现在任何连接到 Domain 的客户端进行登录和实现网络共享。

13.2 Java 命名目录服务接口 JNDI

　　Jakarta EE 应用编程中,一般使用命名服务和目录服务的 Java 对象注册和查找功能。通过命名服务或目录服务,可以将各种对象按统一模式注册到目录服务系统中,其他对象要使用此对象,只需连接命名服务或目录服务,通过目录服务提供的查找功能,找到该对象并调用其方法,完成应用的开发。这种工作模式在 Jakarta EE 企业分布式应用中使用最为广泛。

　　同时,为屏蔽不同命名服务和目录服务系统的差异,Jakarta EE 提供了 JNDI API,以统一的方式连接各种命名服务和目录服务,如同使用 JDBC 连接不同的数据库一样,只是驱动和地址不同,一旦连接建立,操作的方法是相同的。

　　图 13-1 和图 13-2 为 JDBC 与 JNDI 工作过程的直观比较。

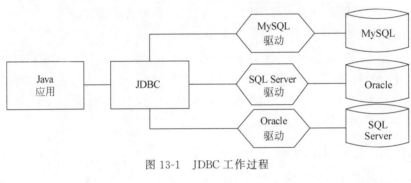

图 13-1　JDBC 工作过程

图 13-2　JNDI 工作过程

13.2.1　JNDI 基础

　　JNDI 是 Jakarta EE 规范提供的连接命名服务和目录服务的 Java 编程接口,提供一个统一的模式来操作各种命名目录或目录服务系统。通过 JNDI,各种类型的命名服务和目录服务系统向 Java 应用暴露了相同的功能和方法,可以使用统一的编程模式操作不同的命名服务或目录服务系统,简化了企业级项目的开发。

13.2.2　JNDI API 组成

　　JNDI 从 Java 2 SDK 1.3 开始引入,并可以在后续版本使用。JNDI 以标准 JDK 的扩展方式存在,Jakarta EE 中命名服务 API 的包开头都是 jakarta,而不是一般的 java。

要学习 JNDI,需要了解 JNDI 框架结构,包括程序包组成及常用的接口和类。

1. JNDI 框架结构

JNDI 框架结构提供了一组标准的独立于命名系统和目录服务的编程 API,它们构建在命名系统和目录服务系统驱动上层。JNDI 有助于将应用与实际的命名服务和目录服务分离,因此不管应用访问的是 LDAP、RMI、DNS,还是其他的目录服务,都使用相同的编程接口。

JNDI 框架结构主要包含两个组成部分。

(1) Java JNDI API:定义了 JNDI 接口和常见实现类。

(2) Service Provider Interface(SPI):定义了服务提供者接口和驱动类。

JNDI 框架结构如图 13-3 所示。

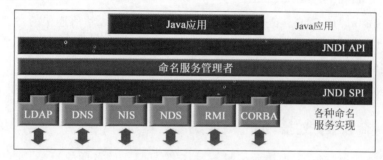

图 13-3　JNDI 框架结构

2. JNDI 包结构

Sun 公司在表 13-1 所示包中定义了 JNDI API 接口和相关的类。

表 13-1　JNDI 包和说明

包	说　　明
jakarta.naming	提供接口和类,用于访问简单的命名服务系统
jakarta.naming.directory	访问目录服务的接口和类
jakarta.naming.event	处理访问命名服务和目录服务的异常信息类
jakarta.naming.ldap	访问遵守 LDAP 的目录服务的接口和类
jakarta.naming.spi	提供实现 LDAP 的目录服务的驱动实现

13.3　命名服务 JNDI 编程

命名服务虽然没有目录服务应用那么广泛,但其由于使用简单,配置方便,编程容易,因此被所有的 Jakarta EE 服务器采用,在服务器内部都将其作为一个简单的对象管理器。目前无论是商业化的高性能服务器(如 WebLogic、WebSphere)还是轻量级开源服务器(如 JBoss、Tomcat),都内置一个命名服务,用于关键对象的命名管理。

Jakarta EE 服务器内置的命名服务管理着许多在服务器内部配置的对象,如数据库连接池、EJB、JMS 消息存储器等,当服务器启动后,这些预先配置的对象被服务器创建,并按事先配置的名称注册到命名服务中。由于这些对象一直被命名服务引用,因此其一直处于引用有效状态，不会被垃圾收集器收回。

另外，这些预先注册在命名服务中的对象可以被服务器上驻留的所有应用访问，不论是 Web 项目还是 EJB 项目，从而实现对象的跨应用使用。

命名服务的编程任务主要有对象注册到命名服务、注册对象查找和注册对象注销。

13.3.1 命名服务 API

在 jakarta.naming 包中定义了连接命名服务的接口和类。

1. jakarta.naming.Context 接口

jakarta.naming.Context 接口定义了命名服务系统应该完成的功能和具有的方法。要编写命名服务，首先取得该接口的对象。

2. jakarta.naming.InitialContext 类

jakarta.naming.InitialContext 类实现了 Context 接口，表达所连接的命名服务系统的起始上下文环境，类似于使用文件系统访问文件的根目录，只有通过根目录才能访问子目录。

在编写 JNDI 应用时，要引入包含这两个类的包，语句如下：

```
import jakarta.naming.*;
```

13.3.2 命名服务连接

对命名服务编程，首先要连接命名服务，并定位到目录服务的根目录，即可实现对目录的访问和操作。

连接命名服务分为本地连接和远程连接两种。

1. 本地连接

在服务器应用内部连接内置的命名服务较为简单，代码如下：

```
try {
Context ctx = new IntialContext();
ctx.close();
} catch(NamingException e) {
    //处理 NamingException
}
```

由于没有为 InitialContext 提供任何参数，因此将自动与内置的命名服务取得连接，并自动定位在命名服务的根目录。

取得与命名服务的连接对象后，可以对命名服务系统进行操作，包括注册对象、查找注册对象、注销对象、创建子目录等。

最后要关闭此连接对象，释放所占资源。关闭 Context 对象时不会关闭命名服务，如同关闭数据库连接 Connection 时不会关闭数据库系统一样。

2. 远程连接

在开发企业级分布式 Jakarta EE 应用时，经常需要访问远程服务器上的 EJB 组件或 RMI 远程对象，此时就需要连接远程的命名服务。

切记，一般的 Java 对象是不能远程调用的，需要进行 RMI 改造。

要连接远程命名服务,需要提供如下参数。
（1）java.naming.factory.initial：命名服务工厂类名。
（2）java.naming.provider.url：命名服务地址。
（3）java.naming.securiry.principal：连接账号。
（4）java.naming.securiry.credentials：连接密码。
如下为连接远程 WebLogic 命名服务的示例代码：

```
try {
Properties properties = new Properties();
//设置命名服务工厂类名
properties.put(Context.INITIAL_CONTEXT_FACTORY, "weblogic.jndi.WLInitialContextFactory");
//命名服务协议、地址、端口
properties.put(Context.PROVIDER_URL," t3://192.168.1.99:7001");
//WebLogic 账号
properties.put(Context.SECURITY_PRINCIPAL, "admin");
//Weblogic 密码
properties.put(Context.SECURITY_CREDENTIALS, "12345678");
Context ctx = new IntialContext(properties);
//命名服务业务处理
//编写命名服务操作代码
ctx.close();
} catch(NamingException e) {
    //处理 NamingException
}
```

不同的服务器需要不同的参数,读者可参见相应产品的技术手册,查阅这些参数的具体值。

13.3.3 命名服务注册编程

连接命名服务并取得 Context 接口的对象后,就可以将对象注册到命名服务系统。注册对象使用 Context 接口定义的方法：

```
public void bind(String name,Object obj) throws NamingException
```

将对象使用 name 指定的名称注册到命名服务。如果命名服务中已经注册了相同名字的对象,将抛出 NamingException 异常。

对象注册示例代码如下：

```
try {
Context ctx = new IntialContext();
    String username = "lvhaidong";
    ctx.bind("username",username);
ctx.close();
} catch(NamingException e)
{
    //处理 NamingException
}
```

13.3.4 命名服务注册对象查找编程

当对象被注册到命名服务中后,其他应用组件可以连接到命名服务系统,查找已经注册的对象,取得对象的引用,进而调用对象的方法。

查找注册对象,需要使用 Context 接口定义的 lookup 方法:

```
public Object lookup(String name) throws NamingException
```

如果指定的注册名存在,则返回注册的对象,类型为 Object,需要对其进行强制转换,得到注册时的初始类型;如果注册名不存在,则抛出 NamingException 异常,显示注册名不存在。

如下为查找命名服务系统中注册对象的示例代码:

```
try {
//连接内置命名服务
Context ctx = new IntialContext();
//查找注册名为 username 的对象
    String username = ctx.lookup("username");;
    System.out.println(username);
ctx.close();
} catch(NamingException e) {
    //处理 NamingException
    System.out.println("注册名查找错误:" + e.getMessage());
}
```

13.3.5 命名服务注册对象注销编程

当命名服务中注册的对象不需要时,可以通过编程进行注销。注销使用 Context 接口定义的方法:

```
public void unbind(String name) throws NamingException
```

将指定注册名的对象从命名服务系统中删除。如果注册名不存在,则抛出 NamingException 异常,指出注册名不存在。

如下为查找命名服务系统中注销已注册对象的示例代码:

```
try {
//连接内置命名服务
Context ctx = new IntialContext();
//注销已经注册的 username 的对象
ctx.unbind("username");
ctx.close();
} catch(NamingException e) {
    //处理 NamingException
    System.out.println("注销错误:" + e.getMessage());
}
```

13.3.6 命名服务注册对象重新注册编程

已有的注册对象可以使用相同的名字重新注册其他对象,实现注册的替换,也称为重新绑定。重新绑定使用 Context 接口定义的方法:

```
public void rebind(String name,Object obj) throws NamingException
```

将已经注册的对象注销,并使用相同的注册名重新注册新的对象。如果注册名不存在,则抛出 NamingException 异常,指出注册名不存在。

如下为查找命名服务系统中注册对象重新注册的示例代码:

```
try {
//连接内置命名服务
Context ctx = new IntialContext();
//重新注册已经注册的 username 的对象
ctx.rebind("username","Zhuzhigang" );
//关闭与命名服务的连接
ctx.close();
} catch(NamingException e) {
    //处理 NamingException
    System.out.println("注销错误:" + e.getMessage());
}
```

13.3.7 命名服务子目录编程

命名服务也有子目录的概念,当命名服务系统中注册的对象过多时,需要对注册对象进行分类管理,即创建不同的子目录,按注册对象的特征分别注册到不同的子目录中。市场上绝大多数的 Jakarta EE 服务器自带 JNDI 浏览工具,使用 JNDI 可以看到整个命名服务的目录树结构,以及每个目录下注册的对象。图 13-4 所示为 WebLogic Server JNDI 目录查看结果。

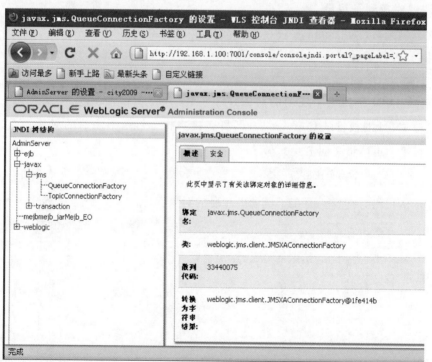

图 13-4 WebLogic Server JNDI 目录查看结果

通过 WebLogic Server 提供的 JNDI 工具,可以查看指定服务器上的所有 JNDI 目录结构和所有注册命名服务对象。

使用"Context ctx=new IntialContext();"取得命名服务连接对象后,自动定位在命名服务的根目录,即"/"。然后可以使用 Context 提供的方法创建新的子目录,切换到子目录,注册对象到子目录,最后删除子目录。

1. 创建子目录

通过 Context 接口提供的创建子目录的方法如下:

```
public Context createSubcontext(String name) throws NamingException
```

可以在当前目录服务下创建新的 JNDI 子目录。
创建子目录的示例代码如下:

```
try {
Context ctx = new InitialContext();
Context ctx01 = ctx.createSubcontext("erp");
ctx01.bind("finance",new String("FINANCE"));
ctx01.close();
ctx.close();
} catch(Exception e) {
System.out.println("JNDI 错误:" + e.getMessage());
}
```

此代码在 JNDI 根目录下,创建子目录,并在子目录 erp 下注册新的对象。

2. 注册对象到子目录

创建子目录后,使用 bind 方法在子目录中实现对象的绑定。参见上面的示例代码,其中语句"ctx01.bind("finance",new String("FINANCE"));"即实现在子目录中绑定对象。

3. 查找 JNDI 子目录中注册的对象

在取得 JNDI 的根目录 Context 后,即可直接查找子目录下注册的对象。查找子目录下注册的对象的语法格式如下:

```
子目录名/子目录名/对象注册名
```

如下示例代码为查找上面在子目录中注册的对象:

```
try {
Context ctx = new InitialContext();
String name = (String)ctx.lookup("erp/finance");
System.out.println(name);
ctx.close();
} catch(Exception e) {
System.out.println("JNDI 错误:" + e.getMessage());
}
```

通过"String name=(String)ctx.lookup("erp/finance");"将子目录中注册的命名对象找到。

4. 删除子目录

当子目录不需要时,可以使用 Context 接口提供的方法删除创建的子目录:

```
public void destroySubcontext(Name name) throws NamingException
```

如下为删除子目录的示例代码:

```
try {
Context ctx = new InitialContext();
ctx.destroySubcontext("erp");              //删除子目录
ctx.close();
} catch(Exception e) {
System.out.println("JNDI 错误:" + e.getMessage());
}
```

通过子目录名可以直接使用 destroySubcontext 方法将其删除。

简答题

1. 简述命名服务的功能和优点。
2. 举例说明 Java 编程中得到一个类对象的几种方法。

实验题

编写一个监听 Web 服务器启动的监听器类,当 Web 服务启动后,取得一个到数据库的连接,将此连接对象注册到 Tomcat 的命名服务 JDBC 子目录中。

第14章

数据库服务JDBC编程

本章要点

- JDBC 基础
- JDBC 驱动类型
- JDBC 框架结构
- JDBC 的核心接口和类
- 数据库连接池
- JDBC 和 JNDI 结合

开发企业级应用系统时离不开数据存储和检索,这都需要数据库的参与。现代软件项目绝大多数基于某种数据库基础之上。

为统一并简化 Java 语言操作各种各样的数据库,Sun 公司提供了 JDBC 框架,用于所有 Java 应用以统一的方式连接遵循 ANSI SQL 标准的所有数据库产品。在 Java EE 平台中,JDBC 以服务形式融入整个企业级架构中。

14.1 JDBC 基础概念和框架结构

JDBC 的目的是简化 Java 操作各种数据库。因为市场上存在太多的数据库产品,从适用于企业级的 Oracle、DB2、SQL Server,到中型应用的 MySQL、Oracle XE,以及适用于个人应用的 Access、FoxPro 等,如果为不同的数据库开发不同的操作类,则要求开发人员针对不同的数据库单独学习和编程,导致学习和开发成本上升。为此 Sun 公司制定了 JDBC 规范,要求所有数据库厂家都要提供对 Java 语言相同的接口方法来实现对数据库的操作,即实现 SQL 语句的运行。

14.1.1 JDBC 基本概念

JDBC 是 Sun 公司制定的连接和操作数据的 Java 接口。

通过 JDBC,Java 语言以相同的方法操作市场上的所有数据库产品,极大地简化了项目开发,提高了代码开发效率,加快了软件项目的开发进度。

JDBC通过使用数据库厂家提供的数据库JDBC驱动器类,可以连接到任何市场上流行的数据库产品。图14-1所示为JDBC工作原理。

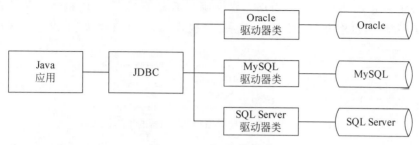

图14-1　JDBC工作原理

从图14-1中可以看到,Java应用使用JDBC可以操作任何数据库产品,只要提供该数据库的JDBC驱动即可,而在Java编程中是完全相同的,隐藏了每个特定数据库的细节,这样最大的好处是开发的Java应用可以在不同的数据库之间进行移植。例如,在项目开发阶段可以在小型数据库上进行测试,实际部署时可以在大型数据库上运行,Java代码是不需要修改的。

14.1.2　JDBC框架结构

JDBC框架由JDBC API、JDBC DriverManager(驱动管理器)和数据库驱动组成,如图14-2所示。

图14-2　JDBC体系结构

JDBC API定义了所有数据库都需要支持的Java应用接口,通过这些接口,Java应用以统一的方式连接和操作所有数据库,屏蔽了不同数据库的差异性,简化了数据库的编程。

数据库驱动类一般由厂家提供,驱动器类实现了API的接口功能,不同数据库的驱动类以不同的方式实现了API中接口的方法。这些驱动器类可以在数据库厂家的网站上下载,将驱动器类的JAR文件导入应用中的classpath目录即可。

不同数据库的驱动器类由DriverManager负责装入并进行初始化,当某种数据库的驱动类载入后,就可以使用DriverManager取得到此类型数据库的连接Connection。

14.2　JDBC驱动类型

不同的数据库需要各自的驱动器类,用于取得到数据库的连接。虽然JDBC API以统一的方式操作不同数据库,但其实现类即驱动器类却各不相同。根据以不同方式管理与数据库的连接,JDBC 驱动器类分为 4 种,分别称为 TYPE 1、TYPE 2、TYPE 3 和 TYPE 4。

14.2.1　TYPE 1 类型

Sun 公司将通过 Microsoft ODBC 数据源模式取得数据库连接的 JDBC 驱动称为 TYPE 1 类型驱动,也称为 JDBC-ODBC 桥连接模式。TYPE 1 类型 JDBC 驱动器的工作模式如图 14-3 所示。

图 14-3　TYPE 1 类型 JDBC 驱动器的工作模式

TYPE 1 类型 JDBC 驱动类由 Sun 公司提供,直接内置在 Java SE 的类库中,使用时不需要导入类库文件。

使用此类型驱动时,必须首先在 Windows 中配置 ODBC 服务,由此可见此类型驱动只能在 Windows 平台中使用,无法在其他平台上应用,如 Linux、UNIX 等,这是它最大的缺陷;有的数据库本身没有自己的 JDBC 驱动类,这时就要考虑使用 JDBC-ODBC 桥模式,这是它的一个优点。

1. 配置 ODBC 数据源

在 Windows 平台的控制面板中选择管理工具,再选择 ODBC 数据源,即进入 ODBC 数据源配置主界面,如图 14-4 所示。

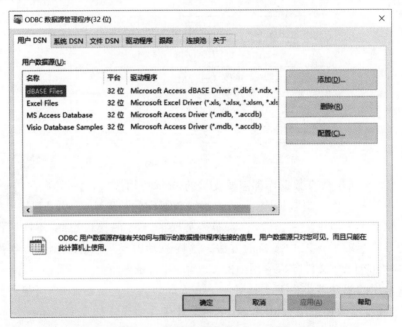

图 14-4　ODBC 数据源配置主界面

在图 14-4 中可看到已经配置的数据源名称和数据库驱动类型,并分别以用户 DSN (Data Source Name,数据源名称)、系统 DSN 和文件 DSN 进行分类。

用户 DSN 表示只能是 Windows 平台登录用户自己专有的数据库源,其他用户无法访问并使用。

系统 DSN 同样将有关的配置信息保存在系统注册表中,但是与用户 DSN 不同的是,系统 DSN 允许所有登录服务器的用户使用。系统 DSN 对当前机器上的所有用户都是可见的,包括 NT 服务。也就是说,在这里配置的数据源,只要是这台机器的用户都可以访问。另外,如果用户要建立 Web 数据库应用程序,也应使用此数据源。

文件 DSN 把具体的配置信息保存在硬盘的某个具体文件中。文件 DSN 允许所有登录服务器的用户使用,而且即使在没有任何用户登录的情况下,也可以提供对数据库 DSN 的访问支持。此外,因为文件 DSN 被保存在硬盘文件里,所以其可以方便地复制到其他机器中(文件可以在网络范围内共享),这样用户不对系统注册表进行任何改动就可直接使用在其他机器上创建的 DSN。

在 ODBC 数据源配置主界面中选择类型标签,如"用户 DSN",单击"添加"按钮,进入选择数据库驱动界面,如图 14-5 所示。

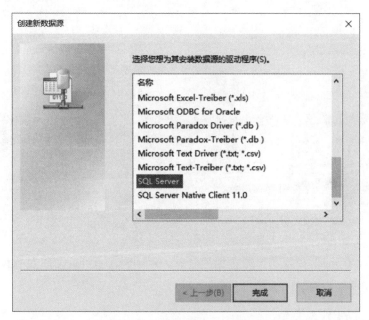

图 14-5　选择数据库驱动界面

选择数据库驱动后,进入数据源参数配置界面。注意,不同的数据库驱动有不同的配置流程,需要的界面格式和个数也不尽相同。图 14-6 所示为选择 SQL Server 驱动的配置界面。

输入数据源名称,选择数据库,单击"下一步"按钮,完成数据源参数配置工作。

2. TYPE 1 类型驱动的类和连接 URL

TYPE 1 类型的驱动器类为 sun.jdbc.odbc.JdbcOdbcDriver。此驱动类通过 JDBC 类管理器载入内存后,就可以连接配置的 ODBC 数据源。

要取得与数据库的连接,需要提供数据库的位置信息,此信息统一使用 URL 表达。TYPE 1 类型的数据库 URL 通过 ODBC 数据源名称获得,语法格式如下:

```
Jdbc:odbc:数据源名称
```

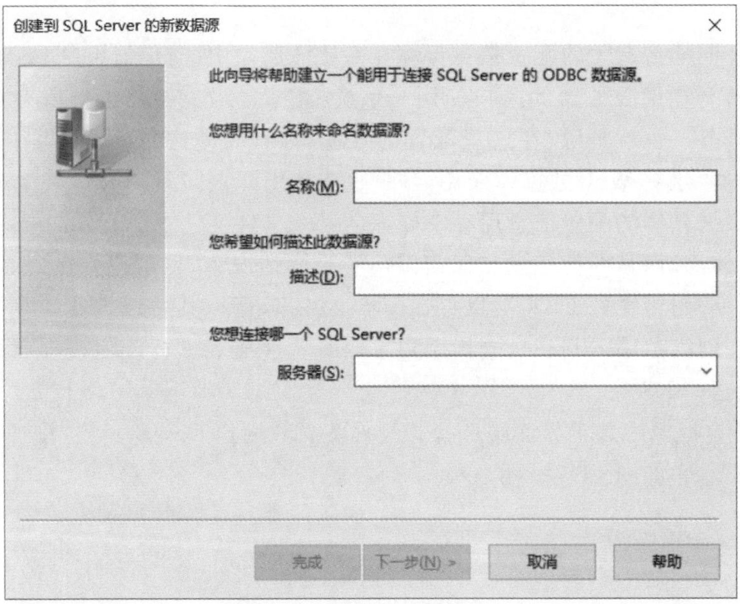

图 14-6　数据源参数配置界面

加载 TYPE 1 类型驱动并取得数据库连接的示例代码如下：

```
String driverClass = "sun.jdbc.odbc.JdbcOdbcDriver";        //驱动器类名称
String url = "jdbc:odbc:cityoa";            //数据库 URL 地址,cityoa 为数据源名称
try {
    Class.forName(driverClass);
    Connection cn = DriverManager.getConnection(url);
} catch(Exception e) {
    System.out.println("操作数据库错误:" + e.getMessage());
}
```

如果运行没有异常，则成功取得数据库连接，执行 SQL 语句，完成对数据库的操作，如 insert、update、delete、select 等。

14.2.2　TYPE 2 类型

TYPE 2 类型驱动使用数据库厂家的本地服务，通过本地服务再连接到远程数据库中。本地服务作为远程数据库的一个代理，将接收 SQL 语句，发送到远程数据库，并保存数据库返回的查询结果。

绝大多数大型数据库提供了本地客户端服务软件，数据库安装在服务器上，每个客户 PC 安装客户端服务软件，通过在客户端上配置本地服务，与数据库服务器进行连接，执行 SQL 语句。图 14-7 所示为 Oracle 10g 数据库 C/S 结构的这种工作模式。

客户端 SQL 工具如 TOAD，通过本地服务与远程 Oracle 数据库服务器连接，发送的 SQL 语句转换为本地请求，再由本地服务 SQL.NET 将此请求发送到服务器执行，返回结果后，由本地服务接收，再传送给 SQL 工具。

TYPE 2 类型驱动可以直接与本地服务进行通信，性能要比 TYPE 1 类型好得多，且可以直接支持数据库的特定数据类型。图 14-8 所示为 TYPE 2 类型 JDBC 驱动器的工作模式。

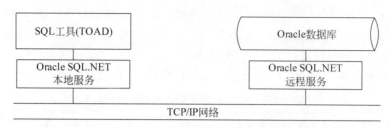

图 14-7　Oracle 本地服务工作模式

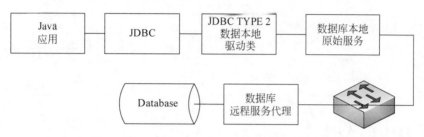

图 14-8　TYPE 2 类型 JDBC 驱动器的工作模式

14.2.3　TYPE 3 类型

TYPE 3 类型 JDBC 驱动程序(JDBC Type 3 Drivers)是一种纯 Java 的体系结构,由 3 个层次组成,分别是客户机(如 Java、Applet、JSP、Servlet 等)、中间层服务器(如 WebLogic、JBoss 等)和数据库服务器。

中间层服务器负责管理和维护与数据库的连接,客户端向中间层服务器申请取得数据库的连接,使用后返回中间层服务器。TYPE 3 类型 JDBC 驱动器的工作模式如图 14-9 所示。

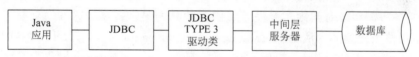

图 14-9　TYPE 3 类型 JDBC 驱动器的工作模式

中间层服务器内部再使用 TYPE 1、TYPE 2 或 TYPE 4 类型驱动连接数据库,从这点来看 TYPE 3 比其他类型的驱动都较复杂。一般中间层服务器提供 TYPE 3 类型连接的配置软件或工具来简化 TYPE 3 类型数据库连接的管理和编程。

14.2.4　TYPE 4 类型

实际编程中使用最普遍是 TYPE 4 类型的 JDBC 驱动,它是一种纯 Java 的体系结构,直接与数据库相连,不通过任何其他环节,节省了连接步骤,提高了连接效率,因此连接速度非常快。图 14-10 为 TYPE 4 类型 JDBC 驱动器的工作模式。

图 14-10　TYPE 4 类型 JDBC 驱动器的工作模式

从图 14-10 中可以看到，TYPE 4 驱动类连接数据库方式较为简洁，故其性能较其他模式要好得多。绝大多数的数据库厂家提供了 TYPE 4 类型的 JDBC 驱动，开发人员需要到数据库厂家的网站上下载最新的 JDBC 驱动。

表 14-1 列出了流行的 JDBC 驱动程序名称和数据库 URL。

表 14-1 流行的 JDBC 驱动程序名称和数据库 URL

数据库	JDBC 驱动程序名称	数据库 URL
MySQL	com.mysql.jdbc.Driver	jdbc:mysql://hostname/databaseName
Oracle	oracle.jdbc.driver.OracleDriver	jdbc:oracle:thin:@hostname:portNumber:databaseName
DB2	COM.ibm.db2.jdbc.net.DB2Driver	jdbc:db2:hostname:port Number/databaseName
Sybase	com.sybase.jdbc.SybDriver	jdbc:sybase:Tds:hostname:portNumber/databaseName

14.3 JDBC API

JDBC 编程的核心是使用 API 进行对数据库的各种操作。无论使用哪种驱动器类，一旦与数据库连接成功，使用 API 是没有区别的。JDBC API 屏蔽了不同数据库的差异性及不同连接类型的差异性，对任何数据库的操作都是一样的。

Sun 公司在 Java SE 类库 java.sql 包中提供了所有 JDBC API 的核心接口和类。

14.3.1 java.sql.DriverManager

DriverManager 类属于 JDBC 的管理层，作用于 Java 程序和驱动类之间。DriverManager 跟踪可用的驱动程序，并在数据库和相应驱动程序之间建立连接。另外，DriverManager 类也处理诸如驱动程序登录时间限制及登录和跟踪消息的显示等事务。编写数据库应用程序时，一般需要使用此类的方法 DriverManager.getConnection 取得与数据库的连接，然后才能进行其他对数据库的操作。按照设计模式的观点，DriverManager 也称为 Connection 的工厂，负责连接的创建。

1. 管理并追踪可用驱动程序

DriverManager 类包含一系列的 java.sql.Driver 类，这些 Driver 类通过调用驱动器管理类的方法 DriverManager.registerDriver 对驱动进行注册。所有 Driver 类都必须包含一个静态部分，用于创建该类的实例，并在加载该实例时 DriverManager 类进行注册。这样，用户正常情况下不会直接调用 DriverManager.registerDriver，而是在加载驱动程序时由驱动程序自动调用。加载 Driver 类，自动在 DriverManager 中注册的方式有两种。

（1）调用方法 Class.forName：这将显式地加载驱动程序类。由于其与外部设置无关，因此推荐使用这种加载驱动程序的方式。以下代码加载类"Class.forName("sun.jdbc.odbc.JdbcOdbcDriver")；"将加载 TYPE 1 类型的 JDBC-ODBC 桥驱动类型。

（2）将驱动程序添加到 java.lang.System 的属性 jdbc.drivers 中：这是一个由 DriverManager 类加载的驱动程序类名的列表，由冒号分隔。初始化 DriverManager 类时，它搜索系统属性 jdbc.drivers，如果用户已输入了一个或多个驱动程序，则 DriverManager 类将试图加载它们。

实际编程中推荐使用第一种方式,并将 Class.forName 语句放在异常捕获代码中。因为注册驱动器类时会抛出 ClassNotFoundException 异常,当没有导入响应驱动类的类库 JAR 文件时,此异常就会被 JVM 抛出。

2. 建立与数据库的连接

加载 Driver 类并在 DriverManager 类中注册后,它们即可用来与数据库建立连接。当调用 DriverManager.getConnection 方法发出连接请求时,DriverManager 会检查每个驱动程序,查看其是否可以建立连接。

有时可能有多个 JDBC 驱动程序可以与给定的 URL 连接。例如,与给定远程数据库连接时,可以使用 JDBC-ODBC 桥驱动程序、JDBC 到通用网络协议驱动程序或数据库厂商提供的驱动程序。在这种情况下,测试驱动程序的顺序至关重要,因为 DriverManager 将使用其所找到的第一个可以成功连接到给定 URL 的驱动程序。

DriverManager 试图按注册顺序使用每个驱动程序(jdbc.drivers 中列出的驱动程序总是先注册),其将跳过代码不可信任的驱动程序,除非加载它们的源与试图打开连接的代码的源相同。

DriverManager 通过轮流在每个驱动程序上调用方法 Driver.connect,并向它们传递用户开始传递给方法 DriverManager.getConnection 的 URL 来对驱动程序进行测试,然后连接第一个认出该 URL 的驱动程序。

这种方法初看起来效率不高,但由于不可能同时加载数十个驱动程序,因此每次连接实际只需几个过程调用和字符串比较。

如下代码是用 TYPE 1 类型驱动程序(JDBC-ODBC 桥驱动程序)建立连接所需所有步骤的示例:

```
//加载驱动程序
Class.forName("sun.jdbc.odbc.JdbcOdbcDriver");
//确定数据库的位置 URL
String url = "jdbc:odbc:cityoa";
//取得数据库连接,账号和密码根据实际确定
    Connection cn = DriverManager.getConnection(url, "userid", "password");
```

14.3.2　java.sql.Connection

Connection 为一个接口,表达所有与数据库连接的对象都应用具有的方法。Connection 的对象表示与数据库的连接通道,也是与数据库一个会话的开始。Java 编写操作数据库应用程序都需要首先取得一个 Connection 对象,可通过 DriverManager 的静态方法 getConnection 完成。

Connection 的方法非常多,本小节只介绍比较常用的方法,其他方法读者可以参考 Java SE API 手册,编写测试代码加以验证并使用。

(1) 取得 SQL 执行对象 Statement 方法。

```
Statement createStatement() throws SQLException
```

功能:取得 SQL 执行对象 Statement 以后,就可以执行 SQL,完成对数据库的操作。

(2) 取得 SQL 预编译执行对象 PreparedStatement 方法。

`PreparedStatement prepareStatement(String sql) throws SQLException`

功能：当要执行的 SQL 语句需要多次运行时，最好使用预编译的 SQL 语句运行对象 PreparedStatement，以提高运行速度。

(3) 设置事务方式方法。

`void setAutoCommit(boolean autoCommit) throws SQLException`

功能：设置事务提交方式，true 为自动提交；false 为手动提交，默认为自动提交。

在取得 Connection 后，需要立即设定提交事务，如下代码为设置手动事务提交：

```
Connection cn = DriverManager.getConnection("jdbc:odbc:cityoa");
cn.setAutoCommit(false);                //设置为 false,表示手动事务提交
```

(4) 提交事务方法。

`void commit() throws SQLException`

功能：提交事务，实现 DML 操作持久化。

(5) 回滚事务方法。

`void rollback() throws SQLException`

功能：回滚一个事务，取消事务中包含的所有 SQL DML 操作。

(6) 关闭连接方法。

`void close() throws SQLException`

功能：将当前数据库连接关闭，推荐在关闭连接之前将事务进行提交或回滚，保证数据的一致性。

(7) 判断连接是否关闭方法。

`boolean isClosed() throws SQLException`

功能：判断连接是否被关闭。

14.3.3 java.sql.Statement

Statement 对象用于执行一条静态 SQL 语句并获取其产生的结果，即 SQL 语句中不能包含动态参数（参见 14.3.4 小节的 PreparedStatement 接口）。该对象提供了不同的方法来执行 DML（insert、update、delete）语句，DDL（create、alter、drop）语句和 DQL（select）语句。

Statement 对象通过 Connection 对象取得，Connection 对象是它的工厂。如下为取得 Statement 对象的示例代码，其中 cn 为已经建立的 Connection 对象：

`Statement st = cn.createStatement();`

取得 Statement 对象后，通过如下方法执行 SQL 语句。

(1) int executeUpdate(String sql) throws SQLException：执行 DML 或 DDL SQL 语句。例如，向部门表中增加一个新的部门：

```
st.executeUpdate("insert into DEPT values ('01','财务部','202',20)");
```

（2）ResultSet executeQuery(String sql) throws SQLException：执行 SELECT 查询语句，返回以 ResultSet 类型表达的查询结果。如下代码为取得所有部门列表的演示代码：

```
ResultSet rs = st.executeQuery("select * from DEPT");
```

（3）int getMaxRows() throws SQLException：取得执行 SELECT 语句结果集中的最大记录个数，通过此方法可以在不遍历结果集的情况下立即得到记录个数。其示例代码如下：

```
int rowsnum = st.getMaxRows();
System.out.println(rowsnum);
```

（4）void close() throws SQLException：关闭 Statement 对象，释放其所占的内存。编程时要养成打开使用完立即关闭的好习惯。如下示例代码为关闭 Statement 对象：

```
st.close();
```

对 Statement 对象编程时需要注意 Back-Door 漏洞问题，也称为 SQL 安全注入漏洞，容易导致数据库执行非法操作。另外，Statement 会反复编译 SQL 语句，造成内存溢出，因此实际编程中应尽可能不使用 Statement，代之以 PreparedStatement。

14.3.4 java.sql.PreparedStatement

PreparedStatement 接口继承 Statement，它的实现类对象就是执行 SQL 语句的对象，拥有 Statement 的所有方法，并对其进行了扩充，增加了 SQL 语句中动态参数的设置功能。

PreparedStatement 实例包含已编译的 SQL 语句。这就是使语句"准备好"。包含于 PreparedStatement 对象中的 SQL 语句可具有一个或多个 IN 参数，IN 参数的值在 SQL 语句创建时未被指定。相反地，该语句为每个 IN 参数保留一个问号（"?"）作为占位符。每个问号的值必须在该语句执行之前，通过适当的 setXXX 方法来提供。由于 PreparedStatement 对象已预编译过，因此其执行速度要快于 Statement 对象。因此，多次执行的 SQL 语句经常创建为 PreparedStatement 对象，以提高效率。

PreparedStatement 对象的取得也是通过 Connection 对象。如下为取得该对象的示例代码：

```
String sql = "insert into DEPT values (?,?,?,?)";              //每个问号为一个参数
    PreparedStatement ps = cn.prepareStatement(sql);
```

在取得 PreparedStatement 后，可以通过其提供的方法执行 SQL。

（1）void setXxx(int parameterIndex, Date x) throws SQLException：对于 SQL 语句中包含的每个问号参数，都需要通过 PreparedStatement 提供的 setXxx 方法进行设置，其中 Xxx 表示数据类型，如 setDate、setInt、setBoolean 等。第一个参数为 int 类型的整数，表示第几个问号参数，从 1 开始计数。如下代码分别设定部门的编号、名称、位置和部门人数。

```
ps.setString(1,"D01");
ps.setString(2,"财务部");
ps.setString(3,"201");
ps.setInt(4,20);
```

当 SQL 中含有参数时，一定要在执行 SQL 语句之前将这些参数根据不同类型使用不同的 set 方法进行设定，不能在缺少参数设定情形下执行，否则会抛出 SQL 异常。当所有的参数都设定之后，就可以调用下面的执行方法执行 SQL 语句。

（2）int executeUpdate() throws SQLException：用于执行非 SELECT 的 SQL 语句。该方法返回 int 类型的值，表达 SQL 语句影响的记录个数，如修改/删除多少记录等。当设定 PreparedStatement 参数后，即可调用该方法执行 SQL 语句。其示例代码如下：

```
st.executeUpdate();
```

（3）ResultSet executeQuery() throws SQLException：执行 SELECT 查询语句，返回 ResultSet 类型的查询结果集，进而可以遍历此结果集，取得查询的所有记录信息。其示例代码如下：

```
ResultSet rs = ps.executeQuery();
```

操作 SQL 结束后，使用从 Statement 接口继承的 close 方法关闭此 PreparedStatement 对象。其示例代码如下：

```
st.close();
```

14.3.5　java.sql.CallableStatement

1. CallableStatement 基础

CallableStatement 对象为所有的 DBMS 提供了一种以统一形式调用存储过程的方法。存储过程保存在数据库中。对存储过程的调用是 CallableStatement 对象的主要功能，这种调用是用一种特殊语法来写的，有两种形式，即带结果参数和不带结果参数。结果参数是一种输出（OUT）参数，是存储过程的返回值。两种形式都可带有数量可变的输入（IN 参数）、输出（OUT 参数）或输入和输出（INOUT 参数）的参数。问号将用作参数的占位符。

在 JDBC 中调用存储过程的语法如下：

```
{call 过程名[(?, ?, ...)]}
```

注意：方括号表示其间的内容是可选项，方括号本身并不是语法的组成部分。

返回结果参数的过程的语法如下：

```
{? = call 过程名[(?, ?, ...)]}
```

不带参数的储存过程的语法如下：

```
{call 过程名}
```

通常，创建 CallableStatement 对象的人应当知道所用的 DBMS 是支持存储过程的，并且知道这些过程都是什么。然而，如果需要检查，则多种 DatabaseMetaData 方法都可以提供这样的信息。例如，如果 DBMS 支持存储过程的调用，则 supportsStoredProcedures 方法将返回 true，而 getProcedures 方法将返回对存储过程的描述。CallableStatement 继承 Statement 的方法（用于处理一般的 SQL 语句），还继承了 PreparedStatement 的方法（用于处理 IN 参数）。

CallableStatement 中定义的所有方法都用于处理 OUT 参数或 INOUT 参数的输出部

分：注册 OUT 参数的 JDBC 类型（一般为 SQL 类型）、从这些参数中检索结果，或者检查所返回的值是否为 JDBC NULL。

2. 取得 CallableStatement 对象

CallableStatement 对象是用 Connection 方法 prepareCall 取得的。如下示例代码取得 CallableStatement 的实例，用于调用存储过程 calTotalSalary（该过程有两个变量，但没有返回结果）：

```
CallableStatement cstmt = con.prepareCall("{call calTotalSalary(?, ?)}");
```

其中，"?"占位符为 IN、OUT 还是 INOUT 参数取决于存储过程 calTotalSalary 的内部定义。接下来详细叙述如何设定 IN 或 OUT 参数，为存储过程传递数据。

3. 设置传递到存储过程的参数

将 IN 参数传给 CallableStatement 对象是通过 setXxx 方法完成的。setXxx 方法继承自 PreparedStatement，所传入参数的类型决定了所用的 setXxx 方法（例如，用 setInt 传入 int 类型的参数值等）。

如果存储过程返回 OUT 参数，则在执行 CallableStatement 对象以前必须先注册每个 OUT 参数的 JDBC 类型。JDBC 类型是用 registerOutParameter 方法完成的。执行存储过程后，CallableStatement 的 getXXX 方法将取得返回值。正确的 getXXX 方法是为各参数注册的 JDBC 类型所对应的 Java 类型。换言之，registerOutParameter 使用的是 JDBC 类型，而 getXXX 将之转换为 Java 类型。

如下示例代码演示调用存储过程 calTotalSalary。首先注册 OUT 参数，再执行存储过程，最后取得通过 OUT 参数返回的值。其中，getByte 方法从第一个 OUT 参数中取出一个 Java 字节，而 getBigDecimal 方法从第二个 OUT 参数中取出一个 BigDecimal 对象（小数点后带 3 位数）。

```
CallableStatement cstmt = con.prepareCall("{call calTotalSalary(?, ?)}");
cstmt.registerOutParameter(1, java.sql.Types.TINYINT);
cstmt.registerOutParameter(2, java.sql.Types.DECIMAL, 3);
cstmt.executeQuery();
byte x = cstmt.getByte(1);
java.math.BigDecimal n = cstmt.getBigDecimal(2);
```

通过以上代码可以看到，JDBC 执行存储过程非常容易，并不需要复杂的编程。

14.3.6 java.sql.ResultSet

1. ResultSet 基础

结果集（ResultSet）是执行 select 查询语句时返回结果的表达，是一个存储查询结果的对象。但是，结果集并不仅仅具有存储功能，同时还具有操纵数据功能。

通过 Statement 或 PreparedStatement 对象执行 select 语句，取得 ResultSet 结果集对象。如下示例代码使用 PreparedStatement 取得结果集：

```
String sql = "select * from DEPT";
PreparedStatement ps = cn.prepareStatement(sql);
ResultSet rs = ps.executeQuery();
```

取得 ResultSet 结果集对象后,可以调用 ResultSet 接口定义的方法实现结果集的遍历和每个记录字段的读取。

2. Result 的主要方法

执行 select 查询语句取得结果集 ResultSet 后,数据表中的记录数据并没有立即写入 ResultSet 对象中。首先要进行指针的移动,并判断指针是否指向真实记录,只有指针指向的记录存在,才开始从数据库表中读出并存入 ResultSet 对象。因此,内存中只保留当前记录,通过 ResultSet 的 getXxx 方法取得的是当前指针所指记录的字段值。ResultSet 的这种工作模式可节省大量内存,能读取任意大的记录集。

图 14-11 所示为 ResultSet 的工作原理,图中假设 select 语句返回两条记录。

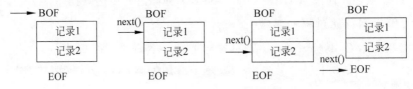

图 14-11 ResultSet 的工作原理

当初次取得 ResultSet 对象时,指针指向 BOF(Begin Of File)位置,这时如果直接调用 get 方法获取字段值,会抛出异常,指出位置非法。

要读取 ResultSet 结果集,必须先执行 next 方法移动指针,当 next 方法返回 true,表明有记录时,才能调用 getXxx 方法。因此,ResultSet 的编程模式如下代码所示:

```
ResultSet rs = ps.executeQuery();
while(rs.next())
{
    int no = rs.getInt(1);                          //取得第一个字段
    String name = rs.getString("username"); //读取 usename 字段
}
rs.close();
```

结果集读取数据的方法主要是 getXxx,参数可以使用整型表示第几列(是从 1 开始的),还可以是列名。其返回的是对应的 Xxx 类型的值。如果对应字段列为空值,则 Xxx 是对象类型时返回 Xxx 类型的空值,如果 Xxx 是简单数据类型,如 float 等则返回 0,boolean 返回 false。使用 getString 方法可以返回所有列的值,不过返回的都是字符串类型的。Xxx 可以代表的类型如下:基本的数据类型,如整型(Int)、布尔型 (Boolean)、浮点型(Float、Double)、比特型(byte);一些特殊的类型,如日期类型(java.sql.Date)、时间类型(java.sql.Time)、时间戳类型(java.sql.Timestamp)、大数型(BigDecimal 和 BigInteger 等)等。还可以使用 getArray(int colindex/String columnname)方法获得当前行中 colindex 所在列的元素组成的对象的数组。

使用 getAsciiStream(int colindex/String colname)可以获得该列当前行的字符流。注意,所有的 getXxx 方法都是对当前行进行操作,只有使用 next 方法移动记录指针才可以操作其他记录行。

3. 结果集的类型

结果集从其使用的特点上可以分为 4 类,即基本的 ResultSet、可滚动的 ResultSet、可更新的 ResultSet 和可保持的 ResultSet。这 4 类结果集所具备的特点都和 Statement 语句的创建有关，因为结果集是执行 Statement 语句后产生的，所以结果集具备何种特点完全取决于 Statement。

1）基本的 ResultSet

基本的 ResultSet 完成查询结果的存储功能，所有记录只能读取一次，不能进行来回滚动读取，也称为只读向前 ResultSet。基本的 ResultSet 的创建方式如下：

```
Statement st = conn.CreateStatement
ResultSet rs = Statement.excuteQuery(sqlStr);
```

由于这种结果集不支持滚动的读取功能，因此只能使用其 next 方法逐个读取数据。

2）可滚动的 ResultSet

可滚动的 ResultSet 支持前后滚动记录方法如 next()、previous()，回到第一行 first()，同时还支持要读取 ResultSet 中的第几行 absolute(int n)，以及移动到相对当前行的第几行 relative(int n)。

要实现可滚动的 ResultSet，在创建 Statement 时需用如下有参数的创建方法：

```
Statement st = conn.createStatement(int resultSetType, int resultSetConcurrency)
ResultSet rs = st.executeQuery(sqlStr)
```

（1）resultSetType 参数用于设置 ResultSet 对象的类型可滚动或者不可滚动。其取值如下。

```
ResultSet.TYPE_FORWARD_ONLY:只能向前滚动.
ResultSet.TYPE_SCROLL_INSENITIVE
Result.TYPE_SCROLL_SENSITIVE
```

后 2 个参数设定都能够实现任意的前后滚动，支持各种移动的 ResultSet 指针的方法。二者的区别在于前者对于修改不敏感，而后者对于修改敏感。

（2）resultSetConcurrency 用于设置 ResultSet 对象是否可修改，即通过修改 ResultSet 结果集对数据库中的表记录进行修改。其取值如下。

① ResultSet.CONCUR_READ_ONLY：设置为只读类型的参数。

② ResultSet.CONCUR_UPDATABLE：设置为可修改类型的参数。

如果要取得可以滚动的 ResultSet，可以执行如下代码：

```
Statement st = conn.createStatement(Result.TYPE_SCROLL_INSENITIVE,
ResultSet.CONCUR_READ_ONLY);
ResultSet rs = st.excuteQuery(sqlStr);
```

此时得到的结果集就是可滚动的 ResultSet。

3）可更新的 ResultSet

可更新的 ResultSet 对象可以完成对数据库中表的修改。但是，由于 ResultSet 只相当于数据库中表的视图，因此并不是所有的 ResultSet 只要设置了可修改属性就能够对数据表记录进行修改，还必须要具备如下属性。

（1）只引用了单个表。

（2）不含有 join 或者 group by 子句。

(3) select 列中包含主键字段。

如具有上述条件,则可更新的 ResultSet 可以完成对数据的修改。可更新的 ResultSet 的创建方法如下：

```
Statement st = createstatement(Result.TYPE_SCROLL_INSENSITIVE, Result.CONCUR_UPDATABLE);
```

4) 可保持的 ResultSet

正常情况下,如果使用 Statement 执行完一个查询,再执行另一个查询时,第一个查询的结果集就会被关闭,即所有 Statement 的查询对应的结果集是一个。如果调用 Connection 的 commi 方法,也会关闭结果集。可保持性就是指当 ResultSet 的结果被提交时,是被关闭还是不被关闭。

JDBC 2.0 和 JDBC 1.0 只支持提交后 ResultSet 自动关闭。但是,在 JDBC 3.0 中,可以设置 JDBC Connection 接口中的 ResultSet 是否关闭。要实现此种类型 ResultSet 对象的创建,在 Statement 创建时要具有 3 个参数,其中第 3 个参数指明是否需要保持。该示例代码如下：

```
Statement st = createStatement ( int resultsetscrollable, int resultsetupdateable, int resultsetSetHoldability)
ResultSet rs = st.excuteQuery(sqlStr);
```

JDBC Connection 接口中,前两个参数和两个参数的 createStatement 方法中的参数完全相同。其中,第 3 个参数 resultSetHoldability 表示在结果集提交后结果集是否打开,取值有两个：

(1) ResultSet.HOLD_CURSORS_OVER_COMMIT：表示修改提交时不关闭数据库。

(2) ResultSet.CLOSE_CURSORS_AT_COMMIT：表示修改提交时关闭 ResultSet。

14.4 JDBC 编程

前面简单介绍了 JDBC API 中的核心接口和类库,本节介绍 JDBC 连接数据库的详细编程步骤和过程,从而深入理解以上核心接口和类的使用。

总体上讲,JDBC 编程主要区分为执行无结果集返回的非 select 语句(包括 DDL 和 DML)和执行有结果集返回的 select 语句,各自的编程任务和步骤有所区别。

14.4.1 SQL DML 编程

执行非 SELECT SQL 语句,如 DML(insert、update、delete)语句后,数据库返回的是一个整数,表示此 SQL 语句影响的记录个数；而执行 DDL(create、alert、drop)语句时,数据库不返回任何信息,JDBC API 则返回 0。

执行 DML 语句的基本步骤如下。

(1) 加载 JDBC 驱动器类。

(2) 通过 DriverManager 取得数据库连接 Connection。

(3) 通过 Connection 对象创建 SQL 语句执行对象 Statement 或 PreparedStatement。

(4) 设置 PreparedStatement 的"?"参数值。

(5) 执行 SQL 语句。
(6) 关闭 SQL 执行对象 Statement 或 PreparedStatement。
(7) 关闭数据库连接对象 Connection。

如下示例代码为 Statement 执行 insert 语句。其中，动态参数保存在局部变量中，实际应用中可理解为方法参数，由调用者传入。

```java
String id = "9001";
String password = "9001";
String name = "吴明";
int age = 22;
//将字段值以字符串合成方式传入 SQL 语句
String sql = "insert into EMP (EMPID,password,name,age) values ('" + id + "','" + password + "','" + name + "," + age);
Connection cn = null;
try {
Class.forName("sun.jdbc.odbc.JdbcOdbcDriver");
cn = DriverManager.getConnection("jdbc:odbc:cityoa");    //cityoa 为配置的数据源
Statement st = cn.createStatement();
st.executeUpdate(sql);
ps.close();
} catch(Exception e) {
throw new Exception("员工增加错误:" + e.getMessage());
} finally {
cn.close();
}
```

如下示例代码为使用 PreparedStatement 执行 insert 语句。其完成的功能与上例代码一样，关键是植入 SQL 语句的参数方式发生了根本性变化。

```java
//员工信息
String id = "9001";
String password = "9001";
String name = "吴明";
int age = 22;
//使用带参数的 SQL 语句
String sql = "insert into EMP (EMPID,password,name,age) values (?,?,?,?)";
Connection cn = null;
try {
Class.forName("sun.jdbc.odbc.JdbcOdbcDriver");
cn = DriverManager.getConnection("jdbc:odbc:cityoa");    //cityoa 为配置的数据源
PreparedStatement ps = cn.prepareStatement(sql);
ps.setString(1, id);
ps.setString(2, password);
ps.setString(3, name);
ps.setInt(4, age);
ps.executeUpdate();
ps.close();
} catch(Exception e) {
throw new Exception("员工增加错误:" + e.getMessage());
}
finally {
cn.close();
}
```

从上述代码可以看出,使用 Statement 和 PreparedStatement 执行 SQL 的区别是非常明显的,关键是动态数据进入 SQL 语句的方式差别巨大。

由于使用 Statement 执行 SQL 是将所有数据形成一个 String 类型的 SQL 语句,因此无法将大对象数据,如大文本、二进制等写入数据表,这是 Statement 的显著缺点;而 PreparedStatement 将参数通过 set 方法植入,可以保存二进制数据到数据表中,同时克服了 Statement 反复编译造成内存泄漏和安全漏洞等诸多缺点。因此,推荐在编程时使用 PreparedStatement。

14.4.2　SQL SELECT 语句编程

执行 SELECT 查询时,返回查询的记录集。在 JDBC API 中使用 ResultSet 接口对象接收返回的结果集,这一点与执行 DML 返回 int 类型不同。

使用 JDBC 编程执行 SELECT SQL 的步骤如下。

(1) 加载 JDBC 数据库驱动器类。
(2) 取得数据库连接。
(3) 创建 SELECT 的执行对象 Statement 或 PreparedStatement。
(4) 设定 SELECT 中的参数。
(5) 执行 SELECT 语句,返回查询结果集 ResultSet。
(6) 循环遍历查询结果集中的每条记录,取出需要的字段值进行处理。
(7) 关闭 ResultSet 结果集。
(8) 关闭 SQL 执行对象 Statement 或 PreparedStatement。
(9) 关闭数据库连接 Connection。

如下示例代码演示使用 PreparedStatement 查询部门编号为 D01 的所有员工,并显示每个员工的姓名和年龄。

```
String deptNo = "D01";
String sql = "select * from EMPLOYEE where DEPTNO = ?";
Connection cn = null;
try {
Class.forName("sun.jdbc.odbc.JdbcOdbcDriver");
cn = DriverManager.getConnection("jdbc:odbc:cityoa");        //cityoa 为配置的数据源
PreparedStatement ps = cn.prepareStatement(sql);
ps.setString(1, deptNo); //设置 SQL 中的参数
ResultSet rs = ps.executeQuery();
while(rs.next()) {
String name = rs.getString("NAME");
int age = rs.getInt("AGE");
System.out.println("员工:" + name + " 年龄:" + age);
} rs.close();
ps.close();
} catch(Exception e) {
throw new Exception("取得员工错误:" + e.getMessage());
} finally {
cn.close();
}
```

在使用 ResultSet 取得每个记录的字段值时,要注意字段的前后顺序,不能先 get 后边

的字段,再 get 前面的字段,这样会产生异常,提示非法的索引号(invalidate index)。如果需要先 get 记录后面的字段,则在编写 SELECT 语句时将字段放在前面即可。例如,语句 Select * from EMPLOYEE 表示按表字段原始顺序,改为 Select age,sal,name,no from employee 后,则修改为按检索字段原始顺序。

14.4.3 调用数据库存储过程编程

现代软件项目开发中,存储过程正在发挥越来越重要的作用。由于存储过程直接在数据库内部执行,可以直接嵌入 SQL 语句,并具有逻辑判断和循环功能,不但功能日益强大,而且可大大节省网络带宽,显著提高应用系统的性能,因此很多项目将业务处理功能编写在存储过程中,使用 JDBC API 直接调用这些存储过程即可。

使用 JDBC 调用数据库存储过程编程步骤如下。

(1) 加载 JDBC 数据库驱动器类。
(2) 取得数据库连接。
(3) 创建执行存储过程对象 CallableStatement。
(4) 设定 IN 参数。
(5) 设定 OUT 参数,一般是返回值。
(6) 执行存储过程。
(7) 取得 OUT 参数。
(8) 关闭存储过程执行对象 CallableStatement。
(9) 关闭数据库连接 Connection。

如下示例代码为 Oracle 10g 中编写的一个小型的存储过程,用于统计指定部门的员工人数,直接使用 Oracle 自带的 SCOTT 演示数据。此存储过程只为演示,实际应用中并不使用游标方式取得记录个数。

```
create or replace function GetEmpNumByDept
(departmentno number)
return number
is
  empnum number(10);
  cursor empList is select * from emp where deptno = departmentno;
begin
  empnum: = 0;
  for employee in empList loop
      dbms_output.PUT_LINE(employee.ename);
      empnum: = empnum + 1;
  end loop;
  return empnum;
exception
  when others then
      dbms_output.PUT_LINE('Error');
end;
```

如下为执行上面存储过程的示例代码,有一个 IN 类型的参数,表示部门编码;二个 OUT 类型的参数,用于接收存储过程返回结果。

```java
String deptNo = "D01";
String sp = "{? = call GetEmpNumByDept(?)}";
Connection cn = null;
String driverClass = "oracle.jdbc.driver.OracleDriver";   //使用 TYPE 4 类型 Oracle 驱动
String url = "jdbc:oracle:thin:@localhost:1521:city2009"; //本地 Oracle,SID:city2009
try {
    Class.forName(driverClass);
    cn = DriverManager.getConnection(url);
    CallableStatement cs = cn.prepareCall(sp);             //取得执行对象
    cs.registerOutParameter(1, java.sql.Types.INT);        //定义 OUT 结果
    cs.setString(2,deptNo);                                //注入 IN 参数
    cs.executeQuery();                                     //执行存储过程
    int empNum = cs.getInt(2);                             //取得存储过程返回的员工人数
        System.out.println(empNum);
    cs.close();
} catch(Exception e) {
    throw new Exception("取得员工错误:" + e.getMessage());
} finally {
    cn.close();
}
```

14.5 JDBC 连接池

使用 JDBC 编写数据库应用时,性能最大的瓶颈就是当程序需要连接数据库时,使用 DriverManager 取得连接的速度非常慢,每次都需创建新的连接,需要与数据库之间返回多次认证,消耗大量的时间,导致应用系统性能急剧下降。

14.5.1 连接池基本概念

数据库连接池技术简述如下:事先建立好与数据库的连接,同时根据需要创建多个连接,将这些连接保存到一个缓冲池中,由一个统一对象进行管理。当应用程序需要调用一个数据库连接时,向连接池管理对象申请,从连接池中借用一个连接,代替重新创建一个数据库连接。通过这种方式,应用程序可以减少对数据库的连接操作,尤其在多层环境中,多个客户端可以通过共享少量的物理数据库连接来满足系统需求。通过连接池技术,Java 应用程序不仅可以提高系统性能,同时也提高了可测量性。

连接池技术的核心思想是连接复用,通过建立一个数据库连接池及一套连接使用、分配、治理策略,使得该连接池中的连接可以得到高效、安全的复用,避免了数据库连接频繁建立、关闭的开销。另外,由于对 JDBC 中的原始连接进行了封装,因此方便了数据库应用对连接的使用(尤其是对于事务处理),提高了开发效率。也正是因为该封装层的存在,隔离了应用本身的处理逻辑和具体数据库访问逻辑,使应用本身的复用成为可能。连接池主要由 3 部分组成:连接池的建立、连接池的管理和连接池的关闭。

14.5.2 连接池的管理

初始化数据库连接池时,将创建一定数量的数据库连接放到连接池中,这些数据库连接的数量由最小数据库连接数设定。无论这些数据库连接是否被使用,连接池都将一直保证

至少拥有这么多的连接数量。连接池的最大数据库连接数量限定了该连接池能占有的最大连接数,当应用程序向连接池请求的连接数超过最大连接数时,这些请求将被加入等待队列中。数据库连接池的最小连接数和最大连接数的设置要考虑下列几个因素。

(1) 因为最小连接数是连接池一直保持的数据库连接,所以如果应用程序对数据库连接的使用量不大,将会有大量的数据库连接资源被浪费。

(2) 最大连接数是连接池能申请的最大连接数,如果数据库连接请求超过此数,则后面的数据库连接请求将被加入等待队列中,这会影响之后的数据库操作。

(3) 如果最小连接数与最大连接数相差太大,那么最先的连接请求将会获利,之后超过最小连接数的连接请求等价于建立一个新的数据库连接。但是,这些大于最小连接数的数据库连接在使用完不会马上被释放,而是被放到连接池中等待重复使用或是空闲超时后被释放。

Sun 公司在 JDBC API 的扩展部分定义了一个连接池管理对象的接口 javax.sql.DataSource,在此接口中定义了所有连接池管理者都必须具有的方法。该接口提供的主要方法为 Connection getConnection() throws SQLException,即通过 DataSource 对象取得数据库连接。此方法将从数据库连接池中返回一个空闲的数据库连接,这要比使用 DriverManager.getConnection 方法取得连接快得多,性能有成百上千倍的增加,这是提高系统性能的关键。

连接池的建立和管理目前基本上由 Java EE 服务器负责,所有符合 JavaEE 规范的服务器都提供了数据库连接池配置和管理。

配置连接池时,与 DriverManager 取得 Connection 一样,需要提供驱动的类型、URL 地址、账号、密码等,根据这些信息取得连接池中的每个连接。

另外,连接池自身的配置信息一般包含:

(1) 最大连接个数。
(2) 空闲连接个数。
(3) 空闲等待时间。
(4) 连接增加个数。
(5) 连接池管理器类型,一般为 javax.sql.DataSource。
(6) 连接池管理器的 JNDI 注册名称,通过此名查找管理器,进而取得数据库连接。

连接池配置成功后,当 Java EE 服务器启动时,自动根据连接池配置创建数据库连接,并放入连接池,接收管理器 DataSource 的管理,同时将配置的 JNDI 名称注册到服务器内部的命名服务系统中。

连接池的使用者首先要连接命名服务系统,查找连接池管理器,通过连接池管理器取得数据库连接。此过程的示例代码如下:

```
try {
    Context ctx = new InitialContext();
    DataSource ds = (DataSource)ctx.lookup("JNDI 名称");
    Connection cn = ds.getConnection();
} catch(Excepotion e) {
    System.out.println("连接数据库错误:" + e.getMessage());
}
```

通过 JNDI 和 DataSource 取得数据库连接要比使用 DriverManager 性能高得多。在开发 Web 应用时应使用此方式,而避免使用 DriverManager 方式。

14.5.3 Tomcat 连接池配置

Tomcat 作为 Java Web 服务器而被广泛使用,其提供了非常简单的配置数据库连接池的方式。下面以能支持 Jakarta EE Web 规范的 Tomcat 10 介绍其配置数据库连接池。

1. 连接池配置

Tomcat 10.x 采用 XML 格式的配置文件进行数据库连接池的配置,配置位置在子目录 conf 下的 context.xml。连接池配置内容如下:

```xml
<?xml version="1.0" encoding="UTF-8"?>
<Context>
    <Resource
    name="jndiMysql"
    auth="Container"
    type="javax.sql.DataSource"
    driverClassName="com.mysql.jdbc.Driver"
    maxIdle="2"
    maxWait="5000"
    url="jdbc:mysql://localhost:3306/cityoa?useUnicode=true&amp;characterEncoding=UTF-8&amp;serverTimezone=Asia/Shanghai"
    username="root"
    password="root"
    maxActive="20"
    />
</Context>
```

在此文件中配置了一个数据库连接池。也可配置多个数据库连接池,每个连接池使用 <Resource /> 标记进行配置即可。其常用的属性如下:

(1) name:指定数据库连接池管理器的 JNDI 注册名。

(2) auth:验证方式,Container 为容器负责验证。

(3) type:数据库连接池管理器的类型,默认为 javax.sql.DataSource,即数据源。

(4) driverClassName:数据库的 JDBC 驱动器类型。

(5) url:数据库的 URL 地址。

(6) maxActive:连接池中最大连接个数。

(7) maxIdle:连接池中最大空闲连接个数。

(8) maxWait:最大空闲等待时间(ms)。

2. 连接池中连接的取得

Tomcat 启动后,会自动读取配置的数据库连接信息,根据指定的参数创建需要的数据库连接,并将管理对象注册到 Tomcat 内部的命名服务中。注册的名称格式为"java:comp/env/"+配置名。如上面代码配置的连接池的 name=jndiMysql,则其实际 JNDI 注册名为 java:comp/env/jndiMysql。这是 Tomcat 特定的,其他服务器不一定遵循该规律。不同 Jakarta EE 服务器配置连接池的方式和 JNDI 名称请参阅产品的文档。

在 Tomcat 内部的 Web 应用中可以随时取得配置的所有数据库连接池中的连接，实现数据库 JDBC 编程。如下示例代码为取得 Tomcat 10.x 的连接池中的连接：

```
try {
    Context ctx = new InitialContext();
    DataSource ds = (DataSource)ctx.lookup("java:comp/env/ jndiMysql");
    Connection cn = ds.getConnection();
} catch(Excepotion e) {
    System.out.println("连接数据库错误:" + e.getMessage());
}
```

14.6 JDBC 新特性

Java SE 6.0 中引入了 JDBC 4.0 版本，较以前的 JDBC 做了丰富的改进。

借助 Mustang 中的 Java SE 服务提供商机制，Java 开发人员再也不必用类似 Class.forName 的代码注册 JDBC 驱动来明确加载 JDBC。当调用 DriverManager.getConnection 方法时，DriverManager 类将自动设置合适的驱动程序。该特性向后兼容，因此无需对现有的 JDBC 代码做任何改动。

通过对 Java 应用程序访问数据库代码的简化，可使 JDBC 4.0 有更好的开发体验。JDBC 4.0 同时提供了工具类来改进数据源和连接对象的管理，也改进了 JDBC 驱动加载和卸载机制。

有了 JDBC 4.0 传承自 Java SE 5.0（Tiger）版对元数据的支持功能，Java 开发人员可用 Annotations 明确指明 SQL 查询。基于标注的 SQL 查询允许用户通过在 Java 代码中使用 Annotation 关键字正确指明 SQL 查询字符串，这样用户可不可查看 JDBC 代码和其所调用的数据库两份不同的文件。例如，用一个名为 getActiveLoans 的方法在贷款处理数据库中获取一个活跃贷款清单，可以添加@Query(sql = "SELECT * FROM LoanApplicationDetails WHERE LoanStatus = 'A'")标注来修饰该方法。

另外，最终版的 Java SE 6 开发包(JDK 6)及其相应的执行期环境(JRE 6)会捆绑一个基于 Apache Derby 的数据库，这使得 Java 开发人员不需要下载、安装和配置一款单独的数据库产品就能探究 JDBC 的新特性。

JDBC 4.0 中增加的主要特性如下。

（1）JDBC 驱动类的自动加载。

（2）连接管理的增强。

（3）对 RowId SQL 类型的支持。

（4）SQL 的 DataSet 实现使用了 Annotations。

简答题

1. 简述 JDBC 的优点。
2. 简述 JDBC 的 API 结构，绘制核心接口和类的 UML 类图。

实验题

1. 配置 Tomcat 10.x 中连接到 MySQL 数据库的连接池,写出配置文件内容。

2. 编写一个 Servlet 增加新的员工,创建员工数据表,包含账号、密码、姓名、年龄、工资、照片。其中,照片文件类型共 7 个字段,数据库类型不限,图片来自本地目录即可。

3. 根据第 2 题存入的员工信息,编写一个 Servlet,功能为根据取得的员工账号取得员工的招聘并显示。

第15章 Jakarta Mail编程

本章要点

- Mail 基础
- Mail 协议类型
- Jakarta Mail 体系结构
- Jakarta Mail API 主要接口和类
- Jakarta Mail 发送 Mail 编程
- Jakarta Mail 接收 Mail 编程

网络的迅速发展使得电子邮件已经成为我们必不可少的通信工具,而电子邮件的形式也从原来的纯文本方式变成现在的 HTML 页面并可加载附件的多种形式。电子邮件的普及性以及其数据的多样性,使得它成为人们交流信息的主要方式。

在开发动态 Web 应用中,经常需要 Web 应用能自动发送 Mail 邮件到指定的信箱。例如,当用户注册成功后,自动发送激活账号 Mail;在线购物网站中,当客户购物结算生成订单后,自动发送订单确认邮件。以上这些功能都需要通过编程方式使 Web 应用能自动完成,而不是由用户手动操作。

为使 Java 应用能实现 Mail 的各种功能,Sun 公司推出了 JavaMail API,以帮助 Java 程序员使用 Java 语言完成对 Mail 的各种处理功能。JavaMail 的最后一个版本于 2018 年 8 月发布,已经停止更新。目前,新项目普遍使用 Jakarta Mail。

15.1 Mail 基础

电子邮件是 Internet 应用最广泛的服务:通过网络的电子邮件系统,用户可以用非常低廉的价格,以非常快速的方式,与世界上任何一个角落的网络用户联系,这些电子邮件可以是文字、图像、声音等各种形式。正是由于电子邮件使用简易、投递迅速、收费低廉、易于保存且全球畅通无阻,因此其被广泛应用,使人们的交流方式得到了极大的改变。

Internet 的每个用户都有一个电子邮件地址。电子邮件地址是一个类似于用户家门牌号码的邮箱地址,或者更准确地说,相当于在邮局租用的一个信箱。电子邮件地址的典型格式是 name@xyz.com,其中@之前用户选择的代表用户的字符组合或代码,@之后是为用户提供电子邮件服务的服务商名称,如 haidonglu@126.com。

15.1.1 电子邮件系统结构

1. E-Mail 邮件系统的结构

E-Mail 邮件系统从物理结构上看,主要由 Mail Server 和 Mail Client 组成。

Mail Server 由连接到 Internet 上的计算机服务器运行 Mail Server 软件构成。每个 Mail Server 既可以作为发送服务器,也可以作为接收服务器。Mail Server 负责所有 Mail 的存储、转发功能,同时完成 Mail 中账户的管理和存储。只有在 Mail 系统中有账户的用户才能使用此 Mail Server。

Mail Client 是能连接到 Mail Server 的客户端软件,如 FoxMail、OutLook 等,能完成 Mail 的创建、发送、接收任务。

Mail 客户类型有 Web 应用类型和桌面应用类型。目前市场上所有 Mail Server 产品都提供 Web 模式的客户端用于连接 Mail 服务器,以实现 Mail 的发送和接收。

E-Mail 邮件系统的物理结构如图 15-1 所示,其核心是与 Internet 连接的 Mail Server。

图 15-1　E-Mail 邮件系统的物理结构

2. E-Mail 邮件系统的工作流程

E-Mail 邮件系统的核心任务是完成 Mail 的发送和接收,其工作流程如图 15-2 所示。

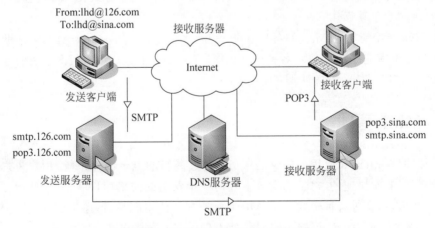

图 15-2　E-Mail 邮件系统的工作流程

图 15-2 中，用户 lhd 使用 Mail 发送客户端工具编写新的 Mail，发送 Mail 账号为 lhd@126.com，接收人账号为 lhd@sina.com。选择发送后，客户端使用 SMTP 与 126 邮局的发送服务器 smtp.126.com 连接，将 Mail 发送到 126 邮局中。126 邮局将邮件转发到 sina 邮局，接收人使用客户端软件，通过 POP3 从 sina 邮局读取接收邮件。

15.1.2 电子邮件协议

电子邮件协议完成与 Mail Server 的通信，包括客户端与 Mail Server 通信，以及 Mail Server 之间的通信。所有 Mail 的功能处理都需要与 Mail Server 进行通信，不同的处理任务采用不同的协议。

1. SMTP

SMTP 的目标是向用户提供高效、可靠的邮件传输服务。SMTP 的一个重要特点是能够接力传送邮件，即邮件可以通过不同网络上的主机采用接力方式传送。SMTP 工作在两种模式下。

（1）电子邮件从客户机传输到服务器。

（2）从某一个服务器传输到另一个服务器。SMTP 是一个请求/响应协议，它监听 25 号端口，用于接收用户的 Mail 请求，并与远端 Mail 服务器建立 SMTP 连接。

2. POP3

POP3（Post Office Protocol 3，邮局协议的第 3 个版本）规定怎样将个人计算机连接到 Internet 的邮件服务器和下载电子邮件的电子协议。POP3 是 Internet 电子邮件的第一个离线协议标准，允许用户从服务器上把邮件存储到本地主机（自己的计算机），同时删除保存在邮件服务器上的邮件。POP3 服务器是遵循 POP3 协议的接收邮件服务器，用来接收电子邮件。

3. IMAP

使用 IMAP（Internet Message Access Protocol，Internet 邮箱访问协议）可以在 Client 端管理 Server 上的邮箱。IMAP 与 POP 不同，邮件是保留在服务器上而不是下载到本地，与 WebMail 相似。但 IMAP 比 WebMail 更高效，更安全，可以进行离线阅读等。

4. MIME

MIME 定义了 Mail 可以相互交换的信息的格式和类型，使 Mail 能发送和接收各种类型的文档。MIME 并不是用于传送邮件的协议，它作为多用途邮件的扩展定义了邮件内容的格式，如信息格式、附件格式等。

5. NNTP

NNTP（Network News Transfer Protocol，网络新闻传送协议）是一种通过使用可靠的服务器-客户机流模式（如 TCP/IP 端口 119）实现新闻文章的发行、查询、修复及记录等过程的协议。借助 NNTP，新闻文章只需存储在一台服务器主机上，而位于其他网络主机上的用户通过建立到新闻主机的流连接阅读新闻文章。NNTP 为新闻组的广泛应用奠定了技术基础。

15.2　Jakarta Mail API

15.2.1　Jakarta Mail API 概念

Jakarta Mail API 是一个基于 Java 语言的用于编写发送和接收电子消息的可选包(标准扩展),它使用 Java 语言编写连接 MailServer 进行邮件发送和接收的客户端软件,功能类似于 OutLook、FoxMail 等 Mail 客户端系统。

Jakarta Mail 不用来编程实现 Mail Server 功能,而是用于编写与 Mail Server 进行通信,实现对 Mail Server 中邮件的操作的应用程序,包括发送、接收和删除等。

Jakarta Mail 以扩展包的形式实现对 Java API 基本包的扩充。

15.2.2　Jakarta Mail API 框架结构

整个 Jakarta Mail API 包含上百个接口和类,但经常使用的接口和类如图 15-3 所示,如 Session、Message、Address、Transport、Store 等。

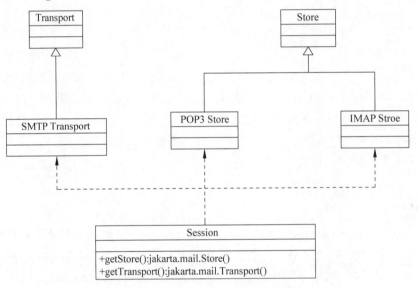

图 15-3　Jakarta Mail API 框架结构

15.2.3　Maven 项目引入 Jakarta Mail API 依赖

使用 Jakarta Mail API 编写 Mail 应用程序,需要在 Maven 项目中引入 Jakarta Mail API 依赖,代码如下:

```xml
<!-- https://mvnrepository.com/artifact/com.sun.mail/jakarta.mail -->
<dependency>
    <groupId>com.sun.mail</groupId>
    <artifactId>jakarta.mail</artifactId>
    <version>2.0.1</version>
</dependency>
```

作者在编写本书时,Jakarta Mail API 的最新版本为 2.0.1,读者可根据实际情况使用更新版本。

15.2.4 Jakarta Mail API 主要接口和类

在开发 Mail 类型客户端应用软件时,主要使用如下核心 JakartaMail 的接口和类,它们都定义在核心包 jakarta.mail 中和支持 Internet Mail 的 jakarta.mail.internet 包中。

1. Session 类

jakarta.mail.Session 类定义了与 Mail Server 的连接,其作用与数据库框架 JDBC 中的 Connection 一样,只有取得了与 Mail Server 的连接对象 session,才能进行邮件 Message 的发送和接收。

要取得 Session 的对象,必须首先确定 Mail Server 的连接参数,包括位置、协议、是否需要验证等。如果需要验证,还需要提供账号和密码。这些连接参数都使用 java.util.Properties 对象保存。

(1) 无验证模式 Mail Server 连接。如下为无验证模式情况下取得 Session 的示例代码:

```
properties props = new Propoerties();
props.put("mail.smtp.host","smtp.sina.com");        //Mail Server 位置
props.put("mail.transport.protocol","smtp");
props.put("mail.smtp.auth","false");                //不使用验证方式
Session session = Session.getInstance(props,null);
```

(2) 有验证模式 Mail Server 连接。一般情况下,Mail Server 中,只有合法账号才能进行 Mail 的发送。这时发送邮件在取得 Session 对象时需要提供验证类。验证类要继承 jakarta.mail.Authenticator,并实现 public PasswordAuthentication getPasswordAuthtication 方法。

如下为需要 SMTP 验证时取得 Session 对象的示例代码:

```
properties props = new Propoerties();
props.put("mail.smtp.host","smtp.sina.com");        //Mail Server 位置
props.put("mail.transport.protocol","smtp");
props.put("mail.smtp.auth","true");                 //需要使用验证方式
MyAuth auth = new MyAuth("lhd9001@sina.com","lhd9001");  //创建验证类对象
Session session = Session.getInstance(props,auth);  //使用验证模式取得连接
```

2. Message 类

Mail 应用中的每个邮件称为消息(Message),由 jakarta.mail.Message 类表达。Message 类是抽象类,泛指各种类型的消息邮件,实际编程中使用它的实现子类 jakarta.mail.internet.MimeMessage 来创建符合 MIME 协议的具体邮件消息。

为创建一个邮件消息,指定特定的 Mail Server,即使用连接 Session 对象。代码为创建一个新的邮件消息:

```
Message message = new MimeMessage(session);
```

在取得消息对象后,可以设定邮件的其他属性,如标题、发送日期、内容、发送人、接收人等。其示例代码如下:

```
message.setSubject("邮件的标题");       //设置邮件的标题
message.setSendDate(new Date());       //设置邮件的日期
```

3. Address 类

Jakarta Mail 中，邮件地址使用 jakarta.mail.Address 类表达，包括发件人和接收人。Address 类也是一个抽象类，实际邮件地址需要使用它的非抽象子类 jakarta.mail.internet.InternetAddress 的实例来创建。

创建收件人和发送人的示例代码如下：

```
Address from = new InternetAddress("lhd9001@sina.com");
Address to = new InternetAddress("haidonglu@126.com");
```

设置邮件的发送人的代码如下：

```
message.setFrom(from);
```

设置邮件的接收人和接收方式的代码如下：

```
message.setRecipient(Message.RecipientType.TO,to);
```

邮件的接收模式使用 Message.RecipientType 的如下常量来表达。

Message.RecipientType.TO：主接收人。

Message.RecipientType.CC：附件接收人。

Message.RecipientType.BCC：暗送附件接收人，在接收人地址不显示。

例如，以 CC 模式发送 Mail，创建如下地址：

```
message.setRecipient(Message.RecipientType.CC,to);
```

4. Authenticator 类

大部分 Mail Server，尤其市场上商业化的 Mail 服务，如 126、SOHU、Sina 等，在使用 SMTP 和 POP 发送和接收邮件时，都需要使用合法的账号和密码进行验证。只有合法用户才能进行 Mail 的发送和接收，防止垃圾邮件泛滥。

Authenticator 类是 jakarta.mail.Authenticator，表达与 Mail Server 连接时的验证对象，每个验证对象保存了连接时的用户账号和密码。

Authenticator 是抽象类，创建实际验证类时需要继承它并重写方法 protected PasswordAuthentication getPasswordAuthentication。

编写验证类的示例代码如下：

```java
import jakarta.mail.Authenticator;
import jakarta.mail.PasswordAuthentication;
public class MailAuth extends Authenticator {
    String userName = null;
    String password = null;
    public MailAuth(String userName,String password) {
        this.userName = userName;
        this.password = password;
    }
    public PasswordAuthentication getPasswordAuthentication(){
        return new PasswordAuthentication(userName,password);
    }
}
```

使用此验证类，就可以实现与需要验证的 Mail Server 的连接。连接示例代码如下：

```
props.put("mail.smtp.auth","true");            //设定需要使用的验证方式
MailAuth auth = new MailAuth ("lhd9001@sina.com","password");   //创建验证类对象
Session session = Session.getInstance(props,auth);     //使用验证模式取得连接
```

5. Transport 类

核心类 jakarta.mail.Transport 的任务是实现 Mail 的发送。可以将 Session 比作高速公路，连接始发地和目的地；把 Message 看作要运输的货物；那么 Transport 就是公路上的汽车，实现货物 Message 的传输。

Transport 提供了如下发送 Mail 的方法，其中前两个方法为静态方法，直接使用 Transport 类进行调用，不需要实例化对象；最后一个方法为非静态方法：

（1）public static void send(Message msg) throws MessagingException：以 Message 本身设定的收件人进行发送。

（2）public static void send(Message msg, Address [] addresses) throws MessagingException：以 Transport 指定的收件人进行发送，忽略 Message 创建时指的收件人；同时，在发送之前调用 Message 对象的 saveChanges 方法，保存 Message 的所有更新信息。

（3）public abstract void sendMessage(Message msg, Address[] addresses) throws MessagingException：使用指定的收件人发送邮件。

程序开发中使用 Transport 实现邮件发送的代码如下：

```
Transport.send(message);
```

6. Store 类

Store 类表示 Mail Server 中的邮件存储器，类型是 jakarta.mail.Store。Store 类本身也是一个抽象类，由其子类实现不同类型的邮件存储。

取得 Store 对象时，必须指定 Mail 邮件协议，如 POP3、IMAP 等。不同协议下取得 Store 的方式的示例代码如下：

```
Store store01 = session.getStore("pop3");
Store store02 = session.getStore("imap");
```

取得 Store 对象后，就可以取得某个指定邮件目录，如收件箱（INBOX）、发件箱（OUTBOX）等。目录使用 Folder 类表达。

7. Folder 类

Folder 类表达 Mail Server 中的邮件存储目录，而 Store 类代表整个 Mail 的存储，在取得 Folder 后就可以对此目录进行 Message 邮件的读取。

Folder 的类型是 jakarta.mail.Folder，它也是抽象类，需要通过 Store 对象的 getFolder 方法得到 Folder 对象。

在取得 Folder 目录对象后，需要进行打开（open）操作，进而读取此目录下的所有邮件。打开 Folder 时，应指定打开模式，Folder 提供了如下两种模式。

（1）Folder.READ_ONLY：只读模式，不能对 Folder 中的内容进行修改。

（2）Folder.READ_WRITE：可读可写模式，可以对 Folder 中的内容进行修改。

打开 Folder 后,调用 Folder 的 public Message[] getMessages() throws MessagingException 方法取得此目录下的所有邮件列表,以 Message 数组类型返回。可以对此数组进行遍历,取得每个邮件的信息,如标题、日期、发件人等。

如下为使用 Folder 的主要编程代码:

```
Folder inbox = store.getFolder("INBOX");            //取得收件箱目录
inbox.open(Folder.READ_ONLY);
Message[] messages = indox.getMessages();
for(int i = 0;i < messages.length;i++) {
//取得每个邮件的标题和发件人列表
out.println(messages[i].getSubject() + " -- " + messages[i].getFrom()); out.println("< br/>");
}
```

以上这些核心类是 Java Mail 编程中最常用的,希望读者熟记并多加练习,熟练掌握。

15.2.5 Jakarta Mail 的基本编程步骤

使用 Jakarta Mail API 开发 Mail 客户应用程序时,编程步骤由于发送和接收任务不同而有所区别。

1. 发送 Mail 的编程步骤

(1) 设置 Mail Server 参数,代码如下:

```
Properties p = new Properties();
    p.put("mail.transport.protocol", "smtp");
    p.put("mail.smtp.host", "smtp.sina.com");
    p.put("mail.smtp.port","25");
```

(2) 取得 Session 对象,代码如下:

```
Session session = Session.getInstance(p,null);
```

(3) 创建邮件消息 Message 对象,代码如下:

```
Message message = new MimeMessage(session);
```

(4) 创建发送人地址,代码如下:

```
message.setFrom(new InternetAddress("lhd9001@sina.com"));
```

(5) 创建接收人地址,代码如下:

```
message.setRecipient(Message.RecipientType.TO, new InternetAddress("aa@126.com"));
```

(6) 设置邮件的标题和发送日期,代码如下:

```
message.setSubject("Test Mail");
    message.setSentDate(new Date());
```

(7) 设置邮件内容,代码如下:

```
message.setText("< h1 > Hello Haidong Lu < h1 >");
```

(8) 发送邮件,代码如下:

```
Transport.send(message);
```

2. 接收 Mail 的编程步骤

（1）设置 MailServer 连接参数。

（2）取得 Session 对象。

（3）指定接收协议并取得 Mail Server 的存储 Store 对象。

（4）取得指定目录的 Folder 对象。

（5）指定 Folder 打开模式并打开。

（6）取得指定 Folder 中的所有消息。

（7）遍历每个消息，取出消息的信息。

（8）关闭 Folder 对象。

（9）关闭 Store 对象。

15.3　Jakarta Mail 发送邮件编程实例

本节通过几个发送 Mail 的案例介绍使用 Jakarta Mail 发送邮件的编程过程和方法。这里以新浪免费邮箱作为发送方，以 QQ 邮箱作为接收方。

首先，自行注册一个新浪免费邮箱，取得邮箱账号，如 jakartaee_test@sina.com。登录进入邮箱，开启客户端授权码及相关服务（SMTP、POP3、IMAP 等），授权码要复制好备用，如图 15-4 所示。

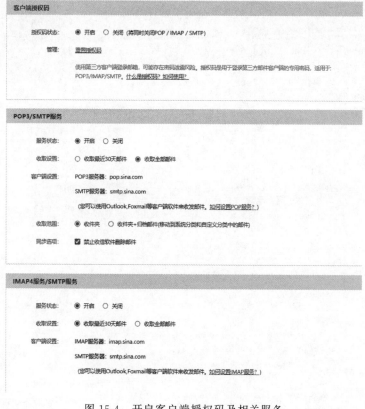

图 15-4　开启客户端授权码及相关服务

15.3.1 发送纯文本邮件

本案例为发送最简单的纯文本消息。编写一个 Servelt,当请求它时,将实现纯文本邮件的发送,代码如程序 15-1 所示。

程序 15-1 SendMail01_Text.java 使用 JavaMail 发送纯文本邮件测试类。

```java
package com.city.oa.controller;
import jakarta.mail.Message;
import jakarta.mail.Session;
import jakarta.mail.Transport;
import jakarta.mail.internet.InternetAddress;
import jakarta.mail.internet.MimeMessage;
import jakarta.servlet.ServletException;
import jakarta.servlet.annotation.WebServlet;
import jakarta.servlet.http.HttpServlet;
import jakarta.servlet.http.HttpServletRequest;
import jakarta.servlet.http.HttpServletResponse;
import java.io.IOException;
import java.util.Date;
import java.util.Properties;
@WebServlet("/SendMail01_Text.do")
public class SendMail01_Text extends HttpServlet {
    private static final long serialVersionUID = 1L;
    public SendMail01_Text() {
        super();
    }
    protected void doGet(HttpServletRequest request, HttpServletResponse response) throws ServletException, IOException {
        //设置发件人
        String from = "jakartaee_test@sina.com";
        //设置收件人
        String to = "33892374@qq.com";
        //设置新浪邮箱的授权码
        String pass = "18e3d0552fb14078";
        try {
            //配置邮件服务器的参数
            Properties p = new Properties();
            //设置 STMP 服务器
            p.put("mail.smtp.host", "smtp.sina.com");
            //设置协议
            p.put("mail.transport.protocol", "smtp");
            //设置端口
            p.put("mail.smtp.port", 25);
            //认证方式
            p.put("mail.smtp.auth", "true");
            //创建 Session 对象
            Session session = Session.getInstance(p);
            //调试时在控制台输出信息
            session.setDebug(true);
            //创建一封邮件的实例对象
            Message msg = new MimeMessage(session);
            //设置发件人
```

```java
                msg.setFrom(new InternetAddress(from));
                //设置收件人
                msg.setRecipient(MimeMessage.RecipientType.TO, new InternetAddress(to));
                //设置邮件主题
                msg.setSubject("测试我的第一封JavaMail邮件");
                //设置邮件正文
                msg.setText("< h1 >你好< h1 >");
                //设置邮件的发送时间,默认立即发送
                msg.setSentDate(new Date());
                //根据 session 对象获取邮件传输对象 Transport
                Transport transport = session.getTransport();
                //设置发件人的账号和授权码
                transport.connect(from, pass);
                //发送邮件
                transport.sendMessage(msg, msg.getAllRecipients());
                //关闭邮件连接
                transport.close();
                System.out.println("发送邮件成功............");
        } catch (Exception e) {
                System.out.println("发送纯文本邮件错误:" + e.getMessage());
        }
    }
    protected void doPost(HttpServletRequest request, HttpServletResponse response) throws ServletException, IOException {
        doGet(request, response);
    }
}
```

测试此 Servlet,将向 33892374@qq.com 发送一个纯文本电子邮件,通过 QQ 的 Web 客户端查看收到的 Mail,可以看到收到的内容为"< h1 >你好< h1 >",没有对< h1 >标记进行解析,因此也就没有显示 1 号标题的格式内容如图 15-5 所示。

图 15-5 接收到的纯文本邮件

15.3.2 发送 HTML 邮件

企业 Web 应用发送 Mail 时多以 HTML 格式发送,如企业定时发送的产品信息、会议信息、用户的订阅 Mail 等。收件人可以在收到的 Mail 网页上单击超链接实现到指定信息的导航,这是纯文本邮件所不具备的。

发送 HTML 格式邮件的 Servlet 代码如程序 15-2 所示。

程序 15-2　SendMail02_Activate.java 使用 JavaMail 发送 HTML 格式邮件测试类。

```java
package com.city.oa.controller;
import jakarta.mail.Message;
import jakarta.mail.Session;
import jakarta.mail.Transport;
import jakarta.mail.internet.InternetAddress;
import jakarta.mail.internet.MimeMessage;
import jakarta.servlet.ServletException;
import jakarta.servlet.annotation.WebServlet;
import jakarta.servlet.http.HttpServlet;
import jakarta.servlet.http.HttpServletRequest;
import jakarta.servlet.http.HttpServletResponse;
import java.io.IOException;
import java.util.Date;
import java.util.Properties;
@WebServlet("/SendMail02_Activate.do")
public class SendMail02_Activate extends HttpServlet {
    private static final long serialVersionUID = 1L;
        public SendMail02_Activate() {
        super();
        }
    protected void doGet(HttpServletRequest request, HttpServletResponse response) throws ServletException, IOException {
        //设置发件人
        String from = "jakartaee_test@sina.com";
        //设置收件人
        String to = "33892374@qq.com";
        //设置新浪邮箱的授权码
        String pass = "18e3d0552fb14078";
        try {
            //配置邮件服务器的参数
            Properties p = new Properties();
            //设置 STMP 服务器
            p.put("mail.smtp.host", "smtp.sina.com");
            //设置协议
            p.put("mail.transport.protocol", "smtp");
            //设置端口
            p.put("mail.smtp.port", 25);
            //认证方式
            p.put("mail.smtp.auth", "true");
            //创建 Session 对象
            Session session = Session.getInstance(p);
            //调试时在控制台输出信息
            session.setDebug(true);
            //创建一封邮件的实例对象
            Message msg = new MimeMessage(session);
            //设置发件人
            msg.setFrom(new InternetAddress(from));
            //设置收件人
            msg.setRecipient(MimeMessage.RecipientType.TO, new InternetAddress(to));
```

```
            //设置邮件主题
            msg.setSubject("注册激活邮件");
            //设置邮件正文
            msg.setContent("您好,欢迎注册本系统,单击链接进行激活:< a href = 'http://localhost:8080/cityoa/ActivateAction.do?userid = 1001'>点我激活</a>", "text/html;charset = UTF - 8");
            //设置邮件的发送时间,默认立即发送
            msg.setSentDate(new Date());
            //根据 session 对象获取邮件传输对象 Transport
            Transport transport = session.getTransport();
            //设置发件人的账号和授权码
            transport.connect(from, pass);
            //发送邮件
            transport.sendMessage(msg, msg.getAllRecipients());
            //关闭邮件连接
            transport.close();
            System.out.println("发送邮件成功..........");
        } catch (Exception e) {
            System.out.println("发送激活邮件错误:" + e.getMessage());
        }
    }
    protected void doPost(HttpServletRequest request, HttpServletResponse response) throws ServletException, IOException {
        doGet(request, response);
    }
}
```

15.3.3 发送带附件的邮件

发送 Mail 邮件时,经常在邮件中附带各种附件,如图片、Office 文档、ZIP 压缩文件等。为实现在 Mail 中增加附件,Jakarta Mail 结合 JAF 框架共同实现 Mail 内容的多样化,使得 Mail 不但有邮件正文,还可以附带多个附件文件。

Jakarta Mail 实现 Mail 中附带附件的核心类是 jakarta.mail.Multipart,它表示邮件是由多个部分组成。每个组成部分表示为 jakarta.mail.BodyPart,每个 BodyPart 包含邮件要发送的部分,单独包含文本和附件。

多个 BodyPart 组成一个 Multipart,将该 Multipart 设置为邮件的内容 Content,即可实现邮件中嵌入多个附件。

Mail 中发送带附件文件时,需要使用 JAF 框架中的 jakarta.activation.DataSource、jakarta.activation.DataHandler、jakarta.activation.FileDataSource 3 个类完成文件注入 BodyPart 对象中。

发送带附件 Mail 的 Servlet 如程序 15-3 所示。

程序 15-3 SendMail03_Attachment.java 使用 JavaMail 发送带附件的邮件的测试类。

```
package com.city.oa.controller;
import jakarta.activation.DataHandler;
import jakarta.activation.FileDataSource;
import jakarta.mail.BodyPart;
import jakarta.mail.Message;
```

```java
import jakarta.mail.Multipart;
import jakarta.mail.Session;
import jakarta.mail.Transport;
import jakarta.mail.internet.InternetAddress;
import jakarta.mail.internet.MimeBodyPart;
import jakarta.mail.internet.MimeMessage;
import jakarta.mail.internet.MimeMultipart;
import jakarta.servlet.ServletException;
import jakarta.servlet.annotation.WebServlet;
import jakarta.servlet.http.HttpServlet;
import jakarta.servlet.http.HttpServletRequest;
import jakarta.servlet.http.HttpServletResponse;
import java.io.IOException;
import java.util.Date;
import java.util.Properties;
@WebServlet("/SendMail03_Attachment.do")
public class SendMail03_Attachment extends HttpServlet {
    private static final long serialVersionUID = 1L;
    public SendMail03_Attachment() {
        super();
    }
    protected void doGet(HttpServletRequest request, HttpServletResponse response) throws ServletException, IOException {
        //设置发件人
        String from = "jakartaee_test@sina.com";
        //设置收件人
        String to = "33892374@qq.com";
        //设置新浪邮箱的授权码
        String pass = "18e3d0552fb14078";
        try {
            //配置邮件服务器的参数
            Properties p = new Properties();
            //设置 STMP 服务器
            p.put("mail.smtp.host", "smtp.sina.com");
            //设置协议
            p.put("mail.transport.protocol", "smtp");
            //设置端口
            p.put("mail.smtp.port", 25);
            //认证方式
            p.put("mail.smtp.auth", "true");
            //创建 Session 对象
            Session session = Session.getInstance(p);
            //调试时在控制台输出信息
            session.setDebug(true);
            //创建一封邮件的实例对象
            Message msg = new MimeMessage(session);
            //设置发件人
            msg.setFrom(new InternetAddress(from));
            //设置收件人
            msg.setRecipient(MimeMessage.RecipientType.TO, new InternetAddress(to));
            //设置邮件主题
            msg.setSubject("带附件的邮件");
            //邮件的内容,由多个部分组成
            Multipart mp = new MimeMultipart();
```

```
            //设置邮件正文部分
            BodyPart bp1 = new MimeBodyPart();
            bp1.setContent("带附件的邮件测试......", "text/html;charset = UTF - 8");
            mp.addBodyPart(bp1);
            //附件部分
            BodyPart bp2 = new MimeBodyPart();
            bp2.setDataHandler(new DataHandler(new FileDataSource("D:\\示例图片\\JavaEE.jpg")));
            bp2.setFileName("JavaEE.jpg");
            mp.addBodyPart(bp2);
            BodyPart bp3 = new MimeBodyPart();
            bp3.setDataHandler(new DataHandler(new FileDataSource("D:\\示例图片\\JavaEE测试 Word 文档.docx")));
            bp3.setFileName("JavaEE测试 Word 文档.docx");
            mp.addBodyPart(bp3);
            msg.setContent(mp);
            //设置邮件的发送时间,默认立即发送
            msg.setSentDate(new Date());
            //根据 session 对象获取邮件传输对象 Transport
            Transport transport = session.getTransport();
            //设置发件人的账号和授权码
            transport.connect(from, pass);
            //发送邮件
            transport.sendMessage(msg, msg.getAllRecipients());
            //关闭邮件连接
            transport.close();
            System.out.println("发送邮件成功...........");
        } catch (Exception e) {
            System.out.println("发送带附件的邮件错误:" + e.getMessage());
        }
    }
    protected void doPost(HttpServletRequest request, HttpServletResponse response) throws ServletException, IOException {
        doGet(request, response);
    }
}
```

分析以上代码,邮件中的每个部分为 BodyPart 类的实现类 MimeBodyPart,多个 BodyPart 对象增加到 Multipart 的实现类 MimeMultipart 对象中,最终设置邮件 Message 的 Content 为此 Multipart 的对象,从而实现邮件中附带文件。

15.4 Jakarta Mail 接收邮件编程实例

使用 Jakarta Mail 最多的应用是发送 Mail,这是绝大多数 Web 应用的必备功能之一;而接收 Mail 的编程相对较少,原因是 Mail 的客户端软件已经相当丰富,功能非常完善,无论是桌面应用级,如 Outlook、Foxmail 等,还是 Web 级客户端,因此使用 JakartaMail 再开发单独的 Web 客户端来接收 Mail 意义不大。

因此,本节所有案例都只简单展示 Jakarta Mail 如何实现 Mail 的接收,并没有进行深入的探讨和介绍。

Mail 的接收涉及的主要核心类就是 Store 和 Folder,使用的协议是 POP3,当然也可以使用 IMAP 实现多文件夹的邮件接收。

15.4.1 接收纯文本邮件

接收邮件最简单的格式就是纯文本。程序 15-4 为显示指定邮局和指定用户收件箱中所有邮件的 Servlet 代码。

程序 15-4 ReceiveMail01.java 使用 JavaMail 接收邮件测试 Servlet 类。

```java
package com.city.oa.controller;
import jakarta.mail.Folder;
import jakarta.mail.Message;
import jakarta.mail.Session;
import jakarta.mail.Store;
import jakarta.servlet.ServletException;
import jakarta.servlet.annotation.WebServlet;
import jakarta.servlet.http.HttpServlet;
import jakarta.servlet.http.HttpServletRequest;
import jakarta.servlet.http.HttpServletResponse;
import java.io.IOException;
import java.io.PrintWriter;
import java.util.Properties;
@WebServlet("/ReceiveMail01.do")
public class ReceiveMail01 extends HttpServlet {
    private static final long serialVersionUID = 1L;
    public ReceiveMail01() {
        super();
    }
    protected void doGet(HttpServletRequest request, HttpServletResponse response) throws ServletException, IOException {
        Store store = null;
        Folder folder = null;
        response.setContentType("text/html");
        response.setCharacterEncoding("UTF-8");
        //设置新浪邮箱的授权码
        String pass = "18e3d0552fb14078";
        PrintWriter out = response.getWriter();
        out.println("<!DOCTYPE html>");
        out.println("<HTML>");
        out.println("<HEAD><TITLE>A Servlet</TITLE></HEAD>");
        out.println("<BODY>");
        try {
            Properties p = new Properties();
            Session session = Session.getInstance(p);
            store = session.getStore("pop3");
            store.connect("pop.sina.com"," jakartaee_test@sina.com ",pass);
            folder = store.getFolder("INBOX");
            folder.open(Folder.READ_ONLY);
            Message[] messages = folder.getMessages();
            for(int i = 0;i < messages.length;i++){
                out.println(messages[i].getSubject() + " -- " + messages[i].getFrom());
                out.println("<br/>");
            }
            folder.close(false);
```

```
                store.close();
            } catch(Exception e){
                out.println("接收 Mail 错误:" + e.getMessage());
            }
        out.println(" </BODY>");
        out.println("</HTML>");
        out.flush();
        out.close();
    }
    protected void doPost(HttpServletRequest request, HttpServletResponse response) throws ServletException, IOException {
        doGet(request, response);
    }
}
```

15.4.2 接收带附件的邮件

接收带附件的邮件的关键是取得邮件内容 Content 后,要判断其类型是否为 Multipart。如果类型为 Multipart,则表明其是有附件的 Mail 邮件。

取得附件后,使用输出流将其存入磁盘的指定文件中,实现附件的下载。

程序 15-5 为读取新浪邮局收件箱中第一个 Mail 的 Servlet 代码,该代码会判断邮件是否含有附件,如果有,则会将其保存到 D 盘中。

程序 15-5 ReceiveMailWithAttach.java 接收有附件的邮件 Servlet 类。

```
package com.city.oa.controller;
import jakarta.mail.Folder;
import jakarta.mail.Message;
import jakarta.mail.Multipart;
import jakarta.mail.Part;
import jakarta.mail.Session;
import jakarta.mail.Store;
import jakarta.mail.internet.InternetAddress;
import jakarta.servlet.ServletException;
import jakarta.servlet.annotation.WebServlet;
import jakarta.servlet.http.HttpServlet;
import jakarta.servlet.http.HttpServletRequest;
import jakarta.servlet.http.HttpServletResponse;
import java.io.FileOutputStream;
import java.io.IOException;
import java.io.PrintWriter;
import java.util.Properties;
import java.util.Scanner;
@WebServlet("/ReceiveMailWithAttach.do")
public class ReceiveMailWithAttach extends HttpServlet {
    private static final long serialVersionUID = 1L;
    public ReceiveMailWithAttach() {
        super();
    }
    protected void doGet(HttpServletRequest request, HttpServletResponse response) throws ServletException, IOException {
        try{
```

```java
            //设置新浪邮箱的授权码
            String pass = "18e3d0552fb14078";
            //调用接收邮件方法,读取新浪网jakartaee_test@sina.com账号的第一个邮件
            this.receive("pop.sina.com"," jakartaee_test@sina.com ", pass);
        }catch(Exception e){
            System.out.println("接收 Mail 出现错误" + e.getMessage());
        }
    }
    protected void doPost(HttpServletRequest request, HttpServletResponse response) throws ServletException, IOException {
        doGet(request, response);
    }
    //接收邮件方法
    public void receive(String popserver,String username,String password) throws Exception{
            //创建 Store
            Store store = null;
            //创建 Folder
            Folder folder = null;
            //创建 Properties
            Properties props = System.getProperties();
            //创建 Session
            Session session = Session.getInstance(props);
            session.setDebug(true);
            try {
                //获取 Store
                store = session.getStore("pop3");
                // 打开通道
                store.connect(popserver, username, password);
                //获取 INBOX
                folder = store.getFolder("INBOX");
                if(folder == null) {
                    throw new Exception("INBOX 目录不存在");
                }
                //只读打开 INBOX
                folder.open(Folder.READ_ONLY);
                //获取内容
                Message[] msgs = folder.getMessages();
                if(msgs!= null) {
                    this.readMessage(msgs[0]);          //只读取第一个 Mail
                } else {
                    System.out.println("没有邮件接收!");
                }
            } catch (Exception e) {
                throw new Exception("接收 Mail 错误:" + e.getMessage());
            }
            finally {
              folder.close(false);
              store.close();
            }
    }
    //读取指定消息的方法,读取一个邮件并显示
    private void readMessage(Message msg) throws Exception
    {
            PrintWriter out = null;
```

```java
            Scanner in = null;
            try {
                //获取发件人
                String from = ((InternetAddress)msg.getFrom()[0]).getPersonal();
                if(from == null)
                { from = ((InternetAddress)msg.getFrom()[0]).getAddress(); }
                System.out.println("发件人:" + from);
                //主题
                System.out.println("主题:" + msg.getSubject());
                //主体
                Part msgPart = msg; //Message 继承 Part
                //获取邮件主体
                Object content = msgPart.getContent();
                if(content instanceof Multipart) {
                    msgPart = ((Multipart)content).getBodyPart(0);
                    System.out.println("多部分 multipart:");
                    //下载邮件
                    out = new PrintWriter(new FileOutputStream("d:mail.txt",true),true);
                    in = new Scanner(msgPart.getInputStream());
                    while(in.hasNextLine()) {
                        out.println(in.nextLine());
                    }
                    out.close();
                    in.close();
                }
                //contentType
                String contentType = msgPart.getContentType();
                System.out.println("内容类型:" + contentType);
                //输出邮件正文文本
                if(contentType.startsWith("text/plain") || contentType.startsWith("text/html"))
                {
                    in = new Scanner(msgPart.getInputStream());
                    System.out.println("正文内容:");
                    while(in.hasNextLine()) {
                        System.out.println(in.nextLine());
                    }
                    System.out.println("结束");
                }
            } catch (Exception e) {
                throw new Exception("读取 Mail 时错误:" + e.getMessage());
            }
        }
    }
```

通过以上案例,读者可以了解和掌握如何使用 Jakarta Mail API 进行邮件的发送和接收。在开发商业 Web 应用时,经常需要使用 Jakarta Mail 实现邮件的自动发送功能。

简答题

1. Jakarta Mail API 框架和 JAF 框架有什么关系?
2. POP3 与 IMAP 有哪些区别?

实验题

1. 编写一个用户注册 JSP 页面,输入用户的账号、密码、姓名、邮箱。
2. 编写注册处理 Servlet,取得注册 JSP 页面提交的注册用户信息,存入数据库的用户表中,再发送一个注册确认 Mail 给注册信箱。

第16章

Jakarta EE企业级应用MVC模式

本章要点

- MVC 模式概念
- MVC 模式的优点
- MVC 模式的组成
- Java EE 企业级应用 MVC 模式设计原则
- Model 层设计
- Control 层设计
- View 层设计

开发 Jakarta EE 企业级应用时,需要设计各种组件,包括 JSP、Servlet 等 Web 组件和 EJB 企业组件,以及各种 JavaBean 类型的辅助类 Helper 组件。这些组件需要访问各种各样的 Jakarta EE 服务,进而构成一个复杂的应用软件系统。如何合理和优化设计这些组件和系统架构,以确保系统具有优良的性能和极佳的可维护性,成为系统设计师和架构师的主要职责。

经过无数项目开发经验而总结出的软件开发设计模式(Design Pattern)是决定软件项目成功的关键因素,而设计模式中的 MVC 模式是开发企业级 Web 应用中最常用的模式,已经在成千上万的项目中得到应用。因此,熟练掌握 MVC 的应用是成功开发 Web 项目的保证。

16.1 MVC 模式概述

要学习 MVC 模式,首先应了解 MVC 模式的基础、结构和优点。只有全面理解了 MVC 的各个组成部分的职责,才能在使用 Jakarta EE 的组件和服务实现 MVC 结构的应用中条理清晰,逻辑合理。

16.1.1 MVC 模式结构

MVC 表示一种软件架构模式,其把软件系统分为 3 个组成部分:模型(Model)、视图

（View）和控制器（Controller）。

MVC 由 Trygve Reenskaug 提出，是 Xerox PARC 在 20 世纪 80 年代为程序语言 Smalltalk-80 发明的一种软件设计模式。MVC 模式的目的是实现一种动态的程序设计，使后续对程序的修改和扩展简化，并且使程序某一部分的重复利用成为可能。除此之外，MVC 模式通过对复杂度的简化，使程序结构更加直观。软件系统通过对自身基本部分分离的同时，也赋予了各个基本部分应有的功能。MVC 模式在当今软件开发中被广泛使用，逐渐成为 Jakarta EE 应用的标准设计模式。

从广义上讲，任何应用系统都是数据管理系统，负责收集、存储外部的各种数据，对其进行加工，转换为各种形式。图 16-1 所示为管理信息系统的黑盒结构，负责与不同的外部对象进行通信和数据交流。

图 16-1 从操作者和各种外部资源看，管理信息系统就像黑盒一样，用户不需要了解它的内部结构，只需使用系统的功能即可。

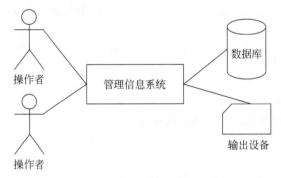

图 16-1 管理信息系统的黑盒结构

管理信息系统的内部结构是开发人员的职责所在，需要开发人员进行设计和开发。按照 MVC 模式原则，系统内部只有 3 种类型的组件，即 View 组件、Controller 组件和 Model 组件，如图 16-2 所示。

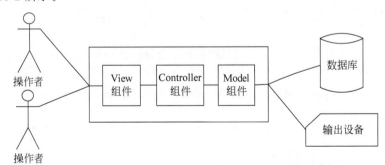

图 16-2 管理信息系统的 MVC 结构

1．Model 组件

Model 组件用于封装与应用程序的业务逻辑相关的数据以及对数据的处理方法。有直接访问数据的权利，如对数据库的访问。Model 组件不依赖视图和控制器，即 Model 组件不关心其会被如何显示或是被如何操作，但是 Model 组件中数据的变化一般会通过一种刷新机制被公布。为了实现这种机制，那些用于监视 Model 组件的视图必须事先在此模型上注册,视图可以了解数据模型上发生的变化。

实际开发中,Model 组件的具体功能如下。

(1) 表达业务数据。一般管理系统的业务数据存储在数据库中,而采用 Jakarta EE 的企业级应用中都使用 Java 对象,因此需要 Model 类能表达存储在数据库的业务数据。

(2) 业务数据持久化。存储在 Model 对象中的数据是易失的,因此需要在适当时候将 Model 中的业务数据保存到数据库中,实现永久化存储。这一般使用 JDBC 服务编程实现。

(3) 企业应用业务处理。管理信息系统的核心功能是模拟实际业务处理,代替人工处理模式,实现信息管理的高效率和低成本。Model 类要提供实现业务功能的处理方法,如审核单据、查询报表等。

2. View 组件

视图层能够实现业务数据的输入和输出,外部对象与系统进行交互和通信要通过视图层。一般情况下,视图是为操作者显示的窗口,操作者能通过该窗口与系统进行交互,进而完成业务管理。在 MVC 模式中,所有外部对象访问和使用系统都要通过视图层,视图层也不都是可显示的界面,如与某个外部传感器进行数据传输,可以开发一个无显示的 View 组件,实现数据的输入和输出。

View 组件的主要功能如下。

(1) 提供操作者输入数据的机制,如 FORM 表单。

(2) 显示业务数据。显示业务数据通常有列表和详细两种方式,如新闻管理 Web 中显示新闻列表,选择一个标题后,进而显示详细的新闻信息。

3. Control 组件

Control 组件起到对 View 组件和 Model 组件的组织和协调作用,用于控制应用程序的流程。Control 组件处理事件并做出响应,事件包括用户的行为和模型上业务数据的改变。

Control 组件的主要功能如下。

(1) 取得 View 组件收集的业务数据。

(2) 验证 View 组件收集数据的合法性,包括格式合法性和业务合法性。

(3) 对 View 收集的数据进行类型转换,得到与业务处理适应的数据类型。

(4) 调用 Model 组件的业务方法,实现业务处理。

(5) 保存给 View 显示的业务数据。

(6) 导航到不同的 View 组件,如显示不同的操作窗口,或跳转到不同的 Web 页面。

以 Jakarta EE 框架为基础的企业级应用中,MVC 模式的实现结构如图 16-3 所示。

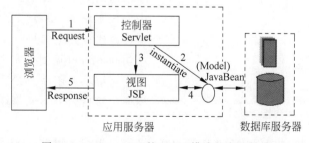

图 16-3 Jakarta EE 的 MVC 模式的实现结构

View 由 JSP 实现,并结合使用 EL 和 JSTL 标记。使用 EL 和 JSTL 是为了消除视图 JSP 中的 Java 脚本代码和表达式代码,实现全标记 View 组件。

Controller 由 Servlet 实现,通过 Servlet 的 Request 请求对象取得 View 提交的数据,利用 Session 对象完成会话管理,依赖 Response 响应对象完成 View 的重定向导航,使用 RequestDispatcher 完成 View 页面的转发,实现页面跳转。

Model 类由 JavaBean 类或 EJB 实现,通过 JDBC 连接数据库,利用 JNDI 连接命名服务,使用 JavaMail 连接外部 Mail 邮局,依靠 JMS 连接外部消息服务系统。

16.1.2 基于 Jakarta EE 的 MVC 模式结构

企业级 Jakarta EE 应用开发中,按照 16.1.1 小节 MVC 模式的实现结构,仍然不能很好地进行 Java 组件的职责划分,尤其是 Model 类不能很好地适应软件应用的需求变化。为解决简单 MVC 模式的缺陷,Rod Johnson 在 *J2EE Design and Development* 一书中提出了针对 Java EE 应用开发的 5 层分层架构的 MVC 设计结构,这一设计原则同样适用于 Jakarta EE 分层项目。

该 5 层 MVC 模式的特点是面向接口原则,将 Model 的业务数据表示、数据持久化和业务逻辑分离成独立的组件,进而形成图 16-4 所示流行的 Jakarta EE 分层模式架构。

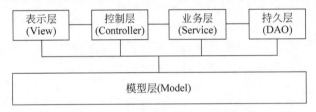

图 16-4　Jakarta EE MVC 分层模式架构

此模式中,View 和 Controller 层没有变化,将 MVC 模式的 Model 层细分为 Model 层(原 Model 层表达业务数据部分)、DAO 层(原 Model 层持久化功能)和 Service 层(原 Model 层模拟业务方法)。

各层之间实现自上而下顺序访问,不允许跨层进行,如 View 层对象只能调用 Controller 层对象,而 Controller 层对象只能调用 Service 层对象,依此类推。

Model 层为公共层,每个层的对象都可以访问 Model 层对象,使用 Model 层对象在各层之间进行数据传递。系统要求只能传递 Model 层对象,不允许传递数据库 JDBC 服务的 ResultSet 类型对象,必须把数据库中的记录字段值从 ResultSet 读出存入 Model 层对象中。该工作由 DAO 层完成,只有 DAO 层对象可以连接数据库进行操作,其他层只能通过访问 Model 层对象实现数据的管理。

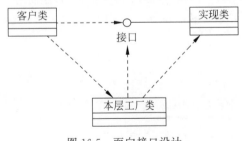

图 16-5　面向接口设计

每层都采用面向接口设计原则,各层对象通过接口向上层暴露业务方法,如图 16-5 所示。

每层都由接口、接口实现类和工厂类组成,将实现类与上层调用者分离,解除实现类之间的直接耦合,提高系统的可维护性。

依照面向接口的设计模式,Jakarta EE 企业级应用的整体框架结构如图 16-6 所示。

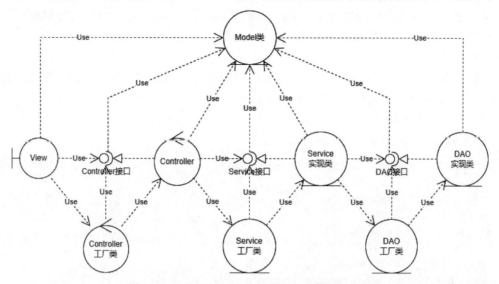

图 16-6　Jakarta EE 企业级应用的整体框架结构

但实际开发中如果使用 Servlet 作为控制器对象,则控制层不需要使用控制接口和控制工厂类,因为 Web 容器本身就作为 Servlet 控制器的工厂类和接口,通过 HTTP 和 URL 地址向 View 对象 JSP 暴露功能方法,即 GET 和 POST 方法。

16.1.3　Model 层设计

Model 层对象也称为 DTO（Data Transfer Object,数据传输对象）,有的书籍也称为值类（Value Object ,VO）,担当业务对象的数据表示职责。现在项目组统一使用 Model 类对象对其进行命名,由于业务对象数据都保存在数据库表中,因此每个 Model 类都与数据库表对应。

Model 类与数据表的对应关系如图 16-7 所示。每个 Model 类对应一个业务表,表达一类业务对象；每个 Model 对象表达数据表的一个记录,代表一个业务对象；Model 类的每个属性与表的字段对应。这种对应关系称为 ORM（Object Relation Mapping,对象-关系映射）。

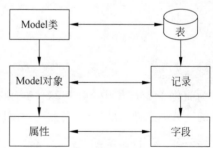

图 16-7　Model 类与数据表的对应关系

Model 类的设计规范如下。

（1）包命名：域名.项目名.模块名.model（大中型项目）或域名.项目名.model（小项目）,如 com.city.oa.hr.model 或 com.city.oa.model。

（2）Model 类命名：业务对象名＋Model,如 EmployeeModel、DepartmentModel、BehaveModel。

定义：

```
public class DepartmentModel {}
```

（3）序列化。Model 类建议进行序列化，即实现 java.io.Serializable 接口。

（4）属性。业务数据表中的每个字段对应 Model 类的一个属性，属性类型根据字段的类型进行确定。每个属性都必须是私有的，且变量名前两个字符必须小写，如"private int deptNo＝0;"。

（5）方法。Model 类必须有默认无参数的构造方法，一般不需要提供，即为默认无参构造方法。每个属性必须提供 public 的 set 和 get 方法对。

程序 16-1 代码为 Model 类实例。

程序 16-1 DepartmentModel.java。

```java
package com.city.oa.model;
import java.io.Serializable;
public class DepartmentModel implements Serializable {
    private int deptNo = 0;
    private String deptCode = null;
    private String deptName = null;
    public int getDeptNo() {
        return deptNo;
    }
    public void setDeptNo(int deptNo) {
        this.deptNo = deptNo;
    }
    public String getDeptCode() {
        return deptCode;
    }
    public void setDeptCode(String deptCode) {
        this.deptCode = deptCode;
    }
    public String getDeptName() {
        return deptName;
    }
    public void setDeptName(String deptName) {
        this.deptName = deptName;
    }
}
```

为简化 Model 类中 get 和 set 方法的编写，现在项目基本上使用 Lombok 框架，使用其提供的注解类自动生成 set/get 方法。使用了 Lombok 注解类的 Model 类的示例代码如下：

```java
package com.city.oa.model;
import java.io.Serializable;
import lombok.Data;
@Data
public class DepartmentModel implements Serializable {
    private int deptNo = 0;
    private String deptCode = null;
    private String deptName = null;
}
```

由上述代码可见，使用了@Data 后，不再需要手工编写 get/set 方法，简化了 Model 类的编程。

16.1.4 持久层 DAO 设计

1. DAO 的职责

DAO 对象的职责是负责与数据库连接,将 Model 对象代表的业务数据存入数据库表中,反之将表记录代表的业务数据从数据库中读出并写入 Model 对象中,即实现数据库关系数据 Relation 和 Java 对象 Object 的相互转换,也称为 ORM 解决方案。图 16-8 所示为 DAO 对象所处的位置和职责。

图 16-8 DAO 对象所处的位置和职责

2. DAO 的主要方法

DAO 主要执行对数据表的 CRUD 操作。

(1) C(Create):创建记录,将 Model 表达的业务对象数据增加到数据表中,执行 insert into 语句。

(2) U(Update):更新记录,将 Model 对象属性值在业务表中对应记录进行更新,执行 update 语句。

(3) D(Delete):删除记录,将 Model 对象对应的记录删除,执行 delete 语句。

(4) R(Read)读取记录:将表中的记录读出,每个字段值写入 Model 对象的属性中,可以返回多个记录列表对应多个 Model 对象的 List 容器,以及单个记录对象的 Model 对象。

3. DAO 层设计模式

DAO 层采用接口设计原则,即 DAO 向 Service 层暴露 DAO 接口,Service 层通过 DAO 工厂取得 DAO 接口的对象,将 Service 层与 DAO 实现类分离,去除它们之间的耦合。图 16-9 为 DAO 层结构类图。

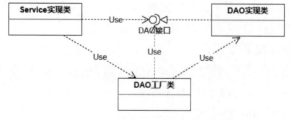

图 16-9 DAO 层结构类图

4. DAO 接口设计

DAO 接口定义了 DAO 对象的 CUDR 方法,每个数据表都应用定义一个 DAO 接口,实现对此表的操作和对应 Model 对象的读写。

DAO 接口的设计规范如下。

(1) 包命名:域名.项目名.模块名.dao(大中型项目)或域名.项目名.dao(小型项目),如 com.city.oa.hr.dao(大中项目)、com.city.oa.teching.dao(大中项目)或 com.city.oa.dao(小项目)。

（2）接口命名：I＋业务对象名＋Dao，如 IEmployeeDao、IDepartmentDao、IbehaveDao。
定义：

```
public interface IDepartmentDao {}
```

（3）方法定义：DAO 接口定义对数据表的 CUDR 方法，一般至少定义 5 个方法，如 insert（Model 类）、update（Model 类）、delete（Model 类）、List < Model 类 > selectByAll()、Model 类 selectByNo（主键参数）。

DAO 接口设计实例如程序 16-2 所示，表示一个部门信息的 DAO 层接口。

程序 16-2　IDepartmentDao.java 部门 DAO 接口代码。

```
package com.city.oa.dao;
import java.util.List;
import com.city.oa.model.DepartmentModel;
public interface IDepartmentDao {
    //增加部门方法
    public void insert(DepartmentModel dm) throws Exception;
    //修改部门方法
    public void update(DepartmentModel dm) throws Exception;
    //删除部门方法
    public void delete(DepartmentModel dm) throws Exception;
    //查询所有部门方法
    public List < DepartmentModel > selectByAll() throws Exception;
    //查询指定部门方法
    public DepartmentModel selectByNo(int departNo) throws Exception;
}
```

5. DAO 实现类

DAO 实现类实现 DAO 接口定义的方法，与数据库相连，完成对数据表的 insert、update、delete 和 select 操作。执行 CUD 操作，将 Model 对象的属性值写入表记录中；执行 R 操作，将表记录字段值读出并写入 Model 对象的属性中。

DAO 实现类的设计规范如下。

（1）包命名：域名.项目名.模块名.dao.impl（大中项目）或域名.项目名.dao.impl（小项目），如 com.city.oa.hr.dao.impl（大中项目）、com.city.oa.teching.dao.impl（大中项目）或 com.city.oa.dao.impl（小项目）。

（2）DAO 实现类命名：业务对象名＋DaoImpl，如 DepartmentDaoImpl、EmployeeDaoImpl、BehaveDaoImpl。
定义：

```
public class DepartmentDaoImpl implements IDepartmentDao { }
```

（3）DAO 实现类方法设计。方法实现 DAO 接口定义的所有方法。在 DAO 实现类的方法中可以使用各种技术实现对数据库的操作，包括 JDBC、Hibernate、TopLink、JPA 等框架技术。本书中使用 JDBC 技术实现 DAO 实现类。

（4）DAO 实现类实例。部门 DAO 层实现类的示例代码如程序 16-3 所示。

程序 16-3 DepartmentDaoImpl.java 部门 DAO 实现类代码。

```java
//部门 DAO 实现类
package com.city.oa.dao.impl;
import java.sql.Connection;
import java.sql.PreparedStatement;
import java.util.List;
import com.city.oa.dao.IDepartmentDao;
import com.city.oa.factory.ConnectionFactory;
import com.city.oa.model.DepartmentModel;
public class DepartmentDaoImpl implements IDepartmentDao {
    @Override
    public void insert(DepartmentModel dm) throws Exception {
        // TODO Auto-generated method stub
        String sql = "INSERT INTO oa_department (DEPTCODE,DEPTNAME) VALUES (?,?)";
        try {
            Connection cn = ConnectionFactory.getConnection();
            PreparedStatement ps = cn.prepareStatement(sql);
            ps.setString(1, dm.getDeptCode());
            ps.setString(2, dm.getDeptName());
            ps.executeUpdate();
            ps.close();
            cn.close();
        } catch (Exception e) {
            System.out.println("增加部门 DAO 方法错误:" + e.getMessage());
        }
    }
    …
}
```

6. DAO 工厂类

DAO 工厂类负责取得 DAO 实现类的对象，为上层即 Service 对象提供服务，避免了上层对象直接使用 new DAO 实现类的模式，解除了 Service 实现类对象与 DAO 实现类对象的耦合，提高了系统的可维护性。

DAO 工厂类设计规范：

DAO 工厂类是每个模块对应一个 DAO 工厂类(大中)，每个项目一个 DAO 工厂类(小)。不需要每个 Model 类对应一个。

（1）包命名：域名.项目名.模块名.factory（大中项目）或域名.项目名.factory（小项目），如 com.city.oa.hr.factory（大中项目）、com.city.oa.teaching.factory（大中项目）或 com.city.oa.factory（小项目）。

（2）工厂类命名：DaoFactory。例如：

```java
public class DaoFactory { }
```

（3）方法设计。为每个 DAO 对象实现类设计一个静态的取得对象方法，并以 Dao 接口类型返回。

例如：

```java
public static IXxxDao createXxxDao(){
    return new XxxDaoImpl();
}
```

其中，Xxx 表达业务对象，如 Employee、Department、Behave。

定义：

```
public static INewsDao createNewsDao() {}
```

（4）DAO 工厂类实例代码。DAO 工厂的示例代码如程序 16-4 所示。

程序 16-4 DaoFactory.java DAO 工厂类代码。

```
package com.city.oa.factory;
import com.city.oa.dao.IDepartmentDao;
import com.city.oa.dao.impl.DepartmentDaoImpl;
public class DaoFactory {
    public static IDepartmentDao createDepartmentDao()
    {
        return new DepartmentDaoImpl();
    }
}
```

（5）DAO 工厂类的使用。在 Service 实现类中，可以通过此 DAO 工厂取得 Dao 实现类对象，如：

```
IDepartmentDao departmentdao = DaoFactory.createDepartmentDao();
```

然后可以调用 DAO 的方法，如：

```
DepartmentModel dm = new DepartmentModel();      //创建 Model 对象
dm.setDeptNo(1);                                  //设置 Model 属性
departmentdao.delete(dm);                         //执行 DAO 的方法，完成对象记录的删除
```

16.1.5 业务层 Service 设计

1. 业务层对象的功能和职责

Model 中的业务层对象主要实现应用系统的业务处理。所有软件应用系统都是对现实业务系统的模拟，将原来手工业务处理转移到计算机应用系统中，这样原来手工系统的业务处理都需要在软件系统进行实现，即业务对象的方法实现。

在 MVC 模式中，将 Model 层中的业务职责与其数据表达功能（DTO）和数据持久化功能（DAO）进行分离，形成单独的业务对象层（Service）。在业务对象中定义应用系统的所有业务方法。

2. 业务层设计模式

业务层也遵循面向接口的设计原则，分别设计业务接口、业务实现类和业务工厂。业务层的结构类图如图 16-10 所示。

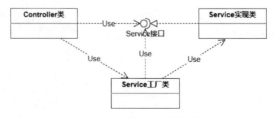

图 16-10 业务层的结构类图

3. 业务层对象接口设计

每个业务对象都需要定义业务接口，将对该业务对象的所有操作方法都定义在业务接口中；另外，随着业务的更新，随时在接口中增加新的方法。

业务接口设计规范如下。

(1) 包命名：域名.项目名.模块名.service（大中项目）或域名.项目名.service（小项目），如 com.city.oa.hr.service 或 com.city.oa.service。

(2) 接口命名：I＋业务对象＋Service，如 IDepartmentService、IEmployeeService、IBehaveService。

(3) 方法设计：即每个对象业务处理方法，为简化将来对控制层的调用，业务接口可以考虑使用单独的业务数据作为参数，而不是使用 Model 对象作为参数，这种模式称为细粒度设计，而传递 Model 对象称为粗粒度设计。二者各有优点，需要针对不同的情况进行平衡考虑。对此议题的深入探讨，请读者参加相应的论坛主题。

管理部门的业务接口设计实例示例代码如程序 16-5 所示。

程序 16-5 IDepartmentService.java 部门业务接口代码。

```java
package com.city.oa.service;
import java.util.List;
import com.city.oa.model.DepartmentModel;
public interface IDepartmentService {
    //添加部门
    public void add(DepartmentModel dm) throws Exception;
    //修改部门
    public void modify(DepartmentModel dm) throws Exception;
    //删除部门
    public void delete(DepartmentModel dm) throws Exception;
    //查询所有部门
    public List< DepartmentModel > getListByAll() throws Exception;
    //查询指定部门
    public DepartmentModel getById(int deptNo) throws Exception;
}
```

4. 业务层对象实现类设计

业务实现类实现了业务接口的所有方法，完成业务的处理编程。业务实现类中主要调用 DAO 层的方法，完成数据的持久化操作。业务实现类不能直接操作数据库，而要通过调用 DAO 层对象来实现。

业务实现类设计规范如下。

(1) 包命名规则：域名.项目名.模块名.service.impl（大中项目）或域名.项目名.service.impl（小项目），如 com.city.oa.hr.service.impl 或 com.city.oa.service.impl。

(2) 类命名规则：业务对象名＋ServiceImpl，如 DepartmentServiceImpl、EmployeeServiceImpl、BehaveServiceImpl。

(3) 方法设计：实现 Service 接口的所有方法，通过 DAO 工厂类取得 Dao 接口的对象，调用 DAO 接口的方法实现业务处理。

一个部门业务对象实现类的示例代码如程序 16-6 所示。

程序 16-6　DepartmentServiceImpl.java OA 项目部门业务实现类代码。

```java
package com.city.oa.service.impl;
import java.util.List;
import com.city.oa.factory.DaoFactory;
import com.city.oa.model.DepartmentModel;
import com.city.oa.service.IDepartmentService;
public class DepartmentServiceImpl implements IDepartmentService {
    @Override
    public void add(DepartmentModel dm) throws Exception {
        // TODO Auto-generated method stub
        DaoFactory.createDepartmentDao().insert(dm);
    }
    @Override
    public void modify(DepartmentModel dm) throws Exception {
        // TODO Auto-generated method stub
        DaoFactory.createDepartmentDao().update(dm);
    }
    @Override
    public void delete(DepartmentModel dm) throws Exception {
        // TODO Auto-generated method stub
        DaoFactory.createDepartmentDao().delete(dm);
    }
    @Override
    public List<DepartmentModel> getListByAll() throws Exception {
        // TODO Auto-generated method stub
        return DaoFactory.createDepartmentDao().selectByAll();
    }
    @Override
    public DepartmentModel getById(int deptNo) throws Exception {
        // TODO Auto-generated method stub
        return DaoFactory.createDepartmentDao().selectByNo(deptNo);
    }
}
```

通过分析此业务实现类代码，可以看到由于连接数据库执行 SQL 的操作已经封装在 DAO 层的对象中，因此业务方法的编写非常容易，且易于修改和维护，提高了系统随业务变化的适应能力。

5. 业务层工厂类设计

控制层对象要得到业务层对象，需要通过业务工厂类的静态方法取得指定的业务接口对象。工厂模式是设计模式中使用极为广泛的模式之一，在 OOP 编程中应避免直接使用 new 创建对象，而是通过工厂类来取得。

业务工厂类设计规范如下。

（1）包命名规范：域名.项目名.模块名.factory（大中项目）或域名.项目名.factory（小项目），如 com.city.oa.hr.factory 或 com.city.oa.factory。

（2）类命名规范：ServiceFactory。例如：

```java
public class ServiceFactory { }
```

（3）方法设计：为每个业务对象实现类设计一个静态的取得对象方法，并以业务接口类型返回。例如：

```
public static IXxxService createXxxService(){
    return new XxxServiceImpl();
}
```

某系统的业务工厂类实例代码如程序 16-7 所示。

程序 16-7　ServiceFactory.java OA 项目业务层工厂类代码。

```
package com.city.oa.factory;
import com.city.oa.service.IDepartmentService;
import com.city.oa.service.impl.DepartmentServiceImpl;
public class ServiceFactory {
    public static IDepartmentService createDepartmentService()
    {
        return new DepartmentServiceImpl();
    }
}
```

项目设计时，一般只有一个业务工厂类即可。当业务对象特别多时，如超过 100 个，就需要考虑分模块建立不同的业务工厂类，每个模块建立单独的业务工厂。

16.1.6　控制层 Controller 设计

在以 Jakarta EE 为基础的 Web 应用系统中，控制对象由 Servlet 担当，因此控制层不需要像 Service 层和 DAO 层那样设计接口、实现类和工厂。只要有 Servlet 类就可以了，Web 容器担任了 Servlet 控制器对象工厂的职责。Servlet 规范向 Servlet 的调用者发布 HTTP 请求地址和控制方法，即 doGet 和 doPost。当以 GET 方式请求时，doGet 方法自动运行；而以 POST 请求时，doPost 方法自动运行。

Controller 设计原则如下。

(1) 每个 View 文件(JSP)对应一个前分发控制器类，用于为页面准备数据。

(2) 如果页面有表单提交，则应有一个后处理控制器类，用于取得提交的数据。

控制器对象设计规范如下。

(1) 包命名规范。域名.项目名.模块名.controller（大中项目）或域名.项目名.controller（小项目），如 com.city.oa.hr.controller 或 com.city.oa.controller。

(2) 类命名规范。前分发命名规范：业务对象名＋To＋页面名＋Controller，如 DepartmentToAddController、DepartmentToModifyController、DepartmentToDeleteController、DepartmentToListAllController、DepartmentToListAllWithPageController。后处理类命名规范：业务对象名＋页面名＋Controller，如 DepartmentAddController、DepartmentModifyController、DepartmentDeleteController、EmployeeChangePasswordController。

(3) 方法设计。按照 Servlet 规范，有 init、destroy、doGet 和 doPost 方法。该内容在前面的 Servlet 章节中已经有详细的介绍，在此不再赘述。

(4) 映射地址设计。前分发：/业务对象文件夹/to＋页面名.do，如/department/toadd.do、/department/tomodify.do、/employee/tochangepassword.do。后处理：/业务对象文件夹/页面名.do，如/department/add.do、/department/modify.do、/employee/changepassword.do。

(5) Controller 的一般编程逻辑。前分发：①取得 Service 接口对象；②调用业务分发，取得页面需要的数据；③保存给页面的数据；④转发到页面。后处理：①取得页面提交的数据；②验证数据的合法性；③类型转换；④组装 Model 对象,设置各个属性；⑤取得 Service 接口对象；⑥调用 Service 的业务处理方法；⑦重定向到指定的前分发控制器。

Servlet 映射的总原则是将 Serlvet 地址 URL 映射在与对应业务 JSP 页面相同的目录下。

员工主管理控制器 Servlet 实例代码如程序 16-8 所示。

程序 16-8 EmployeeToListAllController.java 员工列表页面的前分发控制器类代码。

```java
package com.city.oa.controller;
import jakarta.servlet.RequestDispatcher;
import jakarta.servlet.ServletException;
import jakarta.servlet.annotation.WebServlet;
import jakarta.servlet.http.HttpServlet;
import jakarta.servlet.http.HttpServletRequest;
import jakarta.servlet.http.HttpServletResponse;
import java.io.IOException;
import java.util.List;
import com.city.oa.factory.ServiceFactory;
import com.city.oa.model.EmployeeModel;
import com.city.oa.service.IEmployeeService;
@WebServlet("/employee/tolist.do")
public class EmployeeToListAllController extends HttpServlet {
    private static final long serialVersionUID = 1L;
        public EmployeeToListAllController() {
        super();
        }
    protected void doGet(HttpServletRequest request, HttpServletResponse response) throws ServletException, IOException {
        IEmployeeService employee = ServiceFactory.createEmployeeService();
        try {
            List < EmployeeModel > empList = employee.getListByAll();
            request.setAttribute("empList", empList);
            RequestDispatcher rd = request.getRequestDispatcher("list.jsp");
            rd.forward(request, response);
        } catch (Exception e) {
            System.out.println("取得员工所有列表错误:" + e.getMessage());
        }
    }
    protected void doPost(HttpServletRequest request, HttpServletResponse response) throws ServletException, IOException {
        doGet(request, response);
    }
}
```

在实现 Controller 的跳转功能时,原则上从控制对象 Controller 到 View 对象尽可能使用转发,极特殊情况下才使用重定向。

16.1.7 表示层 View 设计

View 层对象担任与使用者交互的角色,主要职责是输入数据和显示数据。基于 Jakarta EE 规范的企业级 Web 应用系统中使用 JSP 实现,并结合 EL 和 JSTL 标记库,实现全标记的页面模式,避免了 JSP 页面中使用 Java 代码脚本和表达式脚本。

View 的设计原则：
(1) 每个业务对象对应一个 View 文件夹。
(2) 每个 Service 接口的方法对应一个 View 页面。
(3) 每个页面采用组装模式，公共代码抽取到公共页面，采用嵌入技术进行组装。
JSP 推荐使用 include 动作：

```
< jsp:include page = "top.jsp" />
```

只有极特殊情况才使用 include 指令：

```
<%@ include file = "top.jsp" />
```

View 的设计规范：
(1) 文件夹命名：/业务对象名。
对不同业务对象的操作页面要放在不同的目录中，为各自的业务对象创建自己的目录。
例如：

```
/department
/employee
/behave
```

(2) 文件命名：Service 方法名.jsp。
由于业务对象已经有自己的目录名，因此 JSP 页面文件名中一般不需要再出现业务对象名称。
例如，员工的 View 设计：

```
add.jsp, modify.jsp, delete.jsp
list.jsp (或 main.jsp)
view.jsp (对应取得单个对象的方法)
login.jsp (对应 validate 方法)
changepassword.jsp
```

(3) View 的组成元素。在以 Jakarta EE 为基础的 View 中，View 的组成元素包括 HTML＋JSP＋EL＋JSTL，不要使用 JSP<% %>代码脚本和<%= %>表达式脚本。
(4) View 的结构模式：聚合模式。

在设计企业级 Web 的页面时，对于同一个企业级应用，应该使用相同的布局和样式，给操作者统一的操作体验，不能每个网页一个布局，结构千变万化，让操作者难以适应。

图 16-11 为 Oracle 技术网站的页面布局，访问每个网页都使用相同的布局，便于操作者熟练查找目标信息。通过分析可以看到每个页面的顶部、左部、底部和右部内容基本相同，可以实现重用，如果每个网页都重复相同的内容代码，导致整个网站大量的冗余信息和代码，因此在 View 设计时都采用聚合模式，即一个页面是由多个页面组装而成。

聚合模式的页面组装的类图如图 16-12 所示，先将每个页面的共同部分内容保存到单独的页面中，如 top.jsp、left.jsp、bottom.jsp、right.jsp 等；再使用特定的组装机制将这些页面嵌入主页面中，形成统一的布局和样式。

Jakarta EE Web 为实现这种聚合模式提供了多种方式。其中，JSP 使用如下两种方式实现。

图 16-11　Oracle 技术网站的页面布局

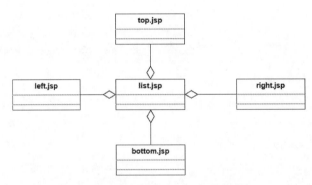

图 16-12　聚合模式的页面组装的类图

（1）include 指令：

```
<%@ include file="../include/top.jsp" %>
```

（2）include 动作：

```
<jsp:include page="../include/top" />
```

另外，还有其他专门的框架来实现这种页面组装布局，如 Tiles、SiteMash 等。它们提供的页面组装模式与 include 指令和 include 动作相比提高到了新的层次，简化了网站页面布局的设计。

某 OA 系统中员工管理主页面的代码如程序 16-9 所示，并使用 include 动作完成共同页面的引入。

程序 16-9　/employee/list.jsp 员工列表页面的嵌入代码。

```
<%@ page language="java" contentType="text/html; charset=UTF-8"
    pageEncoding="UTF-8" %>
<%@ taglib uri="http://java.sun.com/jsp/jstl/core" prefix="c" %>
<%@ taglib uri="http://java.sun.com/jsp/jstl/fmt" prefix="fmt" %>
<%@ taglib uri="http://java.sun.com/jsp/jstl/sql" prefix="sql" %>
<%@ taglib uri="http://java.sun.com/jsp/jstl/xml" prefix="x" %>
```

```jsp
<%@ taglib uri="http://java.sun.com/jsp/jstl/functions" prefix="fn" %>
<!DOCTYPE html>
<html>
<head>
<meta charset="UTF-8">
<title>OA管理系统</title>
</head>
<body>
<!-- 嵌入顶部JSP页面 -->
<jsp:include page="../include/top.jsp"></jsp:include>
<table width="100%" height="200" border="0">
  <tr>
<td width="19%" valign="top" bgcolor="#99FFFF">
        <!-- 嵌入左部JSP页面 -->
        <jsp:include page="../include/left.jsp"></jsp:include>
      </td>
    <td width="81%" valign="top"><table width="100%" border="0">
      <tr>
        <td><span class="style4">首页-&gt;员工管理</span></td>
        <td>更多</td>
      </tr>
    </table>
    <table width="100%" border="0">
      <tr bgcolor="#99FFFF">
        <td width="20%"><div align="center">员工账号</div></td>
        <td width="20%"><div align="center">员工姓名</div></td>
        <td width="20%"><div align="center">性别</div></td>
        <td width="20%"><div align="center">年龄</div></td>
        <td width="20%">操作</td>
      </tr>
      <c:forEach var="emp" items="${empList}">
      <tr>
        <td><span class="style2">
<a href="toview.do?empId=${emp.empId}">${emp.empId}</a></span></td>
        <td><span class="style2">${emp.empName}</span></td>
        <td><span class="style2">${emp.empSex}</span></td>
        <td><span class="style2">${emp.age}</span></td>
        <td><span class="style2"><a href="tomodify.do?empId=${emp.empId}">修改</a>
<a href="todelete.do?empId=${emp.empId}">删除</a></span></td>
      </tr>
      </c:forEach>
    </table>
    <span class="style2"><a href="toadd.do">增加员工</a></span>
    </td>
  </tr>
</table>
<!-- 嵌入底部JSP页面 -->
<jsp:include page="../include/bottom.jsp"></jsp:include>
</body>
</body>
</html>
```

在此页面中,使用JSP的include的动作引入公共页面top.jsp、left.jsp和bottom.jsp。

16.2 企业 OA 的员工管理系统 MVC 模式应用实例

本案例采用 16.1 节的 MVC 5 层设计模式,全面展示一个 OA 系统中员工管理的设计和实现。本系统中其他数据信息管理程序的模式与此类似。

16.2.1 项目功能描述

本模块为一个办公室自动化 OA 项目的员工管理模块,完成企业员工的增加、修改、删除和查看管理功能。

16.2.2 项目结构设计与代码编程

1. 页面流程设计

OA 系统员工管理页面流程如图 16-13 所示。

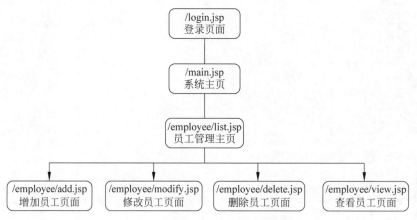

图 16-13 OA 系统员工管理页面流程

2. 系统类结构设计

项目采用 Jakarta EE 框架技术实现,使用 MVC 5 层结构设计,其中 DAO 层和 Service 层采用面向接口设计。OA 系统员工管理子模块组件结构如表 16-1 所示。

表 16-1 OA 系统员工管理子模块组件结构

类 名 称	类 型	属 性	方 法
1. Model 层设计 package com.city.oa.model;			
EmployeeModel //员工类	JavaBean	private String empId=null; private int deptNo=0; private String empPassword=null; private String empName=null; private String empSex=null; private int age=0;	getEmpId()/setEmpId() getDeptNo()/setDeptNo() getEmpPassword()/setEmpPassword() getEmpName()/setEmpName() getEmpSex()/setEmpSex() getAge()/setAge()

续表

类 名 称	类 型	属 性	方 法

2. DAO 接口设计
package com.city.oa.dao;

类 名 称	类 型	属 性	方 法

IEmployeeDao	interface		//增加员工方法
			public void insert(EmployeeModel em) throws Exception;
			//修改员工方法
			public void update(EmployeeModel em) throws Exception;
			//删除员工方法
			public void delete(EmployeeModel em) throws Exception;
			//查询所有员工方法
			public List < EmployeeModel > selectByAll() throws Exception;
			//查询指定员工方法
			public EmployeeModel selectByNo(String empId) throws Exception;
			//登录验证
			public boolean validate(String userid, String password) throws Exception;

3. DAO 实现类设计
package com.city.oa.dao.impl;

类 名 称	类 型	属 性	方 法

EmployeeDaoImpl	JavaBean		//增加员工方法
			public void insert(EmployeeModel em) throws Exception;
			//修改员工方法
			public void update(EmployeeModel em) throws Exception;
			//删除员工方法
			public void delete(EmployeeModel em) throws Exception;
			//查询所有员工方法
			public List < EmployeeModel > selectByAll() throws Exception;
			//查询指定员工方法
			public EmployeeModel selectByNo(String empId) throws Exception;
			//登录验证
			public booleanvalidate(String userid, String password) throws Exception;

4. DAO 工厂类设计
package com.city.oa.factory;

类 名 称	类 型	属 性	方 法
DaoFactory	JavaBean		//创建员工 DAO 实现类对象 public static IEmployeeDao createEmployeeDao()

5. Service 层接口设计
package com.city.oa.service;

类 名 称	类 型	属 性	方 法

IEmployeeService	interface		//添加员工
			public void add(EmployeeModel em) throws Exception;
			//修改员工
			public void modify(EmployeeModel em) throws Exception;
			//删除员工
			public void delete(EmployeeModel em) throws Exception;
			//查询所有员工
			public List < EmployeeModel > getListByAll() throws Exception;
			//查询指定员工
			public EmployeeModel getById(String empId) throws Exception;
			//登录验证
			public boolean validate(String userid, String password) throws Exception;

续表

类 名 称	类 型	属 性	方 法

6. Service 实现类设计
package com.city.oa.service.impl;

类 名 称	类 型	属 性	方 法

EmployeeServiceImpl //员工业务实现类	JavaBean		//添加员工
			public void add(EmployeeModel em) throws Exception;
			//修改员工
			public void modify(EmployeeModel em) throws Exception;
			//删除员工
			public void delete(EmployeeModel em) throws Exception;
			//查询所有员工
			public List < EmployeeModel > getListByAll() throws Exception;
			//查询指定员工
			public EmployeeModel getById(String empId) throws Exception;
			//登录验证
			public boolean validate(String userid, String password) throws Exception;

7. Service 工厂类设计
package com.city.oa.factory;

类 名 称	类 型	属 性	方 法
BusinessFactory	JavaBean		//员工业务实现类对象 public static IEmployeeService createEmployeeService()

8. Controller 类设计
package com.city.oa.controller;

类 名 称	类 型	属 性	方 法
LoginController //登录处理控制	Servlet	/login.do	public void doGet() public void doPost()
MainController //主页控制	Servlet	/main.do	public void doGet() public void doPost()
EmployeeToListAllController //员工主页控制	Servlet	/employee/tolist.do	public void doGet() public void doPost()
EmployeeToAddController //员工增加前分发控制	Servlet	/employee/toadd.do	public void doGet() public void doPost()
EmployeeAddController //员工增加控制	Servlet	/employee/add.do	public void doGet() public void doPost()
EmployeeToModifyController //员工修改前分发控制	Servlet	/employee/tomodify.do	public void doGet() public void doPost()
EmployeeModifyController //员工修改控制	Servlet	/employee/modify.do	public void doGet() public void doPost()
EmployeeToDeleteController //员工删除前分发控制	Servlet	/employee/todelete.do	public void doGet() public void doPost()
EmployeeDeleteController //员工删除控制	Servlet	/employee/delete.do	public void doGet() public void doPost()
EmployeeToViewController //员工查看控制	Servlet	/employee/toview.do	public void doGet() public void doPost()
LogoutController //注销控制	Servlet	/logout.do	public void doGet() public void doPost()

续表

类 名 称	类 型	属 性	方 法
9. View 层 JSP 页面设计			
login.jsp //登录页面	JSP	/	
main.jsp //主页面	JSP	/	
list.jsp //员工主页	JSP	/employee	
add.jsp //增加员工页面	JSP	/employee	
modify.jsp //修改员工页面	JSP	/employee	
delete.jsp //删除员工页面	JSP	/employee	
view.jsp //查看员工页面	JSP	/employee	
top.jsp //公共头部部分	JSP	/include	
left.jsp //左部功能导航部分	JSP	/include	
bottom.jsp //底部网站信息部分	JSP	/include	

3. 系统编程实现

根据设计结果，员工管理模块各层的类编程如下。

（1）Model 层值类编程：员工 Model 类 EmployeeModel 的代码如程序 16-10 所示。

程序 16-10 EmployeeModel.java 员工 Model 类。

```java
package com.city.oa.model;
import java.io.Serializable;
public class EmployeeModel implements Serializable {
    private String empId = null;
    private int deptNo = 0;
    private String empPassword = null;
    private String empName = null;
    private String empSex = null;
    private int age = 0;
    public String getEmpId() {
        return empId;
    }
    public void setEmpId(String empId) {
        this.empId = empId;
    }
    public int getDeptNo() {
        return deptNo;
    }
    public void setDeptNo(int deptNo) {
```

```java
        this.deptNo = deptNo;
    }
    public String getEmpPassword() {
        return empPassword;
    }
    public void setEmpPassword(String empPassword) {
        this.empPassword = empPassword;
    }
    public String getEmpName() {
        return empName;
    }
    public void setEmpName(String empName) {
        this.empName = empName;
    }
    public String getEmpSex() {
        return empSex;
    }
    public void setEmpSex(String empSex) {
        this.empSex = empSex;
    }
    public int getAge() {
        return age;
    }
    public void setAge(int age) {
        this.age = age;
    }
}
```

（2）数据库连接工厂：ConnectionFactory,类代码如程序 16-11 所示。

程序 16-11　ConnectionFactory.java 数据库连接工厂类。

```java
package com.city.oa.factory;
import java.sql.Connection;
import javax.naming.Context;
import javax.naming.InitialContext;
import javax.sql.DataSource;
public class ConnectionFactory {
    public static Connection getConnection()
    {
        Connection cn = null;
        try {
            Context ctx = new InitialContext();
            DataSource ds = (DataSource)ctx.lookup("java:comp/env/jndiMysql");
            cn = ds.getConnection();
        } catch (Exception e) {
            System.out.println("连接工厂错误:" + e.getMessage());
        }
        return cn;
    }
}
```

使用 Tomcat 中配置的数据库连接池和 JNDI 命名服务取得数据库连接,将大大提高系统的运行性能。

(3) DAO 接口：IEmployeeDao，接口代码如程序 16-12 所示。

程序 16-12 IEmployeeDao.java 员工 DAO 接口。

```java
package com.city.oa.dao;
import java.util.List;
import com.city.oa.model.EmployeeModel;
public interface IEmployeeDao {
    //增加员工方法
    public void insert(EmployeeModel em) throws Exception;
    //修改员工方法
    public void update(EmployeeModel em) throws Exception;
    //删除员工方法
    public void delete(EmployeeModel em) throws Exception;
    //查询所有员工方法
    public List<EmployeeModel> selectByAll() throws Exception;
    //查询指定员工方法
    public EmployeeModel selectByNo(String empId) throws Exception;
    //登录验证
    public boolean validate(String userid,String password) throws Exception;
}
```

(4) DAO 接口实现类：EmployeeDaoImpl。

DAO 实现类实现 DAO 接口定义的所有方法，连接数据库，实现 DTO 到表的 ORM 映射，类代码如程序 16-13 所示。

程序 16-13 EmployeeDaoImpl.java 员工 DAO 实现类。

```java
package com.city.oa.dao.impl;
import java.sql.Connection;
import java.sql.PreparedStatement;
import java.sql.ResultSet;
import java.util.ArrayList;
import java.util.List;
import com.city.oa.dao.IEmployeeDao;
import com.city.oa.factory.ConnectionFactory;
import com.city.oa.model.EmployeeModel;
public class EmployeeDaoImpl implements IEmployeeDao {
    @Override
    public void insert(EmployeeModel em) throws Exception {
        String sql = "INSERT INTO oa_employee (EMPID,DEPTNO,EMPPassword,EMPNAME,EMPSEX,AGE) VALUES (?,?,?,?,?,?)";
        try {
            Connection cn = ConnectionFactory.getConnection();
            PreparedStatement ps = cn.prepareStatement(sql);
            ps.setString(1, em.getEmpId());
            ps.setInt(2, em.getDeptNo());
            ps.setString(3, em.getEmpPassword());
            ps.setString(4, em.getEmpName());
            ps.setString(5, em.getEmpSex());
            ps.setInt(6, em.getAge());
            ps.executeUpdate();
            ps.close();
            cn.close();
        } catch (Exception e) {
```

```java
            System.out.println("增加员工DAO方法错误:" + e.getMessage());
        }
    }
    @Override
    public void update(EmployeeModel em) throws Exception {
        String sql = "UPDATE oa_employee SET DEPTNO = ?,EMPPassword = ?,EMPNAME = ?,EMPSEX = ?,AGE = ? WHERE EMPID = ?";
        try {
            Connection cn = ConnectionFactory.getConnection();
            PreparedStatement ps = cn.prepareStatement(sql);
            ps.setInt(1, em.getDeptNo());
            ps.setString(2, em.getEmpPassword());
            ps.setString(3, em.getEmpName());
            ps.setString(4, em.getEmpSex());
            ps.setInt(5, em.getAge());
            ps.setString(6, em.getEmpId());
            ps.executeUpdate();
            ps.close();
            cn.close();
        } catch (Exception e) {
            System.out.println("修改员工DAO方法错误:" + e.getMessage());
        }
    }
    @Override
    public void delete(EmployeeModel em) throws Exception {
        String sql = "DELETE FROM oa_employee WHERE EMPID = ?";
        try {
            Connection cn = ConnectionFactory.getConnection();
            PreparedStatement ps = cn.prepareStatement(sql);
            ps.setString(1, em.getEmpId());
            ps.executeUpdate();
            ps.close();
            cn.close();
        } catch (Exception e) {
            System.out.println("删除员工DAO方法错误:" + e.getMessage());
        }
    }
    @Override
    public List<EmployeeModel> selectByAll() throws Exception {
        String sql = "SELECT * FROM oa_employee";
        List<EmployeeModel> empList = new ArrayList<EmployeeModel>();
        try {
            Connection cn = ConnectionFactory.getConnection();
            PreparedStatement ps = cn.prepareStatement(sql);
            ResultSet rs = ps.executeQuery();
            while(rs.next())
            {
                EmployeeModel em = new EmployeeModel();
                em.setEmpId(rs.getString("EMPID"));
                em.setDeptNo(rs.getInt("DEPTNO"));
                em.setEmpPassword(rs.getString("EMPPassword"));
                em.setEmpName(rs.getString("EMPNAME"));
                em.setEmpSex(rs.getString("EMPSEX"));
                em.setAge(rs.getInt("AGE"));
```

```java
                empList.add(em);
            }
            rs.close();
            ps.close();
            cn.close();
        } catch (Exception e) {
            System.out.println("查询所有员工方法错误:" + e.getMessage());
        }
        return empList;
    }
    @Override
    public EmployeeModel selectByNo(String empId) throws Exception {
        String sql = "SELECT * FROM oa_employee WHERE EMPID = ?";
        EmployeeModel em = new EmployeeModel();
        try {
            Connection cn = ConnectionFactory.getConnection();
            PreparedStatement ps = cn.prepareStatement(sql);
            ps.setString(1, empId);
            ResultSet rs = ps.executeQuery();
            if(rs.next())
            {
                em.setEmpId(rs.getString("EMPID"));
                em.setDeptNo(rs.getInt("DEPTNO"));
                em.setEmpPassword(rs.getString("EMPPassword"));
                em.setEmpName(rs.getString("EMPNAME"));
                em.setEmpSex(rs.getString("EMPSEX"));
                em.setAge(rs.getInt("AGE"));
            }
            rs.close();
            ps.close();
            cn.close();
        } catch (Exception e) {
            System.out.println("查询指定员工方法错误:" + e.getMessage());
        }
        return em;
    }
    @Override
    public boolean validate(String userid, String password) throws Exception {
        boolean check = false;
        String sql = "SELECT * FROM oa_employee WHERE EMPID = ? AND EMPPassword = ?";
        try
        {
            Connection cn = ConnectionFactory.getConnection();
            PreparedStatement ps = cn.prepareStatement(sql);
            ps.setString(1, userid);
            ps.setString(2, password);
            ResultSet rs = ps.executeQuery();
            while(rs.next())
            {
                check = true;
            }
            rs.close();
            ps.close();
            cn.close();
```

```
        }
        catch(Exception e)
        {
            System.out.println("验证登录错误:" + e.getMessage());
        }
        return check;
    }
}
```

（5）DAO 工厂类。

DAO 工厂类完成 DAO 实现类对象的创建，业务层通过 DAO 工厂类取得 DAO 的对象，并调用 DAO 对象的方法，完成对数据库的增、删、改、查操作。DAO 工厂类代码如程序 16-14 所示。

程序 16-14　DaoFactory.java DAO 层工厂类。

```
package com.city.oa.factory;
import com.city.oa.dao.IDepartmentDao;
import com.city.oa.dao.IEmployeeDao;
import com.city.oa.dao.impl.DepartmentDaoImpl;
import com.city.oa.dao.impl.EmployeeDaoImpl;
public class DaoFactory {
    public static IDepartmentDao createDepartmentDao()
    {
        return new DepartmentDaoImpl();
    }
    public static IEmployeeDao createEmployeeDao()
    {
        return new EmployeeDaoImpl();
    }
}
```

（6）业务层 BO 接口。

员工业务接口 IEmployee 定义了员工业务对象的业务方法，完成对员工的所有业务操作。业务接口 IEmployee 的代码如程序 16-15 所示。

程序 16-15　IEmployeeService.java 员工业务接口。

```
package com.city.oa.service;
import java.util.List;
import com.city.oa.model.EmployeeModel;
public interface IEmployeeService {
    //添加员工
    public void add(EmployeeModel em) throws Exception;
    //修改员工
    public void modify(EmployeeModel em) throws Exception;
    //删除员工
    public void delete(EmployeeModel em) throws Exception;
    //查询所有员工
    public List<EmployeeModel> getListByAll() throws Exception;
    //查询指定员工
    public EmployeeModel getById(String empId) throws Exception;
    //登录验证
    public boolean validate(String userid,String password) throws Exception;
}
```

（7）业务实现类。

业务实现类实现业务接口定义的所有方法，业务实现中对数据库的操作通过 DAO 对象实现。员工业务实现类 EmployeeImpl 的代码如程序 16-16 所示。

程序 16-16 EmployeeServiceImpl.java 员工业务实现类。

```java
package com.city.oa.service.impl;
import java.util.List;
import com.city.oa.factory.DaoFactory;
import com.city.oa.model.EmployeeModel;
import com.city.oa.service.IEmployeeService;
public class EmployeeServiceImpl implements IEmployeeService {
    @Override
    public void add(EmployeeModel em) throws Exception {
        // TODO Auto-generated method stub
        DaoFactory.createEmployeeDao().insert(em);
    }
    @Override
    public void modify(EmployeeModel em) throws Exception {
        // TODO Auto-generated method stub
        DaoFactory.createEmployeeDao().update(em);
    }
    @Override
    public void delete(EmployeeModel em) throws Exception {
        // TODO Auto-generated method stub
        DaoFactory.createEmployeeDao().delete(em);
    }
    @Override
    public List<EmployeeModel> getListByAll() throws Exception {
        // TODO Auto-generated method stub
        return DaoFactory.createEmployeeDao().selectByAll();
    }
    @Override
    public EmployeeModel getById(String empId) throws Exception {
        // TODO Auto-generated method stub
        return DaoFactory.createEmployeeDao().selectByNo(empId);
    }
    @Override
    public boolean validate(String userid, String password) throws Exception {
        // TODO Auto-generated method stub
        return DaoFactory.createEmployeeDao().validate(userid, password);
    }
}
```

（8）业务工厂类。

业务工厂类用于取得业务实现类的对象，CO 对象通过业务工厂类取得业务对象实例，并调用业务对象方法，实现业务处理。业务工厂类代码如程序 16-17 所示。

程序 16-17 ServiceFactory.java 业务层工厂类。

```java
package com.city.oa.factory;
import com.city.oa.service.IDepartmentService;
import com.city.oa.service.IEmployeeService;
import com.city.oa.service.impl.DepartmentServiceImpl;
```

```java
import com.city.oa.service.impl.EmployeeServiceImpl;
public class ServiceFactory {
    public static IDepartmentService createDepartmentService()
    {
        return new DepartmentServiceImpl();
    }
    public static IEmployeeService createEmployeeService()
    {
        return new EmployeeServiceImpl();
    }
}
```

(9) 控制类。

本例中展示员工主页的分发控制Servlet，该控制器调用员工业务对象的取得所有员工列表方法，将取得员工列表保存到request对象中，并转发到员工主页面。员工主页控制器Servlet的代码如程序16-18所示。

程序 16-18 EmployeeToListAllController.java 员工列表前分发控制器类。

```java
package com.city.oa.controller;
import jakarta.servlet.RequestDispatcher;
import jakarta.servlet.ServletException;
import jakarta.servlet.annotation.WebServlet;
import jakarta.servlet.http.HttpServlet;
import jakarta.servlet.http.HttpServletRequest;
import jakarta.servlet.http.HttpServletResponse;
import java.io.IOException;
import java.util.List;
import com.city.oa.factory.ServiceFactory;
import com.city.oa.model.EmployeeModel;
import com.city.oa.service.IEmployeeService;
@WebServlet("/employee/tolist.do")
public class EmployeeToListAllController extends HttpServlet {
    private static final long serialVersionUID = 1L;
    public EmployeeToListAllController() {
        super();
    }
    protected void doGet(HttpServletRequest request, HttpServletResponse response)
    throws ServletException, IOException {
        IEmployeeService employee = ServiceFactory.createEmployeeService();
        try {
            List<EmployeeModel> empList = employee.getListByAll();
            request.setAttribute("empList", empList);
            RequestDispatcher rd = request.getRequestDispatcher("list.jsp");
            rd.forward(request, response);
        } catch (Exception e) {
            System.out.println("取得员工所有列表错误:" + e.getMessage());
        }
    }
    protected void doPost(HttpServletRequest request, HttpServletResponse response)
    throws ServletException, IOException {
        doGet(request, response);
    }
}
```

（10）View 层设计。

本案例使用 JSP+EL+JSTL 实现 View 的页面，其中 JSTL 负责页面中包含的逻辑控制，如内容判断、循环遍历等；EL 负责数据的输出。程序 16-19 为员工管理主页的代码，功能是显示所有员工列表。

程序 16-19 /employee/list.jsp 员工列表显示 JSP 页面。

```jsp
<%@ page language="java" contentType="text/html; charset=UTF-8"
    pageEncoding="UTF-8" %>
<%@ taglib uri="http://java.sun.com/jsp/jstl/core" prefix="c" %>
<%@ taglib uri="http://java.sun.com/jsp/jstl/fmt" prefix="fmt" %>
<%@ taglib uri="http://java.sun.com/jsp/jstl/sql" prefix="sql" %>
<%@ taglib uri="http://java.sun.com/jsp/jstl/xml" prefix="x" %>
<%@ taglib uri="http://java.sun.com/jsp/jstl/functions" prefix="fn" %>
<!DOCTYPE html>
<html>
<head>
<meta charset="UTF-8">
<title>OA 管理系统</title>
</head>
<body>
<!-- 嵌入顶部 JSP 页面 -->
<jsp:include page="../include/top.jsp"></jsp:include>
<table width="100%" height="200" border="0">
  <tr>
    <td width="19%" valign="top" bgcolor="#99FFFF">
        <!-- 嵌入左部 JSP 页面 -->
        <jsp:include page="../include/left.jsp"></jsp:include>
    </td>
    <td width="81%" valign="top"><table width="100%" border="0">
      <tr>
        <td><span class="style4">首页 -&gt;员工管理</span></td>
        <td>更多</td>
      </tr>
    </table>
    <table width="100%" border="0">
      <tr bgcolor="#99FFFF">
        <td width="20%"><div align="center">员工账号</div></td>
        <td width="20%"><div align="center">员工姓名</div></td>
        <td width="20%"><div align="center">性别</div></td>
        <td width="20%"><div align="center">年龄</div></td>
        <td width="20%">操作</td>
      </tr>
      <c:forEach var="emp" items="${empList}">
      <tr>
        <td><span class="style2">
<a href="toview.do?empId=${emp.empId}">${emp.empId}</a></span></td>
        <td><span class="style2">${emp.empName}</span></td>
        <td><span class="style2">${emp.empSex}</span></td>
        <td><span class="style2">${emp.age}</span></td>
        <td><span class="style2"><a href="tomodify.do?empId=${emp.empId}">修改</a>
<a href="todelete.do?empId=${emp.empId}">删除</a></span></td>
      </tr>
```

```
        </c:forEach>
      </table>
      <span class = "style2"><a href = "toadd.do">增加员工</a></span>
      </td>
   </tr>
</table>
<!-- 嵌入底部 JSP 页面 -->
<jsp:include page = "../include/bottom.jsp"></jsp:include>
</body>
</body>
</html>
```

员工主页中使用 JSP Include 动作将页面的公共页面嵌入此页面中,本页面共嵌入了 top.jsp、left.jsp 和 bottom.jsp 3 个页面。

4. 系统配置信息

本案例中使用 Tomcat 的连接池取得数据库连接,系统需要在 Tomcat 进行数据库连接的配置。数据库连接池配置 context.xml,其代码如程序 16-20 所示。

程序 16-20　/conf/context.xml Tomcat 配置 MySQL 连接池。

```
<?xml version = '1.0' encoding = 'utf - 8'?>
<Context>
<WatchedResource>WEB - INF/web.xml</WatchedResource>
<WatchedResource>WEB - INF/tomcat - web.xml</WatchedResource>
<WatchedResource>${catalina.base}/conf/web.xml</WatchedResource>
   <Resource
    name = "jndiMysql"
    auth = "Container"
    type = "javax.sql.DataSource"
    driverClassName = "com.mysql.jdbc.Driver"
    maxIdle = "2"
    maxWait = "5000"
    url = "jdbc:mysql://localhost:3306/cityoa?useUnicode = true&amp;characterEncoding = UTF - 8&amp;serverTimezone = Asia/Shanghai"
    username = "root"
    password = "root"
    maxActive = "20"
    />
</Context>
```

16.2.3　项目部署与测试

1. 项目部署

将项目部署到 Tomcat 10 服务器上,部署的文件目录如图 16-14 所示。

2. 项目测试

(1) 访问员工主页面。在项目的主页 main.jsp 中选择"员工管理"进入员工管理主页面,如图 16-15 所示。

(2) 访问员工增加页面。在员工管理主页面中选择"增加员工",即进入增加员工页面,如图 16-16 所示。在进入增加员工页面的前分发 Controller 调用 Department 的业务对象

图 16-14　部署的文件目录

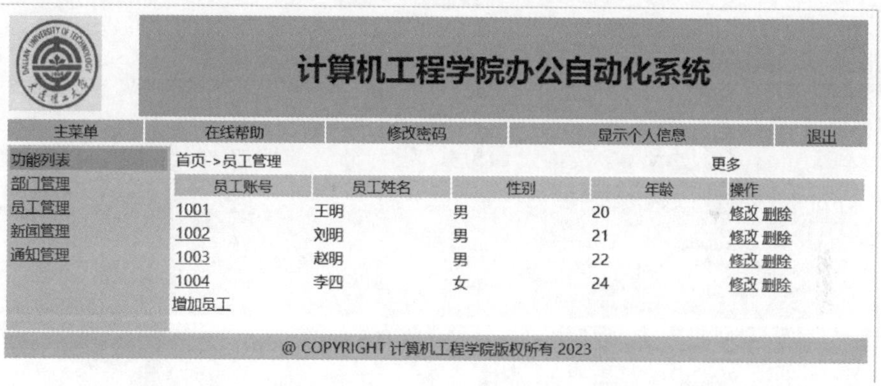

图 16-15　员工管理主页面

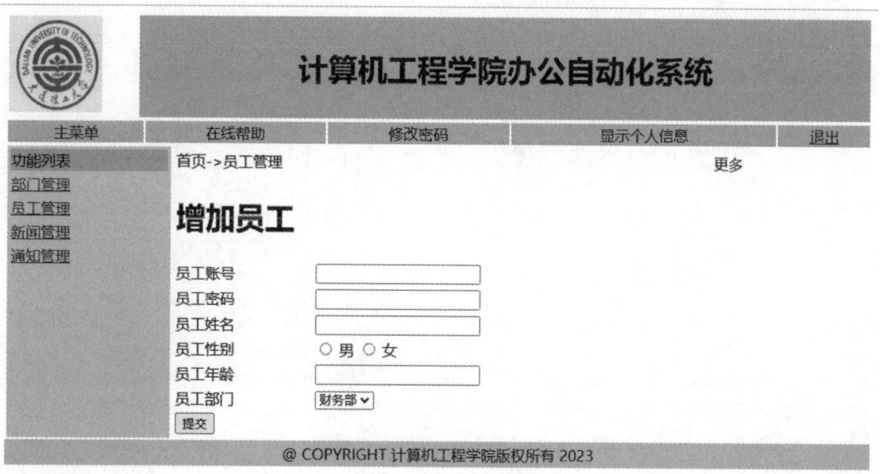

图 16-16　增加员工页面

方法，取得所有部门列表，并存入 request 对象，转发到增加员工页面，实现下拉列表中部门列表的选择。

其他页面与以上基本类似，在此不再赘述。

16.2.4 案例项目开发总结

在实际应用项目开发时，确定系统的架构层次非常关键。本书中介绍的 5 层 MVC 架构是经过大量项目开发而总结出来的，著名软件专家 Rod Johnson 的专著《J2EE 程序设计开发指南》中对此架构有深入的论述，读者可阅读参考。

在类设计时，需要将大量的业务处理方法分散到很多相关的类中，每个类只承担小部分的业务逻辑，这样有利于项目组的分工和协作。

简答题

1. 简述 MVC 模式在软件开发中的重要性。
2. 分别简述 Jakarta EE、MS.NET、PHP 技术各自的 MVC 解决方案。
3. 分析几个常见的 DAO 层框架各自的优点和缺点。

实验题

使用本章介绍的 5 层 MVC 架构设计模式，设计部门的增加、修改、删除，查看全部业务的各层所有对象，并进行部署和测试。

第17章

Jakarta EE REST API编程

本章要点

- REST API 概念
- REST API 核心组成
- 现代应用的前后端分离架构
- Jakarta EE Servlet 处理 JSON 数据请求
- Jakarta EE Servlet 发送 JSON 响应
- 前端 Web 框架与后端 REST API 的交互

第 16 章详细讲述了基于 Jakarta EE 的 Web 应用的 5 层 MVC 架构设计,这是现在所有软件企业在开发企业级应用时采用的标准模式。但是,随着前端技术的发展,以及应用多终端使用需求,传统上使用 JSP+EL+JSTL 模式实现 View 层的架构已经不能满足企业级应用的需求,因此这种模式现在已经基本被淘汰,取而代之是前端和后端分离的架构模式。

在前端和后端分离的模式下,后端依然使用基于 Jakarta EE 的 Web 技术,实现以微服务(Microservice)为主的 REST API 服务。前端可以是多种类型,如桌面浏览器、手机、平板、IoT 设备等。虽然各种前端实现的技术不同,但都使用 HTTP 和 REST API 方式访问后端的微服务。此模式的工作原理如图 17-1 所示。

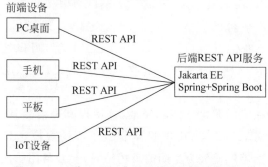

图 17-1 现代企业级应用的前端和后端分离架构

后端采用微服务架构模式，使用 REST API 通过 HTTP 为前端提供服务，可以被任何前端应用，以及其他后台微服务访问。现在开发企业级项目基本不再使用 JSP 作为系统的显示界面，因此 Jakarta EE 也在向微服务方向发展，最新版的 Jakarta EE 的宣传口号就是 BUILDING AN OPEN SOURCE ECOSYSTEM FOR CLOUD NATIVE ENTERPRISE JAVA，即构建面向云原始企业级的开源平台，其核心就是微服务和 REST API 技术，因此，读者今后学习 Jakarta EE 的重点就是微服务的开发与应用。

17.1 REST API 概述

17.1.1 API 概念

API 由一组定义和协议组合而成，用于定义应用程序或设备如何相互连接和通信。简单来说，如果想与计算机系统交互以检索信息或执行某项功能，API 可将需要的信息传达给该系统，使其能够理解并满足用户的请求。API 可以被看作用户或客户端与他们想要的资源或 Web 服务之间的传递者。

当前软件行业处于 API 时代，所有项目都应该通过 API 对外提供客户要求的功能，各个系统之间通过 API 进行调用。不是所有的 API 都需要自己开发，可以调用其他厂家提供的公共服务 API。现在很多互联网大厂（如百度、腾讯、阿里、华为、高德等）提供了功能多样的 API 供其他软件开发者调用。例如，如果项目中需要地图方面的功能，可以使用高德地图 API，也可以使用百度地图 API，以实现地图的显示、位置的追踪等，而不需要自己编写，这就是 API 的优点。

软件的发展趋势必然是 API 大规模普及，在企业级应用开发中编写自己的 API，并调用其 API 共同实现系统需要的功能。

17.1.2 REST API 概念

既然所有应用都以 API 调用和被调用方式存在，因此要求必须使用统一的协议和规范来定义 API，这样才能实现不同系统（包括架构不同、实现技术不同、平台不同）间的相互调用，目前公认的规范就是 REST API。

REST 是一组架构规范，并非协议或标准。API 开发人员可以采用各种方式实施 REST。REST 全称是 Representational State Transfer，中文翻译为"描述性状态迁移"，其实际含义是指互联网云平台的资源（通过 URL 定位），通过统一的协议（如 HTTP、HTTPS）和统一的方法（如 GET、POST、PUT、DELETE 等）可以被增加、修改、删除和查看。REST API 是符合 REST（描述性状态迁移）架构样式设计原则的 API，因此，其有时被称为 RESTful API。

REST API 的优势在于标准化且结构简洁，这使得其速度更快、更轻，可扩展性更高。艾瑞咨询的研究报告显示，2022 年，中国整体云服务市场规模达到 3280.2 亿元，增速为 45.4%。云服务已在供给端形成较为稳固的市场格局，上云与用云成为需求侧的共识，API 也进入云原生和 REST 架构时代，向着标准化、稳定化趋势前进。

17.2 REST API 的组成元素

REST API 规范定义了如下核心元素,任何应用要实现 REST API,就必须遵守这些核心元素要求的标准和内容。

1. 资源

REST API 操作的核心内容就是资源(Resource)。资源可以是一个文档、一个对外提供的服务。在 REST API 中资源是其可以操作(如增加、修改、删除和查看)的唯一目标。

每个资源必须有一个唯一的地址,这一点与 Web 文档是一样的。REST API 就是使用 Web 文档的 URL 地址进行定义,二者定位的方式完全相同。

2. 通信协议

REST API 使用传统的 Web 协议 HTTP 或 HTTPS 进行通信,而不是自己发明新的通信协议(Protocol),很好地解决了互联网环境下通信的普遍性和适应性。

3. 操作方法

REST API 定义了对资源操作的标准方法(Method),这些标准方法借鉴了 Web 文档的请求方式,即 Web 请求的方式,包括如下操作方法。

(1) GET 方法:用于取得指定 REST API 资源的信息,如取得指定的订单信息或产品信息等。

(2) POST 方法:用于调用 REST API 的增加服务,实现资源的增加,如订单或产品的增加等。

(3) PUT 方法:通常对应 REST API 的更新服务,实现对指定资源的修改操作,如修改指定的订单或产品信息。

(4) DELETE 方法:对应 REST API 的删除功能,实现对指定资源的删除,如删除指定的订单或产品。

以上 REST API 的方法实质上就是传统信息处理的 CUDR 操作,即增加、修改、删除、查询,每个方法对应的操作如图 17-2 所示。

图 17-2 REST API 的方法对应的 CRUD 操作

4. 数据的传输格式

调用 REST API 的服务,一方面需要向 API 传递数据,另一方面需要从 API 取得需要的信息数据,这都需要统一的规范定义数据传递格式,以便 REST API 的客户和提供者交换数据。目前所有 REST API 都支持如下两种格式的数据规范。

1) JSON

JSON 是一种轻量级的数据交换格式,是基于 ECMAScript(European Computer

Manufacturers Association，欧洲计算机协会制定的 JavaScript 规范）的一个子集，采用完全独立于编程语言的文本格式来存储和表示数据。简洁和清晰的层次结构使得 JSON 成为理想的数据交换语言，易于用户阅读和编写，同时也易于机器解析和生成，并可有效地提升网络传输效率。

虽然 JSON 是从 JavaScript 的对象发展起来的，但现在所有的软件技术都支持 JSON 数据格式，其已经成为 REST API 事实上的标准。开发新的 REST API 服务，推荐使用 JSON 作为双方的数据标准格式。

2) XML

XML 是标准通用标记语言 SGML 的一个子集，但它简化了许多复杂的 SGML 特性，使之更加易用和灵活。XML 可以用来标记数据、定义数据类型，是一种允许用户对自己的标记语言进行定义的源语言。XML 具有可扩展性良好、内容与形式分离、遵循严格的语法要求等优点。

在 JSON 没有流行之前，XML 是标准的数据交换格式，但后来 XML 逐渐被 JSON 所取代。当今开发 REST API 服务普遍使用 JSON 格式的数据，XML 已经逐渐淘汰。

5. REST API 的状态

每个 REST API 在被调用时都需要给调用客户返回一定的状态码，表示 API 处理请求的处理状态；另外，其与 HTTP 请求时发送的响应状态是一致的，二者状态码也一样，因此 REST API 就是借用了 Web 的响应状态码。

API 返回响应时，提供如下类型的状态码。

（1）1XX：正在进行。

（2）2XX：成功，如 200 表示 API 处理正常，没有错误。

（3）3XX：重定向，表示 REST API 将此请求重定向给其他 API 处理。

（4）4XX：客户端出错，如 404 表示客户端请求的 API 不存在，需要使用正确的 API 地址。

（5）5XX：服务器出错，如 500 表示 REST API 代码运行出现异常。

17.3　JSON 概述

17.3.1　JSON 概念

REST API 使用 JSON 类型的数据格式交换客户端与 REST API 的数据，已经初步淘汰了 XML。要开发 REST API，必须对 JSON 有详细的了解。

JSON 是一种轻量级的数据交换格式，诞生于 2002 年，其易于用户阅读和编写，同时也易于机器解析和生成。JSON 是目前主流的前后端数据传输方式。

JSON 采用完全独立于语言的文本格式，但也使用了类似于 C 语言家族的习惯（包括 C、C++、C#、Java、JavaScript、Perl、Python 等）。这些特性使 JSON 成为理想的数据交换语言，现在绝大多数的 App 都离不开 JSON。

17.3.2　JSON 的数据格式

JSON 是一种字符串，用于各个 REST 服务之间的数据传递。为表达不同类型的数据，

JSON 提供了各种标准的格式如下。

(1) 空 null：表示为 null。
(2) 布尔：表示为 true 或 false。
(3) 数值：一般的浮点数表示方式，如 {age:20,salary:5505.34}。
(4) 字符串：表示为 "..."，如 {name:"吴明"}。
(5) 数组：表示为 [...]，如 {爱好:["旅游","爬山","音乐"]}。
(6) 对象：表示为 { ... }，如 {name:"吴明",age:20,salary:6000,sex:"男"}。
(7) 对象包含数组：表示为 {...[...]...}。
(8) 数组包含对象：表示为 [{...},{...},{...}...]。

17.4　Jakarta EE 实现 REST API

实事求是地讲，直接使用 Jakarta EE 实现 REST API 不是最佳的解决方案，因为其只能使用 Servlet 实现 REST API，而 Servlet 编程处理请求和响应比较烦琐，所有的处理工作（如取得请求数据、类型转换、创建 Model 对象等）都需要开发者自己编程。在开发企业级应用项目时，并不直接使用 Jakarta EE 编写 REST API，而是使用基于它的 MVC 框架，如 Spring MVC 的 Controller，使得 REST API 编程异常简单高效。但是，由于本书主要讲解 Jakarta EE，因此读者仍需要了解如何使用 Jakarta EE 实现 REST API 的编程。

17.4.1　Jakarta EE 实现 REST API 的依赖库引入

在编写 REST API 的服务时，通常客户端发送的数据基本上是 JSON 格式，这就需要 REST API 能将 JSON 格式的字符串数据转换为 Java 的对象，通常是 Model 对象；同样，在 REST API 发送数据给客户端时，也要求使用 JSON 数据格式，而 REST API 内部的处理使用的都是 Java 的 Model 对象，因此需要将 Java 对象转换为 JSON 格式的字符串。

如果开发者自己编写 Java 对象和 JSON 的转换代码，将比较复杂且烦琐，故通常使用成熟的第三方框架完成这一转换任务。目前市场上比较常用的 JSON 转换框架主要有如下类型。

(1) Jackson 框架：Jackson 框架是最流行的 JSON 转换框架，目前被 Spring Boot 作为内置的 JSON 框架。本书采用 Jackson 作为 REST API 的 JSON 转换工具。

(2) FastJSON 框架：FastJSON 框架由阿里公司开发，其采用独创算法，是目前 JSON 解析速度最快的开源框架。FastJSON 框架用于阿里公司的所有项目开发，如淘宝、天猫、支付宝等。

(3) Gson 框架：Gson 框架由 Google 公司开发，是目前功能最全的 JSON 解析器，主要包含 toJson 与 fromJson 两个转换函数。

(4) JSON-lib 框架：JSON-lib 框架是基于 Douglas Crockford 的工作成果，其能转换 Bean、Map、Collection、Java 数组和 XML 等转换成 JSON 并能完成上述对象的反向转换。JSON-lib 框架的下载地址 http://sourceforge.net/projects/json-lib/files/。

由于本书采用 Jackson 作为 REST API 的 JSON 框架，而且前面介绍的创建 Jakarta EE Web 项目都基于 Maven Web，因此需要在项目的 pom.xml 中引入 Jackson 的如下 3 个依赖库：jackson-core、jackson-databind 和 jackson-annotations。其最新版是 2.16.1，于 2023 年 12 月 24 日发布，引入的依赖库代码如下：

```xml
<!-- https://mvnrepository.com/artifact/com.fasterxml.jackson.core/jackson-core -->
<dependency>
    <groupId>com.fasterxml.jackson.core</groupId>
    <artifactId>jackson-core</artifactId>
    <version>2.16.1</version>
</dependency>
<!-- https://mvnrepository.com/artifact/com.fasterxml.jackson.core/jackson-databind -->
<dependency>
    <groupId>com.fasterxml.jackson.core</groupId>
    <artifactId>jackson-databind</artifactId>
    <version>2.16.1</version>
</dependency>
<!-- https://mvnrepository.com/artifact/com.fasterxml.jackson.core/jackson-annotations -->
<dependency>
    <groupId>com.fasterxml.jackson.core</groupId>
    <artifactId>jackson-annotations</artifactId>
    <version>2.16.1</version>
</dependency>
```

同时，为简化 Model 类中每个属性 set 和 get 方法的编写，项目中普遍使用 Lombok 框架自动生成 set 和 get 方法。为此，项目需要引入 Lombok 的依赖库，其依赖代码如下：

```xml
<!-- https://mvnrepository.com/artifact/org.projectlombok/lombok -->
<dependency>
    <groupId>org.projectlombok</groupId>
    <artifactId>lombok</artifactId>
    <version>1.18.30</version>
    <scope>provided</scope>
</dependency>
```

引入了 Lombok 框架后，在 Model 类前使用其注解类@Data，即可自动生成所有的 get 和 set 方法。使用 Lombok 注解类的员工 Model 类的代码如程序 17-1 所示。

程序 17-1　EmployeeModel.java 使用 Lombok 后的员工 Model 类。

```java
package com.city.oa.model;
import java.util.Date;
import com.fasterxml.jackson.annotation.JsonFormat;
import com.fasterxml.jackson.annotation.JsonIgnore;
import lombok.Data;
//员工 Model 类
@Data
public class EmployeeModel {
    private String id = null;                    //员工账号
    private String password = null;              //员工密码
    private String name = null;                  //员工姓名
    private String sex = null;                   //员工性别
    private int age = 0;                         //年龄
    private double salary = 0;                   //工资
    @JsonFormat(pattern = "yyyy-MM-dd")
    private Date birthday = null;                //生日
    @JsonFormat(pattern = "yyyy-MM-dd")
```

```
    private Date joinDate = null;                    //入职日期
    @JsonIgnore
    private byte[] photo = null;                     //员工照片
}
```

程序中类前面使用注解类@Data,不再需要创建每个属性的 get 和 set 方法,极大地简化了代码的编写。在日期类型前面使用 Jackson 注解类@JsonFormat,用于在将 Java 对象转换为 JSON 时,该日期类型转换为指定的格式,即年-月-日格式。在员工照片属性前使用@JsonIgnore,表示此属性不参与 JSON 的转换,即未来生成的 JSON 员工数据没有 photo 属性。通常图片需要单独编写显示 Servlet 进行处理,不让其参与 JSON 转换,这有利于减小 JSON 数据量;另外,转换二进制类型数据也没有意义。

17.4.2　Jakarta EE REST API 接收客户端 JSON 处理

REST API 通常作为后端服务,与各种前端框架数据进行交互,如 Web 前端框架 Vue、Angular、React、手机前端 Android 或 iOS 以及物联网 IoT 设备前端等。这些前端会发送 JSON 数据给后端 REST API 服务,后端 REST API 需要取得 JSON 的数据,并转换为 Java 的 Model 对象。本书使用 Jackson 框架实现 JSON 和 Java Model 类对象的相互转换,因此需要了解 Jackson 中实现 JSON 转换的 API 编程。

1. Jackson 实现 Java 对象和 JSON 的相互转换

Jackson 框架的核心 API 是 ObjectMapper 类,该类用于实现 Java 对象和 JSON 的相互转换。其转换的编程步骤如下。

(1) 创建 ObjectMapper 对象:ObjectMapper 对象可重复使用,其创建代码如下:

```
ObjectMapper mapper = new ObjectMapper();
```

(2) 反序列化 JSON 到 Java 对象:将 JSON 字符串转换为 Java 对象使用 ObjectMapper 对象的 readValue 方法实现,该方法传入一个 JSON 字符串和目标对象类型作为参数,返回转换成功后的 Java 对象,其转换示例代码如下:

```
//JSON 字符串转换为 JavaBean 对象
EmployeeModel em = mapper.readValue(jsonString, EmployeeModel.class);
```

其中,jsonString 是包含了员工信息的 JSON 字符串,其属性和属性值参见如下代码:

```
{
    "id":"9999",
    "password":"9999",
    "name":"王欣欣",
    "sex":"男",
    "age":20,
    "salary":9999,
    "birthday":"2020-10-10",
    "joinDate":"2021-10-10"
}
```

Jackson 框架的 ObjectMapper 对象能将 JSON 字符串转换为 Java 对象,其前提条件是 JSON 的属性名必须与 Java 对象的属性名一致,值的类型也必须符合要求(如

EmployeeModel 类的属性 age 是整数,属性 birthday 是日期类型)才能转换成功;否则转换方法抛出异常。

(3) 序列化对象到 JSON:ObjectMapper 对象提供了 writeValueAsString 方法,可以将 JavaBean 对象(通常在项目中是 Model 类对象)转换为 JSON 字符串。其示例代码如下:

```
//Java 对象转换为 JSON 字符串
String jsonString = mapper.writeValueAsString(em);
```

其中,em 是 Model 类 EmployeeModel 的对象,其定义如 17.4.1 小节的程序 17-1 所示。转换后的 JSON 字符串在 Postman 工具上的显示结果如图 17-3 所示。

```
{
    "status": null,
    "message": null,
    "model": {
        "id": "9999",
        "password": "9999",
        "name": "王欣欣",
        "sex": "男",
        "age": 20,
        "salary": 9999.0,
        "birthday": "2020-10-10",
        "joinDate": "2021-10-10"
    },
    "list": null
}
```

图 17-3　ObjectMapper 转换 Model 类对象为 JSON 的结果

2. REST API 控制器接收客户端提交的 JSON 数据

使用 Jakarta EE Web 的 Servlet 编写 REST API 控制器,在取得客户端提交的 JSON 数据时,通常使用 HttpServletRequest 请求对象的 getReader()方法,即先取得请求数据的文本流对象,再使用此对象取得所有的文本数据。Jackson 框架 ObjectMapper 对象的 readValue 方法提供了接收 Reader 类型参数,可直接读取文本流中的数据,不需要先编程取得流中的文本再转换为 String 字符串,极大地简化了取得客户端提交的 JSON 数据再转换为 Model 类对象的编程。其取得客户端提交的 JSON 数据,并转换为 Java Model 类对象的示例代码如下:

```
//取得客户端提交数据的文本输入流
BufferedReader reader = request.getReader();
//将 JSON 字符串转换为 Java 对象
EmployeeModel em = mapper.readValue(reader,EmployeeModel.class);
```

上述示例代码中,使用 BufferedReader 类型可以提高数据的读取速度,同时提高项目的性能。

Jakarta EE Servlet 的 GET、POST、PUT 和 DELETE 请求都可以发送 JSON 请求给服务器端,使用 Jackson 框架并利用 Servlet 的处理不同请求的 doGet、doPost、doPut 和 doDelete 方法可实现 REST API 常规的增加、修改、删除和查看功能。使用 Jackson 框架实现员工 REST API 控制器的代码如程序 17-2 所示。

程序 17-2　EmployeeRestController 员工 REST API 控制器代码。

```java
package com.city.oa.restapi;
import jakarta.servlet.ServletException;
import jakarta.servlet.annotation.WebServlet;
import jakarta.servlet.http.HttpServlet;
import jakarta.servlet.http.HttpServletRequest;
import jakarta.servlet.http.HttpServletResponse;
import java.io.BufferedReader;
import java.io.IOException;
import java.io.PrintWriter;
import com.city.oa.factory.ServiceFactory;
import com.city.oa.model.EmployeeModel;
import com.city.oa.result.Result;
import com.city.oa.service.IEmployeeService;
import com.fasterxml.jackson.databind.ObjectMapper;
/**
    员工的 REST API 控制器
 */
@WebServlet("/api/employee")
public class EmployeeRestController extends HttpServlet {
    private static final long serialVersionUID = 1L;
    //取得员工的业务对象,通过业务层工厂类获得
    private IEmployeeService es = ServiceFactory.createEmployeeService();
    /**
     * GET 方法用于取得指定的员工对象。GET 请求方式无法提交 JSON 数据,
       需要使用请求参数方式提交数据,如 uri?id=1001
     */
    protected void doGet(HttpServletRequest request, HttpServletResponse response) throws ServletException, IOException {
        //创建 Jackson JSON 转换对象
        ObjectMapper mapper = new ObjectMapper();
        //设置发送 JSON 响应给客户端
        response.setContentType("application/json");
        response.setCharacterEncoding("UTF-8");
        PrintWriter out = response.getWriter();
        //准备给客户端发送的 JSON 结果
        Result<EmployeeModel> result = new Result<EmployeeModel>();
        try {
            //取得客户端提交的文本数据,GET 方式无法提交 JSON 请求体,
            //不能使用 Jackson 框架
            String id = request.getParameter("id")
            //调用业务层的取得指定员工对象的方法
            em = es.getById(id);
            //将取得的员工对象保存到通用结果对象的 model 属性中
            result.setModel(em);
            //如果没有异常,则设置成功状态和消息
            result.setStatus("OK");
            result.setMessage("取得指定员工成功");
        }
        catch(Exception e) {
            //如果没有异常,则设置成功状态和消息
            result.setStatus("ERROR");
            result.setMessage("取得指定员工失败,失败的原因:" + e.getLocalizedMessage());
            e.printStackTrace();
```

```java
            }
            //发送JSON响应内容给客户端
            out.print(mapper.writeValueAsString(result));
            out.flush();
            out.close();
    }
    /**
     * POST 方法,用于增加员工
     */
    protected void doPost(HttpServletRequest request, HttpServletResponse response) throws ServletException, IOException {
            //创建Jackson JSON 转换对象
            ObjectMapper mapper = new ObjectMapper();
            String contentType = request.getContentType();
            //设置发送JSON 响应给客户端
            response.setContentType("application/json");
            response.setCharacterEncoding("UTF-8");
            PrintWriter out = response.getWriter();
            //准备给客户端发送的 JSON 结果
            Result<String> result = new Result<String>();
            try {
                //取得客户端提交的文本数据
                BufferedReader reader = request.getReader();
                //将JSON 字符串转换为 Java 对象
                EmployeeModel em = mapper.readValue(reader, EmployeeModel.class);
                //调用业务层的增加方法
                es.add(em);
                //如果没有异常,则设置成功状态和消息
                result.setStatus("OK");
                result.setMessage("增加员工成功");
            }
            catch(Exception e) {
                //如果没有异常,则设置成功状态和消息
                result.setStatus("ERROR");
                result.setMessage("增加员工失败,失败的原因:" + e.getLocalizedMessage());
                e.printStackTrace();
            }
            //发送JSON 响应内容给客户端
            out.print(mapper.writeValueAsString(result));
            out.flush();
            out.close();
    }
    /**
     * PUT 方法用于修改员工
     */
    protected void doPut(HttpServletRequest request, HttpServletResponse response) throws ServletException, IOException {
            //创建Jackson JSON 转换对象
            ObjectMapper mapper = new ObjectMapper();
            String contentType = request.getContentType();
            //设置发送JSON 响应给客户端
            response.setContentType("application/json");
            response.setCharacterEncoding("UTF-8");
            PrintWriter out = response.getWriter();
            //准备给客户端发送的 JSON 结果
            Result<String> result = new Result<String>();
```

```java
        try {
            //取得客户端提交的文本数据
            BufferedReader reader = request.getReader();
            //将JSON字符串转换为Java对象
            EmployeeModel em = mapper.readValue(reader,EmployeeModel.class);
            //调用业务层的增加方法
            es.modify(em);
            //如果没有异常,则设置成功状态和消息
            result.setStatus("OK");
            result.setMessage("修改员工成功");
        }
        catch(Exception e) {
            //如果没有异常,则设置成功状态和消息
            result.setStatus("ERROR");
            result.setMessage("修改员工失败,失败的原因:" + e.getLocalizedMessage());
            e.printStackTrace();
        }
        //发送JSON响应内容给客户端
        out.print(mapper.writeValueAsString(result));
        out.flush();
        out.close();
    }
    /**
     * DELETE请求处理,用于删除员工
     */
    protected void doDelete(HttpServletRequest request, HttpServletResponse response) throws ServletException, IOException {
        //创建Jackson JSON转换对象
        ObjectMapper mapper = new ObjectMapper();
        String contentType = request.getContentType();
        //设置发送JSON响应给客户端
        response.setContentType("application/json");
        response.setCharacterEncoding("UTF-8");
        PrintWriter out = response.getWriter();
        //准备给客户端发送的JSON结果
        Result<String> result = new Result<String>();
        try {
            //取得客户端提交的文本数据流
            BufferedReader reader = request.getReader();
            //将JSON字符串转换为Java对象
            EmployeeModel em = mapper.readValue(reader,EmployeeModel.class);
            //调用业务层的增加方法
            es.delete(em);
            //如果没有异常,则设置成功状态和消息
            result.setStatus("OK");
            result.setMessage("删除员工成功");
        }
        catch(Exception e) {
            //如果没有异常,则设置成功状态和消息
            result.setStatus("ERROR");
            result.setMessage("删除员工失败,失败的原因:" + e.getLocalizedMessage());
            e.printStackTrace();
        }
        //发送JSON响应内容给客户端
        out.print(mapper.writeValueAsString(result));
```

```
            out.flush();
            out.close();
        }
}
```

上述代码中，POST、PUT 和 DELETE 请求方式都使用相同的方式取得客户端提交的 JSON 数据，并使用 ObjectMapper 将其转换为员工 Model 类 EmployeeModel 的对象 em，进而实现员工的增加、修改、删除指定员工的功能；而 GET 请求方式由于不能发送 JSON 类型的请求体，因此无法使用 Jackson 框架的方法取得提交的数据，只能使用请求对象取得请求参数的方法 getParameter，这是 REST API 编程中需要注意的。

此 REST API 使用相同的请求地址/api/employee，需要分别使用不同的请求方式完成对应的业务功能（如增加、修改、删除、查看）。使用 Postman 对此地址发送 POST 请求，调用对应 doPost 方法，完成对员工的增加。其对应的请求方式、数据和返回数据如图 17-4 所示。

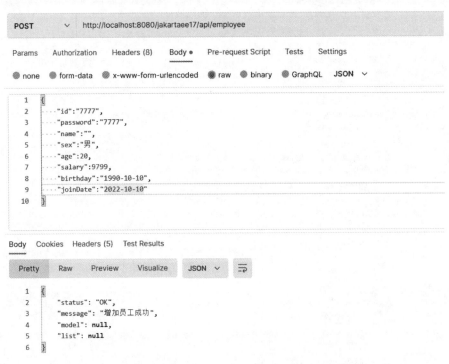

图 17-4　Postman 发送 POST 请求完成员工的增加显示结果

注意，要发送 JSON 数据，需要设置请求体 body 的类型为 raw，并设置其类型为 JSON。如图 17-4 所示，在请求数据窗口直接输入 JSON 格式的数据即可。

使用 MySQL 的客户端工具 SQLYog 可以对员工表 oa_employee 进行查询，可见新增加员工账号为 7777 的员工记录，如图 17-5 所示。

在 Postman 中将请求方式改为 PUT，继续请求相同的地址，并修改 JSON 请求数据。发送后，服务器返回 JSON 结果，显示修改员工成功的消息，如图 17-6 所示。

再次使用 MySQL 客户端工具查询员工表，可见其员工数据已经修改，查询结果如图 17-7 所示。

EMPID	DEPTNO	EMPPassword	EMPNAME	EMPSEX	AGE	BirthDAY	JOINDATE	SALARY	PHOTO
1001	1	1001	王明	男	20	1989-10-01	2013-10-10	3000.00	(Binary/Image)
1002	1	1002	刘明	男	21	1988-05-01	2012-10-10	4000.00	(Binary/Image)
1003	3	1003	赵明	男	22	1987-10-01	2011-11-10	5000.00	(NULL)
1004	4	1004	赵志刚	男	22	2022-10-31	2022-10-31	9899.00	(Binary/Image)
1005	3	1005	招新项	女	20	2023-03-22	2023-04-07	8888.00	(Binary/Image)
777	4	777	999	男	22	2023-03-21	2023-03-29	9999.00	(Binary/Image)
7777	(NULL)	7777		男	20	1990-10-10	2022-10-10	9799.00	(NULL)
888	4	888	888	男	22	(NULL)	(NULL)	0.00	(Binary/Image)
9999	(NULL)	9999	王欣欣	男	20	2020-10-10	2021-10-10	9999.00	(NULL)
(NULL)	(NULL)	(NULL)	(NULL)	(NULL)	18	(NULL)	(NULL)	0.00	(NULL)

图 17-5　MySQL 员工表增加记录的显示结果

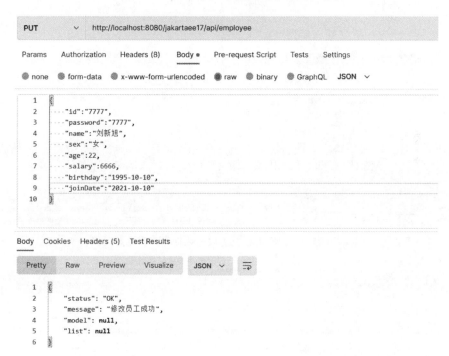

图 17-6　发送 PUT 请求完成修改功能的显示结果

777	4	777	999	男	22	2023-03-21	2023-03-29	9999.00	(Binary/Image)
7777	(NULL)	7777	刘新旭	女	22	1995-10-10	2021-10-10	6666.00	(NULL)
888	4	888	888	男	22	(NULL)	(NULL)	0.00	(Binary/Image)

图 17-7　执行完 PUT 请求完成员工修改后的记录查询结果

将请求方式改为 DELETE，修改提交的 JSON 数据。因为删除只需要员工的账号即可，不需要其他的属性数据，所以只需提交{"id":"7777"}。发送请求后，服务器调用 doDelete 处理方法完成员工的删除功能。其请求和响应结果如图 17-8 所示。

重新刷新 MySQL 的员工表，可以看到账号为 7777 的员工记录已经被删除，其查询结果如图 17-9 所示。

将请求方式改为 GET，并将地址改为取得指定员工的地址，输入请求员工的账号的 JSON 字符串，请求后端的返回指定员工的 REST API，其输入和返回结果如图 17-10 所示。

上述案例直接使用第 16 章编写的 Model 层、DAO 层和业务 Service 层的接口和实现类，不需要单独编写。控制器采用 REST API 模式，接收和返回的数据都是 JSON 格式，不再使用传统的转发到 JSP 页面的模式。

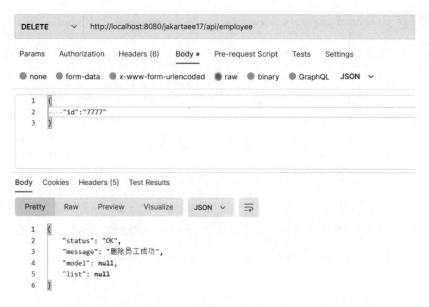

图 17-8　发送 DELETE 请求的数据和返回 JSON 显示结果

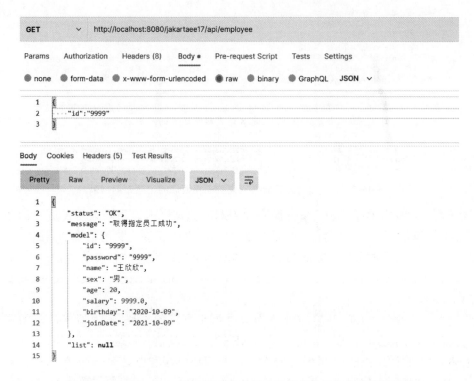

图 17-9　删除指定员工后的数据库列表更新

图 17-10　Postman 中 GET 请求取得指定员工信息的发送和显示结果

17.4.3　Jakarta EE REST API 发送 JSON 给客户端处理

在后端 REST 服务发送数据给客户端时，普遍使用 JSON 数据格式。而 REST 服务内部的处理使用的都是 Java 的 Model 对象，因此需要将 Java 对象转换为 JSON 格式的字符串。

在开发实际项目时，通常采用统一格式的 JSON 字符串返回给前端。推荐单独编写与 JSON 对应的表达结果的 Java 类，其属性与 JSON 相同，将通用的返回结果封装到此结果类中。实际项目中的结果类通常按程序 17-3 所示的代码编写。

程序 17-3　Result.java 后端 REST API 控制器的通用返回类。

```java
package com.city.oa.result;
import java.util.List;
import lombok.Data;
//REST API 的通用结果类
@Data
public class Result<T> {
    //处理的状态:OK 代表正常，ERROR 代表异常
    private String status = null;
    //处理的信息,如增加员工成功等
    private String message = null;
    //表示单个业务对象
    private T model = null;
    //表示业务对象的列表集合
    private List<T> list = null;
    //表示返回对象的个数
    private int count = 0;
    //表示分页情况下的页数
    private int pageCount = 0;
    //表示显示第几页
    private int page = 0;
    //表示每页显示的个数
    private int rows = 0;
}
```

结果类中通常定义 REST API 的处理状态、处理结果信息、业务对象的列表、单个业务对象，以及需要统计的业务对象个数、分页显示时的页数、每页显示的行数等信息。此结果类可以实现所有 REST API 的返回结果，在每个 REST API 的最后返回结果类的 JSON 字符串即可。REST API 控制器发送此结果的 JSON 的示例代码如下：

```java
//设置发送 JSON 响应给客户端
response.setContentType("application/json");
response.setCharacterEncoding("UTF-8");
PrintWriter out = response.getWriter();
//准备给客户端发送的 JSON 结果
Result<String> result = new Result<String>();
... //业务处理代码
//设置处理的结果状态码
result.setStatus("OK");
//设置处理的信息
result.setMessage("取得指定员工成功");
```

```
//将结果类转换为JSON,并发送给客户端
out.print(mapper.writeValueAsString(result));
out.flush();
out.close();
```

上述代码是所有REST API控制器的最后返回JSON的处理结果,前端框架可以取得REST API发送的结果JSON,对其进行解析,转换为前端需要的数据,如Web前端的JavaScript对象类型、Android前端的Java对象、iOS前端的Object-C对象类型等。

REST API服务的编程也按照第16章讲述的MVC 5层架构模式,需要设计和编程Model层、DAO层、业务层和控制层,但不需要设计View层,View层由前端框架负责实现,REST API只设计到控制器即可。

17.5 REST API测试工具

在开发REST API时,如果每次都使用前端框架编程进行测试,则需要定位是后端REST API错误还是前端错误,这会严重拖延项目的开发进度。因此,通常使用专门的REST API测试工具测试REST API,可以快速定位REST API的错误并修正。

现在市场上有很多REST API测试工具,被软件企业普遍使用的主要有如下几种。

（1）Postman(https://www.postman.com)。Postman是一个广受欢迎的API测试GUI工具,截至本书编写时,其API平台用户数超过了3000万(引自官方主页数据)。Postman提供了一个可扩展的API测试环境,支持管理、调试、运行请求、创建自动化测试、记录和监控API。通过Postman,用户可以创建HTTP请求并将其发送到后端服务。Postman的内置工具能够让开发人员轻松地测试API。

（2）SoapUI(https://www.soapui.org)。SoapUI是专门为API测试而开发的开源工具,可以轻松测试REST和SOAP API。SoapUI提供了拖放功能,支持可重用的负载测试和安全扫描脚本,支持不同类型的REST、SOAP、JMS和IoT请求,可与13个API管理平台无缝集成。

（3）Apipost7(https://www.apipost.cn)。Apipost定义为API一体化研发协作赋能平台,贯穿企业研发流程,从需求确定到上线,为项目开发加速效率。其支持API设计、调试、文档、自动化测试等;全面支持后端、前端、测试和在线协作、内容实时同步等核心功能。

（4）Swagger(https://swagger.io)。Swagger是一个开源工具,服务于API的设计、开发、测试等一系列流程。Swagger提供了一种标准格式来创建REST API。此外,后端程序员可以通过Swagger官方库,基于Open API Specification协议自动生成复杂的文档。

（5）REST-assured(https://rest-assured.io)。REST-assured是一款在Java中测试API的开源REST客户端,对于Java开发人员来说,其是自动测试REST服务的首选。REST-assured的主要特点有以清晰的描述性语言编写测试、支持不同类型的XML和JSON请求、允许与Serenity自动化框架无缝集成等。

以上REST API测试工具中,以Postman最为流行。Postman是一个REST API测试工具,在进行API测试时,Postman相当于一个客户端,可以模拟用户发起的各类HTTP请求,将请求数据发送至服务端,获取API的响应结果,从而验证响应中的结果数据是否和

预期值相匹配；同时，可确保开发人员及时处理 API 服务中的 bug，进而保证产品上线之后的稳定性和安全性。Postman 主要用来模拟各种 HTTP 请求（如 GET、POST、DELETE、PUT 等），其与浏览器的区别在于有的浏览器不能格式化显示 JSON 结果，而 Postman 则可以，并且直接显示请求时的请求头、响应头等信息，加快开发人员定位 API 错误。

Postman 的安装非常简单，其官方网站提供了 Windows、macOS、Linux 这 3 种平台的桌面 App 的下载方式，如图 17-11 所示。

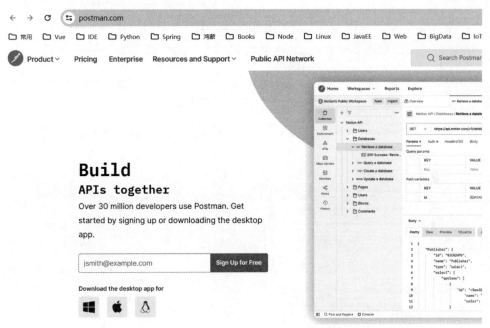

图 17-11　Postman 官方网站下载链接

单击 Windows 平台的下载超链接，下载 Postman 的安装软件，下载后运行即可实现其安装，非常简单。截至编写此教材时，其最新版是 10.22.6，安装完成并启动后可选择菜单中的 Check for update 更新到最新版。

17.6　Postman 测试 REST API

Postman 安装成功后，在 Windows 桌面自动生成启动图标，单击即可启动 Postman 应用，显示图 17-12 所示的主界面。

要测试指定的 REST API，可单击增加图标＋，会增加新的测试标签，如图 17-13 所示。

测试 REST API 时，需要输入以下信息。

（1）请求方法：可选择 GET、POST、PUT、DELETE 等。

（2）URL 地址：输入后端 REST API 的请求地址。

（3）请求数据：请求时需要发送给 REST API 的数据，不同的请求发送数据方式需要选择不同的实现方式。

输入以上信息后，单击 Send 按钮，Postman 即发送请求给后端 REST API。后端 REST API 返回结果显示在响应窗口区，其中返回的数据显示在 Body 标签区，如图 17-14 所示。

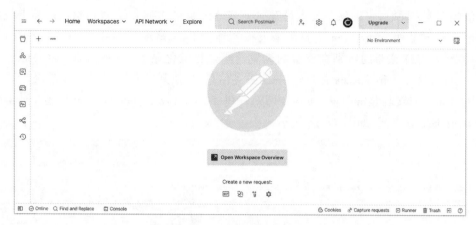

图 17-12　Postman 启动后的主界面

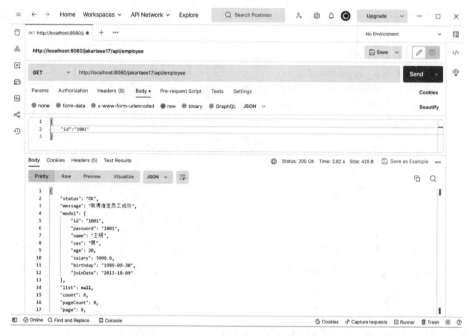

图 17-13　Postman 测试 REST API 界面

Cookies 标签区显示服务器发送的 Cookie,本次没有 Cookie 发送。Headers 标签区显示 REST API 发送的响应头,Headers(5)表示有 5 个响应头返回。选择 Headers 标签区,可以显示后端发送的响应头,如图 17-15 所示。

从图 17-15 中可以看到后台响应头的名和值。

在使用 Postman 测试 REST API 时,最关键的是要正确选择请求数据的发送方式。Postman 支持以下发送请求数据的方式。

1. 请求数据 URL 重写方式

将请求数据附加在 URL 地址后面,其语法为"url? 参数名＝值 & 参数名＝值"。在 Postman 中选择 Params 标签区,其 Query Params 中提供了增加请求参数 Key 和 Value 的操作界面,如图 17-16 所示。

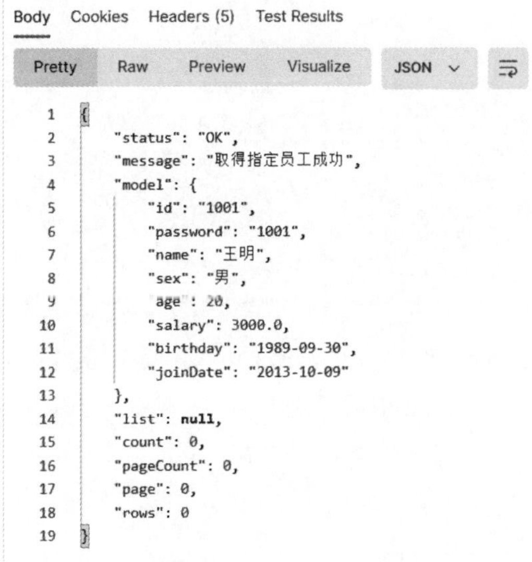

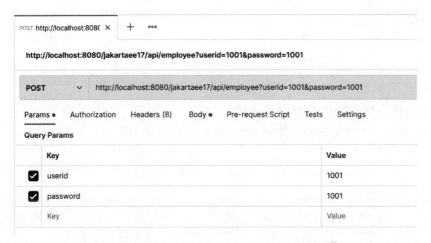

图 17-14　Postman 显示 REST API 的返回结果

图 17-15　REST API 发送的响应头

图 17-16　Postman 提交 URL 重写方式请求参数

在图 17-6 中不断输入每个参数的 Key 和 Value 值，提交时每个 Key/Value 键值对都会附加在请求地址的后面。

2. 传统表单文本数据提交方式

在 Web 应用开发中，普遍使用表单和表单元素提交数据方式。其表单提交数据示例代码如下：

```
<form action="add.do" method="post">
账号:<input type="text" name="id" />
密码:<input type="password" name="password" />
姓名:<input type="text" name="name" />
性别:<input type="radio" name="sex" value="男" />男<input type="radio" name="sex" value="女" />女
年龄:<input type="text" name="age" />
工资:<input type="text" name="salary" />
</form>
```

此类型的表单提交时，使用的是表单数据转码方式，即 x-www-form-urlencoded 方式。为模拟此种类型的表单数据提交，在 Postman 中需要选择 body 标签区，选中 x-www-form-urlencoded 单选按钮，输入每个表单元素对应的 Key 和 Value，模拟每个表单元素的 name 和 value，如图 17-17 所示。

图 17-17　Postman 提交传统的表单数据方式

在图 17-17 中输入每个 Key 和 Value 值后，单击 Send 按钮即可。

3. 有文件上传支持的表单提交方式

如果提交的请求数据中包括上传文件，就不能使用表单的 x-www-form-urlencoded 转码方式，而必须使用支持多类型混合的表单。此时需要使用表单元素<form>的属性 enctype="multipart/form-data"，此类型的表单示例代码如下：

```
<form action="add.do" method="post" enctype="multipart/form-data">
账号:<input type="text" name="id" />
密码:<input type="password" name="password" />
姓名:<input type="text" name="name" />
性别:<input type="radio" name="sex" value="男" />男<input type="radio" name="sex" value="女" />女
年龄:<input type="text" name="age" />
工资:<input type="text" name="salary" />
照片:<input type="file" name="photo" />
<input type="submit" value="提交" />
</form>
```

表单中包含了 file 文件选择域,用于选择上传的文件。

Postman 要模拟此类型的表单提交数据,需要选择 Body 标签区,并选中 form-data 单选按钮,输入模拟表单元素的 Key 和 Value,其中 Key 表示元素的 name 值,Value 模拟表单元素的输入值。其输入界面如图 17-18 所示。

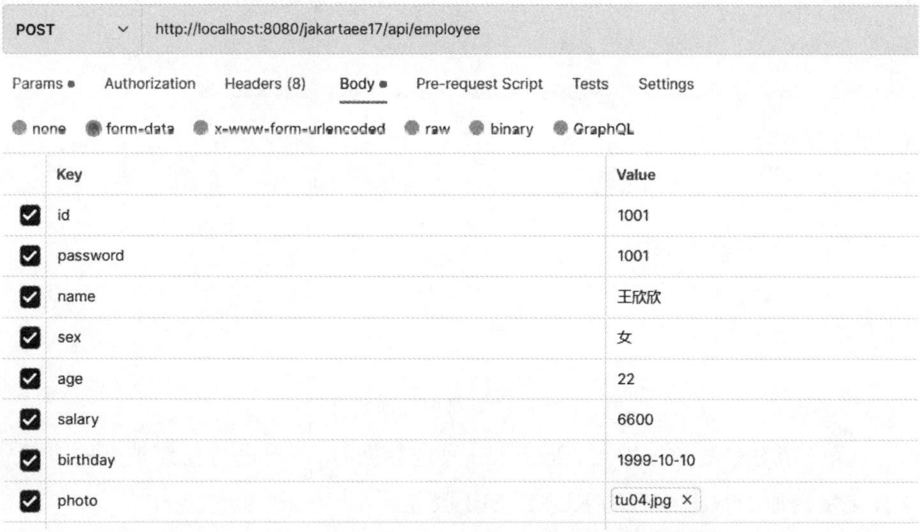

图 17-18　Postman 模拟上传表单的数据发送界面

其中,除 photo 外其他 Key 的类型默认是 text,如图 17-19 所示。

图 17-19　Postman 文本类型元素的显示界面

photo 的类型是 file,表示需要上传文件,可以选择电脑文件系统中的任何文件。指定 file 类型和选择上传文件如图 17-20 所示。

图 17-20　Postman 选择文件类型和上传文件的界面

4. 原始的数据方式

Postman 支持原始数据的提交,即没有任何类型的提交数据表单转码。此种类型的原始数据包括 text(纯文本)、JavaScript、JSON、HTML、XML 等。其中使用最多的 JSON 和 XML,其他类型很少使用。在 Postman 中选择 Body 标签,选中 raw 单选按钮,在最右边的类型下拉列表中选择 JSON,在参数区输入 JSON 字符即可,如图 17-21 所示。

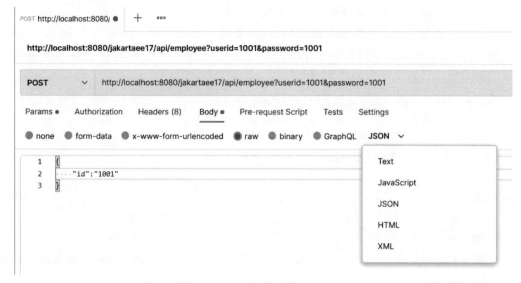

图 17-21　原始数据的提交方式

输入选择类型对应的数据即可，Postman 发送数据时，不再进行任何类型的表单转码处理，而是直接发送原始数据给后端 REST API 服务。

5．请求头的数据

以上所有请求发送中都可以输入请求头，既可以是 W3C 标准请求头，也可以是用户自定义的请求头。每次发送请求时，Postman 自动根据输入的数据类型、传输方式增加输入的请求头；也可以自己增加请求头信息到请求中。

在 Postman 中选择 Headers 标签，即可输入任何需要发送给后端 REST API 的请求头，其中 Key 表示请求头的 name，Value 表示请求头的值，如图 17-22 所示。

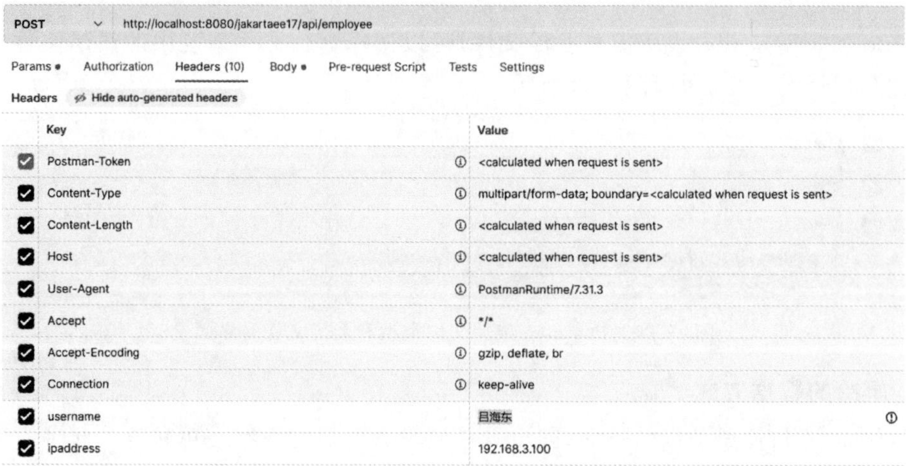

图 17-22　Postman 输入请求头界面

图 17-22 中包括标准的请求头，如 Content-Type、Content-Length、Host、User-Agent，以及自定义的请求头 username 和 ipaddress 等，Postman 发送后，后端 REST API 使用请

求对象就可以取得这些提交的请求头。

以上介绍了 Postman 测试 REST API 的所有功能，其他辅助方法请求读者可参阅其官方文档。

简答题

1. REST API 的组成元素。
2. 实现 REST API JSON 转换的主流框架有哪些？

实验题

根据表 17-1 所示的 ERP_PRODUCT 产品表和字段结构信息，按照 Jakarta EE 的 MVC 5 层架构信息，设计产品的 REST API 服务。

表 17-1　ERP_PRODUCT 字段结构

字 段 名	类　　型	说　　明
PNO	int(10)	产品编号（主键）自增量
PName	Varchar(20)	产品名称
PDATE	Date	产品生产日期
UNITPRICE	Decimal(10,2)	单价
QTY	Int(10)	产品数量

产品的 REST API 实现如下核心功能。

（1）增加产品。
（2）修改产品。
（3）删除指定的产品。
（4）取得指定的产品。
（5）取得所有产品列表。

参 考 文 献

[1] Peter Späth. Beginning Jakarta EE[M]. Leipzig：Apress,2019.
[2] Elder Moraes. Jakarta EE Cookbook-Second Edition：Practical recipes for enterprise Java developers to deliver large scale applications with Jakarta EE：J2EE[M]. Sebastopol：Packt Publishing,2020.
[3] Rocha,Rhuan. Jakarta EE for Java Developers：Build Cloud-Native and Enterprise Applications Using a High-Performance Enterprise Java Platform[M]. Noida：Bpb Publications,2021.
[4] Josh Juneau. Jakarta EE Recipes：A Problem-Solution Approach[M]. Berkeley：Apress,2020.
[5] Eclipse Foundation. Jakarta EE Platform 10 Specification［EB/OL］. 2023.
[6] Manelli. Beginning Jakarta EE Web Development[M]. Berkeley：Apress,2022.
[7] Juneau Josh. Java EE to Jakarta EE 10 Recipes[M]. Berkeley：Apress,2022.
[8] Daniel Andres Pelaez Lopez. Full-Stack Web Development with Jakarta EE and Vue. js：Your One-Stop Guide to Building Modern Full-Stack Applications with Jakarta EE and Vue. js［M］. Berkeley：Apress,2020.
[9] Wildfly Foundation. WildFly Server Documentation［EB/OL］.（2022-11-08）［2023-05-11］https：//docs. wildfly. org/27/.